普通高等教育"十一五"国家级规划教材

热工基础

李长友 主编

中国农业大学出版社
·北京·

内容简介

本书是普通高等教育"十一五"国家级规划教材，是在《工程热力学与传热学》(高等农林院校精品课程建设教材)的基础上，总结近几年教学改革经验，对教学内容进行补充、拓展后编写而成。

全书共分11章，包括工程热力学和传热学两篇内容，主要介绍热力学基本概念、基本定律和研究问题的基本方法，㶲及㶲分析基础；气体压缩及蒸汽的热力性质、各种热力过程和循环、动力装置循环、制冷循环的分析和计算；导热、对流换热、辐射换热，传热过程和换热器等内容。本书紧密结合高等农业院校工科院系教学改革特点及综合型工程人才规格的培养要求，考虑到多学科交叉和利用多媒体辅助教学的手段，拓展教材的适应性，内容力求精练，适当加深加宽，注重学生能力的培养，有些问题通过例题、习题启发学生独立思考解决，大幅度节约课堂学时。

本书可作为普通高等院校农业工程类、能源工程类、机械工程类、食品工程类、车辆与交通运输类、林业工程类、农业设施与环境工程类、电气信息类等专业的教材或教学参考书，也可供有关工程技术人员参考。

图书在版编目(CIP)数据

热工基础/李长友主编. —北京：中国农业大学出版社，2011.5(2019.8 重印)
ISBN 978-7-5655-0236-1

Ⅰ.①热… Ⅱ.①李… Ⅲ.①热工基础 Ⅳ.①TK122

中国版本图书馆 CIP 数据核字(2011)第 035394 号

书　名 热工基础
作　者 李长友 主编

策划编辑	张秀环	**责任编辑**	洪重光
封面设计	郑 川	**责任校对**	陈 莹 王晓凤
出版发行	中国农业大学出版社		
社　址	北京市海淀区圆明园西路2号	**邮政编码**	100193
电　话	发行部 010-62731190，2620		读者服务部 010-62732336
	编辑部 010-62732617，2618		出 版 部 010-62733440
网　址	http://www.cau.edu.cn/caup	**e-mail**	cbsszs@cau.edu.cn
经　销	新华书店		
印　刷	北京时代华都印刷有限公司		
版　次	2011年5月第1版　2019年8月第2次印刷		
规　格	787×1 092　16开本　16.5印张　396千字　插页1		
定　价	36.00元		

图书如有质量问题本社发行部负责调换

编写人员

主　编　李长友（华南农业大学）

编　者　（按姓氏拼音排序）

曹艳明（华南农业大学）
洪　英（天津工业大学）
李长友（华南农业大学）
吕　娟（华南农业大学）
王　民（西北农林科技大学）
杨中平（西北农林科技大学）
郑先哲（东北农业大学）

主　审　刘道被（华南农业大学）

前　言

本书是在高等农林院校精品课程建设教材《工程热力学与传热学》的基础上，总结近几年教学改革经验，对教学内容进行补充、拓展后编写而成的普通高等教育“十一五”国家级规划教材。在介绍热能有效利用、转换与传递规律基本内容的同时，更加注重热力学理论的形成过程和研究问题的方法，特别充实了㶲的概念和分析法方面的内容。

由于任何自然过程都不可避免地会出现能量蜕化为热，各种工程都涉及热利用或者防止热的发生和传递，尤其在科学与技术高速发展的今天，能量的发生与利用，能量转换与传递及节能技术，对社会经济发展和提高人民生活水平极为重要。热工基础理论和研究问题的方法在各类工程、生态及人文等领域产生了日益广泛的影响，它作为高等院校的一门重要技术基础课程，不仅为学生学习有关的专业课程提供必要的基础理论知识，而且也为学生以后从事热能综合利用、热工设备与能量系统设计，深刻认识能量运动的本质、探索能量的优化利用、实现高效节能等方面提供科学的方法。

编写中着重考虑了高等农林院校工科院系学科建设、教学改革特点、复合型工程人才规格的培养要求以及多学科交叉利用和多媒体辅助教学的手段，选材力求精练，内容适当加深加宽，对基本概念、基本定律阐述力求精练、通俗、准确、严谨，有些问题通过例题、习题启发学生独立思考解决。课堂学时以40～60学时为宜，带*的章节为选修内容，也可根据专业需要适当取舍部分章节的内容，以较大幅度地节约课堂学时。

全书分工程热力学和传热学两篇，共11章。对热工基础理论、基本定律和研究问题的基本方法，㶲及㶲分析基础，气体及蒸汽的热力性质、各种热力过程和循环、动力装置循环、制冷循环的分析和计算，导热、对流换热、辐射换热，传热过程和换热器等内容作了比较详细的论述，力求帮助读者能充分理解热力学第一、第二定律，能量贬值原理以及基本热力过程和循环的计算和分析方法，获得比较宽广的热量传递规律的基础知识，具备分析工程传热问题的基本能力，掌握解决工程传热问题的基本方法并具备相应的计算能力。

《工程热力学与传热学》由华南农业大学李长友，河北农业大学钱东平，西北农林科技大学杨中平、王民，东北农业大学郑先哲等共同编写；本书由李长友主编，对内容和习题做了较大范围的调整和修订，天津工业大学洪英，华南农业大学曹艳明、吕娟参加了习题的修订，在此谨向他们表示诚挚的谢意。

由于编者水平有限，书中不妥之处在所难免，敬请读者批评指正。

李长友

2011年4月

前　言

主要符号说明

A　面积，m^2

a　热扩散率，m^2/s

Bi　毕渥数

c　质量热容，$J/(kg \cdot K)$；运动速度，m/s

c_p　质量定压热容，$J/(kg \cdot K)$

c_v　质量定容热容，$J/(kg \cdot K)$

c'　容积热容，$J/(m^3 \cdot K)$

c_m　质量摩尔热容，$J/(mol \cdot K)$

c_{mp}　摩尔定压热容，$J/(mol \cdot K)$

c_{mv}　摩尔定容热容，$J/(mol \cdot K)$

$c_n = c_v - \dfrac{R}{n-1}$，多变过程比热容，$J/(kg \cdot K)$

c_ϕ　物理量的相似倍数

c_f　流速，m/s

$C_b = 5.67\ W/(m^2 \cdot K^4)$，黑体辐射系数

d　含湿量，kg/kg 干空气

E　辐射力，W/m^2

E_b　黑体辐射力，W/m^2

E_λ　单色辐射力，W/m^2

E_θ　定向辐射力，$W/(m^2 \cdot sr)$

e_x　比㶲，J/kg

F　力，N

$Gr = \dfrac{\beta g \Delta t l^3}{\nu^2}$　格拉晓夫准则

H　焓，J

h　比焓，J/kg，换热系数，$W/(m^2 \cdot K)$

h_a　干空气的比焓，J/kg

h_v　水蒸气的比焓，J/kg

I　辐射强度，$W/(m^2 \cdot sr)$

I_θ　辐射方向上的辐射强度，$W/(m^2 \cdot sr)$

J　有效辐射

L　流体润湿流道的周边长度，m

l　定型尺寸，m

m　质量，kg

M 混合物的摩尔质量,kg/mol

Ma 马赫数

Nu 努谢尔特数

P 压力,Pa

$Pe=wl/a$ 贝克来数

$Pr=Pe/Re=\nu/a$ 普朗特数

p 绝对压力,Pa

p_e 表压,Pa

p_v 真空度,水蒸气的分压力,Pa

p_a 干空气的分压力,Pa

p_b 大气压力,Pa

Q 热量,J

q 1 kg 工质与外界交换的热量,J/kg;热流密度,W/m^2

R 气体常数,J/(kg·K)

R_v 水蒸气的气体常数,J/(kg·K)

R_m 通用气体常数,J/(kmol·K)

$Re=\frac{wl}{\nu}$ 雷诺数

S 熵,J/K

s 比熵,J/(kg·K)

T 热力学温度,K

t 摄氏温度,℃

t'_w 绝热湿球温度,℃

t_d 露点,℃

U 内能,J

u 比内能,J/kg

V 容积,m^3

V_m 摩尔容积,m^3/mol

V_c 余隙容积,m^3

v 比体积,m^3/kg

W 功,J;功率,J/s

w 比功,J/kg

w_t 1 kg 工质的技术功,J/kg

w_s 1 kg 工质的轴功,J/kg

x 干度

x_i 摩尔分数

μ 气体的分子质量

υ 运动黏度,m^2/s

η_t 循环热效率

η_c 卡诺循环的热效率

ε 制冷系数；压缩比；黑度

ε_c 卡诺逆循环制冷系数

ε' 供热系数

ε_c' 卡诺逆循环供热系数

ε_p 压力修正系数

ε_l 管长修正系数

ε_R 管道弯曲影响修正系数

ε_n 管排修正系数

σ_b 黑体辐射常数，$\sigma_b=5.67\times10^{-8}\,W/(m^2\cdot K^4)$

α 吸收率

α_λ 单色吸收率

ρ 密度，m^3/kg；预胀比

ρ_v 绝对湿度，kg/m^3

γ_i 体积分数

ϕ 相对湿度，%

ξ 能量利用系数

λ 导热系数，$W/(m\cdot K)$

β 容积膨胀系数

θ 过余温度

σ 回热度

π 增压比

τ 循环增温比

目　　录

绪论 ……………………………………………………………………………………………… (1)

第 1 篇　工程热力学

1　基本概念 …………………………………………………………………………………… (7)
1.1　热力系统 ………………………………………………………………………………… (7)
1.2　状态方程式及状态参数坐标图 ………………………………………………………… (11)
1.3　热力过程及热力循环 …………………………………………………………………… (13)
1.4　理想混合气体 …………………………………………………………………………… (19)
思考题 1 ……………………………………………………………………………………… (24)
习题 1 ………………………………………………………………………………………… (24)
2　热力学第一定律 …………………………………………………………………………… (28)
2.1　热力学第一定律 ………………………………………………………………………… (28)
2.2　稳定流动能量方程式 …………………………………………………………………… (30)
2.3　稳定流动能量方程式的应用 …………………………………………………………… (33)
2.4　理想气体的热力过程 …………………………………………………………………… (35)
*2.5　气体的压缩 …………………………………………………………………………… (42)
*2.6　气体与蒸汽的流动 …………………………………………………………………… (47)
思考题 2 ……………………………………………………………………………………… (54)
习题 2 ………………………………………………………………………………………… (55)
3　热力学第二定律 …………………………………………………………………………… (60)
3.1　热力学第二定律的实质及表述 ………………………………………………………… (60)
3.2　卡诺循环和卡诺定理 …………………………………………………………………… (61)
3.3　熵和克劳修斯积分式 …………………………………………………………………… (63)
3.4　熵增原理 ………………………………………………………………………………… (65)
思考题 3 ……………………………………………………………………………………… (68)
习题 3 ………………………………………………………………………………………… (69)
*4　㶲及㶲分析基础 …………………………………………………………………………… (74)
4.1　能量转换的差异性及㶲和炁 …………………………………………………………… (74)
4.2　不同形式㶲的计算 ……………………………………………………………………… (75)
4.3　㶲平衡方程及㶲效率 …………………………………………………………………… (77)
思考题 4 ……………………………………………………………………………………… (80)
习题 4 ………………………………………………………………………………………… (81)
5　水蒸气及湿空气 …………………………………………………………………………… (82)
5.1　水蒸气的定压汽化过程 ………………………………………………………………… (82)

5.2 水蒸气的状态参数 …… (84)
5.3 水蒸气的基本热力过程 …… (87)
5.4 湿空气及其状态参数 …… (89)
5.5 湿空气的焓-含湿量图及其应用 …… (93)
思考题5 …… (96)
习题5 …… (97)
6 动力装置循环 …… (101)
6.1 蒸汽动力循环 …… (101)
6.2 活塞式内燃机循环 …… (107)
6.3 燃气轮机装置循环 …… (112)
思考题6 …… (116)
习题6 …… (117)
7 制冷装置循环 …… (118)
7.1 压缩空气制冷循环 …… (118)
7.2 压缩蒸汽制冷循环 …… (120)
7.3 制冷剂的性质 …… (123)
7.4 其他制冷循环 …… (126)
7.5 热泵循环 …… (128)
思考题7 …… (129)
习题7 …… (129)

第2篇 传 热 学

8 导热 …… (133)
8.1 导热的基本定律 …… (133)
8.2 导热微分方程及其单值性条件 …… (136)
8.3 稳态导热 …… (139)
8.4 非稳态导热 …… (143)
8.5 导热问题的数值解法基础 …… (146)
思考题8 …… (153)
习题8 …… (154)
9 对流换热 …… (155)
9.1 放热过程及其影响因素 …… (155)
9.2 相似准则及准则函数 …… (159)
9.3 自由对流换热与受迫运动换热 …… (166)
9.4 外掠圆管和管束放热 …… (172)
思考题9 …… (178)
习题9 …… (179)
10 辐射换热 …… (181)
10.1 热辐射的基本概念 …… (181)

10.2 热辐射的基本定律……(184)
10.3 实际物体的辐射……(187)
10.4 物体之间辐射换热的计算……(189)
思考题 10 ……(196)
习题 10 ……(197)
11 传热与换热器……(199)
11.1 传热与换热器……(199)
11.2 面式换热器的计算原理……(203)
思考题 11 ……(211)
习题 11 ……(212)
附录……(213)
附表 1 某些常用气体在理想气体状态下的平均比定压热容 $c_{pm}|_0^t$ ……(213)
附表 2 某些常用气体在理想气体状态下的平均比定容热容 $c_{vm}|_0^t$ ……(214)
附表 3 饱和水与饱和蒸汽表(按温度排列)……(215)
附表 4 饱和水与饱和蒸汽表(按压力排列)……(217)
附表 5 未饱和水与过热蒸汽表……(219)
附表 6 大气压力($p=1.013\ 25\times10^5$ Pa)下空气的热物理性质……(230)
附表 7 未饱和水与饱和水的物理参数……(231)
附表 8 饱和水蒸气的物理参数……(232)
附表 9 0.1 MPa 时饱和空气的状态参数……(233)
附表 10 各种材料的黑度ε ……(234)
附表 11 常用换热器传热系数的大致范围……(234)
附表 12 大气压力($p=1.013\ 25\times10^5$ Pa)下烟气的热物理性质……(236)
附表 13 大气压力($p=1.013\ 25\times10^5$ Pa)下机油的热物理性质……(236)
附图 1 氨(NH_3)的压-焓图……(237)
附图 2 R134a 的压-焓图……(238)
附图 3 R12 的压-焓图……(239)
部分习题参考答案……(240)
参考文献……(247)
水蒸气焓-熵图……插页

绪论

热工基础包括工程热力学和传热学两部分知识。工程热力学是研究热现象中,物质系统在平衡时的性质、能量平衡关系以及状态发生变化时,系统与外界相互作用的技术科学。它的任务是研究能量转换,特别是热能转化成机械能的规律和方法,以及提高转化效率的途径。传热学是研究热量传递规律的科学,它的任务是研究有温差存在时的热能传递规律,分析单位时间传递热量的规律,探求热量传递过程的物理本质。

(1)热力学发展简史

热现象是人类最早接触到的自然现象之一,温度和热量是研究热现象的重要概念,对它们的定量测量是热学的开始。温度表征物体冷热的程度,要对它定量测量,必须建立一套温标。日常用的摄氏温标是 1742 年瑞典天文学家摄尔修斯以水银为测温物质,以其热膨胀为测温属性,固定标准点选为标准大气压下纯水的冰点(0℃)和沸点(100℃)而提出的。但温度和热量两个概念在科学史上曾混淆不清,直到 17 世纪末,人们还不能正确区分这两个基本概念的本质。受当时流行的“热质说”理论的束缚,人们误认为物体的温度高是由于储存的“热质”数量多。明确区分温度和热量两个概念的是英国化学家布莱克(1728—1799),他把温度叫做“热的强度”,热量叫做“热的数量”,并发现了潜热。

18 世纪,英国开始了产业革命,产生了对热机的巨大需求,各种蒸汽机应运而生。在蒸汽机的众多发明者和改进者中,最有名的是英国人瓦特(James Watt,1736—1819),他在 1763—1784 年间,主要凭借经验摸索对当时只能用于矿井抽水和灌溉的纽克曼蒸汽机作了重大改进,并研制成功了应用高于大气压的蒸汽和配有独立凝汽器的单缸蒸汽机,使蒸汽机能耗降低了 75%;1782 年,制造了联协式蒸汽机;1784 年,发明了调速器并对蒸汽机进一步改进,使其成为适用于各种机械运动的原动机。此后的纺织业、采矿业、冶金业、造纸业、陶瓷业等工业部门,都先后以蒸汽机作为原动机获得了迅速的发展。

蒸汽机的发明与应用推动了热学理论研究,促成了热力学的建立与发展。最先从理论上说明热机运行过程的是法国工程师卡诺(Sadi Carnot, 1796—1832)。他在 1824 年提出了卡诺定理和卡诺循环,指出热机必须工作于不同温度的热源之间,给出了热机最高效率的概念,实际上已在本质上阐明了热力学第二定律的基本内容,但他是在热质说的框架中进行论证的(他认为:热机在高温热源和低温热源之间做功,就像水从高处落到低处做功一样,两个热源的温差相当于热质的下落高度,认为热的量在由高温热源流向低温热源中保持不变)。虽然他得出的结论是正确的,但其证明过程是错误的。在卡诺所做工作的基础上,1850—1851 年间克劳修斯(Rudolf Clausius,1822—1888)和开尔文(Lord Kelvin,1824—1907,原名汤姆逊(Willian Thomson))先后独立地从热量传递和热转变成功的角度提出了热力学第二定律,指明了热过程的方向性。

在热质说流行的年代,英国科学家伦福德(B. T. Rumford)1798 年观察到钻炮筒时剧烈地发热,戴维(H. Davy)于 1799 年用两块冰摩擦融化等实验事实驳斥了热质说,主张热动说,但由于没有找到热功转换的数量关系，他们的工作没有受到重视。1842 年，迈耶提出了能量守恒理论，认定热是能的一种形式，可与机械能互相转化，并从空气的质量定压热容与质量定容热容之差计算出热功当量。英国物理学家焦耳(James P. Joule)于 1840 年建立电热当量的概念，1842 年以后用不同方式实测了热功当量。1850 年，焦耳以各种精确的实验结果充分地证实了能量守恒与转换定律，使科学界彻底抛弃了“热质说”。公认能量守恒、能的形式可以互换的热力学第一定律为客观的自然规律。

热力学第一定律和第二定律的确认，对于两类“永动机”(即不消耗能量的第一类永动机和只从一个热源吸热的第二类永动机)的不可能实现作出了科学的最后结论，正式形成了热现象的宏观理论热力学，并在 19 世纪中叶形成了“工程热力学”这门技术科学，使内燃机、汽轮机、燃气轮机和喷气推进机等相继取得了迅速发展。在人们运用工程热力学知识，找到了蒸汽动力装置最理想的工作情况后，发现实际蒸汽机的经济性与同条件下最理想的工作情况相比，存在很大的提高空间，这无疑也引起了人们深一步研究实际蒸汽机热损失的极大兴趣，促使人们努力研究热量传递的规律。自 20 世纪初，“传热学”便作为一门独立的科学，不断地丰富和发展，在生产领域中得到了十分广泛的应用。

能源动力技术与科学的发展，对于社会、经济发展和提高人民生活水平，推动人类社会生产力的发展具有重要意义。蒸汽机的发明实现了热能大规模、经济地转换成机械能，使工业生产、科学技术和人们的生活发生了突飞猛进的变化。从 18 世纪开始的工业革命一直延续到 20 世纪 50 年代前的社会发展可以说是走向工业化社会或技术社会的过程，在这一发展进程中热工基础理论促进了热动力机的不断改进与发展。随着工业化进程，人类生活的质量不断提高，生态环境备受关注，生存和发展问题引起了世界各国的高度重视。20 世纪 80 年代后期以来，人们将发展看作为人的基本需求逐步得到满足、人的能力发展和人性自我实现的过程，随着可持续发展理念的形成、理论科学、方法科学的发展，热力学中建立的㶲概念作为具有普遍性的科学方法，在生命、生态、人文、经济等领域受到了普遍关注和广泛的应用。迎合当今人类的发展需求，向热力学提出了能量发生、利用及回收诸多理论科学、方法科学领域的新课题。热工基础理论和方法将在人类揭示能“质”传递、资源可持续利用、物体对外部能量选择性吸收和认识诸如地下矿产(如煤、石油)从分散、无序到集中、有序，深海的甲烷冰聚集过程等实践活动的深入和发展，不断得到充实、完善和发展。

(2)热工基础的主要内容及研究方法

热工基础是由工程热力学和传热学两部分组成的综合性热工技术理论基础，主要研究热能利用的基本规律、提高热能利用率的方法以及热量传递的基本规律。

工程热力学是热力学最先发展的一个分支，它是研究热能与机械能和其他形式能量相互转换的规律及其应用的一门工程科学。它的理论基础是热力学第一定律和热力学第二定律。它的基本任务是通过对热力系统、热力平衡、热力状态、热力过程、热力循环和工质的分析研究，改进和完善热力发动机、制冷机和热泵的工作循环，其目的就是提高机械能和热能之间的转换效率，以消耗最少的热能获得最大的机械功，或者以花费最少的机械能而获得最多的热能。

工程热力学采用经典热力学的宏观研究方法，它以归纳无数事实所得到的热力学第一定律、第二定律为分析推理的基础，通过物质的压力、温度、比体积等宏观参数和受热、冷却、膨胀、收缩等整体行为，对宏观现象和热力过程进行研究。把与物质内部结构有关的具体性质，当做宏观真实存在的物性数据予以肯定，对物质的微观结构不作任何假设，分析推理的结果具有高度的可靠性，而且条理清晰，这是它的独特优点。

传热学是研究热量传递规律的科学。一切热能利用过程都离不开传热，一切热机的热效率都和传热过程密切相关。如何计算传递的热流量，确定物体内各点的温度及其分布，优化传热过程使可用能的损失降低到最低限度，包括强化传热和弱化传热，都是传热学研究的内容。其目的在于掌握传热的规律及其计算方法，寻求强化或弱化传热的途径，为实现高效节能，解决工程实际问题奠定基础。

传热是一个非常复杂的过程，一般将其分为导热、热对流、热辐射三种形式。就物体温度与时间的依变关系而言，传热过程可区分为稳态过程与非稳态过程。凡是物体中各点温度不随时间改变的传热过程均称为稳态过程，反之则称为非稳态传热过程。各种热力设备在持续不变的工况下运行时的传热过程属于稳态过程，而在启动、停机、变工况时所经历的传热过程均为非稳态过程。

研究传热问题的方法有理论研究方法和实验研究方法两类。理论研究方法主要有数学解析法、有限元分析、数值解析法等。数学解析法在传热问题研究中占据越来越重要的地位，但是到目前为止，只能对一些简单的传热问题，且经过一系列简化假设以后，才能由数学解析法求出理论解；分析问题的根据是要通过实验研究找到过程规律，并以实验来验证理论。实验研究方法是目前研究传热问题的主要方法，但传热实验研究首先遇到的困难是影响因素太多，如果孤立地考虑这些单因素的影响，就会使实验次数多得难以安排，即使进行了大量的实验，在整理数据时也将因变量太多而无法得到一个具有普遍意义的经验公式。为了克服这一困难，一般是遵循相似理论的原理，把影响物理过程的若干因素，按照它们在过程中的内在联系，综合成一个无因次的数群，这样就可把众多的影响因素综合为有限的几个变量，而使实验布置和经验公式的整理大为简化；其分析问题的根据是要通过实验研究找到过程规律，并以实验来验证理论。

热工基础是现代工程技术人才必备的技术基础知识，是各类专业人才工程素质的重要组成部分。它不仅是工科类专业学生必须深入学习的热工基础理论课，同时也是各类专业学生应该掌握的一门技术基础课。

第 1 篇
工程热力学

1 基本概念

1.1 热力系统

1.1.1 热力系统的定义及分类

分析研究任何现象时，首先要抽象出研究对象的时空域，建立描述研究对象的基本参数及其相关量的概念，约定反映事物本质主流特征的研究方法，进而确立基本参数之间的相互制约关系。在热力学中，人为地把分析的对象从周围的物体中分割出来，研究它与周围物体之间的能量传递和物质交换，这种被人为分割出来作为分析对象的有限物质系统称为**热力学系统**，简称**热力系**。周围物体统称**外界**。系统与外界之间的分界面称为**边界**。系统与外界之间，通过边界与外界进行热能和机械能或其他形式能量的传递与质量交换。边界可以是实际的、假想的、固定的、可移动或胀缩的封闭曲面。如图 1-1(a)是蒸汽机，内燃机的气缸内壁面和活塞顶部组成的真实的边界，气缸的内壁面是固定的边界，活塞的顶部是可移动的边界，此系统为具有可移动边界的热力学系统。图 1-1(b)是旋转式热机如汽轮机、燃气轮机等利用高速气流源源不断地流过设备时的动能对外做功，热泵的工质流过压缩机转移热能的热力系统，取壳体内表面和进、出口处Ⅰ-Ⅰ、Ⅱ-Ⅱ截面围成的空间区域为系统。这一系统的边界是真实壳体的内壁和假想的Ⅰ-Ⅰ、Ⅱ-Ⅱ截面所围成的具有固定边界的热力学系统。

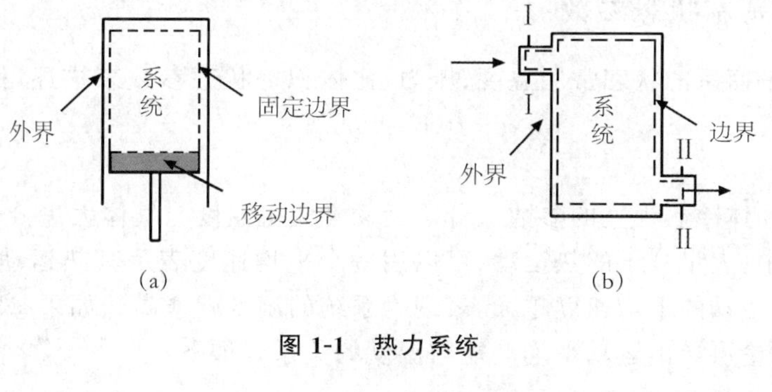

图 1-1 热力系统

按热力系统与外界的物质交换情况，热力系统可分为：

闭口系统——热力系统与外界只有能量交换而无物质交换，或者说没有物质穿过边界，系统内的质量保持恒定，所以闭口系统又叫做**控制质量**。

开口系统——热力系统与外界不仅有能量交换而且有物质交换。这种系统把研究对象规划在一定的空间范围内，这种空间范围被称为控制容积或者控制体积。

闭口系统和开口系统不是客观存在的，而是根据研究的方便人为选取的，系统与外界的分界面也可称为控制面。

按热力系统与外界的能量交换情况，热力系统可分为：

绝热系统——系统与外界无热交换。绝热系统与外界只是无热交换，但可有其他形式的能量交换，系统内的温度可有变化。

孤立系统——系统与外界既无任何物质交换也无任何形式的能量交换。孤立系统的一切作用都发生在系统内部，它是把系统与其发生物质和能量交换的外界取作了新的系统，所以，任何一个非孤立系统与其相关外界综合为一个系统考虑时都可构成孤立系统。

绝热系统与孤立系统都是热力学抽象的概念，自然界不存在真正的绝热系统，也不存在绝对的孤立系统，因为自然界没有完全隔热的物质，也不存在绝对孤立的物体。工程热力学研究的许多热力系统、绝热系统或孤立系统存在显著的近似性，通过这种科学地假定和抽象，为热力系统研究带来很大的方便。

1.1.2 热力学平衡状态

把工质在热力变化过程中的某一瞬间所呈现的宏观物理状况称为工质的热力学状态，简称**状态**。工程热力学研究的是由大量分子组成的热力学系统。实验表明，一个不受外界影响的系统，无论它的初始状态如何，经过充分长的时间后，必将达到系统的宏观性质不随时间变化的状态，这种状态就是热力学平衡状态。因此，热力学平衡状态可定义如下：

在没有外界影响(忽略重力场)**的条件下，系统的宏观性质不随时间变化的状态**，称为**平衡状态**(简称**平衡态**)。

工质的状态用其宏观物理量来描述，这种物理量称为**状态参数**。处于平衡状态的热力系，系统的一切宏观变化均停止，系统内部各处的性质均匀一致，各处的压力、温度、比体积等所有状态参数都保持一定。对应工质的每一个状态，状态参数都有一定的数值，只要其中的一个状态参数值变了，则意味工质的状态发生了变化。

1.1.3 工质的基本状态参数

简单可压缩平衡系的状态常用温度、压力、比体积等状态参数来描述，称为工质的基本状态参数。

1.1.3.1 温度

温度是标志物体冷热程度的参数。分子运动学说把温度与气体大量分子平均动能联系起来。在一个系统中，大量分子的热运动，可以用一个平均速度表示其热运动的情况，分子热运动愈强烈，分子热运动的平均速度越大，表现为系统的温度就愈高。如果忽略分子之间的相互作用，由分子运动论可导出运动平均动能与温度的关系式如下：

$$\frac{m\bar{c}^2}{2}=BT \tag{1-1}$$

式中：$\frac{m\bar{c}^2}{2}$为分子平移运动的平均动能，其中 m 是一个分子的质量，$\bar{c}$ 是分子平移运动均方根速度；B 为比例常数；T 为气体的热力学温度。

式(1-1)说明气体分子的平均动能仅与温度有关，并与其热力学温度成正比。可见温度反映物质内部大量分子热运动的剧烈程度。处于热平衡的物体，都具有相同的温度。要定量的测量温度，必须建立温标。确立温标有三个要素，即测温物质、测温属性和固定的基准点。日常最常用的摄氏温标是瑞典天文学家摄尔修斯于 1742 年，用水银作测温物质，以水银受热膨胀为测温属性，固定标准点选取标准大气压（101 325 Pa）下水的冰点 0 度和沸点 100 度，其间分为 100 个分度建立的。

在法定的计量单位中，热力学温标称绝对温标，用符号 T 表示，单位为“开尔文”，用 K 表示。热力学温标选取纯水的三相点（273.16 K）为固定的标准点，每 1K 是纯水的三相点热力学温度的 $\frac{1}{273.16}$。

摄氏温标，符号用 t 表示，单位为℃。摄氏温标与热力学温标每度的间隔相同，两者之间的关系为

$$t=T-T_0 \tag{1-2}$$

式中：T_0 为纯水的冰点热力学温度（273.15），它比纯水的三相点热力学温度低 0.01K。

在工程应用中，还有华氏温标。华氏温标把标准大气压下水的冰点和沸点分别定为 32 度和 212 度，其间分为 180 个等分，每个等分代表 1 度，用符号℉表示。华氏温标（℉）与摄氏温标（℃）间的换算关系为

$$F=\frac{9}{5}t+32 \text{ 或者 } t=\frac{5}{9}(F-32) \tag{1-3}$$

式中：t 的单位为℃，F 的单位为℉。

1.1.3.2 压力

若取一个充满气体的容器作为系统，系统中气体分子总是不停地作不规则的热运动，这种不规则热运动不但使系统中气体分子之间不断地相互碰撞，同时也使气体分子不断地与容器壁（边界面）碰撞，大量分子碰撞器壁的平均结果，就形成了气体对器壁的压力。通常用垂直作用于边界面单位面积上的力来表示压力的大小，也就是气体的绝对压力，用 p 表示。

$$p=\frac{F}{A} \tag{1-4}$$

式中：F 为整个边界受到的力，N；A 为边界的总面积，m^2。

流体的压力用压力计测量。由于测压仪表常处于大气压力的作用下，因此，压力计所测得的压力并非工质的绝对压力（或称真实压力）值，而是工质的真实压力与当时当地大气压力的差值，称其为表压，用 p_e 表示，参见图 1-2(a)。

表压与绝对压力存在下列关系。当绝对压力大于大气压力时：

$$p=p_e+p_b \tag{1-5}$$

式中：p_b 为当时当地的大气压力。

当绝对压力小于大气压力时，此时的测压仪表叫真空计。真空计上的读数叫真空度，用 p_v 表示，参见图 1-2(b)，即。

$$p=p_b-p_v \tag{1-6}$$

作为工质状态参数的压力是指绝对压力。绝对压力一般不能直接测量，但大气压力可以

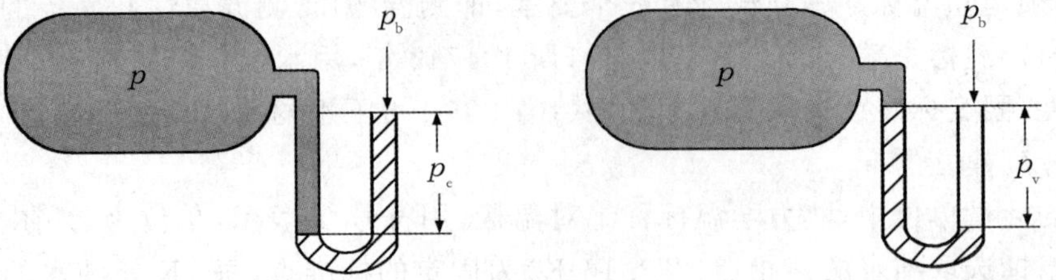

(a) $p>p_b$ (b) $p<p_b$

图 1-2 绝对压力

用气压计测量，于是，就可以由表压力和大气压力获得绝对压力。由于大气压力随时随地都可能变化，即使工质的绝对压力不变，表压力或真空度仍可能变化。在绝对压力较大，而大气压力变化不大的同一地区，工程计算中，可以把大气压力视为常数。

我国法定的压力单位是帕斯卡，简称帕，符号为 Pa。

$$1\ \mathrm{Pa}=1\ \mathrm{N/m^2}$$

即 1Pa 等于每平方米的面积上作用 1 牛顿的力。

由于 Pa 的单位太小，所以工程上常用兆帕作压力单位，符号为 MPa。

在工程制单位中，压力单位常采用工程大气压(at)、标准大气压或称物理大气压(atm)、巴(bar)、毫米汞柱(mmHg)和毫米水柱(mmH_2O)，它们与帕之间的换算关系如表 1-1 所示。

表 1-1 不同压力单位之间的换算关系

常用压力单位	与 SI 制压力单位的换算关系
bar	1 bar=100 kPa
atm	1 atm=$1.013\ 25\times10^5$ Pa
at	1 at=$9.806\ 65\times10^4$ Pa
mmHg	1 mmHg=133.322 4 Pa
mmH_2O	1 mmH_2O=9.806 65 Pa

1.1.3.3 比体积及密度

单位质量的工质所占的容积称为比体积，用 v 表示。

$$v=\frac{V}{m} \tag{1-7}$$

式中：v 为比体积，m^3/kg；m 为工质的质量，kg；V 为工质所占的容积，m^3。

比体积的倒数是工质的密度，用 ρ 表示。v 和 ρ 不是互为独立的参数，在分析工质的状态时，可以任选其一作为状态参数，通常取 v 作状态参数。

1.1.4 状态参数的特性

能量的传递和转换是靠工质经历一定的热力过程或热力循环时的状态变化实现的，而工质的状态是用状态参数描写的，因此，无论是研究工质的性质，还是分析计算热力过程或热力循环，都离不开状态参数。

状态参数是状态的单值函数，只与状态有关，具有以下数学特征。

1.1.4.1 积分特性

(1)在任意过程中，当热力系从状态 1 变化到状态 2 时，任意状态参数的变化量均等于初、

终状态下该状态参数的差值，与变化过程无关。即

$$\int_1^2 \mathrm{d}z = z_1 - z_2$$

(2)热力系经历一封闭的状态变化又回到原始状态，状态参数变化为零。即

$$\oint \mathrm{d}z = 0 \tag{1-8}$$

1.1.4.2 微分特性

由于状态参数是点函数，它的微分是全微分，设状态参数 z 是另外两个变量 x 和 y 的函数，则

$$\mathrm{d}z=\left(\frac{\partial z}{\partial x}\right)_y \mathrm{d}x+\left(\frac{\partial z}{\partial y}\right)_x \mathrm{d}y \tag{1-9}$$

数学上的充要条件为

$$\frac{\partial^2 z}{\partial x\ \partial y}=\frac{\partial^2 z}{\partial y\ \partial x} \tag{1-10}$$

具有上述数学特征的物理量，一定是状态参数。在热力学中的状态参数有温度、压力、比体积或密度、内能、焓、熵、自由能、㶲等。其中温度、压力、比体积或密度可以直接或间接的用仪器测量出来，称为基本状态参数，其余的状态参数均为导出状态参数。

1.2 状态方程式及状态参数坐标图

1.2.1 状态公理

热力系的每一个状态参数，都从某一个角度描述了系统某一个方面的宏观性质，但是这些状态参数并不全都是独立的，而是相互影响的。例如一闭口系统中的气体，当温度 T 改变时，压力 p、热力学能 U 也跟着改变。在这些状态参数中，可选定一定数量的状态参数作为独立变量，它们唯一地完全确定了系统的状态，而其余的状态参数均为因变量。作为选定的独立变量的函数，称为热力学函数。

下面讨论系统处于平衡状态时有几个独立变量。

系统与外界由于某种不平衡势的存在，将发生相互作用，这种作用体现在某种形式的能量的交换，那么，系统的状态就要发生变化，这种变化使系统的不平衡势减小，最终到消失，系统相应地达到了某种平衡，从而得到一个确定的描述系统平衡性质的状态参数。例如，温度不平衡势导致热量的交换，导致系统状态变化，使温度不平衡势消失，从而系统达到了热平衡，得到描述热平衡的状态参数 T。

由于各种能量交换可以独立地进行，那么，决定平衡热力系状态的独立变量的数目，应等于热力系与外界交换能量的各种方式之和，有几个独立的能量交换方式，就有几个独立的状态参数。对于均匀的闭口系统，与外界的相互作用除表现为各种形式(n 种)的功(准静功)的交换外，还有热量交换。因此，对于均匀的闭口系统的平衡状态，可用 $n+1$ 个独立的状态参数来

限定它。这里 n 是系统可能出现的准静功形式的数目，1 是考虑系统与外界的热交换。以上说法称为**状态公理**。

对于简单可压缩系，热力系与外界交换的准静功只有工质的膨胀功一种形式，由状态公理知，其独立状态参数只有 2 个。

1.2.2 气体的状态方程式

系统处于平衡时，工质所有的状态参数都有确定的数值。对于简单可压缩系，确定平衡状态的独立参数只有 2 个。通常在 p,v,T 3 个基本参数中任选 2 个作自变量。例如：

$$比体积\ v=f(p,T)，比内能\ u=f(p,T)，比焓\ h=f(p,T)$$

把这种关系写成隐函数的形式，即

$$f(p,v,T)=0 \tag{1-11}$$

这种关系式称为**状态方程**。

质量为 1 kg 的理想气体的状态方程式被表述为

$$pv=RT \tag{1-12}$$

式中的 R 称为气体常数，不同的气体 R 值不同。就某一种气体而言，R 是不变的常数，其单位为 J/(kg·K)或 N·m/(kg·K)。

对于质量为 m 的理想气体，其状态方程式为

$$pV=mRT \tag{1-13}$$

式中：$V=mv$ 为气体的总容积，m^3；m 为气体质量，kg。

对于 1 mol 的某理想气体有

$$pV_m=R_mT \tag{1-14}$$

式中的 $V_m=\mu v$ 是 1 000 mol 气体的体积（千摩尔容积），μ 是该气体的分子量。由于在同温度、同压力下，各种理想气体的千摩尔容积均相等，所以式(1-14)中的 $R_m=\mu R$ 也是一个常数，称为**通用气体常数**，它与气体的性质和状态无关。

利用理想气体在标准状态（$p_0=0.101\ 325$ MPa，$T_0=273.15$ K）下的千摩尔容积（22.431 5 m^3），计算通用气体常数 R_m：

$$R_m=\frac{p_0V_{0m}}{T_0}=\frac{1.013\ 25\times10^5\times22.431\ 5}{273.15}\approx8\ 314.3(\mathrm{J/(kmol\cdot K)})$$

理想气体是假设气体分子是一些有弹性的、不占体积的质点，分子之间没有作用力（引力和斥力）的气体。在这样的假设条件下，气体分子运动规律可简化，从而建立某些宏观物理量与微观运动联系的关系式。在气体分子本身的体积可以忽略，而分子间平均距离很大，分子间相互吸引力小到可以忽略不计时，这种状态的气体便基本符合理想气体的条件。如自然界存在的 O_2、H_2、N_2、CO、CO_2 以及由这些气体所组成的混合气体，在通常的压力和温度下，它们的性质都非常接近理想气体，在工程计算所要求的精确度范围内，完全可以把它们当作理想气体。

如果气体为实际气体，其状态处于很高的压力和很低的温度，或接近于液态，以致分子本身的体积及分子间的作用力不能忽略时，就不能当作理想气体，如水蒸气、制冷蒸汽等。理想气体与实际气体没有明显的界限，在某种状态下视为理想气体，另一种状态下视为实际气体，要根据工程计算所允许的误差范围而定。如在空气中的水蒸气成分较少，比体积较大时可当作理想气体看待。将蒸汽加热提高其温度，则温度愈高，比体积愈大，就愈接近理想气体。理想气体状态方程式对热力学理论发展起着巨大的作用，在热工计算中有广泛的应用。

1.2.3 状态参数坐标图

对于简单可压缩的平衡热力系，由于独立的状态参数只有两个，因而可以利用任意两个独立的状态参数组成二维平面坐标系。在这种坐标系中，任意一点代表一确定的平衡状态。这种由热力状态参数组成的坐标图称为热力状态坐标图。常用的这类坐标图有压容（p-v）图和温熵（T-s）图等，如图 1-3 所示。图中 1 点表示具有压力 p_1、温度 T_1 和比体积 v_1、熵 s_1 的状态 1，2 点表示具有压力 p_2、温度 T_2 和比体积 v_2、熵 s_2 的状态 2。同时，图 1-3(a)上的任意一点都可在图 1-3(b)上找到确定的对应点。曲线 1-2 表示气体由状态 1 经过无数中间状态变化到状态 2 的热力过程，称为**热力过程线**。

系统处于不平衡状态时，因系统各部分的物理量一般不相同，在坐标图上无法表示。只有平衡状态才能在状态参数坐标图上用一确定的点来表示，同时也只有准平衡过程才能在状态参数坐标图上用一确定的实线来表示。

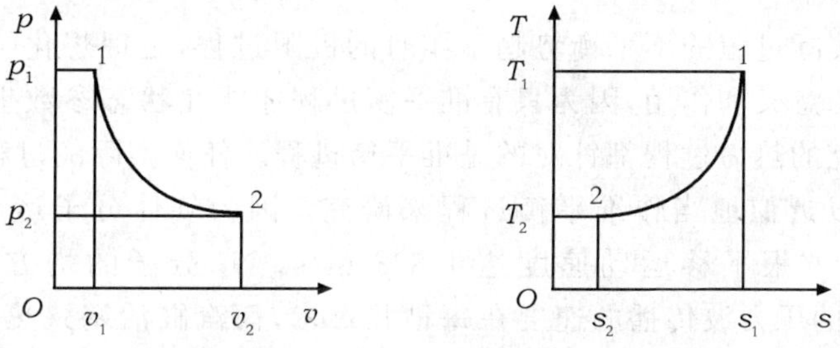

(a) 压容图　　(b) 温熵图

图 1-3 状态参数坐标图

1.3 热力过程及热力循环

1.3.1 准平衡过程

系统由一个平衡状态（初态），经过无数中间状态，变化到另一个平衡状态（终态）的连续变化过程，称为**热力过程**。

各种热力过程，除初态和终态外，中间状态不一定是平衡态。以气体在气缸内的绝热膨胀为例，如图 1-4 所示。设想由理想绝热材料制成气缸与活塞，气缸与活塞间无摩擦，气缸中储有气体。以这部分气体作为系统。开始时气体在外界压力作用下处于平衡状态 1，参数为 p_1，v_1 和 T_1，此时系统内各处的压力均匀一致，系统内、外的作用力相等。如果外界压力突然减少

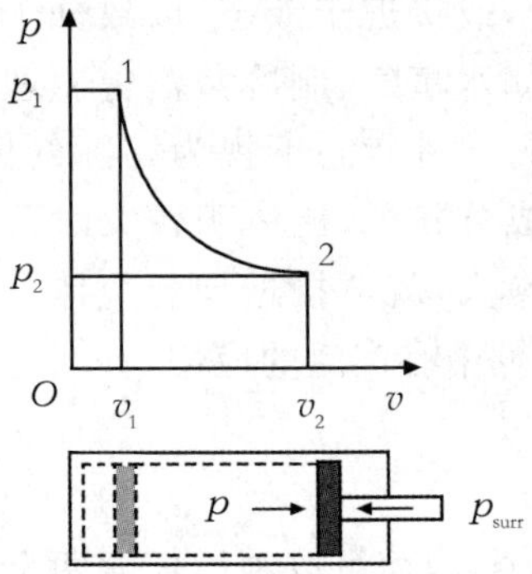

图 1-4　气体膨胀过程

很多，这时活塞两边存在很大的压力差，势必推动活塞右行。在右行的过程中，靠近活塞部分的气体首先膨胀，其压力、比体积、温度不断变化，系统呈现不平衡态。不平衡态将引起系统内部质量和能量的迁移，使气体压力与外界压力经过一段时间后又趋于相等。且气体内部压力、比体积、温度也趋于均匀，即重新建立了平衡，到达新的平衡状态点 2。这一过程除了初态 1 和终态 2 以外都是非平衡态，而且系统内、外的压差愈大，活塞移动的速度愈快，造成系统内部的不平衡性愈明显。但当系统内、外的压差很小，活塞移动的速度很慢，给系统造成的状态改变的不平衡势差无限小，使系统在状态变化过程中能及时恢复平衡，这样的过程就是准平衡过程或称准静态过程。通常把系统恢复平衡所需的时间称为弛豫时间，于是，准平衡过程可以定义为：当过程进行得足够缓慢，过程所经历的时间远远大于系统恢复平衡的弛豫时间，系统所经历的每一中间状态都足够地接近平衡状态，这样的热力过程称为**准平衡过程**。

从气体在气缸内膨胀过程的分析知，热力系实现准平衡过程的条件是推动过程进行的不平衡势为无限小。上面分析了热力系内外压差为无限小的气体膨胀过程。同理，可以分析，在温差作用下，实现准平衡过程的条件是热力系内、外的温差为无限小，即

$$(p-p_{\text{surr}})\to 0;\quad (T-T_{\text{surr}})\to 0$$

准平衡过程是实际过程的不平衡势趋于零时的极限过程，是理想化了的实际过程。它在工程上具有很重要的意义和作用，因为只有准平衡过程才能在状态参数坐标图上用连续曲线表示。热力学所研究的热力过程都针对的是准平衡过程。任何实际的过程，都是不平衡过程，但在适当条件下可以近似地当作准平衡过程来研究。因为气体分子运动速度极大，例如在 0℃时，H_2 分子的均方根平移运动速度达 1 838 m/s，N_2 分子的均方根平移运动速度达 493 m/s，气体内部的压力波传播的速度在每秒几百米，而汽缸活塞式热机，活塞的运动速度通常不超过 10 m/s，系统有足够恢复平衡的时间。完全可以按准平衡过程进行分析，除系统明显偏离平衡，对结果需要修正以外，一般可以忽略过程中偏离平衡的影响。

1.3.2　可逆过程与不可逆过程

一个系统由一初态出发，经过某一过程到达另一终态点后，不但能按原过程的反方向进行，而且，逆行时所经历的状态与顺行时完全相同，逆行终了能使系统回到初态，而不留下任何变化的痕迹，这种过程称为**可逆过程**。

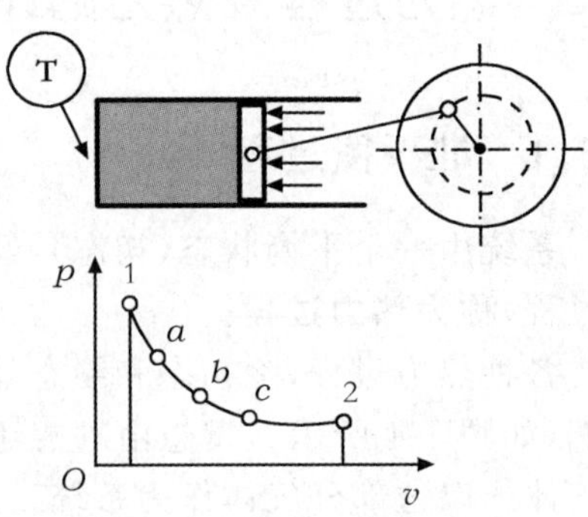

图 1-5　准平衡膨胀过程

下面举例说明可逆过程的概念。

如图 1-5 所示，设有一台由工质、机器和热源构成的热机，其系统内、外不平衡势趋于零，且不存在内、外摩擦等任何损耗。气缸内的气体从热源 T 吸收热量，由初态 1 开始对外做膨胀功，经过 1-*a*-*b*-*c*-2 到达状态 2 后，外部将正过程中得到的动能全部用来压缩气体，推动活

塞左行，使气体沿 2-c-b-a-1 逆向返回到初态 1。同时，在逆过程中，工质全部归还从热源 T 吸收的热量，这样逆过程进行的结果，不仅工质回到了初态，而且外界（热源和机器）也回到了初态，没有留下任何痕迹，这种具有可逆特性的过程即为可逆过程。

对实际的热力过程来说，系统对外界做膨胀功时，由于气缸壁与活塞之间存在着摩擦，同时工质内部还存在着由于扰动而形成的内摩擦，因而系统所做膨胀功必然有一部分消耗于摩擦而转变成热能，使得实际传出的功减少，如果把这部分实际传出的功再用来压缩工质，使系统进行逆过程时，还要因摩擦而额外消耗一部分功又转变成热，因而单靠原来的膨胀功系统不可能回复到原来状态。要使系统回复到原来状态，外界必须还要多消耗功，这样，气体虽然恢复到了原来的状态，但却给外界留下了变化，即由于摩擦的缘故，有一部分机械能不可复逆地变成了热能，使得过程不可逆。

同样，在有温差的传热过程中，当工质吸热时必须是外界有一个温度高于系统温度的热源。若过程按反向进行，即要让系统对外放热时，外界必须有一个温度低于系统温度的热源。这样系统的温度虽然恢复到了原来的状态，但外界却留下了痕迹，即外界有一部分热能不可逆地从温度较高的热源传到了温度较低的热源。

由此可见，存在耗散效应（通过摩擦、电阻、磁阻等使功变成热的效应）以及有不平衡势差的过程都是不可逆过程，因此，实现可逆热力过程需要满足的充要条件是：

（1）作机械运动时没有摩擦和工质内部的扰动（过程中不存在耗散效应）；

（2）传热时没有温差（系统内部以及系统与外部之间不存在不平衡势差）。

显然，可逆过程实际上是不可能进行的，因为没有温差，实际上就不能传热，要避免摩擦除非停止机械运动。所以，可逆过程只能理解为在无限小温差下进行传热，在摩擦无限小的情况下作机械运动的过程，也就是说，可逆过程可以理解为不可逆因素趋于无限小的极限情况，这样的过程当然只能进行得无限缓慢，可见，可逆过程只是一种科学的抽象。

准平衡过程是一系列平衡状态的连续，可以设想是在无限小的压差和无限小的温差下进行的过程。忽略活塞与气缸壁之间的摩擦，准平衡过程就是可逆过程。平衡过程和可逆过程两个概念并无实质上的区别，在热力学范围内这两个概念是相辅相成的，可逆是针对过程中系统所引起的效果而言的。当讨论的对象涉及系统与外界的关系时，可逆这一概念更为适当。在工程热力学中，为了弄清实际热力过程的基本规律，通常把实际过程抽象为概念过程来研究，可逆过程的概念在热力学分析方法中有重要的现实意义。

1.3.3 功和热量

1.3.3.1 功

功在力学中被定义为物体所受的力与该力方向上产生的位移的乘积。

在热力学中，研究的系统是可压缩流体、弹性固体、流体表面薄膜、电介质、顺磁性固体等，它们对外交换的功量，不一定是力移动了一段距离，功的概念被扩展了，我们把功定义为**功是系统与外界相互作用通过边界传递的能量**。当系统做功时，它对外界的作用可用在外界举起重物的单一效果来等同。在热力学中功是热力系统通过边界与外界交换的能量，与系统本身具有的宏观运动动能和宏观位能不同，约定工质对外界做功为正，外界对工质做功为负，用符号 W 表示。在我国法定的计量单位是焦耳，用符号 J 表示（1 J=1 N·m）。单位时间内完成的功叫**功率**，单位为瓦，用符号 W 表示，1 W=1 J/s=1 N·m/s。

单位质量的工质所做的功称为**比功**，用 w 表示，单位为 J/kg。若质量为 m 的工质所做的功则为

$$W=m\cdot w$$

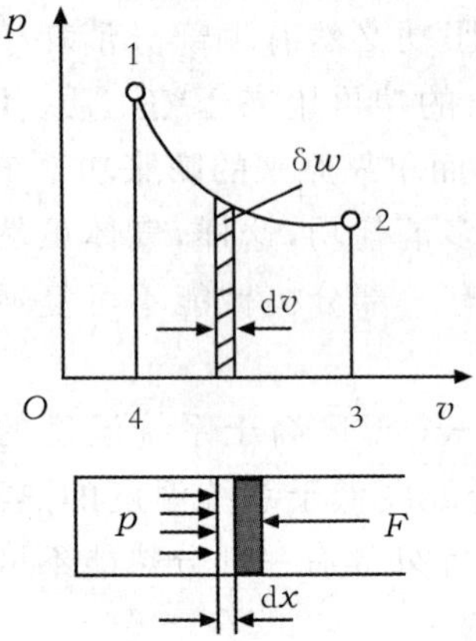

图 1-6　气体膨胀功

下面分析工质在闭口系统中所做的功。

设有一个活塞断面积为 A 的气缸，内装有压力为 p 的 1 kg 气体，如图 1-6 所示。如果对工质（气体）加热，工质因受热膨胀而做功。如果工质作用在活塞上的总作用力与外界的反抗力 F 始终保持平衡，工质经历一个可逆过程由状态 1 变化到状态 2，则工质在此膨胀过程中的状态变化可用图 1-6 中的 p-v 曲线来表示。取工质做膨胀功过程中向前推进距离微元 dx，于是此 1 kg 工质在这一瞬间所做的功量为

$$\delta w=pA\mathrm{d}x=p\mathrm{d}v$$

1 kg 工质在状态 1 到状态 2 整个过程中所做的功量为

$$w=\int_1^2 p\mathrm{d}v \tag{1-15}$$

对于质量为 m 的工质在状态 1 到状态 2 整个过程中所做的功量则为

$$W=m\int_1^2 p\mathrm{d}v$$

对于压缩功，即过程沿相反方向 2-1 进行时，由于 $\mathrm{d}v<0$，其功量为负值，仍按式(1-15)计算功量。若 $\mathrm{d}v=0$ 则 $\delta w=0$，说明闭口系中的定量气体，比体积不变时，工质与外界无功量交换。

功是一个发生在系统界面上的暂时性的现象，传递过程中的一种能量形式，其本质在于反映系统以有序方式传递的能量。它是伴随着相互作用而产生的，不是系统所含有的能量，所以不能说一个系统具有多少功。功的数值不仅决定于工质的初态和终态，而且与过程的性质有关，功是过程量，不是系统的状态参数。

1.3.3.2　热量

热量指某一系统与外界之间存在温差，能量从温度较高的热力系统的边界面传递给另一个温度较低的系统（或外界）的热能，用符号 Q 表示，单位是焦耳(J)，用小写字母 q 表示 1 kg 工质在热力过程中与外界交换的热量。热量的符号，系统热吸热为正，放热为负。

系统在可逆过程中与外界交换的热量可用温度 T 和熵 S 两个参数来描述，如图 1-7 所示。

1 kg 工质的熵称为比熵，用 s 表示，单位为 J/(kg·K)。$m$kg 的熵用 S 表示，单位为 J/K。

熵的定义式是

$$\mathrm{d}s=\frac{\delta q}{T} \tag{1-16}$$

式中：$\mathrm{d}s$ 为比熵的微增量；δq 为 1 kg 工质在可逆过程中的微小换热量；T 为工质的绝对温度。

于是有

$$q = \int_1^2 T\mathrm{d}s \tag{1-17}$$

对于质量为 m 的工质，则

$$Q = m\int_1^2 T\mathrm{d}s$$

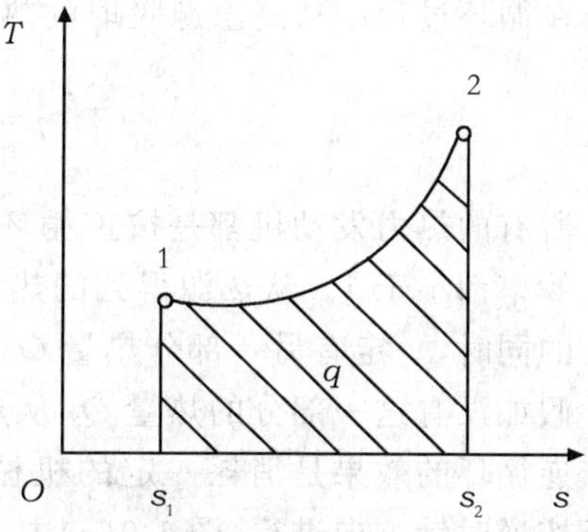

图 1-7 温熵图

热量是一个发生在系统界面上的暂时性的现象。当系统之间（或系统与外界之间）存在温差，在系统的界面上就有热能的传递。经过一段时间之后，当系统之间达到热平衡时，系统界面上热能传递则停止。可以说，系统从来不占有“热量”，只有存在温差时才能在边界面上觉察到热量的传递。热量与热力过程有关，它的数值不能用系统的初始状态和终了的平衡状态来确定，显然，热量不是状态参数，而是过程量。

1.3.4 热力循环

封闭的热力过程称为热力循环。即工质从某一初态出发，经历一系列中间状态后，又回到初态的封闭过程。如图 1-8(a)中的封闭过程 1-2-3-4-1。

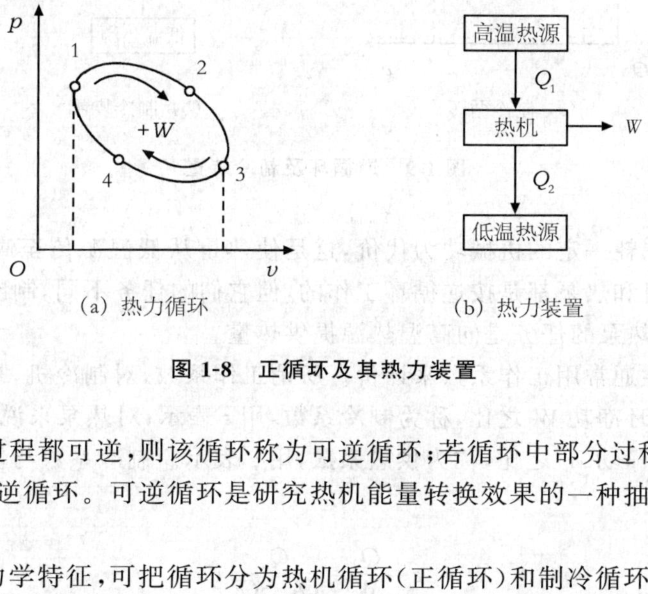

图 1-8 正循环及其热力装置

若循环中全部过程都可逆，则该循环称为可逆循环；若循环中部分过程或全部过程都不可逆，则该循环为不可逆循环。可逆循环是研究热机能量转换效果的一种抽象概念，是理想化了的热机循环。

根据循环的热力学特征，可把循环分为热机循环（正循环）和制冷循环（逆循环）。

正循环的效果是使热能转变为机械能，系统向外输出功，如图 1-8 所示。循环按顺时针方向进行，图 1-8(a)中 1-2-3 工质膨胀，从高温源吸收热量 Q_1。工质经 3-4-1 回到初态的过程中，工质受压缩，向低温热源放出热量 Q_2。工质对外做功的净功为 W，用循环 1-2-3-4-1 所包围的面积表示，等于工质从高温源吸取的热量与向低温源放出的热量之差。即

$$W = Q_1 - Q_2 \tag{1-18}$$

正循环的经济性用循环热效率 η_t 来评价。它等于工质在整个循环中对外界做的净功与

工质在循环过程中从高温源吸取的热量之比。即

$$\eta_t=\frac{W}{Q_1}=\frac{Q_1-Q_2}{Q_1}=1-\frac{Q_2}{Q_1} \tag{1-19}$$

所有的热力发动机都是按正循环工作的，由于任何热机的 Q_2 都大于零，所以，所有热机的热效率都小于 1。从热源得到的热量 Q_1，只能有一部分可以转换为净功 W。在热能转换为净功的同时，一定有另一部分热量 Q_2 流向冷源，这就是使内能转化为机械能所必需的补充条件。假如没有这一部分的热量 Q_2 从热源流向冷源，热能就不可能连续不断地转变为机械能。

逆循环的效果是消耗一定的机械能，把热量从低温热源转向高温热源。如图 1-9 所示。循环按逆时针方向进行，图 1-9(a)中 1-4-3 工质膨胀，从低温源吸收热量 Q_2。工质经 3-2-1 回到初态的过程中，工质受压缩，向高温热源放出热量 Q_1。由于压缩过程线在膨胀过程线的上方，则压缩功大于膨胀功，所以，工质循环后要消耗净功 W 为

$$W=Q_1-Q_2$$

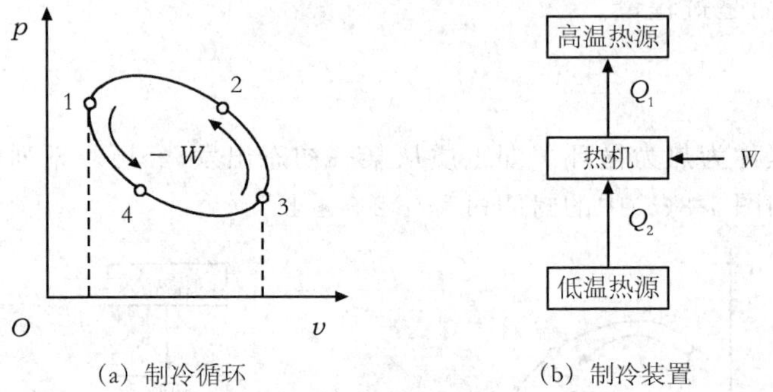

图 1-9　逆循环及制冷装置

实施逆循环要消耗一定的机械功为代价，这是使热量从低温源传至高温源所必需的补充条件。所有的制冷机和热泵都是按逆循环工作的，但它们的任务不同，制冷机的任务在于从低温热源吸取热量，而热泵的任务是向高温热源提供热量。

逆循环的经济性通常用工作系数来评价。所谓工作系数，对制冷机，是指从低温源取出的热量 Q_2 与消耗的循环净功 W 之比，称为**制冷系数**，用 ε 表示；对热泵来说，是指供给热源的热量 Q_1 与消耗的循环净功 W 之比，称为**供热系数**，用 ε' 表示。制冷系数与供热系数的计算式分别为

$$\varepsilon=\frac{Q_2}{W}=\frac{Q_2}{Q_1-Q_2} \tag{1-20}$$

$$\varepsilon'=\frac{Q_1}{W}=\frac{Q_1}{Q_1-Q_2} \tag{1-21}$$

应当指出式(1-19)是计算各种正循环效率的通式，不论正循环可逆还是不可逆均适用。同样，式(1-20)和式(1-21)是计算各种逆循环工作系数的通式，不论逆循环是可逆的还是不可逆的均适用。

1.4 理想混合气体

工程中应用的气体工质通常都不是单一的气体，而是混合气体。例如空气是由 O_2、N_2 及少量的其他气体组成，燃料燃烧生成的烟气是 CO_2、H_2O、O_2、N_2 及少量其他气体的混合物。根据质量守恒，混合气体的物质的量等于各组成气体物质的量之和，其热力性质也取决于组成气体的性质及其百分数。如果各组成气体都处在理想气体状态，那么，其混合物也具有理想气体的性质，并称为**理想混合气体**，它与单一的理想气体具有相同的性质，并且，对处在平衡状态的理想混合气体，各种组成气体互不影响地独自充满整个容积。

1.4.1 混合气体的成分

组成混合气体的各组元的分量与混合气体的总量的比值，称为**混合气体的成分**，用分数表示。根据采用的**物量**单位分为质量分数、体积分数和摩尔分数。

质量分数是指混合气体中各组成气体的质量与混合气体总质量的比值。即

$$w_i = \frac{m_i}{m} \tag{1-22}$$

式中：w_i 为第 i 组元的质量分数；m_i 为第 i 组元的质量；m 为混合气体的总质量。

$$m = \sum_{i=1}^{n} m_i \tag{1-23}$$

显然，混合气体中各组成气体的质量分数之和等于 1。

$$\sum_{i=1}^{n} w_i = 1 \tag{1-24}$$

混合气体中各组成气体的分体积与混合气体总体积的比值称为**体积分数**。即

$$\gamma_i = \frac{V_i}{V} = \frac{V_i}{\sum_{i=1}^{n} V_i} \tag{1-25}$$

式中：γ_i 为第 i 组元的体积分数；V 为混合气体的总体积；V_i 为在同压力、同温度下各组成气体的分体积。同样

$$\sum_{i=1}^{n} \gamma_i = 1 \tag{1-26}$$

混合气体中各组成气体的摩尔数 n_i 与混合气体总摩尔数 n 的比值称为**摩尔分数**，用 x_i 表示。即

$$x_i = \frac{n_i}{n} = \frac{n_i}{\sum_{i=1}^{n} n_i} \tag{1-27}$$

摩尔分数与体积分数有如下关系：

$$\gamma_i=\frac{V_i}{V}=\frac{V_{m,i}n_i}{V_m n}$$

式中：$V_{m,i}$为第 i 组元的摩尔体积；V_m 为混合气体的摩尔体积。

根据阿佛伽德罗定律，在同温同压下，任何气体的摩尔体积相等。即 $V_{m,i}=V_m$，由此可见，混合气体的体积分数与摩尔分数在数值上相等，即

$$\gamma_i=x_i$$

1.4.2 分压力定律与分体积定律

1.4.2.1 分压力定律

如图 1-10 中的(a)、(b)、(c)，对于温度为 T，压力为 p，体积为 V，摩尔量为 n 的理想气体混合物，服从状态方程 $pV=nR_mT$。

由于组成气体分压力 p_i 是指与混合气体相同的温度下，各组成气体单独占有混合气体的体积 V 时给予容器壁的压力，所以，$p_iV=n_iR_mT$。于是有

$$\frac{p_i}{p}=\frac{n_i}{n}=x_i \quad 或 \quad p_i=x_i\cdot p \tag{1-28}$$

可见，理想气体混合物各组成气体的分压力，等于总压力与其摩尔分数的乘积。累加式(1-28)的两边得

$$p=\sum_{i=1}^{n}p_i \tag{1-29}$$

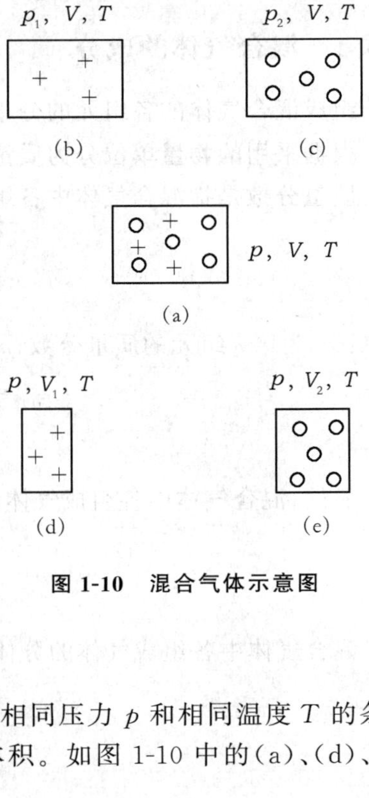

图 1-10 混合气体示意图

表明，理想气体混合物的总压力等于各组成气体的分压力之和，这就是**道尔顿分压力定律**。

1.4.2.2 分体积定律

所谓分体积是指，使各组成气体，在保持着与混合气体相同压力 p 和相同温度 T 的条件下，把各组成气体单独分离出来后，各组成气体所占有的体积。如图 1-10 中的(a)、(d)、(e)所示。

对于理想气体混合物有

$$V=\frac{nR_mT}{p}$$

而对于其中的组元气体，在温度为 T，压力为 p 时

$$V_i=\frac{n_iR_mT}{p}$$

于是有

$$\frac{V_i}{V}=\frac{n_i}{n}=x_i \quad 或 \quad V_i=x_i\cdot V \tag{1-30}$$

可见,理想气体混合物各组成气体的分体积,等于总体积与其摩尔分数的乘积。

对式(1-30)的两边同时求和得

$$V=\sum_{i=1}^{n}V_i \tag{1-31}$$

理想气体混合物的总体积等于各组成气体的分体积之和,这个关系式称为**分体积定律**。

1.4.3 混合气体的摩尔质量和气体常数

热力学中引入折合气体分子质量的概念,把混合气体折合成某种假想的单质理想气体,该假想气体的气体常数称为"折合气体常数";混合气体的总质量与混合气体总的摩尔数之比称为**混合气体的摩尔质量**(折合分子质量),用 M 表示,又称为混合气体的折合摩尔质量或平均摩尔质量。

混合物中第 i 种组元的质量与本组元摩尔数的比为该种组元的摩尔质量,也称为该种组元的分子质量:

$$M_i=\frac{m_i}{n_i}$$

混合物的总质量 m 与总摩尔数 n 的比为该混合物的摩尔质量 M,也称为该混合物的折合分子质量:

$$M=\frac{m}{n}=\frac{\sum_{i=1}^{n}m_i}{n}=\frac{\sum_{i=1}^{n}n_iM_i}{n}=\sum_{i=1}^{n}x_iM_i \quad (\text{kg/kmol}) \tag{1-32}$$

式(1-32)表明:混合物的总摩尔质量(折合分子质量)为各组元摩尔质量(分子质量)与摩尔分数乘积之和,即各组元分子质量按摩尔分数的加权平均。

混合物的气体常数

$$R=\frac{R_{\mathrm{m}}}{M}$$

式中:R_{m} 为通用气体常数;M 为混合物的折合分子质量。

$$R=\frac{R_{\mathrm{m}}}{\frac{m}{n}}=\frac{R_{\mathrm{m}}\cdot\sum_{i=1}^{n}n_i}{m}=\frac{R_{\mathrm{m}}\cdot\sum_{i=1}^{n}\frac{m_i}{M_i}}{m}=\sum_{i=1}^{n}\frac{m_i}{m}\cdot\frac{R_{\mathrm{m}}}{M_i}=\sum_{i=1}^{n}w_iR_i \tag{1-33}$$

其中 R_i 为第 i 种组元的气体常数。

式(1-33)表明:混合物的气体常数 R 是各组元气体常数与质量分数乘积之和。也就是各组元气体常数按质量分数的加权平均。

1.4.4 理想混合气体的比热容、热力学能、焓和熵

理想气体的分子没有相互的作用力,分子自身也不占有体积。可以认为在混合气体中,任何一种组元所处的状态不受其他组元存在的影响,其比热容、热力学能、焓和熵可由各组成气

体的性质及其在混合气体中的比例来计算。

1.4.4.1 理想混合气体的比热容

比热容是指单位数量的物质在温度变化 1 K 时吸收(或放出)的热量。气体的数量单位有质量(kg)、容积(标准 m^3)和摩尔(mol)或千摩尔(kmol),则相应的气体比热容分别为质量热容、容积热容和摩尔热容。

混合气体的比热容值等于各组元气体温度均升高 1 K 所需的热量之和。根据混合气体温度升高 dT 时所需的热量,可推出质量热容计算式:

$$cm\mathrm{d}T = \sum_{i=1}^{n} c_i m_i \mathrm{d}T$$

于是得混合气体的质量热容

$$c = \sum_{i=1}^{n} w_i c_i \tag{1-34}$$

质量热容表示 1 kg 的工质温度升高(或降低)1 K 时,吸收(或放出)的热量。单位是 J/(kg · K),用符号 c 表示。

用同样方法可得混合气体的容积热容

$$c' = \sum_{i=1}^{n} \gamma_i c'_i \tag{1-35}$$

容积热容表示 1 标准 m^3 的工质温度升高(或降低)1 K 时,吸收(或放出)的热量。单位是 J/(m^3 · K),用符号 c'表示。

由于 1 kmol 理想混合气体的质量为 M(单位为 kg),所以,将质量热容乘以混合气体摩尔质量(折合分子质量)得摩尔热容 c_{m}。

摩尔热容表示 1 mol 的工质温度升高(或降低)1 K 时,吸收(或放出)的热量。单位是 J/(mol · K),用符号 c_{m} 表示。

$$c_{\mathrm{m}} = M\sum_{i=1}^{n} w_i c_i \tag{1-36}$$

由于,$w_i = \dfrac{m_i}{m} = \dfrac{n_i M_i}{nM} = x_i \dfrac{M_i}{M}$,于是摩尔热容 c_{m} 又可表示为

$$c_{\mathrm{m}} = M\sum_{i=1}^{n} w_i c_i = \sum_{i=1}^{n} M_i c_i x_i \quad 或 \quad c_{\mathrm{m}} = \sum_{i=1}^{n} M_i c_i \gamma_i \tag{1-37}$$

工程计算中,在温度变化范围不大,或不要求十分精确时,把比热容看作是与温度无关的常数,这种比热容称为**比定值热容**。由于比热容不仅与物质本身有关,同时还与加热过程的性质有关,热力过程的性质不同,其吸热量也不一样。在气体压力不变的条件下获得的比热容称为**质量定压热容**,用 c_p 表示;在气体容积不变的条件下获得的比热容称为**质量定容热容**,用 c_v 表示。根据分子运动论,凡是原子数相同的气体,其定值摩尔比热容相同。理想气体的**摩尔定压热容**(用 $c_{\mathrm{m}p}$ 表示)和**摩尔定容热容**(用 $c_{\mathrm{m}v}$ 表示)如表 1-2 所示。

表 1-2 理想气体的定值摩尔热容(R_m=8.314 J/(mol·K))

摩尔热容	单原子气体	双原子气体	多原子气体
c_{mv}	$\frac{3}{2}R_m$	$\frac{5}{2}R_m$	$\frac{7}{2}R_m$
c_{mp}	$\frac{5}{2}R_m$	$\frac{7}{2}R_m$	$\frac{9}{2}R_m$
$\kappa=\frac{c_p}{c_v}$	1.667	1.40	1.29

1.4.4.2 理想混合气体的热力学能和焓

理想混合气体分子之间无内位能，只有内动能。内动能只取决于温度，是温度的单值函数，不因其他气体的存在而改变。因此，理想混合气体的热力学能(即总内能，用U表示)等于各组元气体的热力学能之和：

$$U=\sum_{i=1}^{n}U_i \tag{1-38}$$

1 kg 理想混合气体的热力学能(用u表示)为

$$u=\sum_{i=1}^{n}w_iu_i \tag{1-39}$$

同理，理想气体混合物的焓(用H表示)等于各组元气体焓值之和，即

$$H=\sum_{i=1}^{n}H_i \tag{1-40}$$

1 kg 理想混合气体的焓(用h表示)为

$$h=\sum_{i=1}^{n}w_ih_i=\sum_{i=1}^{n}w_i(u_i+R_iT) \tag{1-41}$$

1.4.4.3 混合气体的熵

理想混合气体的熵等于各组元气体处在与混合气体相同温度、相同体积，**即相同温度而压力为分压力时的熵的总和**，用S表示。

$$S=\sum_{i=1}^{n}S_i \tag{1-42}$$

对于 1 kg 理想混合气体的，其熵用s表示：

$$s=\sum_{i=1}^{n}w_is_i \tag{1-43}$$

由于熵的变化与温度和压力有关，式(1-43)中各组元气体的熵s_i是温度T与组元气体分压力p_i的函数，即$s_i=f(T,p_i)$。若混合气体在微元热力过程中成分保持不变，那么，各组成气体熵的变化可参见第 2 章，由式(2-27)或式(2-28)计算。

思考题 1

1-1 表压力和真空度是不是状态参数，为什么？

1-2 准平衡过程与平衡过程有何区别和联系？

1-3 闭口系统与外界无物质交换，系统内质量保持恒定，那么质量保持恒定的热力系一定是闭口系统吗？

1-4 经历一个不可逆过程后，系统能否恢复原来状态？包括系统和外界的整个系统能否恢复原来状态？

1-5 任何情况下，平衡状态即均匀状态，这种说法对吗？为什么？

1-6 状态量与过程量有何区别？举例说明。

1-7 功和热量有何异同？能否说工质在某种状态下具有多少功和热量？能否根据工质的初终状态来计算热力过程中所吸收的热量和做的功？为什么？

1-8 若用华氏温度计和摄氏温度计测量同一个物体的温度，有人认为这两种温度计的读数不可能出现温度相同的情况，对吗？若可能，读数相同的温度应是多少？

1-9 当真空计的指示数变大时，被测气体的实际压力是变大还是变小？

1-10 可逆过程与不可逆过程有何区别？可逆过程实际上是不可能实现的，那么引入可逆过程的概念对分析实际过程有何意义？

1-11 分析下列过程的可逆与不可逆，简单说明分析理由。

(1)加热刚性容器里的水，使其在恒温下蒸发；

(2)对刚性容器里的水做功，使其在恒温下蒸发；

(3)对刚性容器中的空气缓慢加热，使其从50℃升温到100℃；

(4)定质量的空气在无摩擦、不导热的气缸和活塞中缓缓压缩；

(5)100℃的蒸汽流与25℃的水流绝热混合；

(6)在发动机汽缸中的热燃气随活塞迅速移动而膨胀。

习题 1

1-1 如果气压计压力为0.83 MPa，试完成以下计算：

(1)真空计上读数为500 mmHg时气体的绝对压力；

(2)绝对压力为0.5 bar时相应的真空度；

(3)表压力为2.5 bar时的绝对压力；

(4)绝对压力为0.15 MPa时的表压力。

1-2 锅炉烟道中的烟气压力常用上部开口的斜管测量，如图所示，若已知斜管倾角为$\alpha=30°$，压力计中使用密度为0.8 g/cm^{3}的煤油，斜管中液柱长度为$L=200$ mm，当地的大气压力$p_b=745$ mmHg，求烟气的绝对压力(用MPa表示)。

1-3 用U形管压力计测量容器中气体的压力，在水银柱上加一段水柱，测得水柱高1 020 mm、水银柱高900 mm，如图所示，若当地大气压力为755 mmHg，求容器中气体的压力是多少？

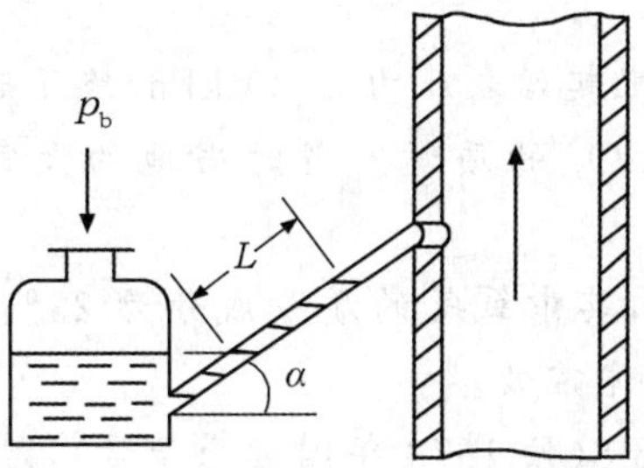

题 1-2 图

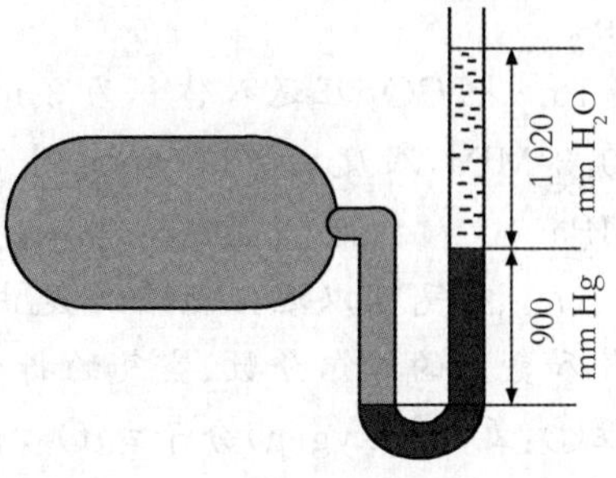

题 1-3 图

1-4 氧气瓶上的压力表读数为 9.8 MPa,气压表读数为 736.5 mmHg,求氧气的绝对压力。如果氧气瓶运到另一地点,当地压力为 1 atm,问此时氧气瓶上压力表的读数是多少?

1-5 一金属箱沉于海平面以下 120 m 处,设海水密度为 1.025 kg/m^3,气压计读数为 760 mmHg,求容器中的绝对压力。合多少标准大气压?

1-6 有一绝对真空的钢瓶,当阀门打开时,在大气压力为 1 atm 作用下,有体积为 1 m^3 的空气输入钢瓶,求大气对输入钢瓶的空气所做的功。

1-7 气体初态压力为 0.5 MPa,体积为 0.4 m^3,在压力为定值的条件下膨胀到 0.8 m^3,求气体膨胀所做的功。

1-8 一圆筒形储罐,长为 3 m,直径 1.5 m,装有质量为 20 kg 的空气,求罐中空气的密度、比体积。

1-9 据统计资料,某地各发电厂每生产 1 度(1 kW·h)电,耗标煤 372 g,若标煤的热值为 29 308 kJ/kg,试求电厂平均热效率是多少?

1-10 某房间冬季通过墙壁和窗户向外散热 70 000 kJ/h,房内有 2 只 40 W 电灯照明,家电耗电约为 100 W。为维持房内温度不变,房主买了供暖系数为 5 的热泵,求驱动热泵所需的功率。

1-11 气缸内的气体容积 0.4 m^3 可逆压缩到 0.1 m^3,其内部压力和容积的关系式 $p=0.3v+0.04$,式中 p 的单位为 MPa,v 的单位为 m^3,试求:

(1)气体的做功量;

(2)若活塞与气缸间的摩擦力为 1 000 N,活塞面积为 0.2 m^2,实际耗功为多少?

1-12 气缸内气体容积 0.1 m^3,可逆膨胀到 0.3 m^3。在此过程中压力变化服从 $p=3.2v+0.5$ 的关系,式中 p 的单位为 MPa,v 的单位为 m^3。试求:

(1)气体的做功量;

(2)把此功量画在 p-v 图上。

1-13 一定量的气体,在某一过程中吸收热量 67 kJ,同时内能增加 82 kJ,此过程是压缩过程还是膨胀过程?气体与外界传递的功是多少?

1-14 汽缸中储存的压力为 1 MPa、容积 V 为 0.1 m^3 的空气,在定压情况下可膨胀到 0.25 m^3。若过程中空气吸收热量 50 kJ,问空气完成多少功量?热力学能变化多少?

1-15 某一封闭系统中,气体经历某一热力过程,向外界放出 10 kJ 的热量,并对外做功 28 kJ。现欲使气体恢复初态,外界向气体加入 8 kJ 的热量,求此过程中,气体与外界交换功量的大小。

1-16 把 CO_2 压送入体积为 3 m^3 的储气罐里，气罐里起始表压力为 30 kPa，终了时表压力为 0.3 MPa，温度由 45℃增加到 70℃。试求被压入 CO_2 的质量。当时当地的大气压为 0.1 MPa。

1-17 空气可以近似地看作是由氮气和氧气组成的，其中氧气的质量成分为 23%，试计算氧气和氮气的摩尔分数、空气的折合摩尔质量和折合气体常数。

注①：氧气(oxygen)分子式 O_2，相对分子质量 31.998 8(按 1979 年国际原子量)，是无色、无臭的气体。在标准状态下的密度为 1.429 kg/m^3，熔点为 54.75 K，在 101.325 kPa 压力下的沸点为 90.17 K。化学性质极活泼，是强氧化剂。不能燃烧，能助燃。

注②：氮气是一种无色无味无毒无腐蚀，不自燃，也不参与燃烧的气体，标准状态下(21℃，101.325 kPa)，气体密度为 0.461 kg/cm^3，液体密度为 80.8 kg/m^3，氮气在 101.325 kPa，－195.8℃时变成无色的液体，在－209.9℃时，变成雾状的固体。氮气在水中溶解度很小，很难与其他物质发生化学反应，在震动、热和电火花作用下都较稳定。

1-18 氮气和二氧化碳的混合气体，在温度为 40℃，压力为 0.5 MPa 时，比体积为 0.166 m^3/kg，求混合气体的质量分数。

1-19 一绝热刚性容器被一绝热隔热板分成 2 部分，一部分存有 2 kmol 氧气，压力为 1 MPa，温度为 300 K；另一部分存有 3 kmol 二氧化碳，压力为 0.03 MPa，温度为 400 K。现将隔板抽去，使其混合。求混合气体的压力、温度以及热力学能、焓和熵的变化。按定值比热容计算。

1-20 一绝热刚性容器，被一绝热刚性隔板分成 2 部分，一部分盛 2 kg 的氧气，另一部分盛 3 kg 的氮气，它们的温度和压力都为 30℃和 0.5 MPa。去掉隔板后，2 种气流混合，忽略隔板厚度。求：

(1)混合后的压力和温度；

(2)混合过程热力学能、焓和熵的变化。

1-21 已知废气的质量成分中氧气为 6%，二氧化碳为 14%，水蒸气为 5%，氮气为 75%。空气中氧气的质量分数为 23.2%，氮气为 76.8%。50 kg 废气与 75 kg 空气混合，求混合后：

(1)各组元的质量分数；

(2)平均摩尔质量；

(3)平均气体常数；

(4)各组元的体积分数。

1-22 设压力等于 0.1 MPa，填写下列表格：

序号	t/℃	t_w/℃	φ/%	d/[kg(水蒸气)/kg(干空气)]	t_d/℃
1	25		40		
2	20	15			
3	20				10
4	30			0.020	
5		20			20
6			60	0.010	

1-23 由3.5 kg氧气和2.5 kg氮气组成的混合气体，在一个密闭的系统内由$p_1=0.25$ MPa，$t_1=27$℃可逆绝热压缩到0.65 MPa，假定各组成气体的比热容为定值，试求：

(1)各组成气体的摩尔分数；

(2)各组成气体终态时的分压力；

(3)混合气体定熵指数；

(4)混合气体终了时的温度；

(5)混合气体内能、焓和熵的变化；

(6)对气体所做的压缩功。

1-24 烟气中二氧化碳的体积分数为11%，氧气为7%，氮气为82%，而温度为800℃。为将其应用于干燥设备，先将其与压力相同而温度为20℃的空气混合成500℃的混合气。求1 mol烟气应与多少空气混合，以及混合后混合气体的体积分数(用平均比热容计算。空气中氧气体积分数为21%，氮气体积分数为79%)。

1-25 氮气和氩气的混合物，若处于状态$T_1=300$ K，$p_1=0.1$ MPa，和处于状态$T_2=560$ K，$p_2=0.7$ MPa时混合物的熵相等，试确定混合物的摩尔分数。

1-26 某种有氮气和甲烷组成的天然气，已知摩尔分数氮气为30%，甲烷为70%，现在将它从1 MPa，220 K可逆绝热压缩到10 MPa，试计算该过程的终态温度，熵变化以及各组成气体的熵变。设混合气体可以按比定值热容理想气体计算；已知甲烷和氮气的摩尔定压热容分别为35.72 J/(mol·K)和29.08 J/(mol·K)。

1-27 空气压缩机每分钟自外界吸入温度为15℃、压力为0.1 MPa的空气3 m^3，充入容积8.5 m^3的储气罐内。设开始时罐内的温度和压力与外界相同，问在多长时间内空气压缩机才能将气罐的表压力提高到0.7 MPa？设充气过程中气罐内温度不变。

1-28 在一直径为400 mm的活塞上置有质量为3 000 kg的物体，气缸中空气的温度为18℃，质量为2.12 kg。加热后其容积增大为原来的2倍。大气压力$p=101$ kPa，问：

(1)气缸中空气的终温是多少？

(2)终态的比体积是多少？

(3)初态和终态的密度各是多少？

2 热力学第一定律

2.1 热力学第一定律

热力学第一定律的实质是能量守恒与转换定律在热力学中的应用。它确定了热力过程中,热力系与外界进行能量交换时,各种能量在数量上的守恒关系。

在工程热力学中,热力学第一定律可以表述为:“在发生热能转换为机械能或机械能转换为热能的热力过程中,能量在传递和转换前后的总量维持恒定。”

热、功转换过程中,主要涉及功量、热量和内能变化这 3 种能量。其中内能是指工质内部储存的能量的总和,包括分子运动的平动能、分子内的转动能、振动能、电子能、核能以及各种粒子之间相互作用的位能等,是工质的状态参数,而功量、热量是通过系统边界传递的能量,是热力过程量。

2.1.1 热力学能

热力学能即工质的内能,按照分子运动论,内动能取决于工质的温度,位能取决于工质的比体积。因此,工质的内能是绝对温度和比体积的函数。即

$$u=f(T,v)$$

质量为 m 的工质的内能

$$U=mu$$

对于理想气体,分子之间没有相互作用力,其内能是绝对温度的单值函数。由于内能的绝对值无法测定,而工程计算中又只涉及内能的相对变化量,所以,一般令工质在 0℃或者 0 K 时的内能为零,作为计算的基准。

工质为理想气体时,其内能变化量,可以用定容过程工质的吸热或放热量来计算,因为,在定容过程中,工质不对外做功,加给工质的热量全部被转化为内能。如果取工质的比热为定值比热,理想气体比内能的变化量可按式(2-1)来计算:

$$\Delta u=c_v\Delta T \tag{2-1a}$$

或者

$$\mathrm{d}u=c_v\mathrm{d}T \tag{2-1b}$$

理想气体内能的变化只取决于温度,即不管理想气体经历何种热力过程,只要温度的变化量相同,那么内能的变化量则相等。

2.1.2 内能的导出

如图 2-1 所示的闭口系统,工质经历一个热力循环。热力学第一定律被表述为

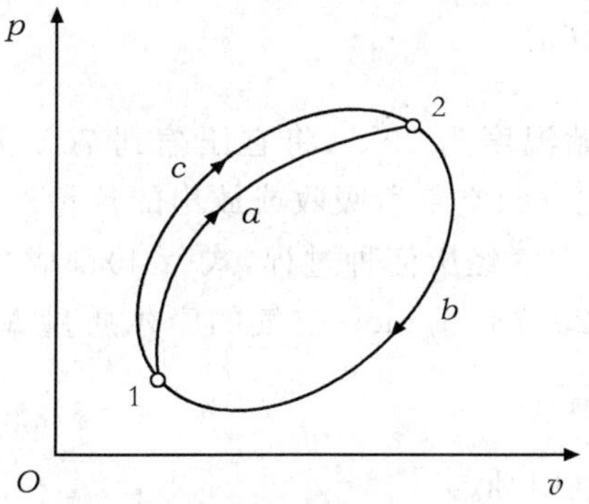

图 2-1 闭口系统的热力循环

$$\oint(\delta Q-\delta W)=0$$

对于循环 $1\to a\to 2\to b\to 1$ 有

$$\int_{1a2}(\delta Q-\delta W)+\int_{2b1}(\delta Q-\delta W)=0$$

同理对于任意循环如 $1\to c\to 2\to b\to 1$，同样有

$$\int_{1c2}(\delta Q-\delta W)+\int_{2b1}(\delta Q-\delta W)=0$$

于是得

$$\int_{1c2}(\delta Q-\delta W)=\int_{1a2}(\delta Q-\delta W)$$

由于 $1\to a\to 2$ 与 $1\to c\to 2$ 是任意选择的路径，而定积分结果相同，表明被积函数为某个态函数的全微分。用符号 U 来表示这个态函数，并定义其为内能，即

$$\mathrm{d}U=\delta Q-\delta W \tag{2-2}$$

$\mathrm{d}U$ 代表某一微元过程中系统通过边界交换的微热量与微功量两者之差，亦即系统内部能量的变化。它是储存在热力系统内部的能量。内能的数学表达式是式(2-2)。

对于 1 kg 工质内能(称比内能)的数学表达式被表述为

$$\Delta u=q-w \tag{2-3}$$

式(2-2)、式(2-3)就是用内能表示的热力学第一定律的解析式。

【例 2-1】 如图 2-2 所示，一刚性绝热容器，由隔板分成 A、B 两部分，A 腔内盛有 $p_1=6$ MPa、$t_1=27$℃的空气，而 B 腔内为真空，且 B 腔容积为 A 腔容积的 5 倍。如将隔板抽去，空气将迅速地由 A 向 B 腔内膨胀而充满整个容器，求膨胀终了时空气内能的变化及压力和温度。

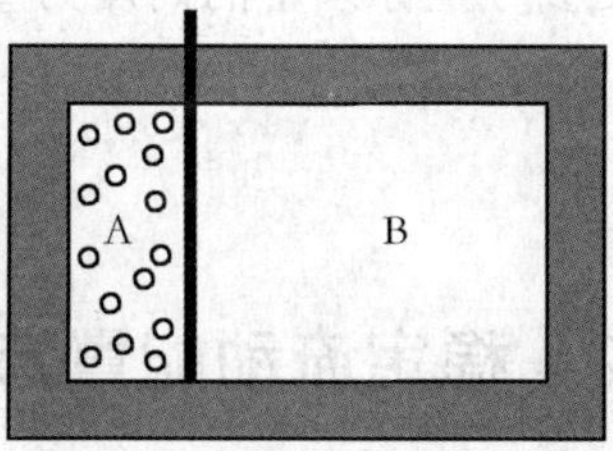

图 2-2 绝热系统内膨胀

解：取 A、B 腔在内的整个容器为一个热力系统，则

$$Q=\Delta U+W$$

因为空气在绝热条件下膨胀，且与外界无功量交换，即 $Q=0$，$W=0$。故

$$\Delta U=0$$

若把空气当作理想气体，则内能仅是温度的单值函数，故得到

$$t_2=t_1=27℃$$

根据理想气体状态方程可得

$$p_1V_1=p_2V_2$$

式中： $V_1=V_A$；$V_2=V_A+V_B=V_1+5V_1=6V_1$

则
$$p_2=\frac{p_1V_1}{V_2}=\frac{6V_1}{6V_1}=1(\text{MPa})$$

【例 2-2】 某压气机气缸内有 2 kg 空气，空气的初始温度为 20℃，将它压缩到 70℃外界需要消耗 600 kJ 的功。试求：(1)每千克空气内能的变化；(2)空气所吸收或放出的热量。

解：(1)求比内能的变化：空气可视为理想气体，无论空气经历何种过程，式(2-1)都成立。

由表 1-2 查出双原子气体的摩尔定容热容为 $c_{mv}=20.785$ J/mol；空气的摩尔质量 $M_a=28.97$ g/mol，则

$$c_v=\frac{c_{mv}}{M_a}=\frac{20.785}{28.97}=0.7175(\text{kJ/kg})$$

$$\Delta u=c_v\Delta T=0.7175\times(70-20)=35.87(\text{kJ/kg})$$

(2)空气所吸收或放出的热量：

$$Q=m\Delta u+W=2\times35.87-600=-528.26(\text{kJ})$$

热量为负值，表明工质在压缩过程中对外放热。

2.1.3 总能

在闭口系统中，工质不发生整体的宏观位移，工质从外界吸收的热量除用于增加自身的内能外，其余完全用于对外做膨胀功。而在开口系统中，工质进、出热力设备时的流速可能较大，进、出的高度位置也可能不一样，这样就会引起宏观动能和位能的变化。工质宏观运动的动能和位能也是工质具有能量，称之为工质的外部储存能。工质的内能与外部储存能之和称为工质的总储存能，简称总能。1 kg 工质具有的总能称为比总能，用符号 e 表示。设工质的流速为 c，在参考坐标系中的高度为 z，则有

$$e=u+\frac{c^2}{2}+gz \tag{2-4}$$

2.2 稳定流动能量方程式

稳定流动是指开口系统内以及边界层上各点工质的状态参数及运动参数都不随时间发生变化。如汽轮机、燃气轮机在稳定的工况下工作时，工质连续不断地流过热工设备时的情况，就可简化为稳定流动。为了简单起见，本节我们仅讨论一元稳定流动。所谓一元流动是指沿流动方向同一流动面上各点的状态参数值相同。

2.2.1 流动功

在开口系统中，工质流动需要消耗一定的功量。如图 2-3 所示。我们在此设备的进、出口两端，任意取两个截面Ⅰ、Ⅱ构成图示的研究系统。设Ⅰ、Ⅱ两截面的面积、压力、比体积、内能、流速分别为 F_1, p_1, v_1, u_1, c_1 和 F_2, p_2, v_2, u_2, c_2。那么，工质进入截面Ⅰ时，外界要克服系统内具有压力为 p_1 的气体阻力 p_1F_1，使工质向前移动 Δx_1 的距离，此时，外界对系统做的功为 $p_1F_1\Delta x_1=p_1v_1$，称为推动功；当它流出截面Ⅱ时，需要推动前方的工质，克服外界的反抗力

p_2F_2，因而，系统对外界做的推动功为 $p_2F_2\Delta x_2=p_2v_2$，两者之差 $\Delta(pv)=(p_2v_2-p_1v_1)$ 称为流动功。

流动功是工质发生宏观位移消耗的功。流动功只有工质流动时才存在，是工质进、出开口系统，穿越边界时与外界交换的推动功，它不是工质本身具有的能量，是随着工质的流动向下游工质传递的能量，是工质流动过程中携带的另一种能量。

2.2.2 稳定流动能量方程式

在图 2-3 所示的一元稳定流动热力系统中，1 kg 工质从外界获取的热量为 q，这部分能量应等于 1 kg 工质的总能增加量 Δe、向外界输出轴功 w_s 与流动功 $\Delta(pv)$ 三者之和。即

$$\begin{aligned} q &= \Delta e + w_s + \Delta(pv) \\ &= (u_2-u_1)+\frac{c_2^2-c_1^2}{2}+(p_2v_2-p_1v_1)+g(z_2-z_1)+w_s \\ &= (u_2+p_2v_2)-(u_1+p_1v_1)+\frac{\Delta c^2}{2}+g\Delta z+w_s \end{aligned}$$

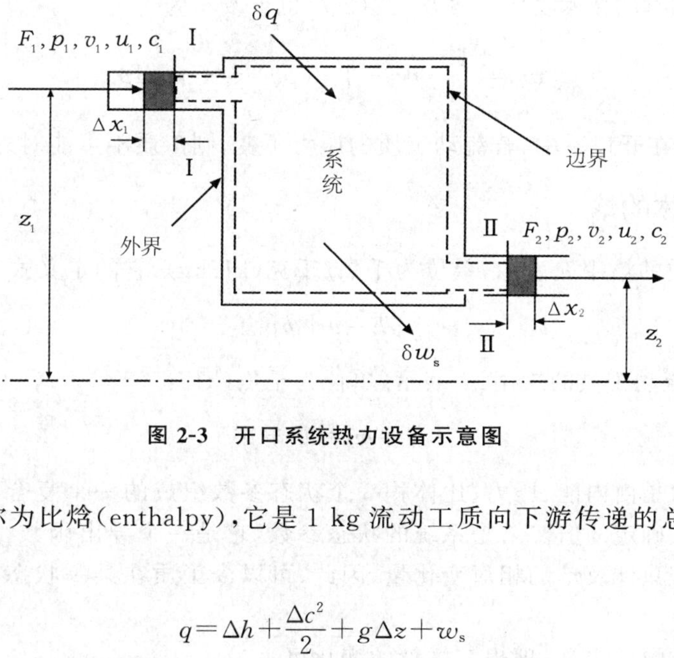

图 2-3 开口系统热力设备示意图

令 $h=u+pv$，称为比焓(enthalpy)，它是 1 kg 流动工质向下游传递的总能量中取决于热力状态的部分。

$$q=\Delta h+\frac{\Delta c^2}{2}+g\Delta z+w_s \tag{2-5a}$$

写成微元形式为

$$\delta q=\mathrm{d}h+\frac{\mathrm{d}c^2}{2}+g\Delta \mathrm{d}z+\delta w_s \tag{2-5b}$$

式(2-5)就是稳定流动的能量方程式，即开口系统的热力学第一定律解析式。

2.2.3 轴功与技术功

在开口系统中，由于工质宏观运动状态(宏观动能、位能)的改变及流动功的存在，而使系统对外输出的功等于轴功而不是膨胀功。

式(2-5)中右边的后三项实际上都属于机械能，是可以输出到外界的功，所以，把此三项之和称为技术功，用 w_t 表示 1 kg 工质的技术功。

$$w_t = w_s + \frac{\Delta c^2}{2} + g\Delta z \tag{2-6}$$

热转变为功的根本途径是工质膨胀，在热力过程中，从热能转换来的机械能总是等于工质的膨胀功。无论是开口系统还是闭口系统，1 kg 工质从外界获取的热量恒等于内能的增加量与它对外界做的膨胀功之和，即

$$q = \Delta u + \int_1^2 p\mathrm{d}v$$

将此式和式(2-5a)联立求得下面的轴功计算式：

$$w_s = \int_1^2 p\mathrm{d}v - \int_1^2 \mathrm{d}(pv) - \int_1^2 \frac{\mathrm{d}c^2}{2} - \int_1^2 g\mathrm{d}z \tag{2-7}$$

如果工质的流速不算太高，或者进、出口的流速差和位置落差不是太大时，动能和势能的变化可以忽略。此时的技术功等于轴功，式(2-7)也被改写为

$$w_s = \int_1^2 p\mathrm{d}v - \int_1^2 \mathrm{d}(pv) = -\int_1^2 v\mathrm{d}p \tag{2-8}$$

式(2-8)表明，在开口系中，若流动工质的压力不变，则工质不可能对外界输出轴功。

2.2.4 理想气体的焓

1 kg 流动工质的焓用 h 表示，单位为千焦/千克(kJ/kg)，它的定义式是

$$h = u + pv \tag{2-9a}$$

质量为 m 的流动工质的焓用 H 表示，单位为千焦(kJ)：

$$H = mh = U + pV \tag{2-9b}$$

流动工质的焓是由内能、压力、比体积 3 个状态参数组成的一个复合状态参数，对应于工质的任一状态都有确定的值。焓是系统的状态参数，它是一个导出函数，无法测定其绝对值。在工程计算中由于只涉及焓的相对变化量，因此，可以令工质在某一状态时的焓等于零，作为计算的基准。

按照流动工质焓的定义，理想气体焓的变化可写为

$$\mathrm{d}h = \mathrm{d}u + \mathrm{d}(pv) = \mathrm{d}u + p\mathrm{d}v + v\mathrm{d}p$$

在可逆过程中 $\delta q = \mathrm{d}u + p\mathrm{d}v$，代入上式后得

$$\mathrm{d}h = \delta q + v\mathrm{d}p$$

$$\delta q = \mathrm{d}h - v\mathrm{d}p \tag{2-10}$$

式(2-10)是用焓来表示的热力学第一定律的解析式。

对于闭口系统的定压过程，焓的变化量等于工质吸收或放出的热量，其变化量可以根据工质吸收或放出的热量来计算。此时，式(2-10)改写为

$$\delta q_p = \mathrm{d}h$$

取工质的比热容为比定值热容时，得焓的计算式(2-11)：

$$\mathrm{d}h = c_p \mathrm{d}T \tag{2-11a}$$

$$\Delta h = c_p \Delta T \tag{2-11b}$$

由此可见，理想气体的焓和内能一样，都是温度的单值函数。不管理想气体经历何种过程，只要温度的变化量相同，那么焓的变化量也相同。

2.2.5 理想气体比定值热容间的关系

理想气体的比定值热容间的关系可由焓的定义式导得。由式(2-9a)知

$$\mathrm{d}h = \mathrm{d}(u + pv) = \mathrm{d}u + R\mathrm{d}T$$

将式(2-11a)代入上式得

$$c_p \mathrm{d}T = c_v \mathrm{d}T + R\mathrm{d}T$$

$$c_p - c_v = R \tag{2-12}$$

式(2-12)称为**迈耶公式**，它建立了理想气体定压比热与定容比热间的关系。理想气体的定值摩尔热容

$$R_{\mathrm{m}} = c_{\mathrm{m}p} - c_{\mathrm{m}v} = 8.314[\mathrm{J/(mol \cdot K)}]$$

2.3 稳定流动能量方程式的应用

在热工计算中，对不同工作条件下的热工设备，可以将稳定流动能量方程式简化成不同的形式。下面分析一些常见的问题。

2.3.1 热力发动机

热力发动机有内燃机、蒸汽机、汽轮机和燃气轮机等。下面分析汽轮机和燃气轮机。如图2-4所示，当工质流经汽轮机和燃气轮机等动力机时，因工质膨胀而降压增速，推动叶轮回转而对外输出轴功。由于工质流经此类设备的时间很短，工质向外界的散热损失可以忽略不计，同时，进、出口的高度差和工质的流速相差也很小，都可以忽略不计，即可以认为 $q=0, g\Delta z=0, \frac{\Delta c^2}{2}=0$，由此得到工质流经汽轮机和燃气轮机等热机时的能量方程式为

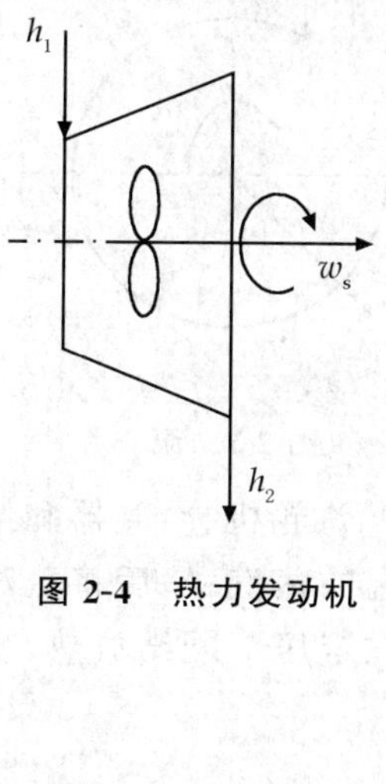

图 2-4 热力发动机

$$w_{\mathrm{s}} = h_1 - h_2 \tag{2-13a}$$

$m$kg 的工质流经汽轮机和燃气轮机等热机时所做的净功为

$$W = m w_{\mathrm{s}} = H_1 - H_2 \tag{2-13b}$$

2.3.2 喷管

喷管是一种使气流加速的特殊管道，如图 2-5 所示。工质流经喷管时压力降低而速度增加，但不对外做功，由于速度极高，也来不及与外界交换热量，同时，进、出口的位能差也可以忽略，于是得工质流经喷管时的能量方程式：

$$\frac{c_2^2-c_1^2}{2}=h_1-h_2 \tag{2-14}$$

即工质流经喷管时动能的增加等于焓的降低。

2.3.3 换热器

如图 2-6 所示，工质流经锅炉、各类加热器及热交换器时，与外界只有热量交换，没有功量交换，而且工质在进、出口的动能差和位能差都可以忽略，此时工质流经换热器的能量方程式可表示为

$$q=h_2-h_1 \tag{2-15}$$

即工质流经锅炉及各类热交换器时吸收或放出的热量等于焓的增加或减少。

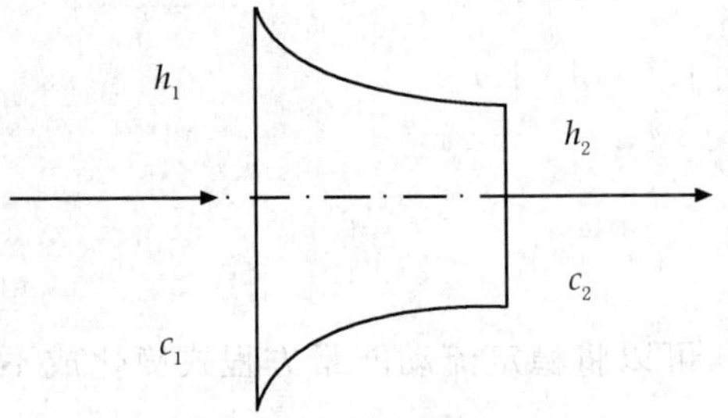

图 2-5 喷管

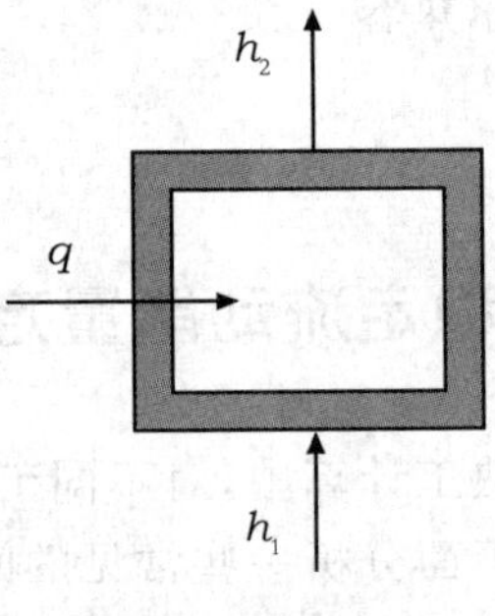

图 2-6 换热器

2.3.4 压气机、风机、泵

压气机、风机、泵属于增压设备，如图 2-7 所示。外界必须对工质做功，即工质做负功。与工质流经热力设备时的情况正好相反。可以认为 $q=0, g\Delta z=0, \frac{\Delta c^2}{2}=0$。于是得工质流经压气机、风机、泵之类的设备时的能量方程式：

$$w_s=h_1-h_2 \tag{2-16}$$

即外界对工质做的功等于焓的增加量。

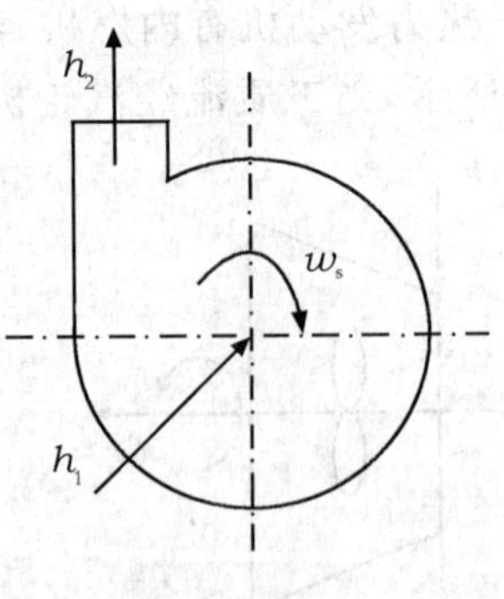

图 2-7 泵

【例 2-3】 图 2-8 为某蒸汽动力装置示意图，它的主要设备是锅炉、汽轮机、冷凝器和给水泵。水先在给水泵绝热加压后送入锅炉，在锅炉中等压吸热，变成高温的蒸汽；然后将蒸汽送入汽轮机，绝热膨胀做功，变成低温乏汽；最后将乏汽排入冷凝器内，在定压下凝结放热，变成

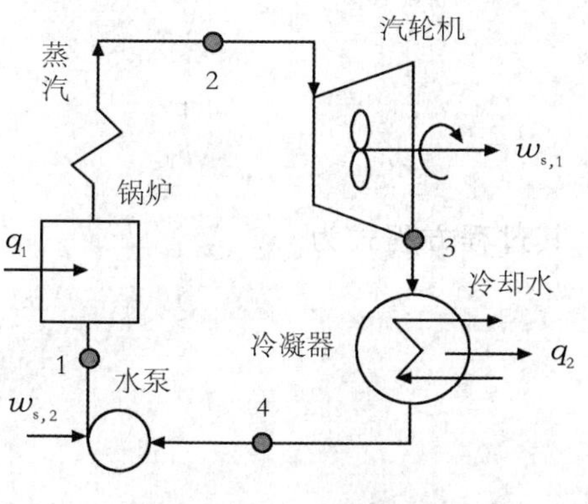

图 2-8 蒸汽动力装置示意图

冷凝水后又重新送往水泵加压进行新的循环，如此循环不已，不断地将锅炉中燃料的部分热能变为汽轮机向外输出的机械功。

设水泵输出水的焓 $h_1=170$ kJ/kg，锅炉输出蒸汽的焓 $h_2=3\ 390$ kJ/kg，汽轮机出口乏汽的焓 $h_3=2\ 010$ kJ/kg，冷凝器出口凝结水的焓 $h_4=120$ kJ/kg，并设工质在整个装置各设备中均无不可逆损失，忽略各设备进、出口的动、位能变化。求：(1)1 kg 水在锅炉中变成蒸汽的吸热量；(2)1 kg 蒸汽在汽轮机中做的轴功；(3)1 kg 乏汽在冷凝器中排出的热量；(4)1 kg 水在水泵中被绝热压缩时消耗的功量。

解：(1)求 1 kg 水在锅炉中变成蒸汽的吸热量 q_1：

$$q_1=h_2-h_1=3\ 390-170=3\ 220(\text{kJ/kg})$$

(2)求 1 kg 蒸汽在汽轮机中做的轴功 $w_{s,1}$：

$$w_{s,1}=h_2-h_3=3\ 390-2\ 010=1\ 380(\text{kJ/kg})$$

(3)求 1 kg 乏汽在冷凝器中排出的热量 q_2：

$$q_2=h_4-h_3=120-2\ 010=-1\ 890(\text{kJ/kg})$$

负号表示工质向外放热。

(4)求水泵压缩 1 kg 水所消耗的功 $w_{s,2}$：

$$w_{s,2}=h_4-h_1=120-170=-50(\text{kJ/kg})$$

负号表示工质接受外界的热量。

2.4 理想气体的热力过程

实施热力过程的目的在于实现能量的转化(热能与机械能的转换)或达到预期的状态变化(如压气机压缩气体使其达到一定的终压)。在任何过程中，物系的相互作用实际上都体现在能量的传递与转换，而能量的传递与转换以工质状态变化为标志，状态变化又以外部的约束为条件。所以，热力过程就是工质与外界的势差作用下发生状态变化的过程。在热力学中有四个重要的典型过程，即定容、定压、定温和绝热(定熵)过程，通常把它们称为基本热力过程。

基本热力过程都是工质的某一状态参数保持不变的特殊过程，而实际的热力过程往往是所有状态参数都有明显的变化，但仍服从 $pv^n=$常数的状态变化规律，这种热力过程称为多变过程，它是包括基本热力过程在内，带有普遍意义的过程。下面讨论热力过程中状态参数的变化规律及功量和热量的计算。

对于理想气体，任何过程中的内能变化，永远按照 $\Delta u=c_v\Delta T$ 或者 $\mathrm{d}u=c_v\mathrm{d}T$ 计算，而焓的变化，永远按照 $\Delta h=c_p\Delta T$ 或 $\mathrm{d}h=c_p\mathrm{d}T$ 计算；熵的变化量可根据熵的定义和过程进行的条件

求出。

2.4.1 定容过程

2.4.1.1 状态参数变化规律

工质比体积保持不变的热力过程，称为定容过程。其过程方程式为

$$v=\text{常数}$$

由状态方程得
$$\frac{P}{T}=\text{常数}$$

在定容过程中，理想气体的压力与绝对温度成正比。

2.4.1.2 定容过程中熵的变化量

根据熵的定义 $\mathrm{d}s=\frac{\delta q_v}{T}=c_v\frac{\mathrm{d}T}{T}$，积分得

$$\Delta s=\int_1^2 c_v\frac{\mathrm{d}T}{T}=c_v\ln\frac{T_2}{T_1} \tag{2-17}$$

定容过程因容积不变，所以，无功量交换，$w_v=0$；工质与外界交换的热量等于其内能的变化量。即

$$q_v=\Delta u=c_v(T_2-T_1)$$

2.4.2 定压过程

2.4.2.1 状态参数变化规律

工质压力保持不变的热力过程，称为定压过程。其过程方程式为

$$p=\text{常数}\quad \text{或}\quad \frac{v}{T}=\text{常数}$$

在定压过程中，理想气体的比容与绝对温度成正比。

2.4.2.2 定压过程中熵的变化量

由 $\mathrm{d}s=\frac{\delta q_p}{T}=c_p\frac{\mathrm{d}T}{T}$积分得

$$\Delta s=\int_1^2 c_p\frac{\mathrm{d}T}{T}=c_p\ln\frac{T_2}{T_1} \tag{2-18}$$

2.4.2.3 定压过程中功量和热量

$$w_p=\int_1^2 p\mathrm{d}v=p(v_2-v_1)=R(T_2-T_1) \tag{2-19}$$

$$q_p=\Delta h=c_p(T_2-T_1)$$

2.4.3 定温过程

2.4.3.1 状态参数变化规律

工质温度保持不变的热力过程，称为定温过程。其过程方程式为

$$T=\text{常数} \quad \text{或} \quad pv=\text{常数}$$

在定温过程中，理想气体的压力与比容成反比，内能保持不变，因而定温过程的功量与热量数值相等。

2.4.3.2 定温过程中熵的变化量

由 $ds=\frac{\delta q_T}{T}=\frac{\delta w_T}{T}=\frac{p\mathrm{d}v}{T}=R\frac{\mathrm{d}v}{v}$，积分得

$$\Delta s=R\int_1^2\frac{\mathrm{d}v}{v}=R\cdot\ln\frac{v_2}{v_1}=R\cdot\ln\frac{p_1}{p_2} \tag{2-20}$$

2.4.3.3 定温过程中的功量和热量

$$w_T=\int_1^2 p\mathrm{d}v=\int_1^2 RT\frac{\mathrm{d}v}{v}=RT\cdot\ln\frac{v_2}{v_1}=RT\cdot\ln\frac{p_1}{p_2} \tag{2-21}$$

$$q_T=\int_1^2 T\mathrm{d}s=T(s_2-s_1) \tag{2-22}$$

2.4.4 绝热过程

2.4.4.1 状态参数变化规律

工质与外界无热量交换的热力过程，称为绝热过程。由于绝热过程中 $\delta q=0$，而且又是理想气体的可逆过程，所以，第一定律解析式 $\delta q=\mathrm{d}u+p\mathrm{d}v$ 可改写为

$$c_v\mathrm{d}T+p\mathrm{d}v=0$$

$$\frac{c_v}{R}(p\mathrm{d}v+v\mathrm{d}p)+p\mathrm{d}v=0$$

$$(c_v+R)p\mathrm{d}v+c_v v\mathrm{d}p=0$$

将式(2-12)代入上式后得

$$c_p p\mathrm{d}v+c_v v\mathrm{d}p=0$$

令 $\kappa=\frac{c_p}{c_v}=\text{常数}$，代入后上式变为 $\kappa\frac{\mathrm{d}v}{v}+\frac{\mathrm{d}p}{p}=0$，积分后得

$$\kappa\ln v+\ln p=\text{常数} \quad \text{或} \quad \ln pv^{\kappa}=\text{常数}$$

于是有

$$pv^{\kappa}=\text{常数} \tag{2-23}$$

式(2-23)称为绝热过程方程，指数 κ 称为绝热指数。

2.4.4.2 绝热过程中的熵和功

在绝热过程中，系统与外界无热量交换，所以，可逆绝热过程中，熵的变化量等于零。由第一定律解析式知绝热过程中，系统与外界交换的功量为 $\delta w_{\kappa}=-\mathrm{d}u$，即

$$w_{\kappa}=(u_1-u_2)=c_v(T_1-T_2)$$

把 $\kappa=\frac{c_p}{c_v}$ 代入 $c_p-c_v=R$ 中得 $c_v=\frac{R}{\kappa-1}$，于是得

$$w_\kappa=\frac{R}{\kappa-1}(T_1-T_2)=\frac{1}{\kappa-1}(p_1v_1-p_2v_2) \tag{2-24}$$

2.4.5 多变过程

2.4.5.1 状态参数变化规律

在热力过程中，工质的状态变化规律遵循 $pv^n=$常数的过程方程且指数 n 是一个常数的热力过程称为多变过程，n 为多变指数，n 的取值范围是 0 到$\pm\infty$。当多变指数 n 确定时，过程的特性也确定。

$n=\pm\infty$时 $v=$常数，为定容过程；

$n=0$ 时 $p=$常数，为定压过程；

$n=1$ 时 $pv=$常数，为定温过程；

$n=\kappa$ 时 $pv^\kappa=$常数，为绝热过程。

2.4.5.2 多变过程中的熵

对于理想气体和可逆过程，在多变过程中，热力学第一定律可表述为

$$T\mathrm{d}s=c_v\mathrm{d}T+p\mathrm{d}v \tag{2-25}$$

$$\mathrm{d}s=c_v\frac{\mathrm{d}T}{T}+R\frac{\mathrm{d}v}{v}$$

积分得

$$\Delta s=c_v\ln\frac{T_2}{T_1}+R\ln\frac{v_2}{v_1} \tag{2-26}$$

熵是温度和压力的函数，对于理想混合气体，各组元气体的熵 s_i 是温度 T 与组元气体分压力 p_i 的函数，即 $s_i=f(T,p_i)$，若混合气体在微元热力过程中成分保持不变，那么，把式(2-12)代入式(2-25)后则可得到各组成气体的熵的变化量计算式

$$\mathrm{d}s_i=m_i\left(c_{pi}\frac{\mathrm{d}T}{T}-R_i\frac{\mathrm{d}p_i}{p_i}\right)=n_i\left(c_{\mathrm{m}pi}\frac{\mathrm{d}T}{T}-R_\mathrm{m}\frac{\mathrm{d}p_i}{p_i}\right) \tag{2-27}$$

1 kg 混合气体的熵变化则为

$$\mathrm{d}s=\sum_{i=1}^{n}w_ic_{pi}\frac{\mathrm{d}T}{T}-\sum_{i=1}^{n}w_iR_i\frac{\mathrm{d}p_i}{p_i} \tag{2-28}$$

注有下标 i 的参数符号均为第 i 种组元的参数，未注下标的参数符号为混合气体的参数。

2.4.5.3 多变过程中的功量和热量

功量：$$w_n=\int_1^2p\mathrm{d}v=\int_1^2\frac{p_1v_1^n}{v^n}\mathrm{d}v=\frac{1}{n-1}(p_1v_1-p_2v_2)=\frac{R}{n-1}(T_1-T_2) \tag{2-29}$$

热量：$$\begin{aligned}q_n&=\Delta u+w_n=c_v(T_2-T_1)+\frac{R}{n-1}(T_1-T_2)\\&=\left(c_v-\frac{R}{n-1}\right)(T_2-T_1)\end{aligned}$$

令 $c_n=c_v-\dfrac{R}{n-1}$，称为多变过程比热，于是得

$$q_n = c_n(T_2 - T_1) \tag{2-30}$$

把 $\kappa=\frac{c_p}{c_v}$ 及 $c_p - c_v = R$ 代入 $c_n = c_v - \frac{R}{n-1}$ 得

$$c_n = c_v \frac{n-\kappa}{n-1} \tag{2-31}$$

多变过程与绝热过程的功量计算式的形式完全相同。由上述分析过程可见，过程的膨胀功量可由 $w=\int_1^2 p\mathrm{d}v$ 及过程方程式求得。同样，对于热力过程中的轴功，可将过程的状态参数关系式代入 $w_s=-\int_1^2 v\mathrm{d}p$ 积分求得。

2.4.6 在 *p-v*、*T-s* 图上绘制过程线

为了形象地描述工质在热力过程中的状态变化及能量变换特性，可根据多变过程方程，在 *p-v*、*T-s* 图上绘制出各种过程曲线。为便于比较，假定工质的初态点为"0"，如图 2-9 所示。

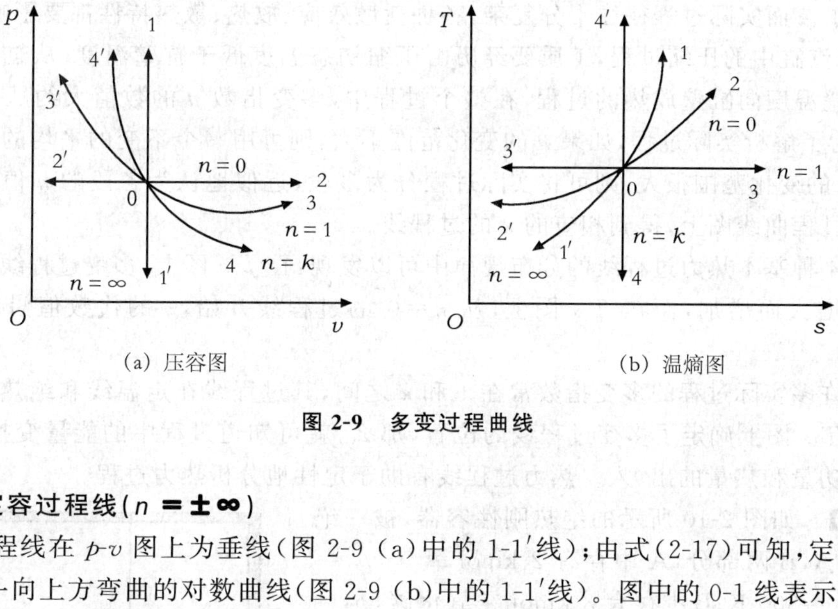

(a) 压容图　　(b) 温熵图

图 2-9 多变过程曲线

2.4.6.1 定容过程线($n=\pm\infty$)

定容过程线在 *p-v* 图上为垂线(图 2-9 (a)中的 1-1′线)；由式(2-17)可知，定容过程线在 *T-s* 图上为一向上方弯曲的对数曲线(图 2-9 (b)中的 1-1′线)。图中的 0-1 线表示定容加热过程，0-1′线表示定容放热过程。

由于定容过程功量为零，所以，定容过程线是功量出、入的界线。凡是在定容线右侧的过程均为膨胀过程，功为正($w>0$)；凡是在定容线左侧的过程均为压缩过程，功为负($w<0$)。

2.4.6.2 定压过程线($n=0$)

定压过程线在 *p-v* 图上为一水平线(图 2-9(a)中的 2-2′线)；由式(2-18)知，在 *T-s* 图上仍为一向上弯曲的对数曲线(图 2-9(b)中的 2-2′线)。由于 $c_p>c_v$，由式(2-16)及式(2-17)知，在同一温度变化条件下，定压过程的熵变要比定容过程大，所以，在 *T-s* 图上定压过程线比定容过程线平坦些。图中 0-2 线表示定压加热过程，0-2′线表示定压放热过程。

2.4.6.3 定温过程线($n=1$)

根据定温过程方程式 $pv=$常数，定温过程线在 *p-v* 图上为一等边双曲线(图 2-9(a)中的

3-3′线)；在 T-s 图上为一水平线(图 2-9(b)中的 3-3′线)。图中 0-3 线表示定温加热过程，0-3′线表示定温放热过程。

对于理想气体，由于定温过程中内能变化为零($\Delta u=0$)，故定温过程线是内能增减的界线。凡处于定温线上方的过程，内能增加($\Delta u>0$)；凡处于定温线下方的过程，其内能减少($\Delta u<0$)。

2.4.6.4 绝热过程线($n=\kappa$)

根据绝热过程方程式 $pv^{\kappa}=$常数，绝热过程在 p-v 图上为一高次双曲线，它比定温线陡一些(图 2-9(a)中的 4-4′线)；绝热过程线中的熵变为零，所以，绝热过程线在 T-s 图上为一垂线(图 2-9(b)中的 4-4′线)。图中 0-4′线表示绝热膨胀过程，0-4′线表示绝热压缩过程。

由于绝热过程中无热量交换($q_s=0$)，所以，绝热过程线是热量出、入的界线。凡过程处在绝热线右侧的均为吸热过程($q>0$，即 $\Delta s>0$)，凡过程处在绝热线左侧的均为放热过程($q<0$，即 $\Delta s<0$)。

2.4.6.5 多变过程线

多变过程的多变指数可在 0 到$\pm\infty$范围内变化，但多变指数为某一确定的值时，过程的特性也就确定了。而实际过程往往十分复杂，各种耗散效应、放热、散热特性都要影响多变指数。比如，柴油机汽缸中的压缩过程，工质要经历由压缩初态温度低于缸壁温度、从缸壁吸热逐步转向高于缸壁温度向缸壁放热的过程，在整个过程中，多变指数 n 的数值大约从 1.6 变化到 1.2 左右。为了解析实际过程，如果 n 的变化范围不大，则可用一个不变的平均的近似值来代替它；如果 n 的变化范围很大，则可将实际过程分为多段，近似地认为各段的 n 值不变。这样就可在多变过程曲线图上，得到相应的 n 的过程线。

从上述 4 种基本热力过程线的分布规律中可以发现：在 p-v 图上，多变过程线的斜率随多变指数 n 的增大而增加，而在 T-s 图上，从 $n=0$ 的过程线开始，n 的代数值沿顺时针方向增大。

工程上许多实际过程的多变指数常在 1 和 κ 之间，其过程线在定温线和绝热线之间。如果在 p-v 和 T-s 图上确定了多变过程线的位置，那么，就可知道过程中的能量变换特性，如内能的增、减，功量和热量的出、入。热力过程线有助于定性地分析热力过程。

【例 2-4】 如图 2-10 所示的绝热刚性容器，被一绝热隔板分成 A，B 两部分，A 中存有 2 kmol 氧气，$p_A=0.5$ MPa，$T_A=300$ K；B 中存有 3 kmol 二氧化碳，$p_B=0.3$ MPa，$T_A=400$ K。将隔板抽去，氧气和二氧化碳均匀混合。求混合气体的压力 p 和温度 T，以及热力学能、焓和熵的变化量。按比定值热容计算。

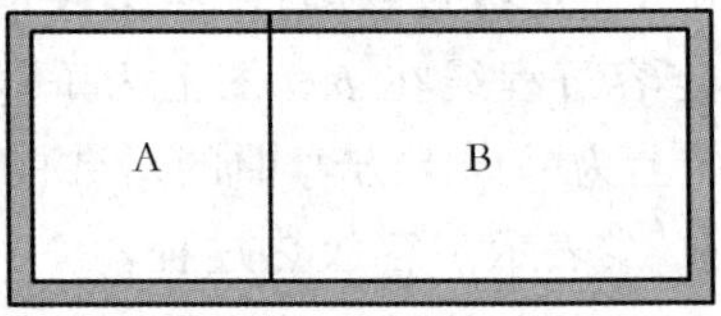

图 2-10 绝热刚性容器

解：

(1)混合气体的温度 T：按题意有 $Q=0$，$W=0$，$n_A=2\ 000$ mol，$n_B=3\ 000$ mol，故混合气体的 $\Delta U=0$。

对于 A 和 B 2 个腔体内的气体，各自在不考虑对方存在的情况下，独立膨胀充满整个腔体时，由于没有对外做功，各自的温度应保持不变，所以本题可理解为 2 种温度不同的理想气体，在定容条件下的吸热升温与放热降温。即

$$n_A c_{mvA}(T-T_A)+n_B c_{mvB}(T-T_B)=0$$

由表 1-2 查得：$c_{mvA}=20.785\ \text{J/(mol·K)}$；$c_{mvB}=29.099\ \text{J/(mol·K)}$，代入后求得 $T=367.7\ \text{K}$。

(2)混合气体的压力 p：

$$V=V_A+V_B=\frac{n_A T_A R_m}{p_A}+\frac{n_B T_B R_m}{p_B}=\left(\frac{2\times300}{0.5\times10^6}+\frac{3\times300}{0.3\times10^6}\right)\times8.314=43.235(\text{m}^3)$$

$$p=\frac{nR_mT}{V}=\frac{5\ 000\times8.314\times367.7}{43.235}=0.354\times10^6(\text{Pa})$$

(3)混合气体的热力学能变化：$\Delta U=\Delta Q-\Delta W=0$

(4)混合气体焓的变化：$\Delta H=\Delta U+\Delta(pV)$

$$\begin{aligned}\Delta(pV)&=\Delta(p_AV_A)+\Delta(p_BV_B)=n_A\Delta T_AR_m+n_B\Delta T_BR_m\\&=[2\ 000\times(367.7-300)+3\ 000\times(367.7-400)]\times8.314\\&=320.1\times10^3(\text{J})\end{aligned}$$

(5)混合气体熵的变化：由式(2-7)知，混合后氧和二氧化碳的分压力为

$$p'_A=x_Ap=\frac{2}{2+3}\times0.354\times10^6=0.141\ 6\times10^6(\text{Pa})$$

$$p'_B=x_Bp=\frac{3}{2+3}\times0.354\times10^6=0.212\ 4\times10^6(\text{Pa})$$

用式(2-23)计算熵的变化：

$$\begin{aligned}\Delta S&=n_A\left(c_{mpA}\ln\frac{T}{T_A}-R_m\ln\frac{p'_A}{p_A}\right)+n_B\left(c_{mpB}\ln\frac{T}{T_B}-R_m\ln\frac{p'_B}{p_B}\right)\\&=2\times8\ 314\left(\frac{7}{2}\ln\frac{367.7}{300}-\ln\frac{0.141\ 6\times10^6}{0.5\times10^6}\right)+3\times8\ 314\left(\frac{9}{2}\ln\frac{367.7}{400}\right.\\&\left.\quad-\ln\frac{0.212\ 4\times10^6}{0.3\times10^6}\right)=31.98\times10^3(\text{J/K})\end{aligned}$$

【例 2-5】 某理想气体从初态按多变过程膨胀到原来体积的 3 倍，温度从 300℃下降到 67℃。已知 1 kg 气体在该过程中做 100 kJ 的膨胀功并从外界吸热 20 kJ。求该过程的多变指数 n 及比定压热容 c_p 和比定容热容 c_v。

解：由多变方程得 $\frac{T_2}{T_1}=\left(\frac{V_1}{V_2}\right)^{n-1}$，于是有

$$n=\frac{\ln\frac{T_2}{T_1}}{\ln\frac{V_1}{V_2}}+1=\frac{\ln\left(\frac{67+273.15}{300+273.15}\right)}{\ln\frac{1}{3}}+1=1.475$$

由 $w_n=\frac{R}{n-1}(T_1-T_2)$得

$$R=\frac{w_n(n-1)}{T_1-T_2}=\frac{100\times10^3\times(1.45-1)}{573-340}=203.9(\text{J/(kg·K)})$$

由 $q=\Delta u+w_n=c_v(T_2-T_1)+w_n$ 得

$$c_v=\frac{q-w_n}{T_2-T_1}=\frac{(20-100)\times10^3}{340-573}=343.3(\text{J/(kg}\cdot\text{K))}$$

$$c_p=c_v+R=343.3+203.9=547.2(\text{J/(kg}\cdot\text{K))}$$

*2.5 气体的压缩

在动力装置、制冷、制热装置以及其他工业、农业装备中，广泛应用压缩气体。产生压缩气体的设备称为压气机或压缩机。压气机是消耗机械功对气体进行压缩的机器，压气过程经历吸气、压缩、排气 3 个阶段，在其构造上有活塞式（图 2-11）和叶轮式或称回转式（图 2-12）两大类。本节主要讨论活塞式压气机的工作过程。

2.5.1 单级活塞式压气机的工作过程

单级活塞式压气机工作过程如图 2-11 所示。

在活塞自左止点向右移动的吸气行程中，初态为 p_1、T_1 的气体通过进气阀被吸入气缸，然后，在活塞从右止点向左移动的行程中，完成对气体的压缩和排气过程，如图 2-11 p-v 图中的 4→1 过程所示。在活塞开始左行时，吸入缸内的气体被压缩升压，在气缸内的压力到达开启排气阀门压力 p_2 后，如图 2-11 p-v 图中的 2 点所示，排气阀被打开，气体便由压缩过程转入排气过程，如图 2-11 p-v 图中的 2→3 过程所示。在压缩过程中，气体的终压 p_2 与初压 p_1 之比，称为增压比，用符号 π 表示，即 $\frac{p_2}{p_1}=\pi$。活塞在气缸中往复运动，工作过程严格按恒压下吸气→压缩→恒压下排气这 3 个过程反复进行。这种过程就是往复式压气机的理想压缩循环。

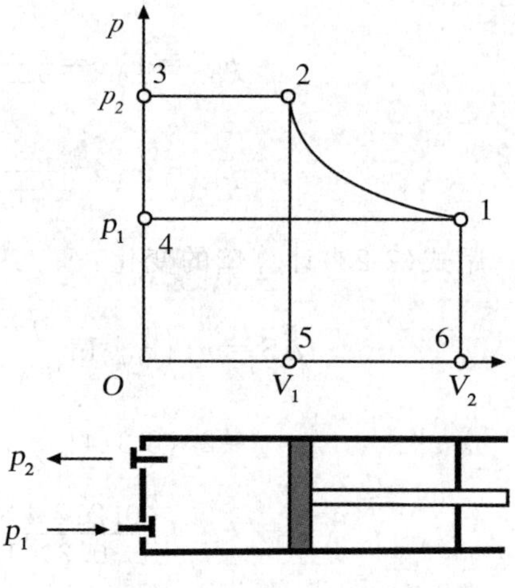

图 2-11 活塞压气过程示意图

2.5.1.1 压气机的理论功耗

压气机在理想压缩循环下运行时，所消耗的轴功，一部分用于增加气体的焓，另一部分对外散失热量。由于入口气体的状态和出口气体的状态保持不变，气体流过压缩机的过程可以按照开口系统的稳定流动工况来分析。在忽略气体流动的动能和位能变化时，压缩过程中的稳定流动能量方程被表示为

$$Q-W_t=H_2-H_1$$

在可逆过程中，工质散失的热量

$$Q=\int_1^2 T\mathrm{d}s=\int_{H_1}^{H_2}\mathrm{d}H-\int_{p_1}^{p_2}V\mathrm{d}p$$

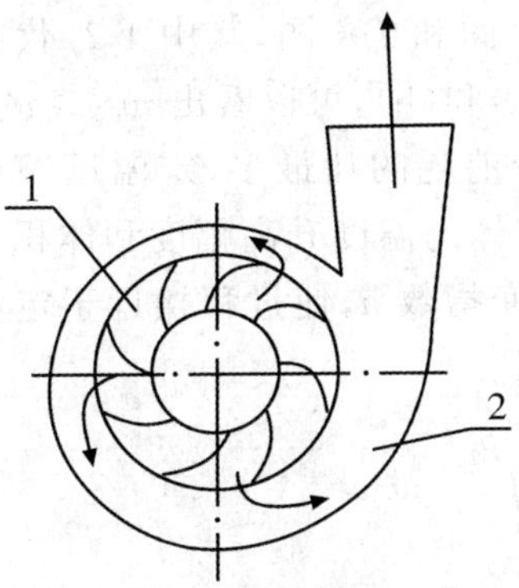

(a) 离心式压气机

1. 叶轮 2. 扩压管

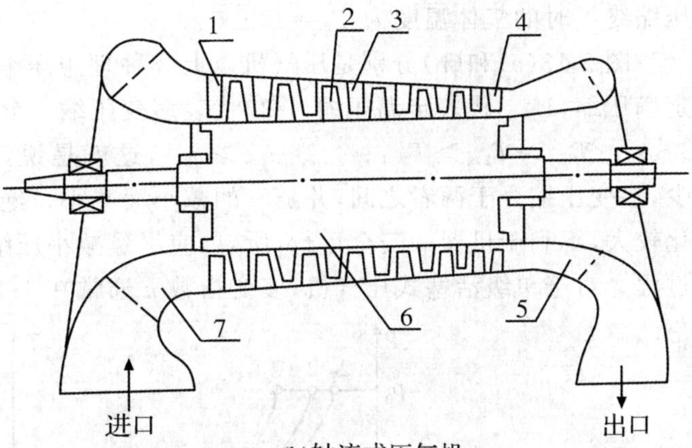

(b)轴流式压气机

1. 进口导向叶片 2. 工作叶片 3. 导向叶片 4. 整流装置 5. 扩散器 6. 转子 7. 收缩器

图 2-12 回转式压气机示意图

于是得到工质的可逆压缩技术功

$$W_t = -\int_{p_1}^{p_2} V\mathrm{d}p \tag{2-32}$$

该技术功是理想工况下压气机所消耗的功，等于图 2-11 中 4-1-2-3-4 包围的面积。通常用 W_c 表示压气机的功耗，并令 $W_c = -W_t$，对于 1 kg 工质，可写成 $w_c = -w_t$。

压气机所消耗的技术功的大小取决于压缩过程的性质，根据技术功的表达式，压气机有绝热压缩、定温压缩、多变压缩三种情况的理论功耗。

(1)绝热压缩　气体在和外界没有热交换的情况下进行的压缩过程叫绝热压缩。可逆绝热压缩是等熵过程。这时对体系进行压缩所做的技术功等于体系焓的增加，所以，压气机所消耗的技术功为

$$\begin{aligned} W_{c,s} &= -W_{t,s} = (H_2 - H_1) = c_p(T_2 - T_1) \\ &= \frac{\kappa R_g}{\kappa - 1}(T_2 - T_1) = \frac{\kappa R_g T_1}{\kappa - 1}(\pi^{\frac{\kappa-1}{\kappa}} - 1) \end{aligned} \tag{2-33}$$

由理想气体状态方程 $pV = RT$ 和绝热过程方程 $pV^\kappa =$ 常数，可导出绝热压缩终了时的气体温度为 $T_2 = T_1 \pi^{\frac{\kappa-1}{\kappa}}$。

(2)定温压缩

$$W_{c,T} = -w_T = \int_1^2 v\mathrm{d}p = \int_1^2 R_g T\,\frac{\mathrm{d}p}{p} = R_g T \cdot \ln\frac{p_2}{p_1} = R_g T \cdot \ln\frac{v_1}{v_2} \tag{2-34}$$

(3)多变压缩

$$\begin{aligned} W_{c,n} &= -w_{t,n} = \int_1^2 v\mathrm{d}p = \int_1^2 \left(\frac{p_1 v_1^n}{p}\right)^{\frac{1}{n}} \mathrm{d}p \\ &= \frac{n}{n-1}(p_2 v_2 - p_1 v_1) = \frac{nR_g}{n-1}(T_2 - T_1) \end{aligned} \tag{2-35}$$

压缩终了时的气体温度为 $T_2=T_1\pi^{\frac{n-1}{n}}$。

图 2-13(a)和(b)分别是压气机以上 3 种理想压缩过程的 p-v 图和 T-s 图，其中 1-2_s 代表定熵压缩，1-2_T 代表定温压缩，1-2_n 代表多变压缩。分析图 2-13(a)和(b)，可以看出 $w_{c,s}>w_{c,n}>w_{c,T}$；$T_{2,s}>T_{2,n}>T_{2,T}$；$v_{2,s}>v_{2,n}>v_{2,T}$，这就是说，绝热压缩所消耗的功最多，定温压缩最少，多变压缩介于两者之间，并随 n 的减小而减小。绝热压缩后气体的温度升高幅度和体积变化较大，不利于机器的安全运行，所以，应尽量减小压缩过程的多变指数 n，使过程接近于定温过程。对于单级活塞式压气机，多变指数 n 通常在 1.2～1.3 之间。

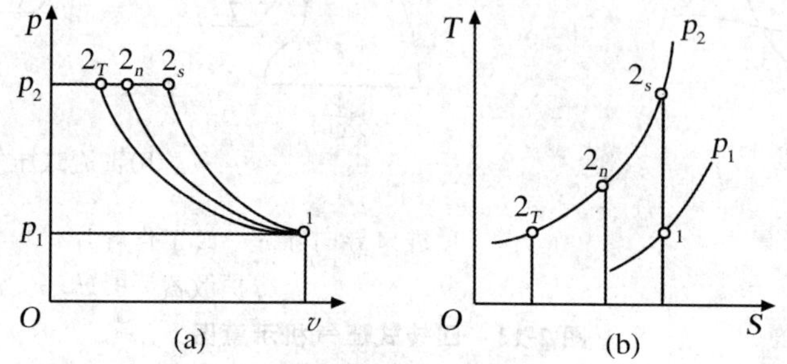

图 2-13 压气机压缩过程的 p-V 图和 T-s 图

【例 2-6】 将初态压力 $p_1=1\times10^5$ Pa、温度 $t_1=30$℃、质量为 1 kg 的空气压缩到 $p_2=1$ MPa，试求工质分别经历(1)可逆绝热压缩，(2)可逆定温压缩，(3)可逆多变压缩($n=1.3$)过程，压缩终了时的温度和压缩消耗的技术功。

解：(1)可逆绝热压缩过程

$$T_{2,s}=T_1\pi^{\frac{\kappa-1}{\kappa}}=303\times\left(\frac{p_2}{p_1}\right)^{\frac{1.4-1}{1.4}}=585(\text{K})$$

$$W_{t,s}=\frac{\kappa R_g T_1}{\kappa-1}(1-\pi^{\frac{\kappa-1}{\kappa}})=\frac{1.4}{1.4-1}\times\frac{8\ 314}{28.97}\times303\times(1-10^{\frac{1.4-1}{1.4}})$$
$$=-284\ 000(\text{J/kg})$$

(2)可逆定温压缩过程

$$T_2=T_1=30+273=303(\text{K})$$

$$W_{t,T}=-R_g T\cdot\ln\frac{p_2}{p_1}=287\times303\times\ln10=-200\ 000(\text{J/kg})$$

(3)可逆多变压缩($n=1.3$)过程

$$T_{2,n}=T_1\pi^{\frac{n-1}{n}}=303\times10^{\frac{1.3-1}{1.3}}=516(\text{K})$$

$$W_{t,n}=-\frac{nR_g}{n-1}(T_2-T_1)=\frac{nR_gT_1}{n-1}(1-\pi^{\frac{n-1}{n}})$$
$$=\frac{1.3\times287\times303}{1.3-1}(1-10^{\frac{1.3-1}{1.3}})=265\ 000(\text{J/kg})$$

2.5.1.2 余隙容积的影响

(1)容积效率　实际的活塞式压气机，活塞运行至上止点位置时，活塞的顶面与缸盖之间

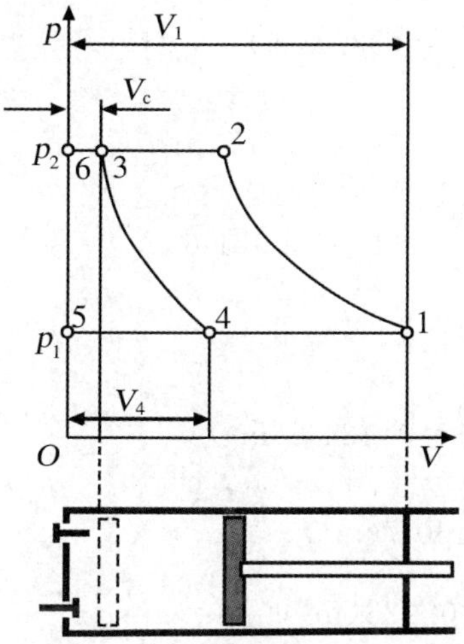

图 2-14 活塞压气过程示意图

留有一定的空隙(图 2-14),该空隙容积称为余隙容积,用 V_c 表示。$V_h = V_1 - V_c$ 是活塞行程的工作容积。1-2 为活塞的压缩过程,2-3 为排气过程,3-4 为余隙容积中剩余气体的膨胀过程,气缸的有效吸气容积 $V = V_1 - V_4$,V/V_h 称为容积效率,用 η_v 表示。

$$\eta_v = \frac{V}{V_h} = \frac{V_1 - V_4}{V_1 - V_c} \tag{2-36}$$

假设压缩过程 1-2 和余隙容积剩余气体的膨胀过程 3-4 都是多变过程,且多变指数均等于 n,则有 $\frac{V_4}{V_c} = \left(\frac{p_3}{p_4}\right)^{\frac{1}{n}} = \left(\frac{p_2}{p_1}\right)^{\frac{1}{n}}$,于是式(2-36)经下列变换后被表示成式(2-37):

$$\eta_v = \frac{(V_1 - V_c) - (V_4 - V_c)}{V_1 - V_c} = 1 - \frac{V_4 - V_c}{V_1 - V_c} = 1 - \frac{V_c}{V_1 - V_c}\left(\frac{V_4}{V_c} - 1\right)$$

令 $\frac{V_c}{V_h} = \beta$,称为余隙比,于是

$$\eta_v = 1 - \varepsilon(\pi^{\frac{1}{n}} - 1) \tag{2-37}$$

由此可见,在余隙比 β 和多变指数 n 一定时,增压比 π 越大,容积效率越低,当增压比 π 增加到某一值时,容积效率为零;当 π 一定时,余隙比 β 越大,容积效率越低。

(2)理论功耗 由于余隙容积中剩余气体的膨胀可利用,所以,压气机功耗 W_c 可用图 2-14 中面积 1-2-6-5-1 和面积 4-3-6-5-4 的差表示,即

$$W_c = \frac{nR_g}{n-1}(T_2 - T_1) - \frac{nR_g}{n-1}(T_3 - T_4)$$

把 $T_2 = T_1\left(\frac{p_2}{p_1}\right)^{\frac{n-1}{n}}$,$T_4 = T_3\left(\frac{p_3}{p_4}\right)^{\frac{n-1}{n}}$,$p_1 = p_4$,$p_3 = p_2$,$\frac{p_2}{p_1} = \pi$ 代入上式得

$$W_c = \frac{n}{n-1}R_g T_1(\pi^{\frac{n-1}{n}} - 1) \tag{2-38}$$

比较式(2-38)和式(2-35),可见,有余隙容积后,如果工质的增压比相同,则质量相同的同种压缩气体,理论上所消耗的功与无余隙容积时的相同。但因余隙容积的存在,必然使气缸的容积效率降低。在理论上压缩同样数量的气体,就必须采用气缸容积较大的设备,同时,增压比越大,需要增大气缸容积的幅度越大。

【例 2-7】 往复式压气机活塞每往复一次生产 0.5 kg 压力为 0.35 MPa 的压缩空气。空气进入压气机时的温度为 17℃,压力为 0.098 MPa,若压缩过程为 $n=1.35$ 的可逆多变过程,余隙容积比为 0.05,试求压缩过程中气缸内空气的质量。

解:空气的终态参数 $p_3 = p_2 = 0.35$ MPa,排气过程状态参数不变,所以

$$T_3 = T_2 = T_1\pi^{\frac{n-1}{n}} = 290\times\left(\frac{0.35}{0.098}\right)^{\frac{1.35-1}{1.35}} = 403.4(\text{K})$$

容积效率

$$\eta_v = 1-\beta(\pi^{\frac{1}{n}}-1) = 1-0.05\left[\left(\frac{0.35}{0.098}\right)^{\frac{1.35-1}{1.35}}-1\right] = 0.921\ 6$$

依据式(2-36),有效吸气容积内的气体就是产出的压缩气体,

$$V = V_1 - V_4 = \frac{mR_gT_1}{p_1} = \frac{0.5\times287\times290}{0.098\times10^6} = 0.424\ 6(\text{m}^3)$$

$$V_1 - V_c = \frac{V_1-V_4}{\eta_v} = \frac{0.424\ 6}{0.921\ 6} = 0.460\ 7(\text{m}^3)$$

$$V_c = \beta(V_1 - V_c) = 0.05\times0.460\ 7 = 0.023(\text{m}^3)$$

余隙中残存的空气量为

$$m_c = \frac{p_3V_3}{R_gT_3} = \frac{0.35\times10^6\times0.023}{287\times403.4} = 0.069\ 5(\text{kg})$$

压缩过程中气缸内空气的质量为

$$m+m_c = 0.5+0.069\ 5 = 0.569\ 5(\text{kg})$$

2.5.2 回转式压气机的压气过程

回转式压气机主要有离心式压气机和轴流式压气机两种形式,如图 2-12 所示。它们共同的特点是工作连续,而且压缩过程都很接近于绝热压缩过程。

离心式压气机如图 2-12(a)所示,气流沿轴向进入压气机,高速旋转的叶轮使气体靠离心力的作用加速,然后在扩压管中降低升压。回转式压气机结构紧凑,便于实现多级压缩,且效率较高,适宜大流量的工作要求。

轴流式压气机,如图 2-12(b)所示,主要由装有工作叶片的转子和固定在机壳上的导向叶片组成。气体进入压气机后沿轴向在多级环形工作叶片和导向叶片作用下提速、升压。工作叶片及叶片之间的通道起着使气流加速并升压的作用,导向叶片之间的通道起导流和扩压的作用。

回转式压气机的工作原理与活塞式压气机不同,但气体的热力学状态变化过程完全相同。

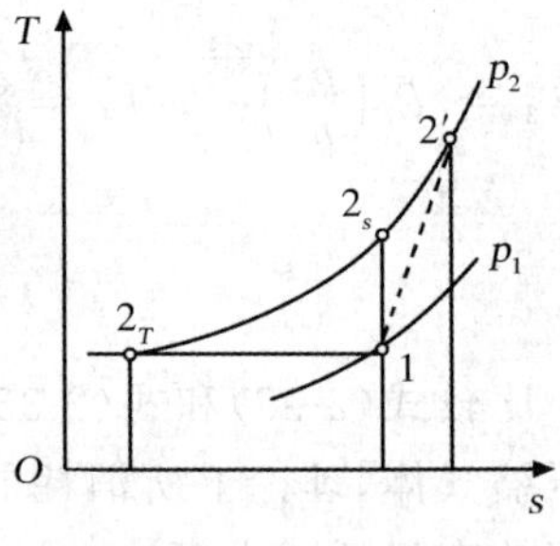

图 2-15 回转压缩过程

气流通过回转式压气机的时间很短,工质散失的热量极少,可以看作是绝热压缩过程但不是定熵过程。回转式压气机压气过程有较大的摩擦损失,过程中气体的比熵增大,如图 2-15 所示。在温熵图上的实际变化过程是沿初态点 1 到终态点 2′。

压缩 1 kg 气体实际所需要的功为

$$w_c' = h_{2'} - h_1$$

实际压缩多耗的功为

$$w_c' - w_{c,s} = h_{2'} - h_{2s}$$

参照式(2-35)则可计算出压缩功耗。

*2.6 气体与蒸汽的流动

工程上的许多问题与气体与蒸汽的流动有关，如喷管、扩压管、节流阀内的流动过程。在燃气轮机和蒸汽轮机中，高温高压工质首先流经喷管获得高速，然后利用其动能推动叶轮快速转动对外做功。喷气式发动机和火箭发动机利用其尾部喷管喷出高速气流时产生的巨大反作用力作为飞行动力。

另外，工业上常用的各种喷射泵、引射器、抽气机、节流阀等都是利用气流在变截面通道中的流动规律完成预期的能量转换任务。本节在分析稳定流动过程基本规律的基础上，重点讨论气体在流经喷管等设备时流体流速及状态变化规律、通道截面面积的变化规律、能量转换规律及它们之间的内在联系。

2.6.1 连续性方程式

气体在稳定流动过程中，单位时间流过各个截面的质量流量应当相等，即

$$q_m = \frac{Ac_f}{v} = \text{常数} \tag{2-39}$$

式中：q_m 为气体流经截面 A 时的质量流量；c_f 为流速。

将式(2-39)微分得

$$\frac{dA}{A} + \frac{dc_f}{c_f} - \frac{dv}{v} = 0 \tag{2-40}$$

式(2-40)称为连续性方程式，它描述了流道内流体的流速、比容及流道截面面积之间相互制约的关系。适用于任何工质的可逆与不可逆稳定流动过程。

对不可压缩流体有 $dv=0$，故 A 与 c_f 成反比；而对于气体和蒸汽，A 的相对变化率必须等于 v 与 c_f 的相对变化率之差值，否则会出现断流现象。因此，稳定流动必须满足连续性方程。

2.6.1.1 稳定流动能量方程

$$q = (h_2 - h_1) + \frac{c_{f2}^2 - c_{f1}^2}{2} + g(z_2 - z_1) + w_s$$

考虑到气体密度较小，位能改变极小，可以认为稳定流动过程 $q=0$，$\Delta z=0$，$w_i=0$，能量方程式可简化为

$$h_2 + \frac{c_{f2}^2}{2} = h_1 + \frac{c_{f1}^2}{2} = h + \frac{c_f^2}{2} = \text{常数} \tag{2-41}$$

对微元过程，可表示为 $dh + \frac{1}{2}dc_f^2 = 0$，这是研究流体在管内流动时能量变化的基本关系式，适用于可逆和不可逆稳定流动过程。工质在稳定定熵流动中，任一截面上的焓值与动能之

和为定值，因而气体动能增加，气流焓值必定下降，反之亦然。

2.6.1.2 过程方程

气体若与外界无热交换，且流经相邻两截面时各个参数是连续变化的，同时，忽略摩擦和扰动，则流动过程就是定熵过程。如气体在喷管中的流动，由于喷管内表面光滑、摩擦阻力很小，可近似认为流动过程是可逆的。可逆绝热流动过程中，对理想气体取比定值热容时，$pv^{\kappa}=$常数，对于微元过程

$$\frac{\mathrm{d}p}{p}+\kappa\frac{\mathrm{d}v}{v}=0 \tag{2-42}$$

若比热容随过程变化，则 κ 可取过程的平均值。对水蒸气，上式仍然可用，但此时 κ 不再等于$\frac{c_p}{c_v}$，而是一个纯经验数值。

2.6.1.3 声速方程和马赫数

声速为声音在气体介质中传播的速度，即 $c=\sqrt{\left(\frac{\partial p}{\partial \rho}\right)_s}=\sqrt{-v^2\left(\frac{\partial p}{\partial v}\right)_s}$ 对于理想气体 $\left(\frac{\partial p}{\partial v}\right)_s=-\kappa\frac{p}{v}$，由此可得

$$c=\sqrt{\kappa pv}=\sqrt{\kappa RT} \tag{2-43}$$

可见，气体的声速与传播介质的热力状态有关。在流动过程中，气体流动状态发生变化，声速也要变化。为区分不同状态下气体的声速，将当地（某截面处）热力状态下的声速称为当地声速。把气体流速 c_f 与当地声速 c 之比称为马赫数，用 Ma 表示

$$Ma=\frac{c_f}{c} \tag{2-44}$$

马赫数是研究气体流动特性的一个很重要的参数。根据 Ma 的大小，气体流动可分为亚声速流动（$Ma<1$），声速流动 $Ma=1$ 和超声速流动 $Ma>1$。

连续性方程、稳定流动能量方程、可逆绝热过程方程和声速方程是分析流体一维、稳定、不做功的可逆绝热流动过程的基本关系式。

2.6.2 气体在喷管中的流动特性

喷管是使气体流速增加，压力下降的流道。要使工质流速改变必须有压力差，但存在压差就不能保证流动的可逆性。为了实现气体在喷管中可逆流动，减少膨胀过程中的不可逆损失，加大动能的增加量，需要讨论气体在喷管中的定熵流动规律，即分析其流动的力学条件和几何条件。

2.6.2.1 力学条件

对于喷管定熵流动过程，比较流动能量方程式 $q=(h_2-h_1)+\frac{c_{f2}^2-c_{f1}^2}{2}$ 和热力学第一定律 $q=(h_2-h_1)-\int_1^2 v\mathrm{d}p$ 可得

$$\frac{1}{2}(c_{f2}^2-c_{f1}^2)=-\int_1^2 v\mathrm{d}p$$

其微分形式为

$$c_f dc_f = -v dp$$

两端各乘以 $1/c_f^2$，右端分子分母分别乘以 κp，得

$$\frac{dc_f}{c_f} = -\frac{\kappa p v}{\kappa c_f^2} \cdot \frac{dp}{p}$$

将声速方程代入，并用马赫数表示，即得

$$\frac{dp}{p} = -\kappa Ma^2 \frac{dc_f}{c_f} \tag{2-45}$$

式(2-45)即为促使流速改变的力学条件。式中负号表明气体在流动中流速和压力的变化始终相反，流速增加，压力必然降低；压力升高，则流速必将降低。在实际工程中，火箭的尾喷管、汽轮机的喷管是通过气流膨胀以获得高速流动的设备；叶轮式压气机、涡轮喷气式发动机和引射式扩压管，则是通过降低高速气流的速度而获得高压气体的设备。

2.6.2.2 几何条件

把过程方程式 $dp = \kappa p \frac{dv}{v}$ 代入式(2-45)，可得

$$\frac{dv}{v} = Ma^2 \frac{dc_f}{c_f} \tag{2-46}$$

将式(2-46)代入连续性方程(2-40)可得

$$\frac{dA}{A} = (Ma^2 - 1)\frac{dc_f}{c_f} \tag{2-47}$$

式(2-47)表明，喷管中通道截面面积与气流速度之间的变化规律取决于马赫数 Ma。

当 $Ma<1$ 时，若 $dc_f>0$，则 $dA<0$，说明若要增加亚声速气体流速，喷管截面沿流动方向应逐渐收缩，即应选渐缩喷管，如图 2-16(a)所示。

当 $Ma=1$，时，气流速度等于声速，$dA=0$。

当 $Ma>1$ 时，若 $dc_f> 0$，则 $dA>0$，表明超声速气流若要加速，喷管截面沿流动方向应逐渐扩大，此时应选渐扩喷管，如图 2-16(b)所示。

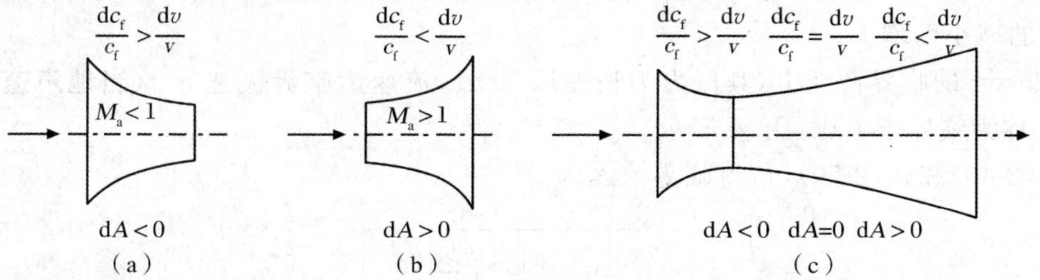

图 2-16 喷管 $dp<0, dv>0, dc>0$

由此可见，使用渐缩喷管时，气流速度最大只能达到声速。要使气流在喷管中从亚声速连

续增加至超声速，其截面变化应该是先收缩而后扩张，即应选由渐缩喷管和渐扩喷管组合而成的缩放喷管，如图 2-16(c)所示，又称为拉伐尔喷管。在缩放喷管中，渐缩部分在亚声速范围内工作，而渐扩部分在超声速范围内工作，最小截面处称为喉部。在喉部气体流速恰好达到当地声速，是气流从亚声速变化到超声速的转折点，通常称为临界截面。该截面上的状态参数称为临界参数，用下标 cr 表示，如临界压力 p_{cr}、临界比容 v_{cr}、临界流速 $c_{f,cr}$ 等。临界截面上 $c_{f,cr}=c$，即 $Ma=1$，所以

$$c_{f,cr}=\sqrt{\kappa p_{cr}v_{cr}} \tag{2-48}$$

与喷管作用相反的是扩压管。扩压管是使气体压力升高，流速降低的流道。由式(2-47)，对于扩压管 $dc_f/c_f<0$，当 $Ma<1$ 时，$dA>0$，称为渐扩扩压管，一般简称为扩压管。

2.6.3 喷管的计算

2.6.3.1 流速计算

根据能量方程式 $\frac{1}{2}(c_{f2}^2-c_{f1}^2)=h_1-h_2$，一般，当喷管进口流速 c_{f1} 较小，可以忽略不计时，喷管出口的流速

$$c_{f2}=\sqrt{2(h_1-h_2)} \tag{2-49}$$

式中 h_1、h_2 分别为喷管进、出口的气体焓值。式(2-49)是从能量方程直接推导得到的，故适用于任何工质的可逆和不可逆过程。

对于理想气体，由于 $(h_1-h_2)=c_p(T_1-T_2)$，$c_p=\kappa R/(\kappa-1)$，代入式(2-49)可得

$$\begin{aligned} c_{f2} &= \sqrt{\frac{2\kappa}{\kappa-1}RT_1\left(1-\frac{T_2}{T_1}\right)} \\ &= \sqrt{\frac{2\kappa}{\kappa-1}RT_1\left[1-\left(\frac{p_2}{p_1}\right)^{\frac{\kappa-1}{\kappa}}\right]} \\ &= \sqrt{\frac{2\kappa}{\kappa-1}p_1v_1\left[1-\left(\frac{p_2}{p_1}\right)^{\frac{\kappa-1}{\kappa}}\right]} \end{aligned} \tag{2-50}$$

由式(2-50)可见，喷管出口的流速取决于工质的性质、进口参数以及气体进出口截面的压力比 p_2/p_1。当工质种类及进口状态确定的条件下，其出口流速仅取决于压力比 p_2/p_1，并且随 p_2/p_1 的减小而增大。

在 $Ma=1$ 的临界截面上，其压力为临界压力 p_{cr}，流速为临界流速 $c_{f,cr}$（当地声速）。压力比 p_{cr}/p_1 称为临界压力比，用 γ_{cr} 表示。

由式(2-43)和式(2-50)，可得临界流速为

$$c_{f,cr}=c_{cr}=\sqrt{\frac{2\kappa}{\kappa-1}p_1v_1\left[1-\left(\frac{p_2}{p_1}\right)^{\frac{\kappa-1}{\kappa}}\right]}=\sqrt{\kappa p_{cr}v_{cr}}$$

根据过程方程式 $pv^{\kappa}=$常数，可求得临界压力比为

$$\gamma_{cr}=\frac{p_{cr}}{p_1}=\left(\frac{2}{\kappa+1}\right)^{\frac{\kappa}{\kappa-1}} \tag{2-51}$$

由于 $\kappa=c_p/c_v$ 仅取决于工质的热力状态，因此，临界压力比 γ_{cr} 仅取决于气体的热力性质。对于比热容为定值的气体，有

单原子理想气体 $\kappa=1.67, \gamma_{cr}=0.478$

双原子理想气体 $\kappa=1.4, \gamma_{cr}=0.528$

多原子理想气体 $\kappa=1.3, \gamma_{cr}=0.546$

过热水蒸气 $\kappa=1.3, \gamma_{cr}=0.546$

干饱和水蒸气 $\kappa=1.135, \gamma_{cr}=0.577$

临界压力比 γ_{cr} 是喷管设计计算的一个重要参数，是选择喷管形状的重要依据。由前面的分析可知：

当 $p_2/p_1>\gamma_{cr}$，即 $p_2\geqslant p_{cr}$ 时，应选择渐缩喷管；

当 $p_2/p_1<\gamma_{cr}$，即 $p_2<p_{cr}$ 时，应选择缩放喷管。

将式(2-51)代入式(2-50)，可得临界流速为

$$c_{f,cr}=\sqrt{\frac{2\kappa}{\kappa-1}p_1 v_1}=\sqrt{\frac{2\kappa}{\kappa-1}RT_1} \tag{2-52}$$

2.6.3.2 流量计算

气体流经喷管的流量，根据连续性方程 $q_m=\frac{Ac_f}{v}$，可由任意截面的面积、气体流速和比容求得。其中 A 通常选用最小截面 A_{min}。

对于理想气体在渐缩喷管中的流动 $v_2=v_1\cdot\left(\frac{p_2}{p_1}\right)^{\frac{1}{\kappa}}$，$c_{f2}=\sqrt{\frac{2\kappa}{\kappa-1}p_1 v_1\left[1-\left(\frac{p_2}{p_1}\right)^{\frac{\kappa-1}{\kappa}}\right]}$，将其代入连续性方程，可得

$$\begin{aligned} q_m &= A_2\sqrt{\frac{2\kappa}{\kappa-1}\frac{p_1}{v_1}\left[\left(\frac{p_2}{p_1}\right)^{\frac{2}{\kappa}}-\left(\frac{p_2}{p_1}\right)^{\frac{\kappa-1}{\kappa}}\right]} \\ &= A_{min}\sqrt{\frac{2\kappa}{\kappa-1}\frac{p_1}{v_1}\left[\left(\frac{p_2}{p_1}\right)^{\frac{2}{\kappa}}-\left(\frac{p_2}{p_1}\right)^{\frac{\kappa-1}{\kappa}}\right]} \end{aligned} \tag{2-53}$$

由式(2-53)可知，当 A_2 及 p_1、v_1 保持不变，流量 q_m 只取决于压力比 p_2/p_1，二者之间的关系如图 2-17 所示。从图中可见，当 $p_2/p_1=1$ 时，$q_m=0$。随着 p_2/p_1 的减小，流量 q_m 逐渐增加，如曲线 ab 所示，直到 $p_2/p_1=\gamma_{cr}$ 时，q_m 达到最大值 $q_{m,max}$。在此过程中，p_2 的降低是由于喷管出口所在的空间压力（称为背压，用 p_b 表示）降低而造成的。从 $p_2/p_1=\gamma_{cr}$ 起若再降低 p_2，由式(2-53)就会出现图中虚线所示的曲线。

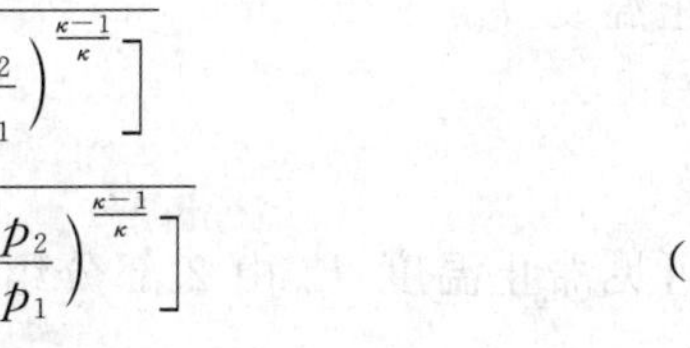

图 2-17 喷管流量

由前面的分析可知，当 p_b 达到 p_{cr} 后再进一步降低，不再有 $p_2=p_b$，只能保持 $p_2=p_{cr}$，即 $p_2/p_1=\gamma_{cr}$，因此，流量保持最大值 $q_{m,max}$ 不变，如直线 bc 所示，其所对应的横坐标也不再是 p_2/p_1，而应为 p_b/p_1。

将式(2-51)代入式(2-53)，可得

$$q_m = A_{min}\sqrt{\frac{2\kappa}{\kappa-1}\left(\frac{2}{\kappa+1}\right)^{\frac{2}{\kappa-1}}\frac{p_1}{v_1}} \tag{2-54}$$

由于缩放喷管一般都工作在 $p_b < p_{cr}$ 的情况下，其喉部截面上的压力总保持为临界压力 p_{cr}，其流量总保持最大值 $q_{m,max}$，不随背压 p_b 的降低而增大，所以上式同样适用于缩放喷管。

2.6.3.3 绝热滞止

前面的讨论是在喷管进口流速 $c_{f1} \approx 0$ 的前提下得到的。当 c_{f1} 比较小，如 $c_{f1} < 50$ m/s 时，式(2-49)计算的误差小于1%，当 $c_{f1} < 100$ m/s 时，计算误差小于3%。由此可见，初速较大时，就会产生较大的误差。考虑到进口流速 c_{f1} 的影响，并为简化计算，在此引入滞止参数的概念。

气体在绝热流动中遇到障碍物时，由于黏性力的作用，在物体表面处气体速度会降至零，这一过程称为绝热滞止。气体在绝热滞止时的状态，称为滞止状态，其状态参数称为滞止参数，由下标0表示。

根据绝热稳定流动能量方程式(2-41)有

$$h_0 = h_1 + \frac{1}{2}c_{f1}^2 = h_2 + \frac{1}{2}c_{f2}^2 = \text{常数} \tag{2-55}$$

式中 h_0 称为滞止焓。由上式可见，气体的焓值随流速的减小而增大，在滞止点，焓达到最大值，等于工质未滞止时的焓与动能的总和。

对于理想气体，若比热容取为定值，则由式(2-55)可得

$$c_p T_0 = c_p T + \frac{1}{2}c_f^2$$

则滞止温度 T_0

$$T_0 = T_1 + \frac{c_f^2}{2c_p} \tag{2-56}$$

可见滞止温度 T_0 由2部分组成，其中一部分为气流未滞止时的温度 T_1，称为静温；另一部分 $\frac{c_f^2}{2c_p}$ 是由动能转化为焓而使气流产生的温升，称为动温。动温与气体的性质和流速有关。气体性质一定时，流速愈大，动温愈高。因此，工程上在测量高速气流的温度以及设计高速飞行器时，应考虑滞止温度问题。

气流滞止时的压力称为滞止压力

$$p_0 = p\left(\frac{T_0}{T}\right)^{\frac{\kappa}{\kappa+1}} \tag{2-57}$$

可见，气流的总压高于未滞止时的静压，且流速愈大，二者差别也愈大。

对于蒸汽，滞止压力可由 h_0 和 $S_0 = S_1$ 查图或查表求得。

引入滞止参数的概念后，任何初速不为零的喷管流动都可设想是从滞止截面(初速为零)开始流动，如图2-18

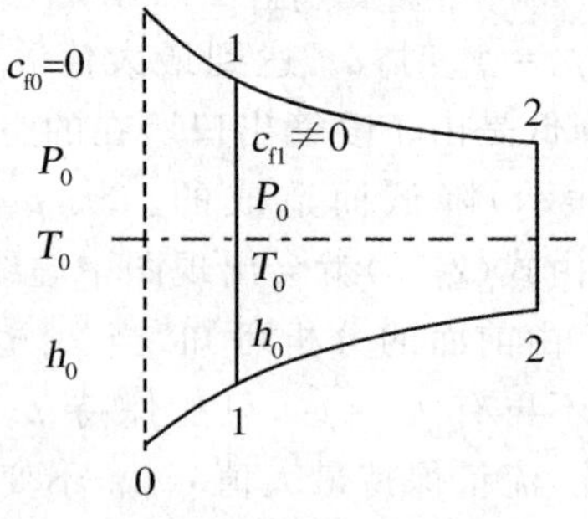

图2-18 滞止截面流动过程

所示。对于喷管的流速计算式、临界压力计算式和流量计算式，只要将下标为 1 的进口参数换算为滞止参数即可。

2.6.4 有摩阻的绝热流动

在实际流动过程中，存在摩擦、能量耗散以及动能与热能的转换等因素，流动过程不可逆，因此，有摩擦的流动与可逆绝热流动相比，气流出口速度会减小。稳定流动能量方程式(2-41)也适用于气体的不可逆绝热流动，此时式(2-41)可改写为

$$h_0=h_1+\frac{c_{f1}^2}{2}=h_2+\frac{c_{f2}^2}{2}=h_1'+\frac{c_{f1}'^2}{2}$$

式中：h_2' 和 c_{f2}' 分别为出口截面上气流的实际焓值和流速。由上式可得

$$(h_2'-h_2)=\frac{1}{2}(c_{f2}^2-c_{f2}'^2)$$

即在有摩阻的情况下，工质出口焓值的增加量等于其动能的减少量。工程上常用速度系数 ϕ 或能量损失系数 ζ 表示气流出口速度的下降和动能的减少。

速度系数

$$\phi=\frac{c_{f2}'}{c_{f2}} \tag{2-58}$$

能量损失系数

$$\zeta=\frac{\text{损失的动能}}{\text{理想的动能}}=\frac{c_{f2}^2-c_{f2}'^2}{c_{f2}}=1-\phi^2 \tag{2-59}$$

速度系数和喷管的型式、材料和加工精度有关，一般在 0.92～0.98 之间。工程上通常先按理想情况求出 c_{f2}，再根据速度系数 ϕ 对其进行修正。

2.6.5 绝热节流

流体在管道内流动时，经常要流经阀门、孔板等设备。其特点是流体通过突然缩小的截面时，由于存在局部阻力而使压力降低，即 $p_2<p_1$，这种流动过程称为节流过程。如图 2-19 所示。

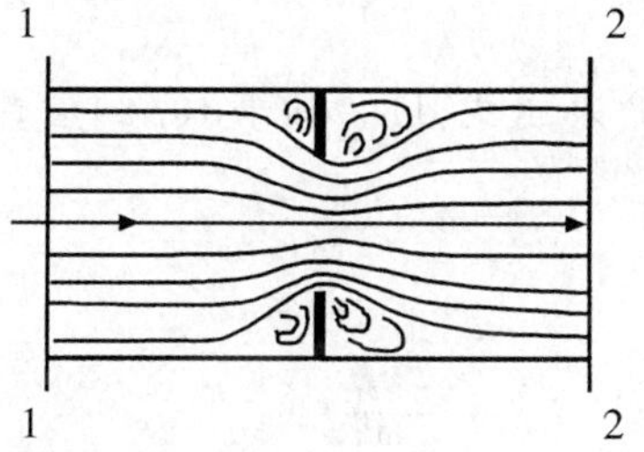

图 2-19 绝热节流

节流过程是典型的不可逆过程，流体在节流口附近发生强烈的扰动和涡流，但距孔口较远处，工质流动是稳定的，所以，可依照稳定流动的能量方程式(2-5)计算。

在节流过程中，流体通过节流孔的速度很高，与外界热量交换可以忽略不计，故认为节流是绝热过程，简称为节流。在绝热节流过程中，工质与外界无功量交换，位能和动能变化可以忽略不计，式(2-5)变为

$$\Delta h=0 \quad 或 \quad h_2=h_1 \tag{2-60}$$

即节流前后流体的焓值不变。经节流后流体焓值虽然回复到原值，但由于孔口附近处于不平衡状态，因而孔口前后各截面上的焓值不能确定。尽管 $h_2=h_1$，但不能把节流过程看作

定焓过程。过程中有熵产,引起熵增大,即 $S_2 > S_1$。如果工质为理想气体,节流前后焓值不变,所以工质的温度不变,即 $T_2 = T_1$。

如果工质为实际气体,则节流后的温度可以降低,可以升高,也可以保持不变。

具体情况取决于工质性质和节流前后的状态,对于蒸汽可根据节流后的压力 p_2 及 $\Delta h = 0$ 通过查图或查表确定。绝热节流引起工质的温度变化称为绝热节流的温度效应或焦耳一汤姆逊效应。

思考题 2

2-1 熵是状态参数,那么,工质的温度升高则熵是否一定增加?

2-2 热量与内能有无区别?热量与功量有何差别?

2-3 内位能与动能,内位能与重力位能有何区别?

2-4 说明下列公式的适用条件:

(1)$\delta q = \mathrm{d}u + p\mathrm{d}v$

(2)$\delta q = \mathrm{d}h - v\mathrm{d}p$

(3)$q = \Delta h + \frac{1}{2}c_f^2 + g\Delta z + w_s$

(4)$q = \Delta h$

(5)$w_s = -\Delta h$

2-5 工质进行膨胀时是否必须对工质加热?工质可否一边膨胀一边放热?工质可否一边被压缩一边吸入热量?对工质加热,其温度反而降低是否可能?

2-6 试判断下面所列的论断是否正确:

(1)气体吸热后一定膨胀,内能一定增加;

(2)气体膨胀时一定对外做功;

(3)气体被压缩时一定消耗外功;

(4)一切定容过程的功量为零;

(5)工质膨胀时必须对工质加热。

2-7 热力学第一定律的表达式 $\delta q = \mathrm{d}u + p\mathrm{d}v$,与焓的微分表达式 $\mathrm{d}h = \mathrm{d}u + \mathrm{d}(pv)$ 看起来很相像,为什么 q 不是状态参数,而焓 h 却是状态参数?

2-8 为什么膨胀功与过程有关,而流动功与过程无关?

2-9 膨胀功、技术功、流动功和轴功有何区别和联系?

2-10 为什么流动功出现在开口系能量方程式中,而不出现在闭口系能量方程式中?

2-11 刚性绝热容器中间用隔板分为 2 部分,A 中存有高压空气,B 中保持真空,如图所示。若将隔板抽去,分析容器中热力学能如何变化?若隔板上有一小孔,气体泄漏入 B 中,分析 A、B 2 部分压力相同时 A、B 2 部分的热力学能如何变化?

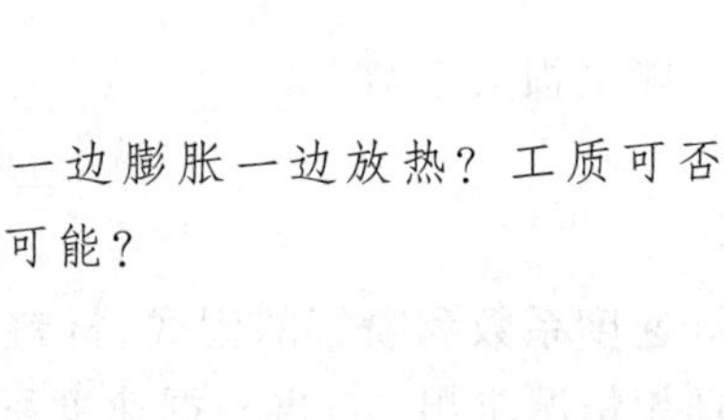

题 2-11 图

2-12 试分析 $n=0.9$,$n=1.2$,$n=1.6$ 三个多变过程各自的能量变换特性,如内能的增、减及功量与热量的出、入等,并将此 3 个过程分别绘在同一个 p-v 及 T-s 图上。

2-13 在 T-s 图上如何判断过程是膨胀还是压缩?

2-14 用稳流能量方程分析锅炉、汽轮机、压气机、凝汽器的能量转换特点,得出对其适用的简化能量方程。

习题 2

2-1 一个以 50 m/s 速度行驶、质量为 1 500 kg 的汽车,由于减震器被撞而停下来,减震器由装有水的水缸和在其中运动的带有一个小孔的活塞构成,为使水的温度回到原来的温度,需要从水中排出多少热量?

2-2 某台机器运转时由于润滑不良产生摩擦热,使质量为 150 kg 的钢制机体在 30 min 内温度升高了 50℃,已知钢的比热为 0.46 kJ/(kg · k),试计算由于摩擦引起的功率损失是多少?

2-3 50℃、0.2 MPa 的氦气存放在 2 m^3 的刚性容器里,计算将压力升高到 0.8 MPa 所需要的热量。

2-4 绝热封闭的汽缸($V=0.1\ m^3$)内储有不可压缩流体,通过活塞使液体的压力从 0.2 MPa 提高到 4 MPa,试求:

(1)外界对流体所做的功;

(2)液体内能的变化;

(3)液体焓的变化。

2-5 在冬季,某加工车间每小时经过墙壁和玻璃等处散失的热量 3×10^6 kJ,车间内各种机床的总功率为 375 kW,且全部动力变成了热能,另外,室内经常点着 50 盏 100 W 的电灯,为保持该车间温度不变,问每小时需另外加入多少热量?

2-6 空气压缩机中的空气从 0.1 MPa 压缩到 10 MPa。如果空气的初始温度为 100℃,试估算最终温度和所需要的功。

2-7 刚性的封闭气缸内,3 kg 空气由初始温度 15℃ 加热到 135℃,已知气缸的体积为 0.7 m^3,设空气的比热为定值比热,求传给空气的热量,空气的焓和熵的变化及过程的终压。

2-8 有一橡皮气球,当其内部压力和大气压同为 0.1 MPa 时呈自由状态,体积为 0.3 m^3。气球受火焰照射,体积膨胀 1 倍,压力上升为 0.15 MPa。设气球压力的升高和体积成正比,试求:

(1)该过程气体做的功;

(2)用于克服橡皮气球弹力所做的功;

(3)初始气体温度为 17℃ 时,球内气体的吸热量。

已知该气体的气体常数 $R=287$ J/(kg · K),热力学能 $u=0.72\{T\}_K$ kJ/kg。

2-9 为了确定高压下稠密气体的性质,取 2 kg 气体在 25 MPa 下定压加热,使气体容积由 0.03 m^3 增至 0.035 m^3,设此过程中加入热量为 700 kJ,试确定此过程中比内能的变化。

2-10 由生物力学测定可知,一个人在静止时向环境的散热率为 400 kJ/h。在一个容 2 000 人的礼堂里,由于空调系统发生故障,求:

(1)故障后 20 min 礼堂内空气的热力学能增量;

(2)假定礼堂与环境无热量交换,将礼堂与所有的人取为热力系,该系统热力学能变化多少?应如何解释礼堂中的空气的温度升高?

2-11 一离心式压气机,将流量为 2 m^3/s 的空气,由压力 0.95×10^5 Pa,比体积 0.8 m^3/kg 的初态压缩到 7.6×10^5 Pa,比体积 0.12 m^3/kg 的终态,若忽略压气机与外界的热交换,试求压气机所消耗的功率。

2-12 在刚性封闭气缸内,3 kg 空气由初始温度 $t_1=15$℃,加热到 135℃。已知气缸的容积为 0.7 m^3 放置在空气中冷却至 $t_2=50$℃,试求容器中空气放出的热量,空气的终压以及熵的变化。

2-13 在一直径为 50 cm 的气缸中,有温度为 18℃、压力为 2×10^5 Pa 的气体 0.2 m^3,气缸的上方承受一定的质量 M,对气体加热后温度上升到 200℃。若当地大气压为 0.1 MPa,并设活塞的运动无摩擦,求:

(1)活塞上升的距离 Z;

(2)活塞承受荷重的质量(忽略活塞本身的质量);

(3)气体对外做的膨胀功。

2-14 如图所示,一封闭系中,工质自状态 a 经过 acb 到达 b 的过程中,吸入热量 380 kJ,对外做功 30 kJ。

(1)若工质沿 adb 到达 b,并对外做功 10 kJ,此过程吸入或放出多少热量?

(2)若工质自状态 b 沿曲线 ba 回到状态 a 时,外界作出 20 kJ 的功,问此过程吸入或放出多少热量?

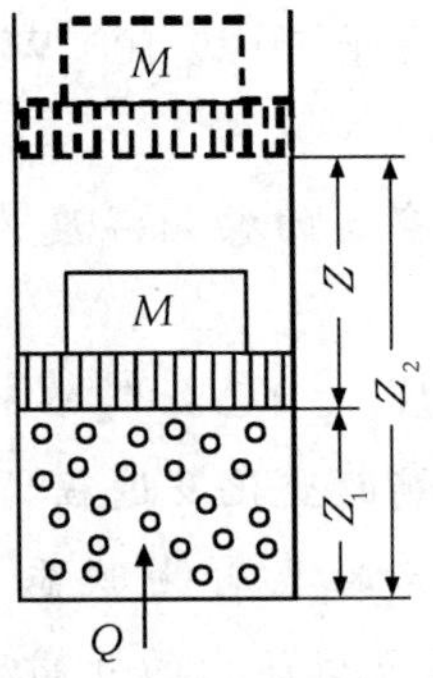

题 2-13 图

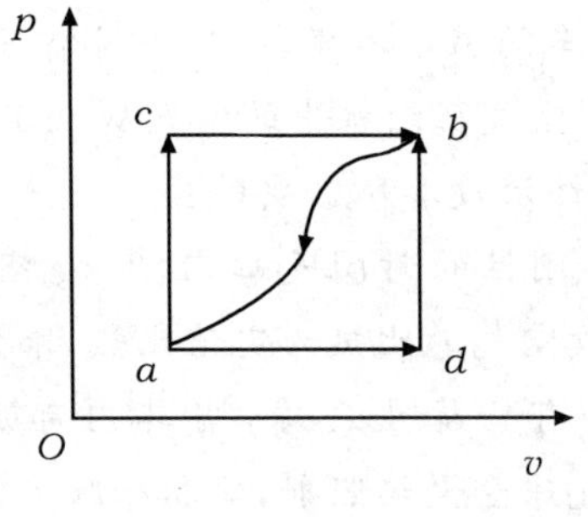

题 2-14 图

2-15 空气在压缩机中被压缩,压缩前空气的参数为 $p_1=0.1$ MPa,$v_1=0.845$ m^3,压缩后的参数为 $p_2=0.8$ MPa,$v_2=0.175$ m^3。设在压缩过程中每千克空气的热力学能增加 146.5 kJ,同时向外放出热量 50 kJ。压气机每分钟产生压缩空气 10 kg。求:

(1)压缩过程中对每千克空气做的功;

(2)每生产 1 kg 压缩空气所需的技术功;

(3)带动此压气机所需的功率。

2-16 已知 2 m^3 的空气由 $p=0.6$,$t_1=250℃$,降至 $t_2=70℃$,设空气的比热容为比定值热容,求空气内能的变化。

2-17 有 10 m^3 的空气,由初态 $p_1=0.1$ MPa、$t_1=20℃$,在压气机内定温压缩至 $p_2=0.8$ MPa,求:

(1)压缩终了的容积;

(2)消耗的压缩功;

(3)空气放出的热量。

2-18 已知 0.5 kg 的空气由 $p_1=0.5$ MPa,$T_1=30℃$,等温膨胀至原来容积的 5 倍,求空气所做的功、终压及外界加给空气的热量。

2-19 质量为 1.5 t 的汽车,在 40 km/h 的速度下刹车,若制动器钢件的质量为 15 kg,初温为 15℃,钢的比热容为 0.46 kJ/(kg·K)。设不考虑对外散热损失,试求由于刹车而使制动器钢件达到的最终温度。

2-20 已知汽轮机中蒸汽的流量为 40 t/h,汽轮机进口蒸汽焓为 3 442 kJ/kg,出口蒸汽焓为 2 448 kJ/kg,汽轮机每小时散热损失为 5×10^5 kJ/kg。不计进、出口气流的动能差和位能差,求汽轮机的功率。如果进口处蒸汽流速为 70 m/s,出口处蒸汽流速为 140 m/s,进出口高度差为 1.6 m,那么汽轮机的功率又是多少?

2-21 一个装有 2 kg 工质的闭口系统经历了如下过程:过程中系统散热 25 kJ,外界对系统做功 100 kJ,比热力学能减少 15 kJ/kg,并且整个系统被举高 100 m,试确定系统过程中动能的变化。

2-22 压力为 0.1 MPa、温度为 298 K 的空气,被压缩机压缩到 0.5 MPa,450 K,压缩机消耗的功率为 5 kW,散热损失为 5 kJ/kg。假设空气进出口的动位能差均略去不计,空气作理想气体处理,其进、出口焓差 $\Delta h=1.004\Delta t$ kJ/kg。求空气的质量流量。

2-23 一个活塞气缸装置中的气体经历了 2 个过程,从状态 1 到状态 2,气体吸热 500 kJ,活塞对外做功 800 kJ;从状态 2 到状态 3 是定压压缩过程,压力为 400 kPa,气体向外散热 450 kJ,并且已知 $U_1=2\ 000$ kJ,$U_3=3\ 500$ kJ。试计算 2-3 过程中气体体积的变化。

2-24 如图所示的绝热容器 A、B 中,装有某种相同的理想气体。已知 T_A,P_A,V_A 和 T_B,P_B,V_B,比热容可看作是常量,比热力学能与温度的关系为 $\Delta u=c_v\Delta T$。若管路、阀门均绝热,求打开阀门后 A、B 容器中气体的终温与终压。

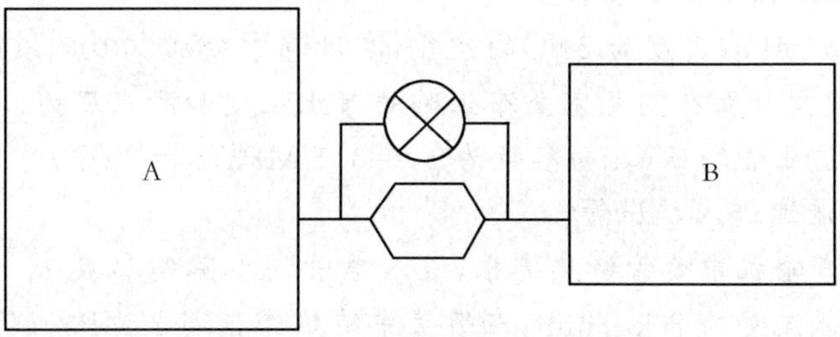

题 2-24 图

2-25 如图所示，已知 1 m^3 的空气，由初态 $p_1=0.6$ MPa、$t_1=600$℃，绝热膨胀至状态 2，且 $V_2=3V_1$，然后空气由状态 2 等温压缩至 $V_3=V_1$，求 1、2、3 点状态参数 (p,V,T) 和空气的净功。

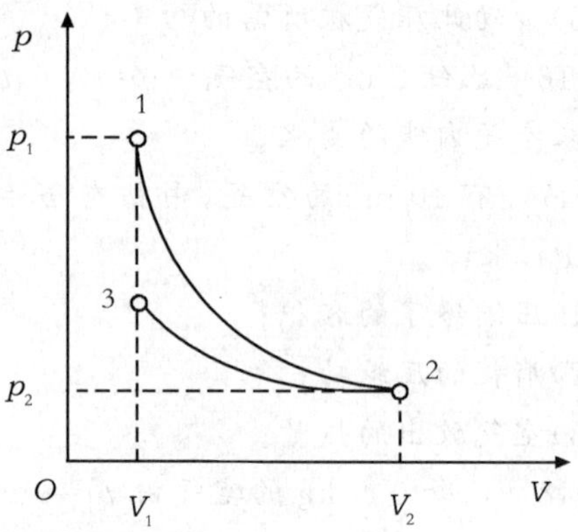

题 2-25 图

2-26 已知氮气从初态 $p_1=8$ MPa、$t_1=127$℃ 、$V_1=0.127$ m^3，多变膨胀至 $p_2=0.8$ MPa、$V_2=0.8$ m^3，求过程的多变指数，比热及过程的热量。

2-27 已知 10 kg 的空气，它的初态 $p_1=0.12$ MPa，$t_1=30$℃，被压缩后容积减少为 $(V_2/V_1)=(1/2.5)$。求初态及终态参数，过程中的热量、功量及内能的变化，设压缩过程分别为(1)等温；(2)绝热；(3)$n=1.2$ 的多变过程。

2-28 某台增压柴油机，已知空气的初态 $p_1=0.142$ MPa、$t_1=40$℃，压缩前后容积比为 $V_2/V_1=1/11$，已知空气的压缩过程中的多变指数 $n=1.35$，求压缩终了时空气的压力、温度及压缩 1 kg 空气所消耗的压缩功。

2-29 压力为 0.1 MPa，温度为 50℃的空气以 50 m/s 的速度进入直径 0.3 m 的管道，试求管道中空气的质量流量为多少？

2-30 空气进入出口截面积 $A_2=10$ cm^2 的渐缩喷管，其进口参数为 $p_1=2.0$ MPa，$t_1=50$℃，初速度可以忽略不计。喷管背压 $p_b=1$ MPa。若空气比热容 $c_p=1.004$ kJ/(kg·K)，绝热指数 $\kappa=1.4$，试求喷管出口处空气的流速和流经喷管的流量。

2-31 $p_1=1.2$ MPa，$t_1=360$℃的空气流经一渐缩喷管，喷管的背压为 $p_b=0.4$ MPa，进入喷管的流速可忽略不计，求绝热可逆流动时的出口压力和流速。

2-32 流量 $q_m=0.6$ kg/s 的燃气经过燃气轮机中的渐缩喷管绝热膨胀，其初参数为 $p_1=0.6$ MPa，$t_1=650$℃，喷管进口的流速及流动过程摩擦损失均可忽略不计；出口处压力 $p_2=0.4$ MPa。试求燃气在喷管出口处的流速及出口截面积。设燃气热力性质近似地和空气相同，比热容可按定值计算。

2-33 喷气式飞机以每小时 2 000 km 的速度在 8 000 m 的高空飞行，空气压力为35 kPa，温度为−25℃，试求：

(1)空气与飞机的相对流动速度及马赫数；

(2)飞机迎风表面上的滞止温度。

2-34 压力为 0.1 MPa，温度为 20℃的空气，在风洞中分别以 100，300，500 m/s 的速度掠过试验模型表面，求模型表面在空气完全滞止时的滞止温度和滞止压力。

2-35 空气流经扩压管增压，其初参数为 $p_1=0.1$ MPa，$t_1=20$℃，升压后 $p_2=2$ MPa。试求空气至少应以多大流速进入扩压管？

2-36 水蒸气经汽轮机中喷管绝热膨胀，进入喷管的水蒸气参数 $p_1=4$ MPa，$t_1=400$℃，$c_{f1}=100$ m/s 。水蒸气流量为 8 kg/min，在喷管中绝热膨胀到 2 MPa，试求：

(1)忽略摩擦阻力损失，确定喷管的形状和尺寸；

(2)若考虑摩擦阻力影响，并设速度系数为 $\phi=0.9$，试对喷管作误差分析。

2-37 质量流量为 1.5 kg/s 的空气在喷管中作等熵流动，已知进口截面上 $p_1=0.6$ MPa，$t_1=530$℃，$c_{f1}=120$ m/s；出口截面上 $p_2=0.6$MPa。试求：

(1)滞止参数、临界参数和临界流速；

(2)出口状态参数及出口流速；

(3)进出口截面及喉部截面的面积。

2-38 内燃机排出的废气压力为 0.3 MPa，温度为 600℃，流速为 100 m/s。现将其引入背压为 0.1 MPa 的渐缩喷管，试求喷管出口的流速。若忽略进口流速，将会产生多大的误差？

2-39 空气等熵流过一渐缩喷管，若其中某一截面处参数为 $p=0.3$ MPa，$T=450$℃，$c_f=150$ m/s，$A=0.002\ m^2$。试求：

(1)滞止温度及滞止压力；

(2)该截面的声速及马赫数；

(3)临界截面上的压力、温度、流速及截面积。

3 热力学第二定律

3.1 热力学第二定律的实质及表述

热力学第一定律规定了热能与机械能在传递和转换过程中的数量守恒关系，是自然界的一条普遍而又绝对的规律，它揭示了一切企图制造不消耗能量的永动机的想法都是徒劳的。但人类在长期的实践中发现，并不是任何不违反热力学第一定律的过程都可以实现，自然界发生的许多过程是有方向性的。例如机械能可以自发地转化为热能，而热能却不能自发地转变为机械能；热可以自发地从高温物体传到低温物体，却不能自发地从低温物体传到高温物体；气体能自发向真空膨胀，却不能自发压缩而空出一个空间；两种流体可自发地扩散、混合，却不能自发地分离等等。热力学第二定律实质上是对自然界一切实际宏观热过程方向性的概括和总结，它揭示了自发过程的方向性和不可逆性，**阐明过程进行的方向、条件和限度**。所谓方向，是指一切宏观热力过程只能自动地向自发过程方向进行，而非自发过程则不能自动地进行。自发过程则是指在热能与机械能的传递和转换过程中，所有能够独立地、无条件自动进行的过程，其反过程称为非自发过程。非自发过程(如热变功)不能独立地进行，必须伴随一个自发过程的进行(既要有高温源，也必须有低温源，至少要有两个热源)作补偿条件，而且即使有补偿条件，非自发过程的进行也有限度。例如热能不可能百分之百地转变为机械能(必须有一部热量由高温热源排放到低温源)。

自发过程的种类极多，热力学第二定律的应用非常广泛，诸如热能与机械能的传递和转换、流体扩散与混合、化学反应、燃烧、辐射、溶解、分离、生态系统、信息系统等众多领域。针对各类具体问题，热力学第二定律有多种形式的表述，但无论有多少种不同的说法，它们所反映的客观事物的本质都是一样的，即自然界的一切自发过程的方向性。公认的比较有代表性的说法有 2 种：

(1)开尔文说法：不可能制成一种只从一个热源取得热量，使之完全变成机械能而不引起其他任何变化的热力发动机。

(2)克劳修斯说法：热量不能自发地、不付任何代价地从低温物体传向高温物体。

开尔文说法从功热转化的角度，指出了功转化为热的不可逆性；而克劳修斯说法从传热的角度，指出了热传导过程的不可逆性。它们说的是同一件事情，反映了所有涉及热现象的过程都是不可逆的，两种说法是等效的。热力学第二定律各种不同说法的等效性反映了一切不可逆过程存在着内在的联系，可以找到一个共同判别的准则。

通常人们把单一热源的热机称作第二类永动机，如果它能够实现，那么，就可以利用大气或者海水作为取之不尽的热源，使其永动不息的做功。长期的实践证明，企图制造永动机的一切尝试都以失败而告终，因而，热力学第二定律又可表述为：“第二类永动机是不能制成的。”

热力学第二定律和第一定律一样，都是在人类长期实践经验基础上形成的公理，它真实、可靠地反映了客观规律。它的一切推论都符合客观实际，具有高度的可靠性和广泛的适用性。对于热能的本质，热现象有方向性的原因，需要从微观角度阐明热力学理论的统计热力学来解释。就所有的自发过程而言，系统总是从不平衡状态向平衡状态，即朝着无序性增大的方向进行。平衡状态是过程进行的极限，如果没有外界的影响，系统绝不会从平衡态自发地变为非平衡态，这是一切自发过程不可逆的内在原因。

3.2 卡诺循环和卡诺定理

最先从理论上说明热机运行过程的是法国工程师卡诺，他在1824年提出的卡诺定理是形成热力学第二定律的基础。

3.2.1 卡诺循环

卡诺循环是一种理想的有重要理论意义的可逆热机循环，它由2个可逆的等温过程和2个可逆的绝热过程组成，如图3-1所示。

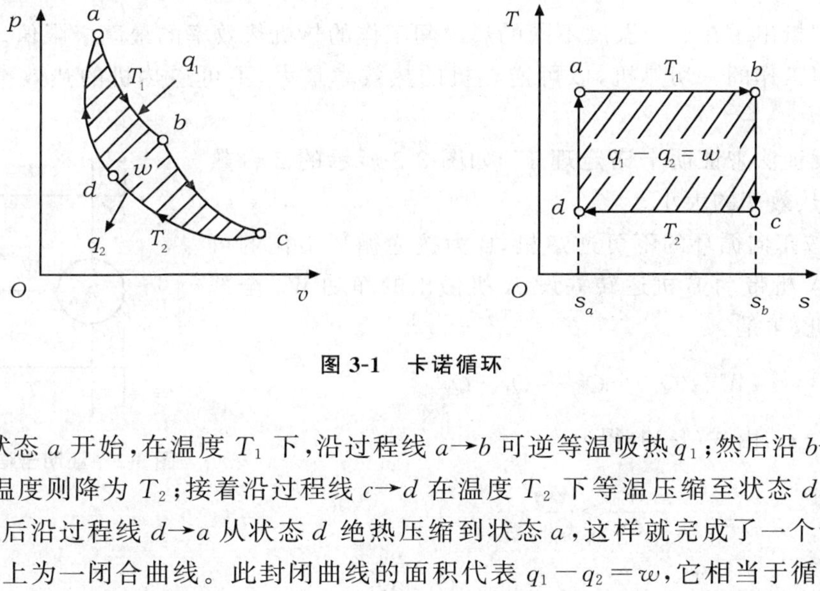

图 3-1 卡诺循环

工质从状态 a 开始，在温度 T_1 下，沿过程线 $a \to b$ 可逆等温吸热 q_1；然后沿 $b \to c$ 线绝热膨胀到状态 c，温度则降为 T_2；接着沿过程线 $c \to d$ 在温度 T_2 下等温压缩至状态 d，并向冷源放出热量 q_2；最后沿过程线 $d \to a$ 从状态 d 绝热压缩到状态 a，这样就完成了一个卡诺循环，在 T-s 及 p-v 图上为一闭合曲线。此封闭曲线的面积代表 $q_1 - q_2 = w$，它相当于循环的有用热。于是，卡诺循环的热效率 η_c 为

$$\eta_c = \frac{w}{q_1} = 1 - \frac{q_2}{q_1} = 1 - \frac{T_2(s_b - s_a)}{T_1(s_b - s_a)} = 1 - \frac{T_2}{T_1} \tag{3-1}$$

分析卡诺循环热效率的公式可以得出如下结论：

(1)卡诺循环的热效率只决定于高温热源的温度 T_1 和低温热源的温度 T_2。提高 T_1 或降低 T_2，可以提高卡诺循环的热效率。

(2)因为不可能使 $T_1 = \pm\infty$ 或 $T_2 = 0$，故卡诺循环的热效率总是小于1。

(3)当 $T_1 = T_2$，即只有一个热源时，$\eta = 0$。说明要实现热、功转换至少要有2个温度不等的热源，即第二类永动机不可能实现。

如果卡诺循环按逆时针方向进行，则称为卡诺逆循环。对于制(致)冷机的卡诺逆循环，其

制(致)冷系数用 ε_c 表示。则

$$\varepsilon_c=\frac{T_2}{T_1-T_2} \tag{3-2}$$

对于供热的卡诺逆循环,其供热系数用 ε_c' 表示,则

$$\varepsilon_c'=\frac{T_1}{T_1-T_2} \tag{3-3}$$

卡诺逆循环和卡诺正循环一样,也是一定温度范围内最理想的循环。

3.2.2 卡诺定理

定理 1 在恒温热源 T_1 和恒温热源 T_2(冷源)间工作的一切热机,以可逆热机的热效率为最高。

定理 2 在恒温热源 T_1 和恒温热源 T_2(冷源)间工作的一切可逆热机,不论采用什么工质,它们的热效率均等于卡诺循环的热效率,即等于 $\left(1-\frac{T_2}{T_1}\right)$。

卡诺定理指出了在 2 个温度不同的热源间工作的热机热效率的最高极限值。在 2 个温度不同的热源间工作的一切热机,以可逆热机的热效率最大,不可逆热机的热效率小于可逆热机。

可以用反证法来证明卡诺定理 1。如图 3-2 所示的 2 台热机,试比较其热效率的大小。

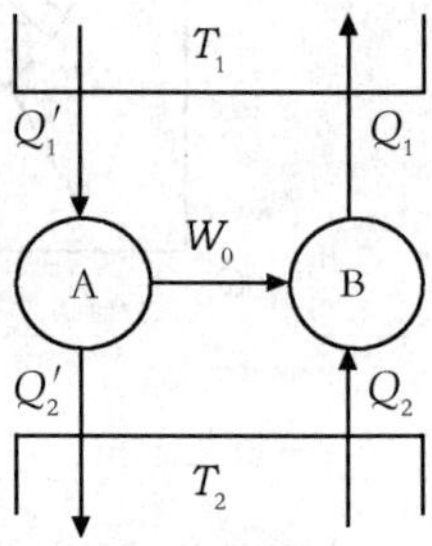

图 3-2 证明卡诺定理示意图

设 A 为按正向循环的不可逆热机,B 为按逆循环工作的可逆热机。让 A 机带动 B 机运转并设 A 机做出的净功 W_0 全部用于驱动 B 机,于是

$$W_0=Q_1'-Q_2'=Q_1-Q_2$$

假设 $\eta_A>\eta_B$,由式(1-20)得

$$\frac{W_0}{Q_1'}>\frac{W_0}{Q_1}$$

那么有

$$Q_1>Q_1'$$

上式说明,若设 $\eta_A>\eta_B$,则机器 A 和 B 联合运转所产生的唯一结果是将热量 Q_2-Q_2' 由低温热源 T_2(冷源)移向高温热源 T_1 而不留下任何变化。这是违反热力学第二定律的,因为热是不可能自发地从低温传向高温。所以原假设 $\eta_A>\eta_B$ 是错误的。

若令 $\eta_A=\eta_B$,机器经过一个循环的结果是工质、热源和冷源全部回到了初态,而没有留下任何变化。这一结果与 A 机是不可逆热机的假设相矛盾,因为不可逆热机运作的结果不可能使系统全部复原而不留下任何变化。

所以唯一的结果只有 $\eta_A<\eta_B$,即在 2 个热源之间工作的不可逆热机的热效率必小于可逆热机的热效率。

用同样的方法可以证明卡诺定理 2。

【例 3-1】 某热力设备,工作在 1 650℃的炉膛燃气温度和 15℃的低温热源之间,求:

(1)该热力设备按卡诺循环工作时的热效率以及产生 6×10^5 kW 时的吸热量 Q_1 和放热量 Q_2；

(2)如果热力设备的实际效率只有 40%，其有效功率仍为 6×10^5 kW，问吸热量 Q_1' 和放热量 Q_2' 又是多少？

解：(1)求卡诺循环的热效率：

$$\eta_c=1-\frac{T_2}{T_1}=1-\frac{273+15}{273+1\ 650}=85\%$$

(2)求卡诺循环时的吸热量 Q_1 和放热量 Q_2：

已知
$$W=6\times10^5\times3\ 600=2.16\times10^9\,(\mathrm{kJ/h})$$

$$Q_1=\frac{W}{\eta_c}=\frac{2.16\times10^9}{0.85}=2.54\times10^9\,(\mathrm{kJ/h})$$

$$Q_2=Q_1-W=2.54\times10^9-2.16\times10^9=3.8\times10^8\,(\mathrm{kJ/h})$$

(3)求实际热效率为 40%时的吸热量 Q_1 和放热量 Q_2'：

$$Q_1'=\frac{W}{\eta_t}=\frac{2.16\times10^9}{0.4}=5.4\times10^9\,(\mathrm{kJ/h})$$

$$Q_2'=Q_1'-W=5.4\times10^9-2.16\times10^9=3.24\times10^9\,(\mathrm{kJ/h})$$

3.3 熵和克劳修斯积分式

自然界的一切自发过程不可逆，而且具有等效性，那么，这些不可逆过程必然存在某种内在的联系，可有一个共同判别的准则。为定量描述这一本质特征，克劳修斯在前人工作的基础上，1865 年提出了著名的克劳修斯积分式，从而找到了状态函数“熵”这一物理量。

3.3.1 熵的导出

熵(entropy)是判别实际过程方向及可逆与否的判据。熵的导出有多种方法，下面介绍利用卡诺定理证明熵是任何工质的一个状态参数的方法。

已知卡诺循环的热效率与工质的性质无关，

$$\eta_c=1-\frac{q_2}{q_1}=1-\frac{T_2}{T_1}$$

由此得

$$\frac{q_1}{T_1}=\frac{q_2}{T_2}$$

式中：q_2 为 1 kg 工质的循环放热量(取绝对值)。

若改用代数值，由于放热量 q_2 本身为负，改用代数值后与其取绝对值等同的是 $-q_2$，所以，改用代数值后上式被改写为

$$\frac{q_1}{T_1}+\frac{q_2}{T_2}=0 \text{ 或 } \sum \frac{q}{T}=0 \tag{3-4}$$

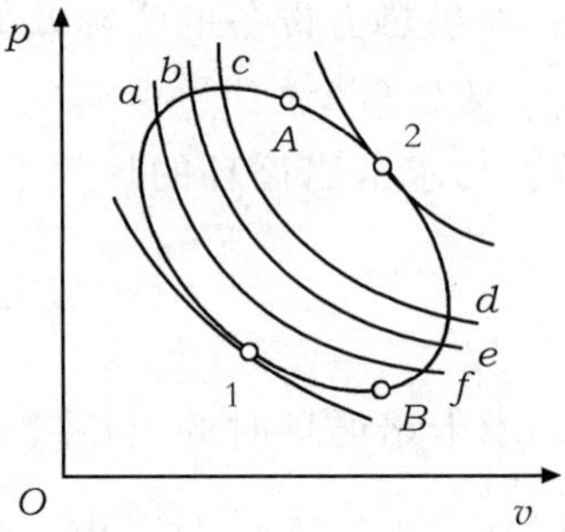

图 3-3 任意可逆循环

式(3-4)表明,在卡诺循环中$\frac{q}{T}$的代数和为零。利用这一结论可以得到任意可逆循环中的$\frac{q}{T}$的代数和为零,如图 3-3 所示。1-A-2-B-1 为任意可逆循环。若用一组可逆的绝热线把它分割成无数多个微元循环,当这些绝热线 a-f, b-e, c-d,…无限地靠近时,则可以认为在 a-b, b-c,…,d-e, e-f 等微元过程中,工质的温度不变,它们都可以看成是可逆的定温过程,于是微元循环 a-b-e-f-a, b-c-d-e-b 等都可以看作是微元卡诺循环,这些微元卡诺循环构成了任意的可逆循环 1-A-2-B-1。

每一个微元卡诺循环都应满足式(3-4),对于其中第 n 个微元循环式可以写为

$$\left(\frac{\delta q_1}{T_1}+\frac{\delta q_2}{T_2}\right)_n=0$$

对于整个可逆循环 1-A-2-B-1,应等于所有这些微元循环的总和,即

$$\oint \frac{\delta q}{T}=0 \tag{3-5}$$

$\oint \frac{\delta q}{T}$称为克劳修斯积分式,对于可逆循环其值为零。式中的 δq 是系统在可逆的微元过程中从环境中吸收的微小热量,由于可逆过程是等温传热,系统和环境的温度相等,所以,T 可看作是系统的温度。热力循环的积分路线是一个封闭的曲线,由于可逆循环 1-A-2-B-1 的选取是任意的,即可逆过程从初态 1 沿 1-A-2,再由终态 2 经另一任意可逆过程 2-B-1 完成一封闭可逆循环。可逆过程 1 和 2 之间的路径是任选的,根据状态参数的特性,式(3-5)中的被积函数必定是某个状态参数的全微分,用 s 来表示该函数并定义为熵。熵的导出与工质的性质无关,说明它是任何物质的状态参数。熵和其他状态参数一样,可以表示为任意 2 个独立状态参数的函数。将熵的定义式 $ds=\frac{\delta q}{T}$代入式(3-5),得

$$\oint ds=0 \tag{3-6}$$

3.3.2 克劳修斯不等式

循环中全部或者有部分过程不可逆,即为**不可逆循环**。对于不可逆循环,由卡诺定理知,其热效率小于卡诺循环热效率,即

$$\eta_t<\eta_c; \quad 1-\frac{q_2}{q_1}<1-\frac{T_2}{T_1}$$

热效率计算式中的 q_2 取的是绝对值,若 q_2 取代数值时,上式则被改写为

$$\frac{q_1}{T_1}+\frac{q_2}{T_2}<0 \tag{3-7}$$

如果该不可逆循环由许多微元循环组成,那么,式(3-7)可改写为

$$\oint\frac{\delta q}{T}<0 \tag{3-8}$$

式(3-8)称为克劳修斯不等式,它与任意可逆循环的$\oint\frac{\delta q}{T}=0$,可以合并为

$$\oint\frac{\delta q}{T}\leqslant 0 \tag{3-9}$$

这就是判断循环是否可逆的热力学第二定律的一种数学表达式。克劳修斯积分式$\oint\frac{\delta q}{T}$等于零为可逆循环,小于零为不可逆循环,大于零则不可能实现。

3.4 熵增原理

3.4.1 不可逆过程中熵的变化

设有不可逆循环 1-a-2-b-1,它由不可逆过程 1-a-2 和可逆过程 2-b-1 组成,如图 3-4 所示。由克劳修斯不等式得

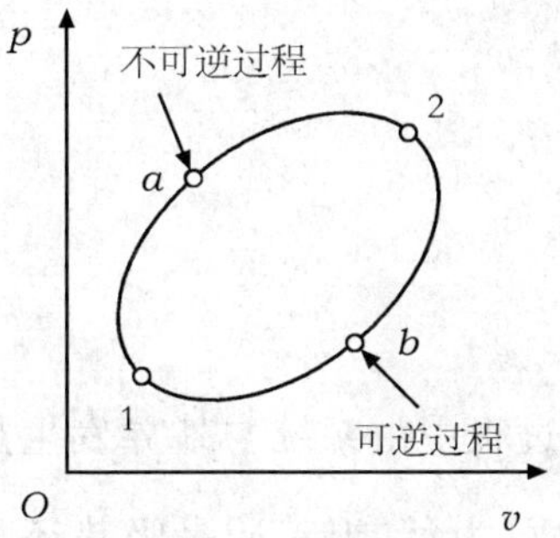

图 3-4 不可逆循环

$$\oint_{1a2b1}\frac{\delta q}{T}=\int_{1a2}\frac{\delta q}{T}+\int_{2b1}\frac{\delta q}{T}<0$$

即

$$\int_{1a2}\frac{\delta q}{T}<\int_{1b2}\frac{\delta q}{T}$$

由于可逆过程中被积函数$\frac{\delta q}{T}$是熵的全微分,故有$\int_{1b2}\frac{\delta q}{T}=s_2-s_1$,于是得

$$\int_{1a2}\frac{\delta q}{T}<s_2-s_1 \tag{3-10}$$

对于不可逆微元过程

$$\frac{\delta q}{T}<\mathrm{d}s \tag{3-11}$$

由此可知,在任意不可逆过程中,熵的变化量大于该过程中加入系统的热量与热源温度之比所得的熵。

这样对于任意过程的熵变就可以表示为

$$\mathrm{d}s\geqslant\frac{\delta q}{T}\ 或\ \int_1^2\frac{\delta q}{T}\leqslant s_2-s_1 \tag{3-12}$$

对于可逆过程 $\int_1^2 \frac{\delta q}{T} = s_2 - s_1$ ，对于不可逆过程 $\int_1^2 \frac{\delta q}{T} < s_2 - s_1$ 。式(3-12)即为闭口系统热力学第二定律的数学表达式。

这里应该特别强调的是：熵是状态参数，只与状态有关，与工质经历何种过程无关，不论过程可逆与否，只要初、终态确定，则熵的变化量 $s_2 - s_1$ 就是一定的。式(3-12)所表达的意思，绝不是不可逆过程的熵变比可逆过程熵变大，而是 $\int_1^2 \frac{\delta q}{T}$ 值在经历不可逆过程时要比可逆过程的小。在图 3-4 中不论沿哪条路径从 1 点到 2 点，其熵的变化量都一样，都等于 $s_2 - s_1$。

3.4.2 熵产与熵流

3.4.2.1 做功过程中熵的变化规律

如图 3-5 所示的热力系统。设气缸内有 1 kg 气体，在一个微元过程中，气体从热源吸收热量 δq 后，推动活塞做膨胀功。在不可逆的做功过程中，克服摩擦力 F_f 必然造成一定功损，用 δw_f 表示不可逆的做功过程中的功损，则：

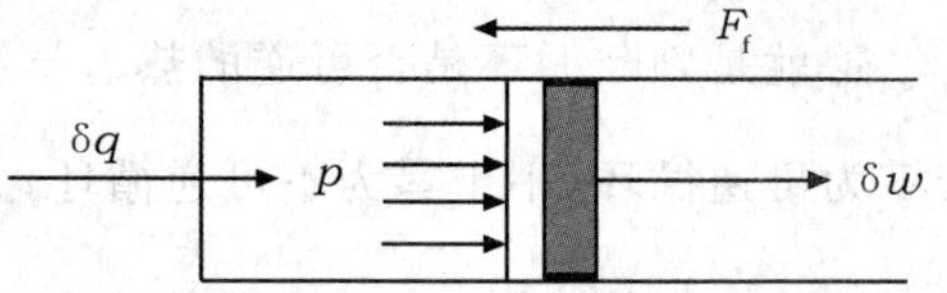

图 3-5 气缸内的熵变

$$\delta w_f = p\mathrm{d}v - \delta w \tag{3-13}$$

由摩擦引起的 δw_f 功损将转变为摩擦热 δq_f 而被气体吸收($\delta q_f = \delta w_f$)，此时，气缸内气体熵的变化应该是热源所提供的热量 δq，与摩擦热引起的熵变之和，对于微元过程有

$$\mathrm{d}s = \frac{\delta q}{T} + \frac{\delta q_f}{T}$$

将式(3-13)代入上式得

$$\mathrm{d}s = \frac{\delta q}{T} + \frac{p\mathrm{d}v - \delta w}{T} \tag{3-14}$$

式(3-14)可称为闭口系统的熵方程。式中 $\frac{\delta q}{T}$ 是在不可逆过程中由系统与外界发生热交换的热流 δq 引起的熵的变化量，称为**熵流**。熵流的值可为正也可为负，视工质是吸热还是放热而定；$\frac{p\mathrm{d}v - \delta w}{T}$ 是由功损引起的**熵增**，即系统存在不可逆因素而引起熵的增加，称为**熵产**。由于不可逆过程中功损恒为正，熵产恒大于零，所以，对不可逆过程 $\mathrm{d}s > \frac{\delta q}{T}$。

过程不可逆性愈大，熵产愈大；不可逆性愈小，熵产就愈小；不可逆性消失时，熵产为零，过程就变成可逆过程。因此，熵产可作为过程是否可逆及可逆性大小的量度。

以上分析表明，在孤立系统中进行可逆的做功过程后熵不变，而进行不可逆的做功过程后熵的总量必然增加。

由此可知，在孤立系统中的任何不可逆过程 $\Delta s = \int_1^2 \mathrm{d}s = (s_2 - s_1) > 0$ ；在孤立系统中的任何可逆过程 $\Delta s = \int_1^2 \mathrm{d}s = (s_2 - s_1) = 0$ ；因此，绝热过程也不一定是定熵过程。只有可逆的

绝热过程才是定熵过程($s_2=s_1$)，而不可逆的绝热过程是熵增过程($s_2>s_1$)。

3.4.2.2　孤立系统中有温差传热熵的变化规律

如图 3-6 所示，由温度为 T_A 的热物体及温度为 T_B 的冷物体组成一个孤立系统。由于 $T_A>T_B$，因此，必然有热量由物体 A 传向物体 B，于是在一个微元过程中，系统熵的变化总量应为 A，B 两物体熵变化的代数和，即

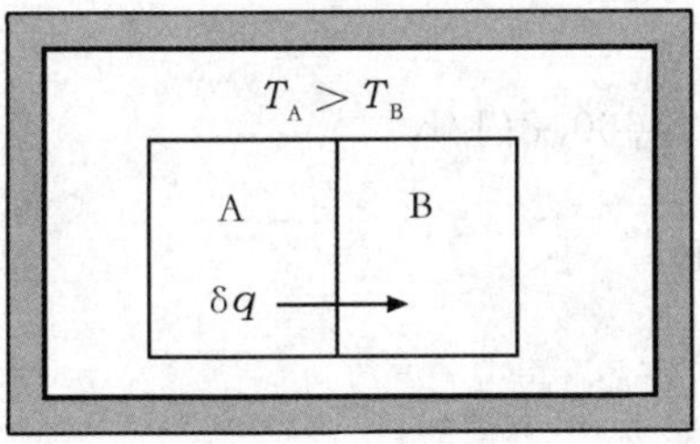

图 3-6　有温差传热

$$ds=ds_A+ds_B=-\frac{\delta q}{T_A}+\frac{\delta q}{T_B}=\delta q\,\frac{T_A-T_B}{T_A T_B}$$

在 $T_A>T_B$ 时，$ds>0$，而对于无温差的可逆的传热过程，$T_A=T_B$，此时的 $ds=0$。

由此可知，在孤立系统中，进行可逆的传热后熵不变；而进行不可逆(有温差)传热后，熵的总量必然增加。

熵是状态参数。在相同的初、终态间，不论经历的是可逆还是不可逆过程，工质熵的变化都相同，所以工程上要计算从某一初平衡态到达另一终平衡态的任意过程的熵变时，只需要在初、终态间任选一个容易计算的可逆过程，计算出其熵的变化即可。

【例 3-2】　温度为 800 K、压力为 5.5 MPa 的燃气进入燃气轮机绝热膨胀后流出。在燃气轮机出口处测得两组数据，一组压力为 1.0 MPa，温度为 485 K；另一组压力为 0.7 MPa，温度为 495 K。试问这两组参数哪一组是正确的？此过程是否可逆？若不可逆，其做功能力损失多少？(燃气的性质按空气处理，空气 $c_p=1.004$ kJ/(kg·K)，$R=0.287$ kJ/(kg·K)，环境温度 $T_0=300$ K)

解：若出口状态参数是第一组，则绝热稳流过程的熵产为

$$\begin{aligned}\Delta s_g&=\Delta s=c_p\ln\frac{T_2}{T_1}-R\ln\frac{p_2}{p_1}\\&=1\,004\ \ln\frac{485}{800}-287\ \ln\frac{1.0}{5.5}\\&=-13.20(\mathrm{J/(kg\cdot K)})<0\end{aligned}$$

显然，这是不可能的，一切过程的熵产 $\Delta s_g\geqslant 0$，所以该组数据不正确。

若是第二组，则

$$\begin{aligned}\Delta s_g&=\Delta s=c_p\ln\frac{T_2'}{T_1}-R\ln\frac{p_2'}{p_1}\\&=1\,004\ \ln\frac{495}{800}-287\ \ln\frac{0.7}{5.5}\\&=109.7(\mathrm{J/(kg\cdot K)})>0\end{aligned}$$

所以第二组参数的数据是正确的，而且工质在燃气轮机内的绝热膨胀过程为不可逆过程，其做功能力损失为

$$i=T_0\Delta s=300\times 0.109\,7=32.91(\mathrm{kJ/kg})$$

【例 3-3】　1 kg 的理想气体($R=0.287$ kJ/(kg·K))，由初态 $p_1=0.1$ MPa，$T_1=400$ K 被

等温压缩到终态 $p_2=1\ \text{MPa}$，$T_2=400\ \text{K}$。试计算：(1)经历可逆过程；(2)经历一不可逆过程，这两种情况时气体的熵变、环境熵变、过程熵变及有效能损失。已知不可逆过程实际耗功比可逆过程多耗 20%，环境温度为 300 K。

解：(1)经历一可逆过程时：

$$\Delta s_{\text{sys}}=-mR\ln\frac{p_2}{p_1}=-1\times 287\ \ln\frac{1.0}{0.1}=-660.8(\text{J/K})$$

$$\Delta s_{\text{surr}}=-\Delta s_{\text{sys}}=660.8\ \text{J/K}$$

$$\Delta s_{\text{g}}=0$$

$$I=0$$

(2)经历一不可逆过程时：由于熵是状态参数，只取决于状态，与过程无关。于是

$$\begin{aligned}\Delta s_{\text{sys}}&=-660.8\ \text{J/K}\\ W&=1.2W_{\text{re}}\\ &=1.2mRT\ln\frac{p_1}{p_2}\\ &=1.2\times 1\times 287\times 400\ \ln\frac{0.1}{1.0}\\ &=-317.2\times 10^3(\text{J})=-317.2\ \text{kJ}\end{aligned}$$

根据热力学第一定律，等温过程

$$Q=W=-317.2\ \text{kJ}(\text{系统放热})$$

$$\Delta s_{\text{surr}}=\frac{|Q|}{T_0}=\frac{317.2}{300}=1.0573(\text{kJ/K})$$

$$\Delta s_{\text{g}}=\Delta s_{\text{iso}}=\Delta s_{\text{sys}}+\Delta s_{\text{surr}}=(-660.8+1057.3)=396.5(\text{J/K})$$

$$I=T_0\Delta s_{\text{g}}=119.0\ \text{kJ}$$

思考题 3

3-1 正循环与逆循环的循环效果有何不同？

3-2 判断下列各题的对错：

(1)在一个孤立系统，各种形式的能量可以互相转换，那么，在这一系统中，等温绝热膨胀过程中的熵等于零。

(2)熵增大的过程必为不可逆过程。

(3)熵减少的过程是不可能实现的。

(4)若从某一初态经可逆与不可逆 2 条途径到达同一终态，则不可逆途径的熵变必大于可逆途径的熵变。

(5)自然界的过程都是朝着熵增大的方向进行，因此，熵减过程不可能实现。

3-3 自发过程是不可逆过程，非自发过程必为可逆过程，这一说法是否正确？

3-4　试判断下列几种情况的熵变为正、负还是可正可负：

(1)闭口系中理想气体经历一可逆过程，系统与外界交换功量 20 kJ、热量 20 kJ；

(2)闭口系经历一不可逆过程，系统与外界交换功量 20 kJ、热量－20 kJ；

(3)工质稳定流经开口系，经历一可逆过程，开口系做功 20 kJ，换热－5 kJ，工质流在进出口的熵变；

(4)工质稳定流经开口系，按不可逆绝热变化，系统对外做功 10 kJ。

3-5　和大气温度相同的压缩空气可以膨胀做功，这一事实违反热力学第二定律吗？

3-6　热力学第二定律可否表示为：机械能可以全部变成热能，而热能不可以全部变成机械能？

3-7　下述说法是否正确：

(1)循环净功越大则循环的热效率越高；

(2)可逆循环的热效率一定大于不可逆循环的热效率；

(3)可逆循环的热效率都相等；

(4)熵增大的过程必为吸热过程；

(5)熵减少的过程必为放热过程；

(6)定熵过程必为可逆绝热过程。

3-8　空气在气缸内经历一个不可逆过程，热力学能减少 12 kJ，做功 10 kJ，试分析空气的熵变有哪几种可能性。

3-9　设有 2 台可逆热机，其中一台可逆热机的冷源为另一台可逆热机的热源，并且 2 台热机的冷源与热源的温差相等，问它们的热效率是否相等？

3-10　系统进行某过程时，从热源吸热 10 kJ，对外做功 20 kJ，试分析是否可以采取绝热过程使系统回到初态？

3-11　0℃的冰在 20℃的大气中逐渐融化为水，试分析该过程是否可逆。过程中冰的熵变与大气熵变哪个大？为什么？

3-12　孤立系统中进行了可逆过程和不可逆过程，问孤立系统的总能、总熵各自如何变化？

3-13　若工质从同一初态出发，在吸热量相同的情况下，分别经过一个可逆和不可逆过程，试问这两种过程终态的熵是否相同？

3-14　试从节能的观点分析用电炉取暖、火炉取暖、暖气设备取暖、热泵取暖的利弊，哪一种最浪费？哪一种最经济？

习题 3

3-1　某台按卡诺循环工作的热机，每分钟从热源吸热 50 kJ，试求下列几种情况下循环的热效率及有用热：

(1) T_1＝2 000℃，T_2＝40℃；

(2) T_1＝2 000℃，T_2＝500℃；

(3) T_1＝1 600℃，T_2＝40℃；

(4) T_1＝1 600℃，T_2＝500℃。

3-2 设有2台卡诺热机A与B串联工作，热机A从温度为627℃的热源得到热量，并对温度为T的热源放出热量Q，B机从温度为T的热源吸取A机排出的热量Q，并向27℃的冷源放出热量q。试计算下列两种情况下热机B的热源温度T：

(1)二机输出功率相等；

(2)二机的热效率相等。

3-3 用卡诺热泵对某建筑物供热。室外温度为－8℃，建筑物维持温度27℃，供热量为2×10^5 kJ/h。求：

(1)从外界环境输入到建筑物的热量；

(2)输入的功率。

3-4 用卡诺热泵向房间供热，设室外温度为－5℃，室内温度为20℃，要求每小时向室内供热2.5×10^4 kJ，试求：

(1)每小时从室外吸收多少热量？

(2)此循环的供暖系数是多大？

(3)热泵由电动机驱动，如果电动机的效率为95%，电动机的功率为多大？

(4)如果直接用电炉取暖，每小时耗电多少？

3-5 某热机从温度为2 000 K的热源得到热量Q_H，并将热量Q_L排至温度为300 K的冷源。在下列条件下，试确定此热机循环是可逆、不可逆还是不可能的：

(1)$Q_H=1\ 000$ J，$W=900$ J

(2)$Q_H=2\ 000$ J，$Q_L=300$ J

(3)$W=1\ 500$ J，$Q_L=500$ J。

3-6 将10 kg 50℃的水与60 kg 90℃的水在绝热容器中混合，求混合后体系的熵增。

3-7 如果有一台热效率为30%的热机，用来带动制冷系数为2.5的制冷机，求制冷机从冷物体每带走1 kJ的热量，热机需要输入多少热量？

3-8 有一台按逆卡诺循环工作的热泵，用来冬季采暖和夏季降温，室内要求保持20℃，室内、外每相差1℃，每小时通过墙壁和屋顶的散热损失为1 200 kJ。求：

(1)当冬季室外温度为0℃时，驱动热泵所需的功率；

(2)夏季制冷，若要保持室温20℃，室外空气允许的最高温度。

3-9 将5 kg 0℃的冰投入盛有25 kg 50℃水的绝热容器中，求冰完全融化且与水的温度均匀一致时系统熵的变化。已知冰的融解热为333 kJ/kg，比热容为4.186 8 kJ/(kg·K)。

3-10 5 kg的水起初与温度为295 K的大气处于热平衡的状态。用一制冷机在这5 kg水与大气之间工作，使水定压冷却到280 K，求所需的最小功是多少？

3-11 如有1 kg蒸汽，在100℃的温度下凝结为液体，在凝结过程中放出的热量为2 261 kJ，并为环境吸收，若环境温度为30℃，求包括环境及工质在内的整个系统的熵变。

3-12 由空气冷却设备组成的闭口热力系统，经历某一热力过程，使空气在300 K的温度下，由冷却水带走6 kJ的热量且此过程终了空气的熵增为25 J/K，求系统总的熵增，问此过程是可逆、不可逆还是不可能的？

3-13 4 kg 70℃的水和3 kg 20℃的水倒在一起，求这7 kg水总的熵增是多少？

3-14 将质量为100 kg －5℃的冰，放置在20℃的介质中，首先是冰融化成水，然后被介质加热到20℃，设冰的比热为2 kJ/(kg·K)，融解热为333.7 kJ/kg，求此系统总的熵增是多少？

3-15　设有 1 kmol 的某种理想气体进行如图所示的 1-2-3-1 循环，已知 $T_1=1\ 500$ K，$T_2=300$ K，$p_2=0.1$ MPa，比热容为定值，绝热指数为 1.4。

(1)求初态压力；

(2)在 T-s 图上画出该循环；

(3)求循环的热效率；

(4)该循环的放热很理想，T_1 也很高，但热效率却不高，问原因何在？

3-16　可逆卡诺循环 1-2-3-4-1 如图所示。已知 $T_1=600$℃，$T_2=300$℃，循环吸热量 $Q=3\ 000$ kJ，试求：

(1)循环做功量；

(2)冷源吸热量及冷源熵增量；

(3)如果由于不可逆使系统的熵增 0.2 kJ/K，求冷源多吸收多少热？循环少做多少功？

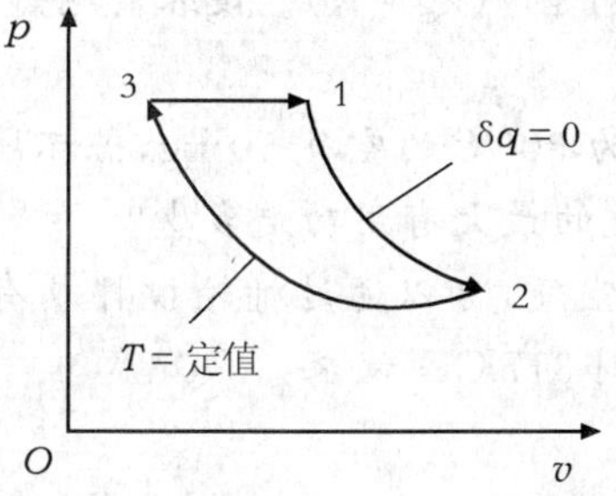

题 3-15 图

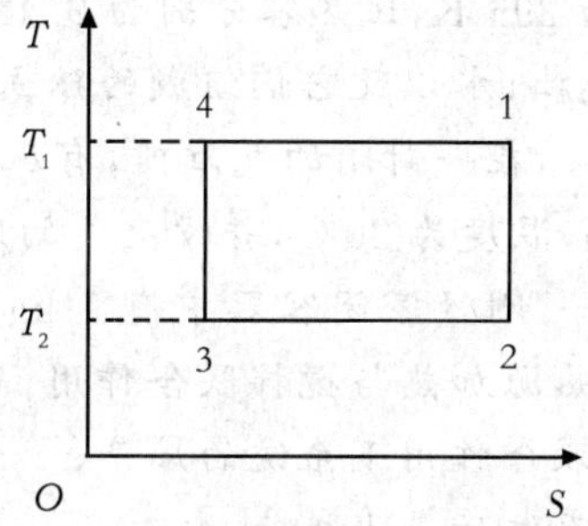

题 3-16 图

3-17　如图所示的空气动力循环，有 3 个可逆过程，即等压吸热过程 1-2，绝热膨胀过程 2-3，定温放热过程 3-1 组成。设空气的比热容为定值，并且已知 $T_1=300$ K，$T_2=600$ K，求循环的热效率。

3-18　设空气在初态 $p_a=10$ MPa，$T_1=600$℃，$p_c=0.1$ MPa，$T_2=10$℃之间进行卡诺循环，求：

(1)此循环每千克空气从热源吸收的热量和向冷源放出的热量；

(2)循环的热效率及净功。

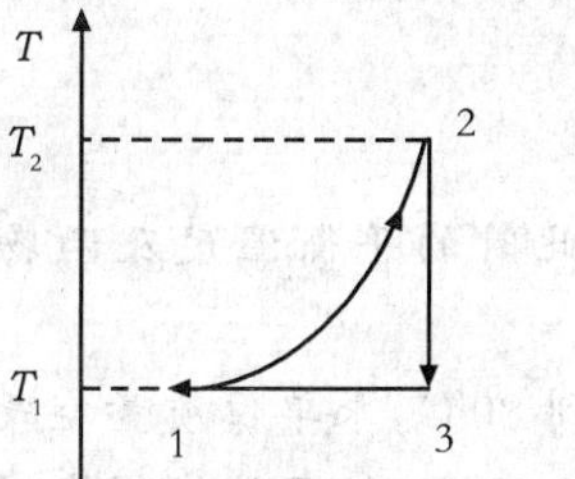

题 3-17 图

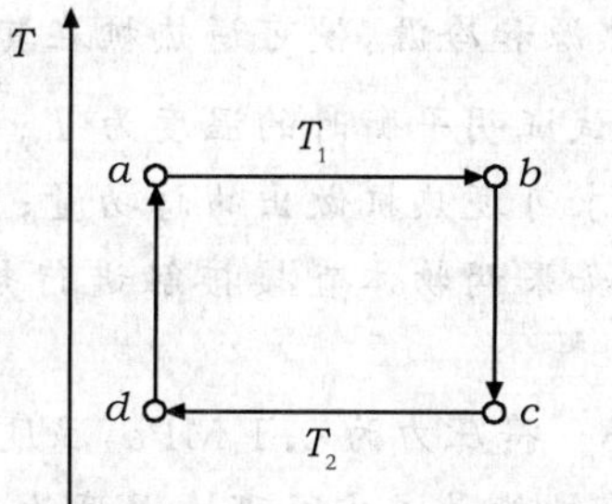

题 3-18 图

3-19 假设有一台实际热机，工作于 $T_1=1\ 000$ K 的热源和 $T_2=400$ K 的冷源之间，每一循环中工质从热源吸取的热量为 325 kJ，并向冷源放出 125 kJ 的热量，问此热机循环能否实现？

3-20 设有一台以空气为工质的可逆卡诺热机，工作于 497℃的高温热源和 27℃的低温热源之间，若等温加热过程开始时，空气压力为 0.9 MPa，加热终了时的容积为原来的 3 倍。试求：

(1)等温加热过程的终压力；

(2)循环的热效率；

(3)循环中 1 kg 工质的净功。

3-21 闭系中某一过程的熵变为 25 kJ/K，此过程中系统仅从温度为 300 K 的热源得到热量 6 000 kJ。问此过程是可逆、不可逆还是不可能的。

3-22 将一根重 0.36 kg 的金属棒投入 9 kg 重的水中，初始时金属的温度为 1 060 K，水的温度为 295 K，比热容分别为 0.42 kJ/(kg·K)和 4.187 kJ/(kg·K)。设容器绝热，试求终温和金属棒、水以及它们组成的孤立系的熵变。

3-23 在一封闭的气缸内，有压力为 0.6 MPa、温度为 300℃的空气 10 kg，若环境压力为 0.1 MPa，温度为 20℃，并设空气的比热容为定值，求空气的最大有用功是多少？

3-24 刚性密闭容器中有 1 kg 压力为 0.1 MPa 的空气，可以通过叶轮搅拌或有温度为 283℃的热源加热与搅拌联合作用，而使温度由 7℃上升到 317℃。试求：

(1)联合作用下系统的熵产；

(2)系统的最小熵产；

(3)系统的最大熵产。

3-25 燃气经过燃气轮机由 0.8 MPa，420℃绝热膨胀到 0.1 MPa、130℃。问：

(1)该过程能否实现？是否可逆？

(2)若能实现，计算 1 kg 燃气做出的技术功，设进出口的动能和位能差忽略不计。已知比热容 $c_p=1.01$ kJ/(kg·K)，$c_v=0.732$ kJ/(kg·K)。

3-26 气体在气缸中被压缩，其热力学能的变化为 55.9 kJ/kg，熵变化为 −0.293 kJ/(kg·K)，输给气体的功为 186 kJ/kg。温度为 20℃的环境可与气体发生热交换，试确定每压缩 1 kg 气体的熵产。

3-27 两物体质量相等、比热容相同，其中 A 物体的初温为 T_{A}，B 的初温为 T_{B}。用它们分别作热源和冷源，使可逆热机在其间工作，直到两物体温度相等时为止。

(1)试证明平衡时的温度为 $T_{\mathrm{m}}=\sqrt{T_{\mathrm{A}}T_{\mathrm{B}}}$；

(2)求可逆热机做出的总功量；

(3)如果两物体直接接触进行热交换，直至温度相等，求此时的平衡温度及两物体的总熵增。

3-28 将压力为 0.1 MPa，温度为 250℃的空气定压冷却到 80℃，求单位质量空气放出热量中的有效能是多少？环境温度为 27℃，若将此热量全部放给环境，则有效能损失多少？将热量的有效能及有效能损失表示在 T-s 图上。

3-29 一家用冰箱，制冷系数为 1.8，从制冷空间输出热量 90 kJ/min，试确定：

(1)冰箱所耗电功率；

(2)对环境空间的散热率。

3-30 卡诺热机由900℃的冷源得到的热量为800 kJ/min,放给温度为27℃的环境,热机做出的功用于驱动一制冷机,其冷藏室温度为−5℃。试确定:

(1)冷藏室传出的最大热量;

(2)传给环境的最大热量。

3-31 一绝热刚性容器被分为两半,一半盛有5 kmol空气,其压力为0.4 MPa,温度为50℃;另一半为真空。将隔板抽去使气体充满整个容器。

(1)求过程中空气熵的变化;

(2)若环境温度为20℃,求有效能的损失。

3-32 一座功率为750 MW的核动力站,反应堆的温度为585 K,可以利用的河水温度为293 K,求:

(1)动力站的最大热效率为多少?排放到河水中的最小热流量是多少?

(2)如果动力站实际热效率为最大值的50%,排放到河水里去的热流量是多少?

(3)如果河水的流量为165 m^3/s,河水的温升是多少?

*4 烟及烟分析基础

4.1 能量转换的差异性及烟和炕

4.1.1 能量转换的差异性

热力学第一定律从不同形态的能量之间的数量关系，即"量"的角度描述了能量的价值，而热力学第二定律则说明了不同形态的能量相互转换时具有方向性。机械能可以无条件地、百分之百地转换为热能，而热能转换为机械能时转换能力受到热力学第二定律的制约，在环境条件下，只能部分地转换为机械能，这说明机械能的品质高于热能；其次，热能的温度越高，转换为机械能的比例越高。说明热能本身也有质量的差别，热能的温度越高则其品质越高。因此，热力学第二定律从"质"的角度描述了能量的价值。

按照热力学第二定律，并以能量的可转换能力为衡量尺度，可有以下 3 种不同质的能量。

(1)可无限转换的能量。如机械能、电能、水能、风能等。它们是"有序运动"，所具有的能量，在转换时不受热力学第二定律的制约，理论上，可以毫无保留地转换为任何形式的能量。它们的"量"和"质"完全一致，称其为"高级位能量"。

(2)可有限转换的能量。如焓、热力学能、化学能等，它们是"无序运动"，所具有的能量转换时要受热力学第二定律的制约，只能将其中的一部分转换为其他形式的能量，它们的"量"和"质"不统一，称其为"低级位能量"。

(3)不可转换的能量。如地球表面的大气、海洋是一个温度基本恒定(处于环境温度下)的大热库，有着巨大的热力学能，但由于任何热机都是以环境为低温源工作的，所以，无法利用环境蕴含的热能获得机械功，从动力学角度讲，属于不可用能，即全是废热。

可见，能量具有"量"和"质"的双重属性，能量在转换及传递时具有"量的守恒性"和"质的差异性"。比较能量的价值不能只讲数量，还必须考虑能量转换的能力，即"质"。评价各种形态能量的"量"与"质"的共同尺度就是"烟(exergy)"。

4.1.2 烟和炕

把热力系统由任意状态可逆地变化到与环境状态相平衡时所做的最大有用功，称为烟，用 E_X 表示。这里所说的环境是抽象的概念，它是烟的自然零点，是起算烟的基准状态点。携带能量的系统之所以能做功，是因为它所处的状态与起算烟的基准状态存在不平衡势差，这种势差能够驱动系统对外做功。如果过程是可逆的，则所做的功量最大，这个最大的功量，就是系统所包含的烟，而所提到的基准状态就是环境。环境状态则是指在静止的条件下，系统与环境处于热力平衡的状态，包括热平衡、力平衡、化学平衡等各项指标在内的完全平衡。环境状态具有稳定的状态参数(压力 p_0、温度 T_0、比容 v_0 等)及确定的物质组分，是一个处于静止和热力学平衡状态的庞大物系，它即便是与其他热力系统交换热量、功和物质时自身的状态都不会改变。

在环境条件下，能量中不可能转化为有用功的部分称为𬉼(anergy)，用 A_N 表示。

任何能量 E 都是由㶲和𬉼两部分组成，即

$$E = E_X + A_N \tag{4-1}$$

㶲是热力学第一定律和第二定律相结合的产物，它代表了能量中可无限转换的部分，是能量中"量"和"质"完全统一的部分，即能量中可以相互比较的部分，是衡量系统在某一状态下最大做功能力的共同尺度，被用来评价过程的能量利用效率和寻求改进过程的技术途径。

对于某种形式的能量，其㶲或𬉼可能为零，如电能、机械能是可无限转换的能量，其𬉼为零，全部是㶲；而环境介质所储存的热能是不可转换的能量，全部为𬉼，其㶲为零。所以，在通常情况下，不能以大气作能源，所谓能源实际上就是指㶲源。能量中含有的㶲值越大，其转换为有用功或"可无限转换能量"的能力越大，动力利用的价值越高。每单位能量中所含的㶲值可以定量地用一个无量纲"能质系数 λ"来表示：

$$\lambda \equiv \frac{E_X}{E} \tag{4-2}$$

4.2 不同形式㶲的计算

4.2.1 闭口系统的热力学能㶲

热力学第二定律告诉我们热能不可能连续地全部转变为机械能。在给定的热源与环境温度(T_1 和 T_0)之间，一切可逆热机的热效率相等，都等于卡诺循环热效率，工质从热源吸收的热量 Q 所能完成的最大有用功 $W_{u,max}$，根据热力学第一定律：

$$\delta Q = dU + P_0 dV + \delta W_{u,max} \tag{4-3}$$

式中：δQ 为可逆微元过程中系统与环境交换的热量；dU 为工质微元过程中内能的变化；$P_0 dV$ 为工质系统推挤环境介质所必须付出的膨胀功，此功无法利用；$\delta W_{u,max}$ 为工质微元过程中向外提供的最大有用功。

取系统与环境构成扩大的孤立系，根据热力学第二定律，对于可逆过程，系统熵变与环境熵变的代数和应为零，用 dS_{ios} 表示孤立系的熵变，用 dS_0 表示环境的熵变，用 dS 表示系统的熵变，则有

$$dS_{ios} = dS + dS_0 = \frac{\delta Q}{T} + \frac{-\delta D}{T_0} = 0$$

$dS_0 = -\dfrac{\delta Q}{T_0}$　(Q 取绝对值)

$dS_0 = \dfrac{\delta Q}{T} = \dfrac{\delta Q}{T_0}$(可逆过程，系统温度与环境温度相等)

代入式(4-3)得

$$\delta W_{u,max} = -dU - P_0 dV + T_0 dS$$

对系统从任意状态变到环境状态的有限过程，积分得

$$W_{u,\max}=-\int_{u}^{u_0}\mathrm{d}U-P_0\int_{v}^{v_0}\mathrm{d}V+T_0\int_{s}^{S_0}\mathrm{d}S=(U+P_0V-T_0S)-(U_0+P_0V_0-T_0S_0)$$

即热力学能㶲

$$E_{X,U}=(U+P_0V-T_0S)-(U_0+P_0V_0-T_0S_0) \tag{4-4}$$

写成比㶲的形式，即

$$e_{x,u}=(u+p_0v-T_0s)-(u_0+p_0v_0-T_0s_0) \tag{4-5}$$

当环境一定时，热力学能㶲只取决于闭口系统的状态，显然是一个状态参数，即闭口系统从一个状态变化到另一个状态所能完成的最大有用功等于变化前后的热力学能㶲之差，与变化的路径无关。

4.2.2 开口系统的焓㶲

对于开口系统，在温度为 T_0、压力为 P_0 和熵为 S_0 的环境中，处于任意状态的进口(P,T,H,S)稳态，稳定流至与环境相平衡的出口(P_0,T_0,H_0,S_0)所能完成的最大有用功量，称为焓㶲，用 $E_{X,H}$ 表示。忽略重力位能差及工质宏观动能差，根据稳态稳定流动能量方程有

$$\delta W_{u,\max}=\delta Q-\mathrm{d}H \tag{4-6}$$

取系统与环境构成扩大的孤立系，对于可逆过程，系统熵变与环境熵变的代数和应为零，则有

$$\mathrm{d}S_{ios}=\mathrm{d}S+\mathrm{d}S_0=\frac{\delta Q}{T}+\frac{-\delta Q}{T_0}=0$$

$$\mathrm{d}S_0=-\frac{\delta Q}{T_0}\quad(Q\text{ 取绝对值})$$

$$\mathrm{d}S=\frac{\delta Q}{T_0}$$

代入式(4-6)后，积分得

$$W_{u,\max}=T_0(S_0-S)-(H_0-H)=(H-T_0S)-(H_0-T_0S_0)$$

即焓㶲为

$$E_{X,H}=(H-T_0S)-(H_0-T_0S_0) \tag{4-7}$$

写成比㶲的形式，即：

$$e_{x,h}=(h-T_0s)-(h_0-T_0s_0) \tag{4-8}$$

当环境一定时，焓㶲只取决于系统的状态，显然也是一个状态参数，即开口系统从一个状态变化到另一个状态所能完成的最大有用功等于变化前后的焓㶲之差，与变化的路径无关。

4.2.3 热量㶲

如图 4-1 所示，在温度为 T_0 的环境条件下，热源所提供的热量中可以转化为最大有用功的部分称为热量㶲，用 $E_{X,Q}$表示。那么，热源通过系统边界传递 δQ 的热量，所能获得的最大有用功，用 $\delta W_{u,\max}$表示，根据卡诺定理，得式(4-9)$\delta W_{u,\max}$计算式。

$$\delta W_{u,\max}=\left(1-\frac{T_0}{T}\right)\delta Q \tag{4-9}$$

这个最大有用功就是热量㶲$E_{X,Q}$，积分式(4-9)得

$$E_{X,Q}=\int_1^2\left(1-\frac{T_0}{T}\right)\delta Q=\int_1^2\delta Q-T_0\int_1^2\frac{\delta Q}{T}=Q_{12}-T_0(S_2-S_1) \tag{4-10}$$

在图 4-1 中，热量㶲与系统所处的环境状态有关，也与热源放热过程的特征有关，温度越高，系统从热源获得的热量中㶲所占的比例越大。热力学第二定律告诉我们，𬊤不可能转化为㶲，在可逆过程中㶲守恒；工作在 2 个恒温源之间的一切可逆热机的热效率都相等，都等于卡诺循环的热效率。那么，系统从状态 1 变化到状态 2 的过程中，由于热源温度是连续函数，根据积分中值定理，温度函数对变量熵 S 的积分就等价于温度函数的平均值与变化前后的熵差之积，所以，只要平均放热温度 T_m 相同，无论系统经历怎样的可逆过程，放热量相等时热量㶲也相等，亦即热量㶲的能质系数 $\lambda_q\equiv\frac{T_m-T_0}{T_m}$。

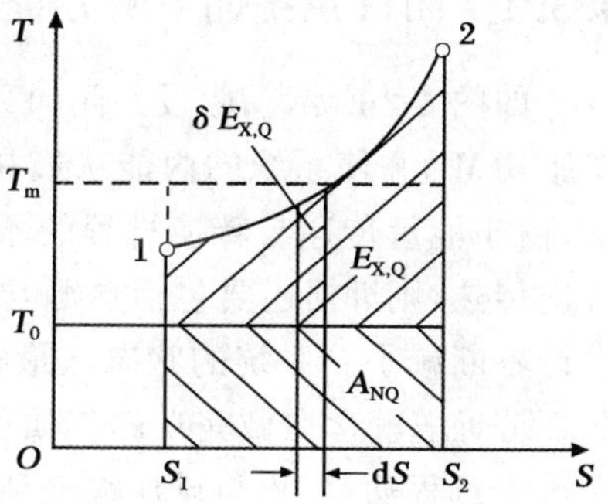

图 4-1 热量㶲

由图 4-1 知，热源的平均放热温度 T_m 是评价热量传递的定性温度，系统从平均放热温度为 T_m 的热源吸热可逆地变化到环境状态所能完成的最大有用功等于该放热温度下的卡诺循环完成的最大有用功。

由于 $Q_{12}=\int_1^2\delta Q=\int_1^2 T\mathrm{d}S=T_m\int_1^2\mathrm{d}S=T_m\cdot(S_2-S_1)$，所以，$E_{X,Q}$ 的计算式(4-10)可表示为

$$E_{X,Q}=\int_1^2\left(1-\frac{T_0}{T_m}\right)\delta Q=\left(1-\frac{T_0}{T_m}\right)Q_{12}=(T_m-T_0)(S_2-S_1) \tag{4-11}$$

式中：T_m 为热源平均放热温度；T_0 为环境温度；$E_{X,Q}$为热量㶲。

工程上把温度低于环境温度的物体($T<T_0$)交换的热量称为冷量，温度低于环境温度的系统吸入热量 Q_0 的冷量时做出的最大有用功称为冷量㶲，用 E_{X,Q_0} 表示。冷量㶲的计算与热量㶲相同，只是符号相反。

可见，能量㶲是衡量系统在某一状态下最大做功能力的共同尺度，被用来评价过程的能量利用效率和寻求改进过程的技术途径。

4.3 㶲平衡方程及㶲效率

能量㶲是能量本身的特性，系统具有能量的同时具有了能量㶲，工质携带能量或传递的同时也携带或传递㶲。任何可逆过程都不会发生㶲向𬊤的转变，没有㶲损失，而任何不可逆过程都伴随着㶲损失，过程的不可逆性越大，㶲损失也越大。这是㶲平衡分析与能量平衡分析的不同之处。在第 2 章我们依照热力学第一定律建立的能量利用效率，没有考虑系统输入和输出能量的品质对效率的影响，如果输入的能量品质高，则系统的能量效率自然也高，如果系统排

出的能量品质较高，则说明系统的性能较差，㶲没有被充分利用。显然，只有建立㶲平衡方程，引入㶲效率的概念才能反映系统的真实性能。

由于㶲的概念涉及能量的可用性，具有能的量纲和属性，所以，建立㶲平衡方程可以参照能量平衡方程的建立方法，但需增加一支出项——㶲损失，即输入系统的㶲减去输出系统的㶲，再减去㶲损失等于系统的㶲增量。

4.3.1 闭口系统㶲平衡方程

如图 4-2 所示。假设一闭口系统热力设备，工质从温度为 T 的热源获得热量 Q，对外做出膨胀功 W，并使系统的内能从最初的 U_1 状态变化到 U_2。在此过程中热量㶲 $E_{X,Q}$ 随 Q 传入系统，由于能量传递与转换过程的不可逆性，而在系统内部产生了㶲损 I（如果热源与工质是不可逆传热，则㶲损还要包括热源与系统换热的不可逆㶲损），使得㶲的总量随着不可逆过程的进行不断减小。系统的状态从最初的 U_1 变化到 U_2 的过程中，系统的㶲增量为 $E_{X,U_2}-E_{X,U_1}$，此部分㶲增量含在做完功的工质内。系统实际做出的有用功 W_a 才是系统输出的净㶲 E_{X,W_a}，它等于过程功量 W 与排斥大气所做的无用功 $P_0(V_2-V_1)$ 之差。

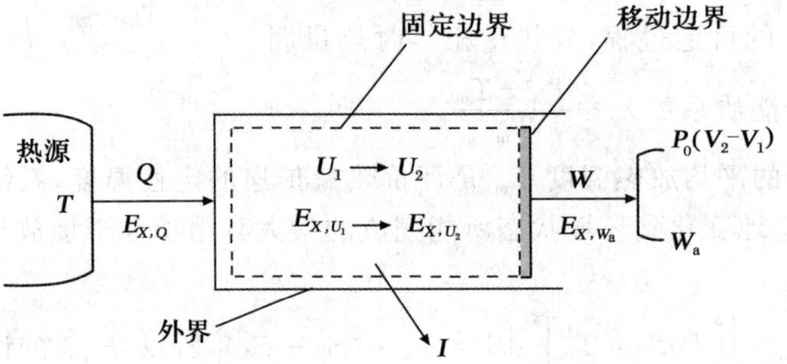

图 4-2 闭口系统热力设备示意图

此时，得到闭口系统的能量平衡方程为

$$Q=W+U_2-U_1=W_a+P_0(V_2-V_1)+U_2-U_1 \tag{4-12}$$

闭口系统的㶲平衡方程为

$$E_{X,Q}=E_{X,U_2}-E_{X,U_1}+E_{X,W_a}+I \tag{4-13}$$

写成比㶲的形式，即

$$e_{x,q}=e_{x,u_2}-e_{x,u_1}+e_{x,w_a}+i \tag{4-14}$$

4.3.2 开口系统㶲平衡方程

如图 4-3 所示。假设一闭口系统热力设备，工质一元稳定流动过程中，从温度为 T 的热源获得热量 Q，对外输出轴功 W_s 并使系统的焓从最初的状态 H_1 变化到 H_2，在此过程中热量㶲 $E_{X,Q}$ 随 Q 传入系统，由于能量传递与转换过程的不可逆性，而在系统内部产生了㶲损 I，使得㶲总量随着不可逆过程的进行不断减小。系统从最初的状态变化到 H_2 的㶲增量为 $E_{X,H_2}-E_{X,in}$，此部分㶲增量将随工质被作为废物排出热力设备，即排气㶲损。系统实际热力过程做出

的轴功 W_s 是系统输出的净㶲 E_{X,W_s}。

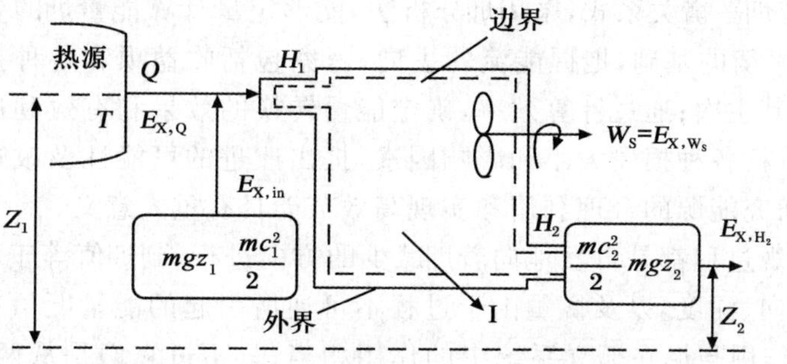

图 4-3 开口系统热力设备示意图

此时，得到开口系统的能量平衡方程为

$$Q=(H_2-H_1)+\frac{m(c_2^2-c_1^2)}{2}+mg(z_2-z_1)+W_S \tag{4-15}$$

开口系统的㶲平衡方程为

$$E_{X,Q}=E_{X,H_2}-E_{X,in}+E_{X,W_s}+I+\frac{m(c_2^2-c_1^2)}{2}+mg(z_2-z_1) \tag{4-16}$$

写成比㶲的形式，即

$$e_{x,q}=e_{x,h_2}-e_{x,in}+e_{x,w_s}+i+\frac{c_2^2-c_1^2}{2}+g(z_2-z_1) \tag{4-17}$$

4.3.3 㶲效率

对于给定环境条件下进行的过程，㶲损失的大小能够用来衡量该过程的热力学完善程度。㶲损失大，表明过程的不可逆性大。通常用㶲效率 η_{e_x} 来表达热力系统或热工设备的㶲的利用程度或系统的热力学完善程度。

系统或热工设备的㶲效率：

$$\eta_{e_x}=\frac{E_{X,gain}}{E_{X,pay}} \tag{4-18}$$

式中：$E_{x,gain}$ 为系统或热工设备在热力过程中被利用或收益的㶲；$E_{X,pay}$ 为支付或耗费的㶲。

闭口系统的㶲效率为

$$\eta_{e_x}=\frac{E_{X,gain}}{E_{X,pay}}=\frac{E_{X,W_a}}{E_{X,U_1}+E_{X,Q}}=1-\frac{E_{X,U_2}+I}{E_{X,U_1}+E_{X,Q}}$$

开口系统㶲效率为

$$\eta_{e_x}=\frac{E_{X,gain}}{E_{X,pay}}=\frac{E_{X,W_s}}{E_{X,in}+E_{X,Q}}=1-\frac{E_{X,H_2}+I}{E_{X,in}+E_{X,Q}}$$

㶲效率是收益㶲与支付㶲的比值。㶲效率与能效率相比，它多了一个因系统内部的不可逆

性造成的损失项 I,而此项损失才是真正意义上的热力学损失,反映了系统的热力学完善度。因此,建立热力系统㶲平衡关系式,采用㶲分析法,能够定量计算能量㶲的各项收支、利用及损失情况。在㶲收支平衡的基础,把握能流的去向,考察包括收益项和各种损失项,根据各项的分配比例可以分清其主次;通过计算效率,确定能量转换的效果和有效利用程度,进而分析能量利用的合理性,分析各种损失大小和影响因素,提出改进的可能性及改进途径,并预测改进后的节能效果,对研究能源的合理利用和实现高效节能具有重大意义。

一切系统的宏观过程都是自发地向着㶲减少的方向进行,到㶲值等于零为止,㶲也可以作为预测过程进行方向、深度,以及衡量由于过程不可逆所引起的能量贬值程度。因此,可以说㶲在孤立系统中的作用与熵在孤立系统中的作用相当,只不过它们是从两个方向来说明热力学第二定律的。熵在孤立系统中只增不减,而㶲在孤立系统中只减不增,但应当注意的是,孤立系的熵增在任何情况下均等于功损,而㶲损却不一定等于功损。如果因功损而变成的热量温度高于环境温度,则这部分热量对环境而言仍有一定的做功能力,在这种情况下的㶲损小于功损。

思考题 4

4-1 㶲和熵有何异同?

4-2 热量㶲是过程量还是状态量?

4-3 自然界一切宏观过程都是自发地朝着㶲减少的方向进行,直到㶲值等于零为止,那么,整个自然界的㶲最终是否要完全消失?

4-4 试从势场的来源和性质对㶲进行分类,说明㶲的传递。

4-6 温度相等的 2 种物质无法进行热量传递,这是因为它们所含的㶲相等,但是,用干燥的空气却能把水的温度降的比大气温度还低,为什么?

4-7 水自然蒸发的过程㶲是如何变化的,空气中水分凝结降雨的过程㶲又是如何变化的?

4-8 说明孤立系统经历可逆过程和不可逆过程后,系统的总能、总熵、总㶲各有何变化。

4-9 下列命题是否正确?为什么?

(1)自发过程是不可逆过程,则非自发过程必然是可逆过程;

(2)熵增大的过程为不可逆过程;

(3)若工质从某一初态经可逆与不可逆途径到达同一终态,则不可逆途径的 ΔS 必大于可逆途径的 ΔS;

(4)自然界的过程都是朝着熵增的方向进行的,因此熵减小的过程不可能实现;

(5)工质经历不可逆循环后 $\Delta S>0$;

(6)工质被加热熵一定增大,工质放热熵一定减小;

(7)系统的㶲只能减小不能增加;

(8)任一使系统㶲增加的过程必然同时发生一个或多个使㶲减小的过程;

(9)用热风炉加热空气时,使空气温度升高的那部分热量是㶲,而在加热过程中散失的热量就是炕。

习题 4

4-1 有一热交换器用干饱和蒸汽加热空气，已知蒸汽压力为 0.1 MPa，空气出入口温度分别为 66℃和 21℃，环境温度为 $t_0=21$℃。若热交换器与外界完全绝热，求稳流状态下 1 kg 蒸汽凝结时：

(1)空气的质流量；

(2)整个系统不可逆做功能力损失。

4-2 燃气进入某燃气轮机时的状态为 $t_1=900$℃，$p_1=0.85$ MPa，燃气在汽轮机中绝热膨胀做功后状态变为 $t_2=477$℃，$p_2=0.103$ MPa 而排向大气。已知燃气的 $c_p=1.10$ kJ/(kg·K)、$R_g=0.287$ kJ/(kg·K)，大气温度 $t_0=25$℃、大气压力 $p_0=0.1$ MPa。求：

(1)燃气进入和离开汽轮机时的㶲；

(2)当燃气的宏观动能及重力位能忽略不计时，该过程中燃气在理论上做出的有用功；

(3)汽轮机中不可逆膨胀过程所造成的㶲损失。

4-3 刚性绝热器内装有 0.5 kg，$t_1=20$℃、$p_1=200$ kPa 的空气，由于叶轮搅拌使空气压力升高到 $p_2=220$ kPa，空气的比定容热容 $c_v=0.717$ kJ/(kg·K)，设环境参数为 $p_0=98$ kPa，$t_0=20$℃。求：

(1)实际过程的过程功(即消耗的搅拌功)；

(2)空气由状态 1 变化到状态 2 的最大可用功 $W_{u,max}$；

(3)过程的㶲损失。

4-4 空气稳定地流经汽轮机，由 $p_1=0.75$ MPa、$t_1=750$℃，绝热膨胀到 $p_2=0.1$ MPa、$t_2=320$℃，不计动能和位能变化。若环境参数 $p_0=0.1$ MPa、$T_0=298$ K。已知空气 $R_g=0.287$ kJ/(kg·K)、$c_p=1.004$ kJ/(kg·K)。针对流入 1 kg 空气，计算：

(1)实际过程输出的内部功 w_i，过程是否可逆？

(2)由状态 1 到状态 2 的最大有用功 $w_{u,max}$；

(3)㶲损失 I；

(4)若不可逆，试计算经可逆绝热过程膨胀到 $p_2=0.1$ MPa 时的理论内部功 $w_{u,rev}$ 并讨论 I 与($w_{u,rev}-w_i$)为何不相同。

4-5 体积 $V=0.1\ m^3$ 的刚性真空容器，打开阀门充入 $p_0=10^5$ Pa、$T_0=303$ K 的空气，充气终了 $p_2=10^5$ Pa。已知空气的 $R_g=0.287$ kJ/(kg·K)、$c_p=1.004$ kJ/(kg·K)，$\kappa=1.4$。试分别按绝热充气和等温充气 2 种情况，求：

(1)终温 T_2 和充气量 m_i；

(2)充气过程的熵产 S_g；

(3)充气过程的㶲损失 I 。

4-6 两物体 A 和 B 质量及比热容相同，即 $m_1=m_2=m$、$c_{p1}=c_{p2}=c_p$，温度各为 T_1 和 T_2 且 $T_1>T_2$，设环境温度为 T_0。按一系列微元卡诺循环工作的可逆机，以 A 为热源，B 为冷源，循环运行，使 A 物体温度逐渐降低，B 物体温度逐渐升高，直至两物体温度相等，设平衡温度为 T_f，试证明：

(1)$T_f=\sqrt{T_1T_2}$，以及最大循环净功 $W_{max}=mc_p(T_1+T_2+2T_f)$；

(2)若 A 和 B 直接传热，热平衡时温度为 T_m，求 T_m 及不等温传热引起的㶲损失。

5 水蒸气及湿空气

在动力、制冷和各类工程中经常用到各种蒸气，如水蒸气、氨蒸气、氟利昂蒸气等。其中水蒸气具有容易获得、有适宜的热力性质、无毒无味等优点，特别适合食品加工、生物工程及有环保要求的热力工程，是热工技术上应用最广泛的一种工质。

蒸汽的热力参数计算较为复杂，工程上通常采用查图、查表的方法或借助计算机求解。由于各种物质的蒸气在热力性质及物态变化规律上有许多相似之处，所以，在此仅介绍水蒸气的性质、水蒸气热力性质图表的结构和应用，以及水蒸气基本热力过程的分析与计算。研究结论对其他工质的蒸气也具有普遍的指导意义。

5.1 水蒸气的定压汽化过程

蒸汽由液体汽化而产生，液体汽化有蒸发和沸腾 2 种形式。蒸发可以在任何温度下进行，而沸腾要对应给定的压力条件，发生在特定温度下。当液体在有限的密闭空间内汽化时，不仅有分子逸出液体表面进入蒸汽空间，同时也会有分子从蒸汽空间落到液体表面，回到液体中。在蒸汽空间中蒸汽的密度达到一定程度后，分子逸出液面的速率就会与分子回到液面的速率相等，使气、液两相保持动平衡，这种状态称为饱和状态。饱和状态下的液体和蒸汽分别称为饱和液体和饱和蒸汽。饱和蒸汽的压力和温度分别称为饱和压力和饱和温度。饱和压力和饱和温度一一对应。

工程上应用的水蒸气，通常是在锅炉内对水定压加热产生的，图 5-1 示出了水蒸气的产生过程。图中汽缸内盛有 1 kg 0℃的水，活塞上施加一定值压力 p，并在底部加热。水蒸气的产生过程一般可以分为 3 个阶段。

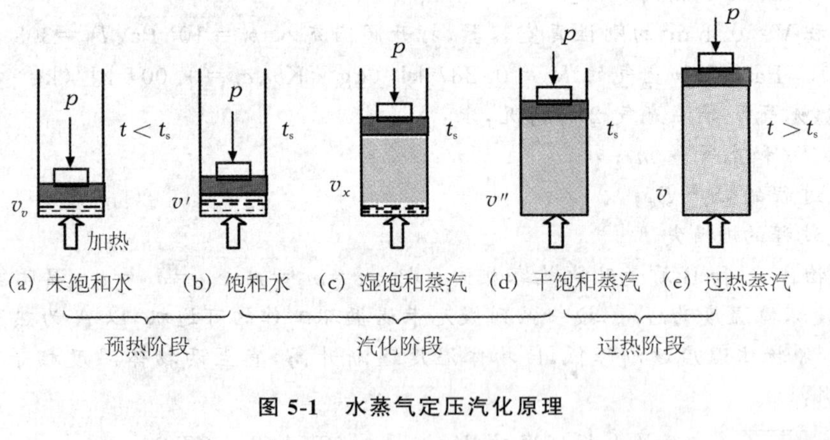

图 5-1 水蒸气定压汽化原理

5.1.1 水的定压预热

假设开始加热时，容器中的水处于压力为 p、温度为0℃的状态，如图 5-1(a)所示。这时水温低于压力 p 所对应的饱和温度 t_s，称为过冷水或未饱和水。对其加热，水温将逐渐升高，比体积也稍有增大。当水温达到压力 p 对应的饱和温度 t_s 时，水达到饱和状态，成为饱和水，如图 5-1(b)所示。饱和水的状态参数如比体积、比焓和比熵分别用 v'，h'，s' 表示。从图 5-1(a)到(b)的过程为定压预热过程。

5.1.2 饱和水定压汽化过程

对饱和水继续加热，水开始沸腾、汽化，发生从液相转化为气相的过程，称为定压汽化过程。这种气、液两相共存的混合物称为湿饱和蒸汽，简称为湿蒸汽，如图 5-1(c)所示。在定压汽化过程中饱和状态并没有变化，因为压力不变，相应的饱和温度 t_s 也不变。加入的热量将全部用于使饱和水转化为饱和蒸汽，因而水逐渐减少，而蒸汽逐渐增加。

湿蒸汽中所含饱和蒸汽的质量分数称为湿蒸汽的干度，用 x 表示，即

$$x=\frac{m_v}{m_w+m_v}=\frac{m_v}{m} \tag{5-1}$$

式中：m 为湿蒸汽的质量；m_v 和 m_w 分别为湿蒸汽中饱和蒸汽和饱和水的质量。

当对湿蒸汽继续加热直到最后一滴水变为饱和蒸汽时，容器中的蒸汽称为干饱和蒸汽，简称干蒸汽。干饱和蒸汽的状态参数分别用 v''，h''，s'' 表示，如图 5-1(d)所示。

定压汽化过程的特点是压力、温度不变，而比体积随蒸汽增多而明显增大，熵值也因吸热而增大，故这一过程在 p-v 图和 T-s 图上是水平直线。定压下使 1 kg 饱和水汽化成同温度的干饱和蒸汽所需热量称为汽化潜热，用 r 表示，单位为 kJ/kg。

5.1.3 干蒸汽定压过热过程

对于饱和蒸汽继续加热，蒸汽的温度会再次升高，比体积继续增大。这时的蒸汽称为过热蒸汽，如图 5-1(e)所示。在定压过热过程中，蒸汽吸收的热量称为过热热量，其温度超过饱和温度的值称为过热度。

可见，水蒸气的定压形成过程经历了预热、汽化和过热 3 个阶段，以及未饱和水、饱和水、湿饱和蒸汽、干饱和蒸汽和过热蒸汽 5 种状态。其形成过程可用 p-v 图和 T-s 图表示，如图 5-2 所示。由图可见，饱和水线 CA 与饱和蒸汽线 CB 分别将 p-v 图和 T-s 图分为 3 个区域：CA 左方为未饱和水区，CA 线与 CB 线之间为湿蒸汽区，CB 线右方为过热蒸汽区。水蒸气定压形成过程，在 p-v 图上为一水平直线，在压力 p_1 下，a_1-b_1，b_1-d_1，d_1-e_1 分别为定压预热、定压汽化和定压过热过程。a_1，b_1，c_1，d_1，e_1 分别表示未饱和水、饱和水、湿饱和蒸汽、干饱和蒸汽和过热蒸汽 5 种状态。在 T-s 图上，水蒸气定压形成过程，在压力 $p_1(t_1)$ 下可分为 3 段：a_1-b_1 为定压预热，过程中温度升高，熵增大，过程线向右上方倾斜；b_1-d_1 为定压汽化过程，压力和温度不变，熵增大，过程线为一水平线；d_1-e_1 线为定压过热过程，温度再次升高，熵继续增大，过程线向右上方攀升。

若提高压力至 p_2，p_3，…，则定压汽化过程将如图 5-2 中 $a_2b_2d_2e_2$，$a_3b_3d_3e_3$，…所示的曲线

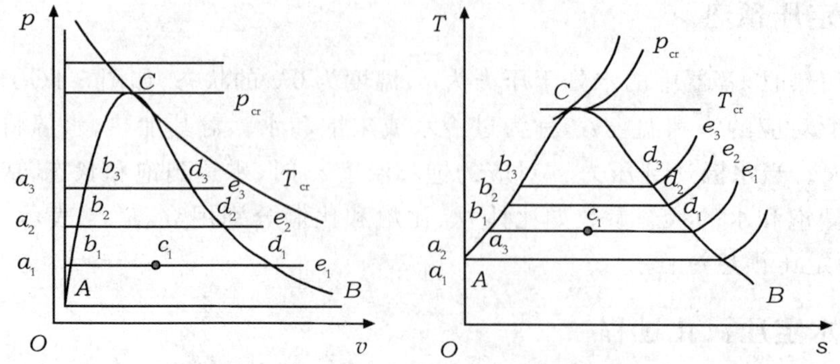

图 5-2　水蒸气定压汽化过程

变化。由图可见饱和水和饱和蒸汽两点间的距离 bd 即汽化过程将逐渐缩短，相应 $v''-v'$ 和 $s''-s'$ 值减小，汽化潜热值随压力提高而减少。当压力增加到某一临界值时，将有 $v''=v'$，$s''=s'$，此时饱和水和饱和蒸汽不再有区别，称为临界状态或临界点。其状态参数用下标 cr 表示。如水的临界参数为 $p_{cr}=22.064$ MPa，$t_{cr}=373.99$℃，$v_{cr}=0.003\ 106\ m^3/kg$，$h_{cr}=2\ 085.9$ kJ/kg，$s_{cr}=4.409\ 2$ kJ/(kg·K)。水在临界压力 p_{cr} 下定压加热到 t_{cr} 时，再加热就直接成为过热蒸汽，并且在 $t_1>t_{cr}$ 时，无论压力多大，蒸汽也不再液化。

综上所述，水蒸气汽化过程的 p-v 图与 T-s 图特点为 1 点(临界点)、2 线(饱和水线和饱和蒸汽线)、3 区(液相区、气液两相区、气相区)和 5 态(未饱和水、饱和水、湿蒸汽、干蒸汽和过热蒸汽)。

5.2　水蒸气的状态参数

水蒸气的性质与理想气体差别很大，其状态参数也不能按理想气体状态方式计算。工程应用上通常利用蒸汽性质图表来确定其状态参数。因此理解水蒸气的热力性质，熟练掌握蒸汽的各种图表结构及使用方法，是进行热力过程分析和计算的基础。

5.2.1　水蒸气表

水蒸气热力性质表分为“饱和水和饱和蒸汽表”及“饱和水和过热蒸汽表”2 种。按国际规定，水蒸气图表以水的三相点的液相为基准点，并规定三相点饱和水的内能和熵为零。根据工程计算的需要，饱和水和饱和蒸汽表又分为以温度为序和以压力为序的 2 种，见附表 3 和附表 4。表中分别列出了不同饱和温度 t_s(或饱和压力 p_s)下的状态参数 v'，v''，h'，h''，s'，s''。对于汽化潜热，显然有 $\gamma=h''-h'$。对于干度为 x 的湿蒸汽，按照其定义，1 kg 湿蒸汽是由 x(kg)饱和蒸汽和$(1-x)$kg 饱和水组成。因此可以按下式计算湿蒸汽的状态参数：

$$\begin{aligned} v_x &= xv''+(1-x)v'=v'+x(v''-v') \\ h_x &= xh''+(1-x)h'=h'+x(h''-h') \\ s_x &= xs''+(1-x)s'=s'+x(s''-s') \end{aligned} \tag{5-2}$$

附录 5 是未饱和水和过热蒸汽表。表中粗黑线是未饱和水和过热蒸汽的分界线，线上方为未饱和水，线下方为过热蒸汽。已知任何两个状态参数即可由表确定出其他状态参数。

在使用水和水蒸气表时，首先要根据已知参数判断其状态，以决定应该采用哪一张表。而对于表中未列出的状态，可以通过线性内插法求得。

【例 5-1】 利用水蒸气表判断下列各点的状态，并确定其 h 和 s 值。

(1)$t=120℃$, $v=0.001\ 06\ m^3/kg$；

(2)$p=0.5\ MPa$, $v=0.315\ m^3/kg$；

(3)$p=0.5\ MPa$, $t=170℃$；

(4)$p=0.5\ MPa$, $t=175℃$。

解：(1)由 $t=120℃$，查以温度为序的饱和水和饱和蒸汽表(附表 3)知

$$v'=0.001\ 060\ 31\ m^3/kg=v$$

因此，该状态为饱和水。由附表 3 查得：

$$h=503.76\ kJ/kg,\quad s=1.527\ 7\ kJ/(kg\cdot K)$$

(2)$p=0.5\ MPa$；$v'=0.001\ 092\ 5\ m^3/kg$，$v''=0.374\ 86\ m^3/kg$。

因为 $v'<v<v''$，故此状态为湿蒸汽，其温度为 $t=t_s=151.867℃$，其干度为

$$x=\frac{v-v'}{v''-v'}=\frac{0.315-0.001\ 092\ 5}{0.374\ 86-0.001\ 092\ 5}=0.839\ 8$$

由附表 3 查出，$p=0.5\ MPa$ 时

$$h'=640.35\ kJ/kg,\quad h''=2\ 748.59\ kJ/kg$$

$$s'=1.861\ 0\ kJ/(kg\cdot K),\quad s''=6.821\ 4\ kJ/(kg\cdot K)$$

于是由式(5-2)得

$$h_x=xh''+(1-x)h'=0.839\ 8\times2\ 748.59+(1-0.839\ 8)\times640.35$$
$$=2\ 410.85\ (kJ/kg)$$

$$s_x=xs''+(1-x)s'=0.839\ 8\times6.821\ 4+(1-0.839\ 8)\times1.861\ 0$$
$$=6.026\ 7\ (kJ/(kg\cdot K))$$

(3)$p=0.5\ MPa$，$t_s=151.867℃$，因为 $t>t_s$，故此状态为过热蒸汽。查附表 5 得

$$t_1=160℃,\quad h_1=2\ 767.2\ kJ/kg,\quad s_1=6.864\ 7\ kJ/(kg\cdot K)$$
$$t_2=180℃,\quad h_2=2\ 811.7\ kJ/kg,\quad s_3=6.965\ 1\ kJ/(kg\cdot K)$$

h 和 s 值按以上数据作内插计算：

$$h=h_1+\frac{h_2-h_1}{t_2-t_1}(t-t_1)=2\ 767.2+\frac{2\ 811.7-2\ 767.2}{180-160}\times(170-160)$$
$$=2\ 789.45\ (kJ/(kg\cdot K))$$

$$s=s_1+\frac{s_2-s_1}{t_2-t_1}(t-t_1)=6.864\ 7+\frac{6.965\ 1-6.864\ 7}{180-160}\times(170-160)$$
$$=6.914\ 9\ kJ/(kg\cdot K)$$

(4) $p=1$ MPa，$t_s=179.916$℃，因为 $t<t_s$，所以此状态为未饱和水。对 $t=175$℃的参数可利用未饱和水和过热蒸汽表中 $t=160$℃和 180℃的对应状态参数内插得到，但此处两温度之间为黑粗线（未饱和水和过热蒸汽的分界线），说明它们分别处于不同的相区。因此应该用 $t=160$℃ 与饱和水的参数内插。

查附表 5 得：

$$t_1=160℃,\quad h_1=675.84\ \text{kJ/kg},\quad s_1=1.9424\ \text{kJ/(kg·K)}$$
$$t_s=179.916℃,\quad h_s=762.84\ \text{kJ/kg},\quad s_s=2.1388\ \text{kJ/(kg·K)}$$

于是，$t=160$℃时

$$h=h_1+\frac{h_s-h_1}{t_s-t_1}(t-t_1)=675.84+\frac{762.84-675.84}{179.916-160}\times(175-160)$$
$$=741.365\ (\text{kJ/(kg·K)})$$

$$s=s_1+\frac{s_s-s_1}{t_s-t_1}(t-t_1)=1.9424+\frac{2.1388-1.9424}{179.916-160}\times(175-160)$$
$$=2.0903\ (\text{kJ/(kg·K)})$$

5.2.2 水蒸气的焓-熵图

利用蒸汽表确定蒸汽的状态比较准确，但通常需要插值计算。由于不能直接查得湿蒸汽的参数，所以，实际工程分析和计算中也经常使用蒸汽热力性质图。在热力过程分析时，图比表更清晰、直观和方便。最常用的是水蒸气的焓-熵图（h-s 图），其结构见图 5-3。图中 C 为临界点，CA 为饱和水线（$x=0$），CB 为饱和蒸汽线（$x=1$）；CA 左方为未饱和水区，CAB 线下面为湿蒸汽区，在该区内还标有定干度线；曲线 CB 右上方为过热蒸汽区。此外图中还标有定压线簇、定温线簇和定容线簇。

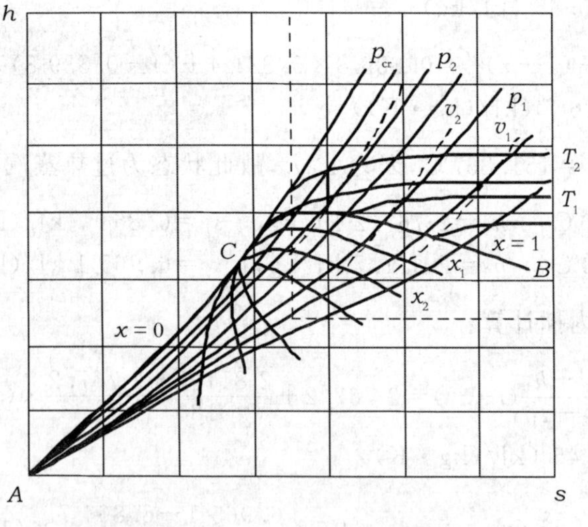

图 5-3 水蒸气的 h-s 图

对于定压线，它在 h-s 图上的斜率可根据式(2-10)求得$(\partial h/\partial s)_p = T$。在湿蒸汽区，由于定压时温度也一定，故定压线是斜率为常数的直线，并且定压线就是定温线；在过热蒸汽区，随着过热蒸汽温度的升高，定压线的斜率相应增大，使过热区的定压线向上弯曲。

定温线在湿蒸汽区与定压线重合，在过热蒸汽区其斜率小于定压线，而且随温度升高和压力降低，定温线逐渐趋于平坦，当蒸汽过热度很大时，定温线接近水平的定焓线，逐渐接近于定压线，表明此时过热蒸汽的性质趋近于理想气体，蒸汽也被写成蒸气。

定容线的斜率在湿蒸汽区和过热蒸汽区都大于定压线，一般用红线标出，以便识别。

在热力工程中应用的水蒸气，多为干度 $x>0.7$ 的湿蒸汽和过热蒸汽，因此工程上用的焓-熵图(见插页)中仅给出图 5-3 中右上方用虚线框出的部分，并将其放大。如果需要干度比较小的湿蒸汽参数，则要查饱和水和饱和蒸汽表。

5.3 水蒸气的基本热力过程

蒸汽的基本热力过程有定容、定压、定温和定熵四种。研究的目的和任务与理想气体热力过程的分析相同，但因工质性质的不同，理想气体的状态方程以及热力过程的解析公式均不能使用。在分析蒸汽的基本热力过程时，主要采用图表解法。一般按以下分析计算的步骤进行：

(1)根据蒸汽初态的 2 个已知参数，通常为(p,T)、(p,x)、(T,x)，利用蒸汽图表查得其他状态参数。

(2)根据热力过程特征(定压、定熵等)和一个终态参数，确定蒸汽终态，并查出其他状态参数，并将热力过程表示在 h-s 图上，如图 5-4 所示。

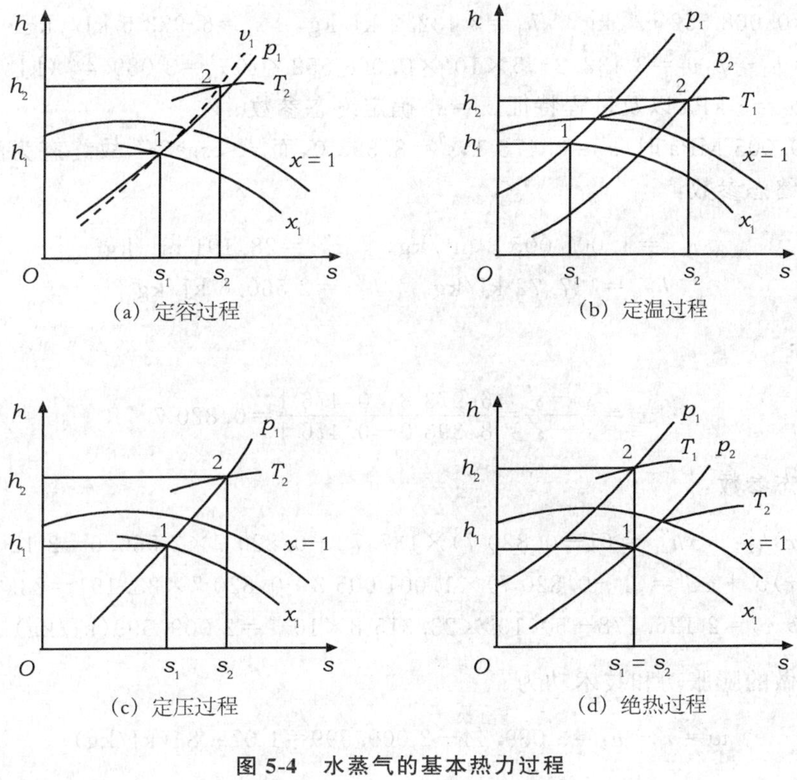

图 5-4 水蒸气的基本热力过程

(3)根据查得的初、终态参数计算热力过程的热量 q、膨胀功 w 和技术功 w_t。方法如下：

定容过程
$$w=\int_1^2 p\mathrm{d}v=0$$
$$w_t=v(p_1-p_2)$$
$$q=\Delta u=u_2-u_1=(h_2-h_1)-(p_2-p_1)v$$

定压过程
$$w=\int_1^2 p\mathrm{d}v=p(v_2-v_1)$$
$$w_t=0$$
$$q=\Delta h=h_2-h_1$$

定温过程
$$w=q-\Delta u=T(s_2-s_1)-(h_2-h_1)+(p_2v_2-p_1v_1)$$
$$w_t=q-\Delta h=T(s_2-s_1)-(h_2-h_1)$$
$$q=\int_1^2 T\mathrm{d}s=T(s_2-s_1)$$

定熵过程
$$w=-\Delta u=u_1-u_2$$
$$w_t=-\Delta h=h_1-h_2$$
$$q=\int_1^2 T\mathrm{d}s=0$$

【例 5-2】 水蒸气在汽轮机中由 $p_1=5$ MPa，$t_1=500$℃可逆绝热膨胀到 5 kPa，求 1 kg 水蒸气所做的膨胀功和技术功。若汽轮机效率为 0.85，则所做技术功又为多少？参考图 5-5。

解：水蒸气初态为过热蒸汽。由附表 5 查得

$$v_1=0.068\ 552\ \mathrm{m^3/kg},\quad h_1=3\ 432.2\ \mathrm{kJ/kg},\quad s_1=6.973\ 5\ \mathrm{kJ/(kg\cdot K)}$$

则
$$u_1=h_1-p_1v_1=3\ 432.2-5\times10^6\times0.068\ 552\times10^{-3}=3\ 089.44\ (\mathrm{kJ/kg})$$

(1)根据 $p_2=5$ kPa 以及过程特征 $s_2=s_1$ 确定终态参数。

因为 $p=0.005$ MPa 时，$s'=0.476\ 1$，$s''=8.393\ 0$，而 $s'<s_2<s''$，故终态为湿蒸汽。由附表 3 查得其他终态参数：

$$v_2'=1.001\ 005\ 3\ \mathrm{m^3/kg},\quad v_2''=28.191\ \mathrm{m^3/kg}$$
$$h_2'=137.72\ \mathrm{kJ/kg},\quad h_2''=2\ 560.6\ \mathrm{kJ/kg}$$

计算干度：

$$x_2=\frac{s_2-s'}{s''-s'}=\frac{6.973\ 8-0.476\ 1}{8.393\ 0-0.476\ 1}=0.820\ 7$$

于是可求出终态参数：

$$h_2=(1-x)h_1'+xh_2''=(1-0.820\ 7)\times137.72+0.820\ 7\times2\ 560.6=2\ 126.178(\mathrm{kJ/kg})$$
$$v_2=(1-x)v'+xv''=(1-0.820\ 7)\times1.001\ 005\ 3+0.820\ 7\times28.191=23.315\ 8(\mathrm{m^3/kg})$$
$$u_2=h_2-p_2v_2=2\ 126.178-5\times10^3\times23.315\ 8\times10^{-3}=2\ 009.599(\mathrm{kJ/kg})$$

则蒸汽对外所做的膨胀功和技术功为

$$w=u_1-u_2=3\ 089.44-2\ 009.599=1\ 079.84(\mathrm{kJ/kg})$$

$$w_t = h_1 - h_2 = 3\ 432.2 - 2\ 126.178 = 1\ 306.022(\text{kJ/kg})$$

(2)若汽轮机效率为 0.85，则根据 $\eta = \frac{h_1 - h_2'}{h_1 - h_2}$ 得实际出口状态

$$h_2' = h_1 - \eta(h_1 - h_2) = 3\ 432.2 - 0.85 \times (3\ 432.2 - 2\ 126.178) = 2\ 322.08(\text{kJ/kg})$$

则
$$w_t = h_1 - h_2' = 3\ 432.2 - 2\ 322.08 = 1\ 110.12(\text{kJ/kg})$$

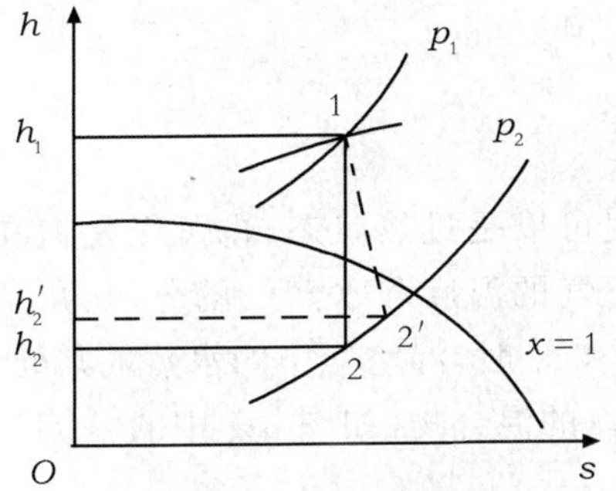

图 5-5　例 5-2 图

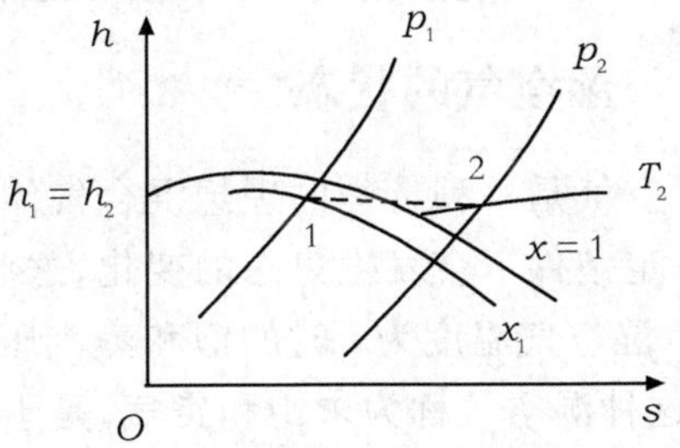

图 5-6　例 5-3 图

【例 5-3】 压力为 $p_1 = 0.8$ MPa，$x = 0.98$ 的湿蒸汽通过节流阀被节流至压力 $p_2 = 0.1$ MPa，试确定湿蒸汽的状态。

解：根据 $p_1 = 0.8$ MPa，$x = 0.98$，在图 5-6 上可确定水蒸气的初态 1，查水蒸气焓-熵图（见插页）得

$$t_1 = 170℃, h_1 = 2\ 725\ \text{kJ/kg}$$

根据压力 p_2 及过程特征，即节流前后工质的焓值不变，在 h-s 图上由状态点 1 作等焓线（水平线），交等压线 p_2 于点 2，该点即为节流后蒸汽的状态点，其参数为

$$t_2 = 170℃, h_2 = 2\ 725\ \text{kJ/kg}$$

可见水蒸气节流前后焓值不变。工程上常利用蒸汽节流来测量湿蒸汽的干度，因为湿蒸汽的压力和温度是互相依赖的，若只知道管内的压力和温度，则无法确定其干度。如果对湿蒸汽绝热节流，使其变为过热蒸汽，则压力和温度就成为 2 个相互独立的参数，通过测量 p_2、t_2 即可定出水蒸气的终态点 2。然后根据节流过程特征和湿蒸汽的压力 p_1，就可以由 h-s 图确定湿蒸汽的状态，从而求出其干度。

5.4　湿空气及其状态参数

5.4.1　概述

湿空气是指干空气和水蒸气的混合物，而干空气是指完全不含水蒸气的空气。通常水蒸气在空气中所占的份额很少，分压力很低，且大都是处于过热状态，非常接近理想气体。因此，

湿空气可以当作理想混合气体来处理,有关理想气体混合物的计算式都适用于湿空气。

例如,湿空气的压力等于干空气分压力和水蒸气分压力之和,即

$$p=p_a+p_v \tag{5-3}$$

式中:p 为湿空气的压力,一般是当地大气压力;p_a 为干空气的分压力;p_v 为水蒸气的分压力。

干空气是氮、氧及少量其他稀有气体的混合物,其成分比较稳定,但湿空气中含有的水蒸气,受地理位置、季节、气候、热力过程等外部条件影响,会有较大变动,在诸如干燥、建筑与采暖通风、生态环境及空气调节工程中起着特殊的重要作用。

5.4.2 湿空气的状态

湿空气是一种特殊的理想混合气体,其中的水蒸气可以是过热状态,也可以是饱和状态,并在一定条件下会发生集态的变化,这些都决定于湿空气的温度和水蒸气的分压力。我们用 p_s 表示湿空气温度为 t 时的饱和蒸汽压力,那么,当 $p_v<p_s$ 时,湿空气中的水蒸气则处于过热状态,这种湿空气称为**未饱和空气**,是干空气和过热蒸汽的混合物(如图 5-7 中的 A 点)。

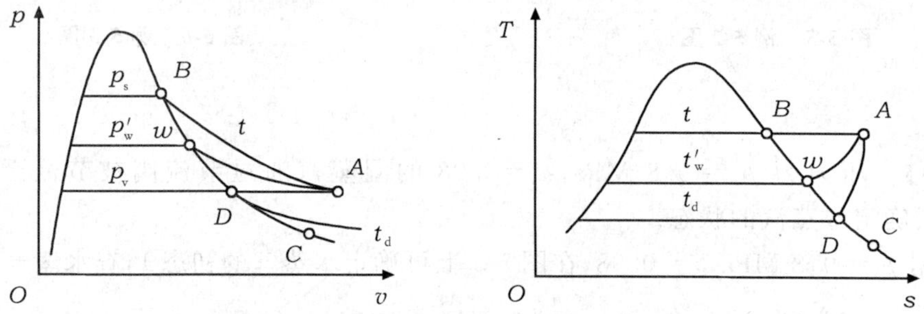

图 5-7 湿空气中水蒸气的状态

如果在保持湿空气温度不变的情况下,增加其水蒸气含量,使水蒸气分压力增大,此时湿空气的状态沿图 5-7 中的 $A\rightarrow B$ 过程变化。当分压力增大到 $p_v=p_s$(状态点 B)时,湿空气中的水蒸气达到饱和状态,这时的湿空气便称为**饱和湿空气**。饱和湿空气中的水蒸气含量是相应的空气温度和总压力条件下的极限。达到饱和后的湿空气已不具备继续接纳水分的能力。要想继续增湿,可通过降低压力 p 而使 p_v 处于 p_s 以下,或者提高空气温度,使对应的饱和蒸汽压力 p_s 提高。

在绝热条件下对未饱和的湿空气进一步增湿,使其达到饱和状态,如图 5-7 中由 $A\rightarrow w$ 的变化过程(即绝热增湿降温过程)。这样达到的饱和状态称为绝热饱和状态,相应的温度称为**绝热饱和温度**,用符号 t'_w 表示,图中的 p'_w 则为绝热饱和温度 t'_w 时的饱和蒸汽压力。

未饱和的湿空气也可以通过另一途径达到饱和,即将未饱和的湿空气在总压力和含湿量保持不变(水蒸气分压力不变)的情况下进行冷却,使其温度降到与水蒸气分压力 p_v 相应的饱和温度,如图 5-7 中湿空气的状态由 $A\rightarrow D$ 的变化过程。D 点的温度就是对应于水蒸气分压力 p_v 的饱和温度,称为**露点**,用符号 t_d 表示。若湿空气的温度降到露点以下,则湿空气中超过饱和部分的水蒸气就会以液态水的形式凝结出来,湿空气中的水蒸气的状态将沿着饱和蒸

汽线变化，如图 5-7 中由 $D \to C$ 的变化过程。此时，温度降低，水蒸气的分压力也跟着降低，随着过程的进行，不断地析出液态水。

5.4.3 绝对湿度、相对湿度与含湿量

5.4.3.1 绝对湿度

每 1 m^3 的湿空气中所含水蒸气的质量，称为**绝对湿度**，用符号 ρ_v 表示。由于湿空气中水蒸气具有与湿空气同样的体积，所以，绝对湿度就是湿空气中水蒸气的密度，等于水蒸气的比体积 v_v 的倒数。即

$$\rho_v = \frac{1}{v_v} = \frac{p_v}{R_v T} \tag{5-4}$$

式中：R_v 为水蒸气的气体常数，其值为 461.9 J/(kg·K)。

绝对湿度与体积有关，由于空气的体积随温度而变，所以，它并没有确定的比较基准，也不能完全说明湿空气距离饱和的程度。在热力计算中一般不用绝对湿度。

5.4.3.2 相对湿度

相对湿度是湿空气中水蒸气的分压与同温度下的饱和蒸气压的比值，也就是绝对湿度和相同温度的饱和空气的绝对湿度的比值，用 φ 表示：

$$\varphi = \frac{\rho_v}{\rho_s} = \frac{p_v}{p_s} \tag{5-5}$$

相对湿度表示湿空气距离饱和的程度，φ 值越小，表明湿空气继续容纳水分的能力越强。当 $\varphi=0$ 时，空气中不含水蒸气，全为干空气。当 $\varphi=1$ 时，湿空气为饱和空气，丧失继续吸纳水分的能力。

相对湿度可通过测量空气的干球温度和湿球温度得到。我们平常用温度计直接测量出的空气温度就是干球温度；把温度计的温包用湿润的纱布套包起来，使温包的周围，形成一层包围温包的水膜。此时，如果空气是未饱和的，那么，水膜上的水分就会不断地汽化，而使温包的温度下降，与被测空间的空气形成温差，从而引起周围空气向湿纱布包传热。当温度下降到一定程度时，传入纱布的热量正好等于湿纱布上水分蒸发所需的热量，这时湿纱布内包围着温包的水膜及温包温度则维持不变，这个不变的温度就是湿球温度，用 t_w 表示。空气的相对湿度愈小，湿球温度降低幅度愈大。如果空气是饱和的，则纱布上的水就不能产生蒸发降温现象，这时湿球温度和干球温度相同。因此，干、湿球温度与相对湿度之间存在一定的函数关系。可由下列近似的算式计算得出水蒸气的分压力，依此求出空气的相对湿度。

湿球未结冰时：
$$p_v = p_{ws} - 66.66(t - t_w) \tag{5-6}$$

湿球出现结冰时：
$$p_v = p_{ws} - 58.66(t - t_w) \tag{5-7}$$

式中：p_{ws} 为对应于湿球温度 t_w(℃)时的饱和蒸汽压力，Pa，t 为干球温度，℃。

湿空气的饱和蒸汽压力与温度之间存在一一对应关系，可由下式计算：

$$p_s = 133.3224 \times \exp\left(18.7509 - \frac{4075.16}{236.516 + t}\right) \quad \text{(Pa)} \tag{5-8}$$

5.4.3.3 含湿量

湿空气中包含的水蒸气的质量 m_v 与其中的干空气的质量 m_a 之比称为含湿量，用 d 表示，单位为千克/千克(kg/kg)。按其定义有

$$d=\frac{m_v}{m_a}=\frac{\rho_v}{\rho_a}=\frac{v_a}{v_v} \tag{5-9}$$

按照理想气体状态方程有

$$v_a=\frac{R_a T}{p_a}=\frac{R_m T}{M_a p_a}, v_v=\frac{R_v T}{p_v}=\frac{R_m T}{M_v p_v}$$

代入式(5-9)后得

$$d=\frac{M_v}{M_a}\cdot\frac{p_v}{p_a}$$

式中水蒸气的摩尔质量 $M_v=18.016$ g/mol，干空气的摩尔质量 $M_a=28.97$ g/mol，干空气的分压力 $p_a=p-p_v$，于是

$$d=0.622\cdot\frac{p_v}{p-p_v} \tag{5-10}$$

R_v，R_a 分别为水蒸气和干空气相应的气体常数。

可见，当总压力 p(一般为大气压力 p_b)一定时，含湿量与水蒸气分压力一一对应。

按照式(5-5)得到在一定大气压力 p_b 下湿空气含湿量的计算式：

$$d=0.622\cdot\frac{\varphi\cdot p_s}{p_b-\varphi\cdot p_s} \tag{5-11}$$

由于 p_s 与温度一一对应，显然，在 d 和 t 不变，且空气中的水蒸气未结露的情况下，相对湿度 φ 与大气压力 p_b 成正比。所以，大气压力降低百分之几，则相对湿度也跟着降低百分之几。

5.4.4 湿空气的焓

湿空气的焓可以理解为包含 1 kg 干空气的湿空气具有的热含量，即 1 kg 干空气及与其混合的水蒸气的焓之和，单位是千焦/千克(kJ/kg)，即

$$h=h_a+d\cdot h_v \tag{5-12}$$

式中：h_a 为 1 kg 干空气的焓；h_v 为 1 kg 水蒸气的焓。

取 0℃时干空气的焓值为零，且干空气的比热通常在 100℃以下时可视为定值，其平均比定压热容 $c_p=1.005$ kJ/(kg·K)，所以干空气的焓为

$$h_a=c_p t=1.005\ t\quad (\text{kJ/kg}) \tag{5-13}$$

水蒸气的焓可按下式计算：

$$h_v=2\,501+1.86\ t \tag{5-14}$$

式中：2 501 kJ/kg 是 0℃时的水蒸气的汽化潜热，1.86 kJ/(kg·K)是常温下水蒸气的平均比

定压热容。

将式(5-13)和式(5-14)代入式(5-12)后，湿空气的焓可写成：

$$h=1.005\ t+d(2\ 501+1.86\ t)\ (\mathrm{kJ/kg}) \tag{5-15}$$

式中：t 为空气的干球温度，℃。

5.4.5 绝热湿球温度

在测量空气的湿球温度时，被测量的未饱和空气流过湿球表面时，湿纱布上的水分子首先进入紧贴其表面的空气边界层。使这一极薄的空气边界层变成饱和空气边界层。此边界层是由被测量的未饱和空气流过湿球表面时与湿纱布进行热交换和湿交换形成的。如果热交换和湿交换只发生在湿纱布与空气所构成的系统中，即系统是处在绝热情况下的蒸发，那么，所测得的温度就称为湿空气的绝热湿球温度(又称绝热饱和温度)。绝热湿球温度 t'_w 是湿空气的一个状态参数。

水在绝热系统中蒸发时，贴近水面或湿球表面的空气边界层传给水的热量等于水分蒸发消耗的热量。在这一过程中，空气因放出显热而降温，水分源源不断地迁入空气。空气放出显热被水蒸气以汽化潜热的形式又带回了湿空气中。如果不考虑水分在汽化之前自身所具有的焓，那么，这一空气增湿降温的过程就是等焓过程。

若假设空气边界层中原有的焓及含湿量分别为 h_1 和 d_1，空气边界层达到饱和状态(t'_w)后的焓及含湿量分别为 h_2 和 d_2，则有绝热湿球温度 t'_w 形成过程的热平衡方程：

$$h_2-h_1=c_p t'_w\ (d_2-d_1)\quad (\mathrm{kJ/kg}) \tag{5-16}$$

把水的比定压热容 $c_p=4.186\ 8$ kJ/kg 代入式(5-16)得

$$t'_w=4.186\ 8\cdot\frac{h_2-h_1}{d_2-d_1}\quad (℃) \tag{5-17}$$

一般绝热湿球温度 t'_w 低于湿球温度 t_w，因湿球温度的湿球除由周围空气获得热量外，还可能从周围温度较高的物体获得辐射热，但在空气与水构成的系统中，t'_w 与 t_w 非常接近，所以，通常认为 t'_w 等于 t_w，这样就可以认为等焓过程就是等湿球温度过程。

5.5 湿空气的焓-含湿量图及其应用

5.5.1 *h-d* 图

为便于计算和确定湿空气的状态参数，分析其状态变化过程，常把湿空气状态参数之间的关系绘制成图线，大多采用焓-含湿量图，即 *h-d* 图。

湿空气的 *h-d* 图是以式(5-10)和式(5-15)为基础，在大气压力 p_b 一定的条件下绘制的。取湿空气的焓 h 为纵坐标，含湿量 d 为横坐标，为了使图线清晰，纵、横坐标之间的夹角选取135℃，如图 5-8 所示。

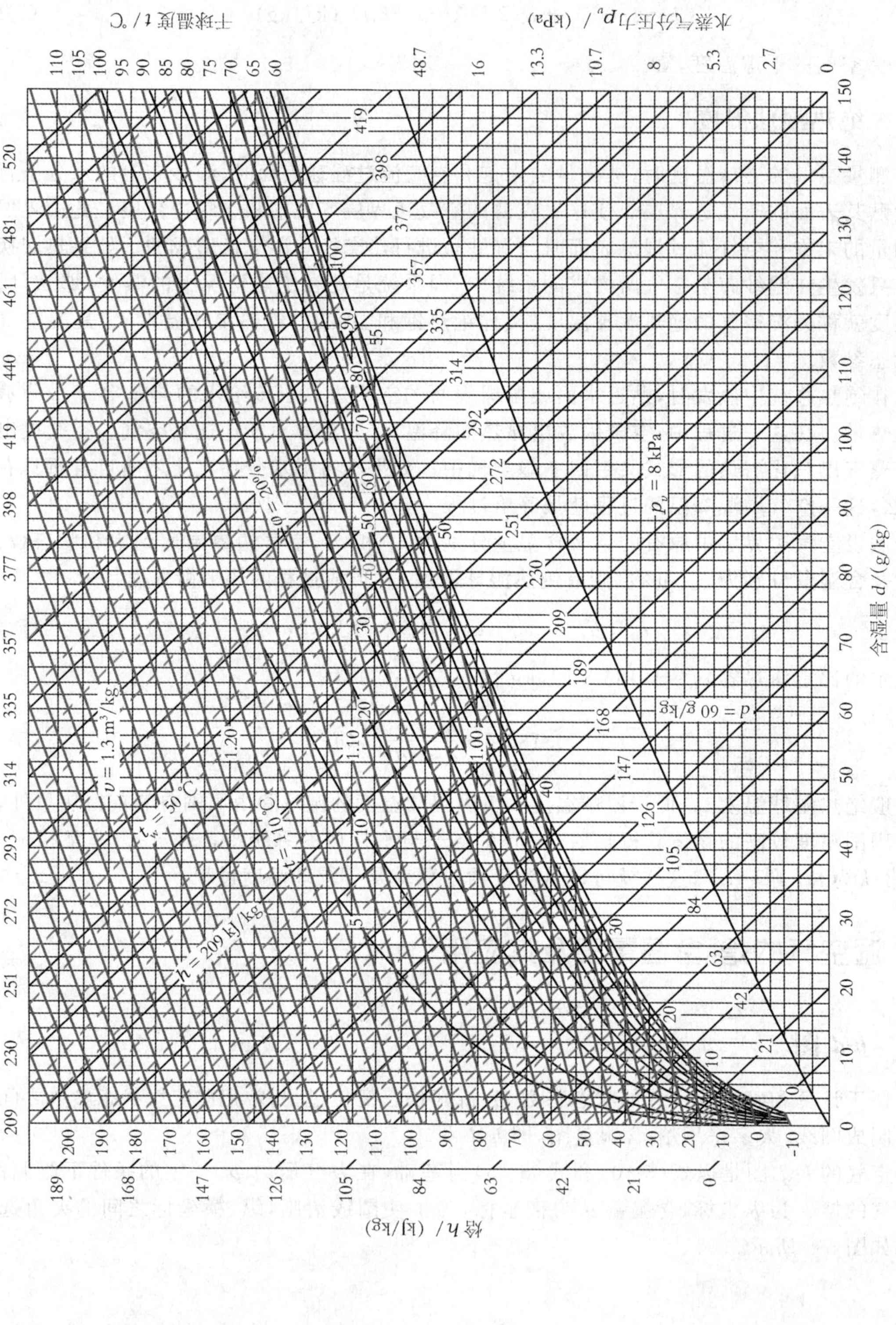

图 5-8　湿空气 h-d 图(大气压力 $p=1.013\ 25\times10^5$ Pa)

下面简要介绍 h-d 图中的各曲线簇及其应用。

5.5.1.1 等含湿量线与等焓线

等 d 线是一群平行于 h 轴的直线。由于在大气压力一定时，含湿量与水蒸气分压力一一对应，所以，每一条等 d 线都对应一个确定的水蒸气分压力值。并且，湿空气沿等 d 线冷却到相对湿度 $\varphi=100\%$时对应的温度值，就是露点 t_d。

等 h 线是一群平行于 d 轴的斜直线。令坐标原点的 h 和 d 为零，h 值在零点以上时为正，在零点以下时为负。

5.5.1.2 等温线

由式(5-15)知，当 t 一定时，h 和 d 成直线关系，t 值不同，直线的位置和斜率也不一样，t 愈高，等 t 线的斜率愈大。

5.5.1.3 等相对湿度线

由式(5-11)知，在总压力不变时，φ 一定，则 d 与 t 间是二次曲线关系，在 h-d 图上是一群上凸的曲线。$\varphi=100\%$时的等 φ 线称为**饱和空气线**。饱和空气的干球温度 t、湿球温度 t_w 和露点 t_d 3 个的值相等。湿空气的状态点都处在饱和空气线的上方，不存在 $\varphi>1$ 的湿空气状态。

h-d 图是在总压力一定条件下绘制的，水蒸气分压力最高不会超过总压力。图 5-8 的 $p=1.01\,325\times10^5$ Pa，对应的水蒸气的饱和温度为 100℃。当湿空气的温度等于或高于 100℃时，空气的饱和蒸汽压等于大气压(总压力)，由式(5-11)知，此时的等 φ 线就是等 d 线，所以，等 φ 线与 $t=100$℃的等温线相交后向上折，与等 d 线重合。

5.5.2 *h-d* 图的应用

h-d 图上任意一个点都代表湿空气的一个状态，所以，只要知道湿空气的任意两个独立参数，就可在 h-d 图上找出相应的状态点，并根据这个状态点，确定出其余参数。

【例 5-4】 已知湿空气的 $t=26$℃，相对湿度 $\varphi=60\%$，求湿空气的其余参数。

解：根据 $t=26$℃及 $\varphi=60\%$可在 h-d 图上找出与其对应的状态点 A(图 5-9)，过点 A 可查出其余参数

$$h=57.8\ \text{kJ/kg}$$
$$d=12.5\ \text{g/kg}$$
$$p_v=2\,000\ \text{Pa}$$

若在 h-d 图上还绘制有等比体积 v 线及绝热湿球温度 t'_w 线，此时，过点 A 可得

$$v=0.87\ \text{m}^3/\text{kg}$$
$$t'_w=20.4℃$$

【例 5-5】 将 $t_1=29$℃、$\varphi_1=80\%$的空气用电加热方式加热至 $t_2=55$℃后送入干燥室干燥物料，若排气温度 $t_3=32$℃，$\varphi=85\%$，试求：

(1)空气在预热室吸取的热量 q；

(2)预热后的相对湿度 φ_2；

(3)每千克干空气带走的水分 Δd；

(4)每千克干空气的湿空气在干燥室的热损失 q_{sr}；

(5)废气的露点 t_d。

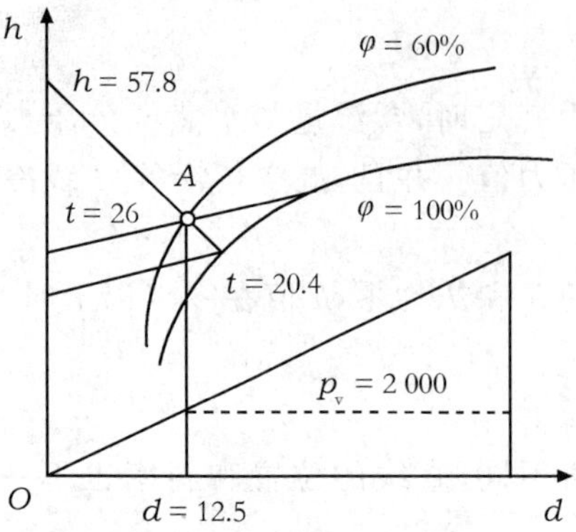

(a)

图 5-9 例 5-4 图

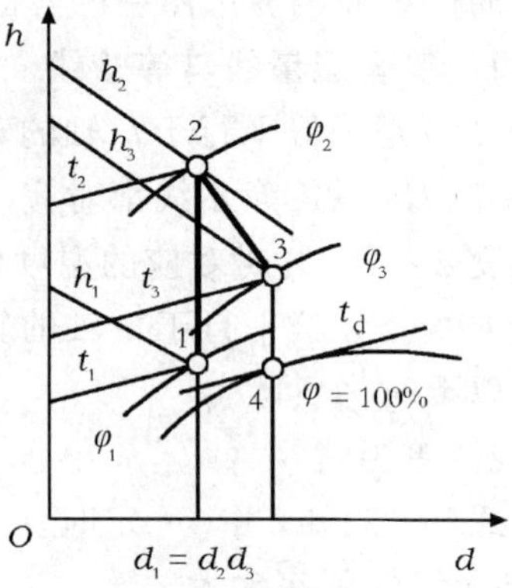

(b)

图 5-10 例 5-5 图

解:预热及干燥过程如图 5-10 所示。其中,空气预热前的状态点 1 由 $t_1=29$℃及 $\varphi_1=80\%$确定;预热后的状态点 2 由过点 1 的等 d 线及 $t_2=55$℃等温线的交点确定;废气的状态 3 由 $t_3=32$℃及 $\varphi_3=85\%$确定。根据过程前后各状态点在 h-d 图上的位置,可查得:

(1)$q=h_2-h_1=108-80.8=27.2$(kJ/kg)

(2)$\varphi_2=20\%$

(3)$\Delta d=d_3-d_2=26-20.2=5.8$(g/kg)

(4)热损失 q_{sr}:干燥过程若没有热损失,湿空气状态变化则为等焓过程。实际过程使初态与终态产生了焓差,初态与终态产生的焓的差值就是空气经过干燥室时的热损失。因此:

$$q_{sr}=h_2-h_3=108-98.4=9.6\ (\text{kJ/kg})$$

(5)废气露点 t_d:过终了状态点 3 作等 d 线交 $\varphi=100\%$的等 φ 线于点 4,与此点相应的温度 t_4 即为 t_d,即 $t_d=29.4$℃。

思考题 5

5-1 理想气体的状态方程式对混合气体是否适用?若适用,其中的各参数代表什么?

5-2 何谓分压力和分体积?分压力和分体积的概念可以应用于非理想气体混合物吗?分压力定律和分体积定律适用于非理想气体混合物吗?

5-3 一般气体可以当作理想气体看待,而水蒸气却不能当作理想气体,这个结论对吗?

5-4 由 A、B 2 种气体组成的混合气体,如果 A 的质量分数大于 B,那么 A 的摩尔分数是否一定大于 B?

5-5 为什么在计算理想气体混合物的熵时,必须采用各组元的分压力,而不应采用混合物的总压力?

5-6 为何冬季人在室外呼出的空气呈白色雾状?当室内有取暖装置时,为什么会感到空气比较干燥?

5-7 若有温度相同的等量干空气和湿空气,降低相同的温度,二者放出的热量是否相等?

为什么？

5-8 湿空气和湿蒸汽有何区别？饱和湿空气和饱和蒸汽又有何区别？

5-9 若A、B两室内空气的相对湿度相同，但A室内的温度高于B室内的温度，试比较两室内空气的吸湿能力。若绝对湿度相等，A室内的温度大于B室内的温度，情况又如何？

5-10 判断下列说法是否正确？并解释为什么。

(1)相对湿度为0时，空气中完全没有水蒸气。那么，相对湿度为100%的湿空气完全为水蒸气。

(2)夏季自来水管上有结露现象，是因为夏季空气的相对湿度比冬季大。

5-11 解释降雾、结露和结霜现象，并说明它们发生的条件。

5-12 在−5℃的空气为什么还有水蒸气，这些水蒸气为何没冻成冰呢？

5-13 为什么影响人体感觉和物体受潮的因素主要是空气的相对湿度，而不是绝对湿度？

5-14 什么是湿空气的含湿量？相对湿度越大，含湿量越高，这种说法对吗？

5-15 湿空气的相对湿度与哪些因素有关？为什么用干湿球温度计能间接测量它？

5-16 对于未饱和空气，湿球温度、干球温度以及露点三者哪个大，哪个小？对于饱和空气又如何？

5-17 为什么在冷却水塔中能把热水冷却得比大气温度还低？这违背热力学第二定律吗？

5-18 使湿空气冷却到露点温度以下，可以达到去湿的目的。将湿空气压缩能否达到去湿的目的？

5-19 水蒸气定压汽化过程可分为几个阶段？经历几种状态？

5-20 水蒸气的 p-v 图和 T-s 图是如何形成的？试在图上标出一点、两线和三区的名称及位置。

5-21 锅炉中的水在定压汽化过程中温度不变，那么在此过程中是否满足 $q=w$ 的关系？为什么？

5-22 $dh=c_p\mathrm{d}T$ 适用于任何工质的定压过程，因此有人认为水定压汽化时 $\mathrm{d}T=0$，则 $\mathrm{d}h=c_p\mathrm{d}T=0$。此结论对不对？为什么？

习题 5

5-1 测得湿空气的温度为30℃，露点温度为20℃，求水蒸气的分压力、相对湿度、含湿量和焓。已知大气压力为0.101 325 MPa。要求：

(1)按公式计算；

(2)查焓-含湿量图。

5-2 当地当时大气压为0.1 MPa，空气温度为30℃，相对湿度为60%，试分别用解析法和焓-含湿量图求湿空气的露点、含湿量、水蒸气分压力及焓。

5-3　如果将温度为30℃、相对湿度为70%的湿空气冷却到10℃，问此过程中每千克干空气能析出多少水分，放出多少热量？已知大气压力为0.101 325 MPa。

5-4　3 kg湿蒸汽在200℃时装入容积为0.3 m^3的容器内，试求：

(1)容器内的压力；

(2)湿空气的焓；

(3)蒸汽的质量和体积。

5-5　某容器底部盛有少量水，容器容积为0.05 m^3，抽空后密闭。在温度为30℃时测得容器内压力为5 000 Pa，试计算：

(1)空气间的干空气分压；

(2)容器内的干空气量。

5-6　湿空气温度为30℃，压力为0.1 MPa，露点温度为22℃，计算其相对湿度和含湿量。

5-7　已知某台电风扇每分钟输送温度为30℃、压力为0.1 MPa、相对湿度为90%的湿空气400 m^3，试确定每秒钟流经电风扇的水蒸气量和干空气量。

5-8　室内空气的压力和温度分别为0.1 MPa和25℃，相对湿度为60%，求水蒸气分压力、露点温度和含湿量。

5-9　已知湿空气压力0.1 MPa，温度为18℃，露点为10℃，试求：

(1)绝对湿度、相对湿度及含湿量；

(2)若将空气加热到40℃，其绝对湿度、相对湿度又有何变化？

(3)若将空气冷却至饱和，其绝对湿度和相对湿度又是多少？

5-10　夏天将温度为30℃及相对湿度为75%的湿空气送入空调机中，首先用冷却管对空气冷却和冷凝去湿，直至湿空气降至10℃。然后，用电加热方式将湿空气加热到20℃。已知大气压力为0.101 325 MPa。试确定：

(1)加热后空气的相对湿度；

(2)空气在冷却管中放出的热量；

(3)空气在电加热器中吸入的热量。

5-11　水在温度75℃、相对湿度为10%的湿空气中绝热蒸发，空气温度在此过程中降至45℃，求空气终态时的相对湿度和含湿量。

5-12　压力为标准大气压、温度为35℃、相对湿度为70%的空气，进入冷却设备冷却，离开冷却设备时成为25℃的饱和空气。若干空气流量为100 kg/min，求湿空气每分钟在冷却设备中排出的水分和放出的热量。

5-13　温度为20℃相对湿度为60%的空气用作干燥气体，空气在加热器中被加热到50℃，然后进入干燥器，由干燥器出来时相对湿度为80%，设空气(干空气)的流量为5 000 kg/h，试求：

(1)使物料蒸发1 kg水分需要多少干空气？

(2)每小时蒸发多少水分？

(3)加热器每小时向空气加入多少热量及蒸发1 kg水分消耗多少热量？

5-14　某木材厂的一个干燥室内，湿空气的总压力为0.1 MPa，空气被加热前的温度为

30℃，相对湿度为 50%，加热后送入干燥室，空气离开干燥室的温度为 40℃，相对湿度为 70%。试求：

(1)空气离开加热器时的温度及含湿量；

(2)空气从木材中吸收的水分；

(3)空气在加热器中吸收的热量。

5-15 在空气调节设备中，将温度为 30℃、相对湿度为 75%的冷空气先冷却去湿到 15℃，然后在加热到 22℃。若干空气流量为 500 kg/h，试计算：

(1)调节后空气的相对湿度；

(2)在冷却器中空气放出的热量和凝结的水量；

(3)加热器中加入的热量。

5-16 将温度为 20℃，相对湿度为 30%的空气，先加热到 50℃，然后送入干燥箱干燥物体，干燥箱出口的空气温度为 35℃，试计算从被干燥的物体中每吸收 1 kg 水分所需的干空气量和加热量。

5-17 含有 50 kg 干空气的湿空气，压力为 0.1 MPa，温度为 120℃，含湿量为 20 g/kg，空气在冷却设备中被冷却。试求；

(1)空气被冷却至露点的温度及放出的热量；

(2)冷却至 0℃时的凝结水量。

5-18 稳定绝热流动过程中，两股空气流混合。一股温度为 20℃，相对湿度 30%流量为 25 kg/min；另一股温度为 30℃，相对湿度为 60%，流量为 40 kg/min。若所处压力均为 0.1 MPa，求混合后空气的相对湿度、温度和含湿量。

5-19 压力为 0.1 MPa、温度为 30℃、相对湿度为 60%的湿空气经绝热节流至 0.5 MPa，试求节流后空气的相对湿度。(湿空气按理想气体处理；30℃时水蒸气的饱和压力为 0.424 5 MPa)。

5-20 冷却塔将水从 38℃冷至 23℃，水流量为 1×10^5 kg/h。从塔底进入的空气温度为 15℃、相对湿度为 50%，塔顶排出的是 30℃的饱和空气。求需要送入的空气流量和蒸发的水量。

5-21 某干燥室需要输入一定量的新鲜空气，与室内的循环空气相混合。已知新鲜空气的温度为 20℃，相对湿度为 40%，流量为 10 kg/min，循环空气的含湿量为 356 g/kg 焓值为 1 026 kJ/kg，质量流量为 350 kg/min。求两股空气混合后的焓和含湿量。

5-22 某车间空调系统采用回风与新风相混合后，再经空调降温的办法。已知回风温度为 20℃，相对湿度为 55%；新风温度为 36℃，相对湿度为 52%。新风和回风混合后的总量为 22 000 kg，混合后的温度为 25℃，试确定新风和回风量。

5-23 在汽缸中 1 m^3 的水蒸气，从 $p_1=1$ MPa，$t_1=300$℃可逆绝热膨胀到 $p_2=0.1$ MPa，试求蒸汽所做的功。

5-24 锅炉每小时生产压力为 2.5 MPa，温度为 400℃的水蒸气 15 吨，其给水温度为 50℃。若锅炉效率为 0.85(水及蒸汽吸热量与燃料发热量之比)，煤的发热量为 25 000 kJ/kg，求每小时耗煤量。

5-25 用蒸汽和水混合来生产开水，蒸汽压力为 0.1 MPa，干度为 0.9，水的压力为 0.1 MPa，温度为 20℃。试求生产 10 吨开水需要多少蒸汽和水？

5-26 某汽轮机入口蒸汽的压力为 $p_1=1$ MPa，$t_1=400$℃，出口蒸汽压力为 4 kPa，汽轮机效率为 0.82，环境温度为 $t_0=25$℃。试求蒸汽进口状态的过热度及单位质量蒸汽所做的功。锅炉汽锅内储有 $p=0.5$ MPa，$x=0.05$ 的湿蒸汽 2 000 kg，锅炉供热量为 80 kW。若出口汽阀被关死，求汽锅内压力上升至 1 MPa 时所需的时间。

6 动力装置循环

将热能转换为机械能的设备称为热能动力装置或热力发动机，简称热机。热机通过工质的热力循环，即动力循环，能够将一部分热能连续不断地转换为机械能。按工质的不同，动力循环可以分为蒸汽动力循环和气体动力循环（如蒸汽机、内燃机、燃气轮机的工作循环）两大类。

动力装置的实际工作循环十分复杂。在热力学研究中，一般先忽略实际循环中各种不可逆因素，将其简化为典型的可逆循环（理想循环），然后对循环过程、能量变化和循环性能进行分析与计算。只要这种理想化处理科学合理并接近实际，则理论循环的分析和计算就具有理论上的指导意义。

本章分别介绍几种常见动力循环装置的工作原理，并对相应的理想循环进行分析。

6.1 蒸汽动力循环

6.1.1 朗肯循环

朗肯循环是最简单的理想蒸汽动力循环，是研究其他复杂蒸汽动力循环的基础。它由锅炉、汽轮机、冷凝器及水泵等 4 个基本热力设备组成。由给水泵将水加压泵入锅炉，水在锅炉中定压加热汽化，形成高温高压过热蒸汽，进入汽轮机绝热膨胀做功，做功后的低压蒸汽（乏汽）在冷凝器中冷凝为饱和水，再由水泵加压送往锅炉，完成一个工作循环，如图 6-1(a)所示。如果忽略水泵、汽轮机中的摩擦和散热损失以及工质在锅炉、冷凝器中的压力损失，以上循环过程就可简化为由以下 4 个理想的可逆过程组成，这样就可把朗肯循环表示在状态图上，如图 6-1(b)(c)(d)所示。

(1)水在锅炉和过热器中可逆定压加热过程 4-5-6-1，在此过程中水由未饱和态变为过热蒸汽，工质与外界无技术工交换。

(2)过热蒸汽在汽轮机中可逆绝热膨胀过程 1-2。工质对外做功，在汽轮机出口处降为低压湿蒸汽（乏汽）。

(3)蒸汽在冷凝器中的定压放热过程 2-3。乏汽对冷却水放热，凝结为饱和水。

(4)水在水泵中的可逆绝热压缩过程 3-4。水泵消耗外功对水加压，再次送入锅炉。

6.1.2 朗肯循环的能量分析

朗肯循环的主要特性参数为：从锅炉中输出的过热蒸汽状态（$T_1\,p_1$）；由冷凝器中的冷凝状态所确定的汽轮机的排汽压力 p_2。若已知以上特性参数，再结合组成循环的各个基本热力

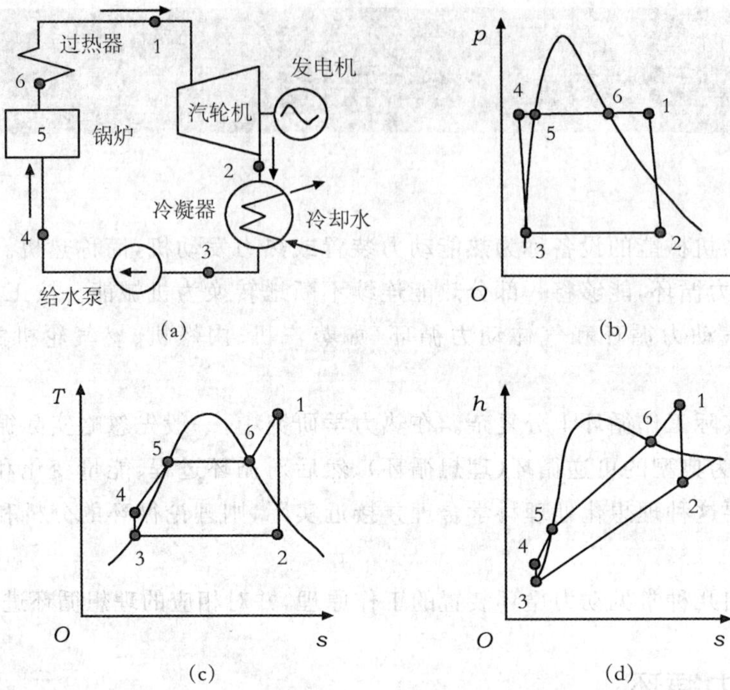

图 6-1　朗肯循环

过程的特征，就可以确定各点的状态，并对朗肯循环能量变化进行分析。根据稳定流动能量方程，锅炉中蒸汽的吸热量为

$$q_1 = h_1 - h_4$$

汽轮机中蒸汽膨胀对外做功(轴功)

$$w_s = h_1 - h_2$$

冷凝器中蒸汽的放热量

$$q_2 = h_2 - h_3$$

冷凝水在水泵中绝热压缩所消耗功

$$w_p = h_4 - h_3$$

循环净功

$$\begin{aligned} w_0 &= w_s - w_p = (h_1 - h_2) - (h_4 - h_3) \\ &= (h_1 - h_4) - (h_2 - h_3) \\ &= q_1 - q_2 \end{aligned}$$

循环热效率

$$\eta_t=\frac{w_0}{q_1}=\frac{(h_1-h_2)-(h_4-h_3)}{h_1-h_4} \tag{6-1}$$

由于水的比体积远小于水蒸气的比体积，水泵所消耗的功仅为汽轮机做功的2%左右，一般可以忽略不计，即 $h_4-h_3\approx 0$，于是，式(6-1)可简化为

$$\eta_t=\frac{h_1-h_2}{h_1-h_4}=\frac{h_1-h_2}{h_1-h_3} \tag{6-2}$$

蒸汽动力装置输出 1 kW·h(3 600 kJ)功量所消耗的蒸汽量称为汽耗率，用 d_0 表示：

$$d_0=\frac{3\ 600}{w_0}=\frac{3\ 600}{\eta_t q_1}=\frac{3\ 600}{h_1-h_2}\quad \text{kg/(kW·h)} \tag{6-3}$$

【例 6-1】 某汽轮机发电机组，其新蒸汽压力和温度分别为 $p_1=15$ MPa，$t_1=520$℃，汽轮机排气压力 $p_2=0.005$ MPa。若该机组按朗肯循环运行，试求：

(1)汽轮机所产生的功 w_s 和水泵功 w_p；

(2)循环过程吸热量和放热量；

(3)循环热效率 η_t 和理论耗汽率 d_0。

解：由 $p_1=15$ MPa，$t_1=520$℃，查附表 5 定出新蒸汽状态点 1，得

$$h_1=3\ 366\ \text{kJ/kg},\ s_1=6.417\ 5\ \text{kg/(kg·K)}$$

1-2 过程是定熵过程，由 $p_2=0.005$ MPa，$s_2=s_1$，由附表 3 查得

$$h_2=1\ 956\ \text{kJ/kg},\ v'=0.001\ 005\ 3\ \text{m}^3/\text{kg},\ h_2'=137.72\ \text{kJ/kg}$$

于是求得：

$$w_s=h_1-h_2=3\ 366-1\ 956=1\ 410(\text{kJ/kg})$$

$$\begin{aligned}w_p&=h_4-h_3\approx(p_4-p_3)v_2'=(p_1-p_2)v_2'\\&=0.001\ 005\ 3\times(15\times10^6-5\times10^3)\\&=15.07\times10^3(\text{J/kg})=15.07(\text{kJ/kg})\end{aligned}$$

$$h_4=h_3+w_p=h_2'+w_p=137.72+15.07=152.79(\text{kJ/kg})$$

$$q_1=h_1-h_4=3\ 366-152.79=3\ 213.21(\text{kJ/kg})$$

$$\eta_t=\frac{w_{net}}{q_1}=\frac{h_1-h_2-w_p}{q_1}=\frac{3\ 366-1\ 956-15.07}{3\ 213.21}=0.434\ 1$$

略去水泵功，有

$$\eta_t=\frac{w_{net}}{q_1}=\frac{h_1-h_2}{q_1}=\frac{3\ 366-1\ 956}{3\ 213.21}=0.436\ 8$$

$$d_0=\frac{1}{h_1-h_2}=\frac{1}{3\ 366-1\ 956}=7.092\times10^{-4}(\text{kg/kJ})=2.55\ \text{kg/(kW·h)}$$

6.1.3 蒸汽参数对循环热效率的影响

朗肯循环的热效率与新蒸汽的初压、初温以及乏汽压力有关。在 *T-s* 图上，可折合成熵变

相等、吸(放)热量和热效率相同的卡诺循环(图 6-2)。其吸热平均温度 $\overline{T}_1$ 为

$$\overline{T}_1=\frac{q_1}{s_a-s_b}$$

式中 s_a-s_b 为工质吸热量 q_1 引起的熵变。放热平均温度 $\overline{T}_2$ 为终压 p_2 对应的饱和温度 T_2，于是等效卡诺循环的热效率为

$$\eta_c=\frac{h_1-h_2}{h_1-h_3}=1-\frac{\overline{T}_2}{\overline{T}_1}=1-\frac{T_2}{\overline{T}_1}$$

等效卡诺循环指出了提高循环热效率的途径。由上式可见，提高吸热平均温度或降低放热平均温度都可以提高循环的热效率。

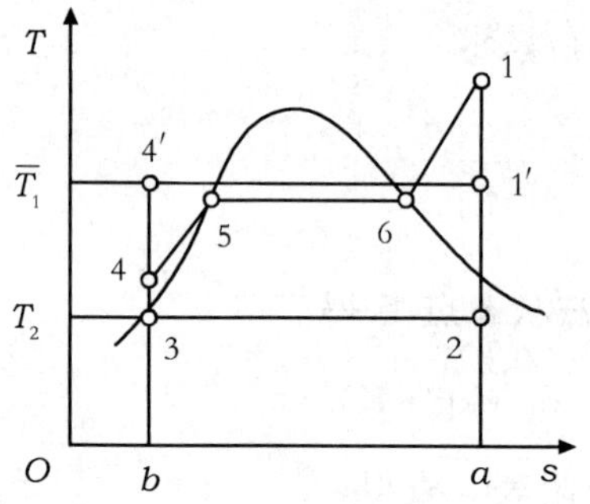

图 6-2　朗肯循环与等效卡诺循环

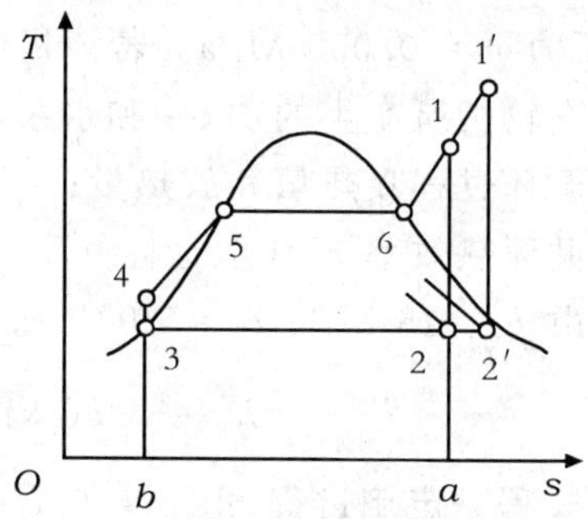

图 6-3　初温的影响

6.1.3.1　初温的影响

在相同的初压 p_1 和终压 p_2 下，将蒸汽初温由 T_1 提高到 T_1'，如图 6-3 所示，则朗肯循环的吸热平均温度提高，在放热平均温度不变的情况下，循环的热效率将有所提高。另一方面，提高蒸汽初温 T_1，还可以提高汽轮机出口乏汽的干度($x_{2'}>x_2$)，这有利于汽轮机的安全工作。但蒸汽初温的提高受到设备(锅炉，汽轮机)材料耐高温强度的限制，所以蒸汽初温一般设计在550℃左右。

6.1.3.2　初压的影响

当保持蒸汽的初温 T_1、终压 p_2 不变时，提高蒸汽初压 p_1，(图 6-4)，将提高循环吸热平均温度，而平均放热温度不变，因此，可以提高朗肯循环的热效率。但是初压的提高将使汽轮机出口蒸汽的干度减少($x_{2'}<x_2$)。乏汽中水分的增加，不仅影响汽轮机的工作性能，而且会冲击和侵蚀汽轮机叶片，影响其使用寿命。工程上，通常采取同时提高初压和初温的做法，以保证乏汽干度不小于 0.88。

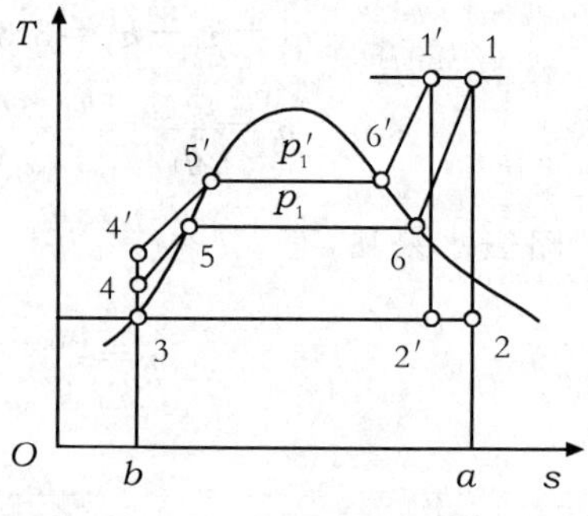

图 6-4　初压的影响

6.1.3.3　乏汽压力(背压)的影响

如图6-5所示，当保持蒸汽初参数 T_1、p_1 不变，降低背压 p_2，可使平均放热温度降低，而平均吸热温度变化很少，因此，提高了循环热效率。但背压 p_2 取决于冷凝温度，而冷凝温度又受环境温度(或冷却水温度)的限制，通常冷凝温度在25～32℃之间，背压 p_2 在0.003～0.005 MPa之间。

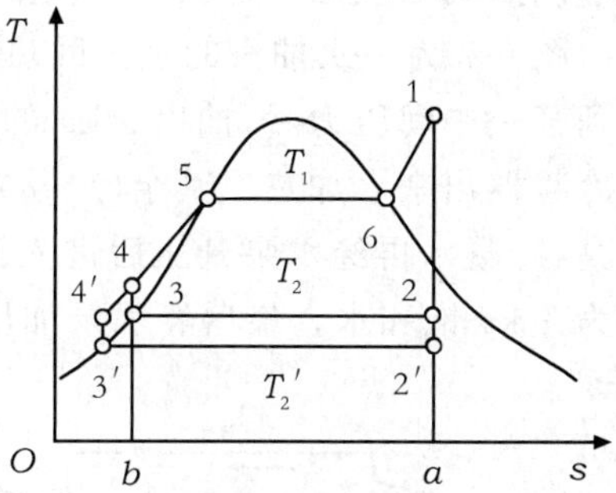

图6-5　背压的影响

综上所述，提高初态参数 T_1、p_1 及降低背压 p_2，可以提高循环热效率，改善循环性能。中小型火力发电厂为节省投资，通常采用中低参数汽轮发电机组，而大型火力发电厂，为提高热效率，正朝高参数、大容量和智能控制方向发展。

6.1.4　提高蒸汽动力循环热效率的途径

6.1.4.1　再热循环

为了提高蒸汽的初压，但又不使乏汽的干度过低，通常采用蒸汽中间再热的措施，由此形成的循环称为再热循环。

图6-6是再热循环示意图和 *T*-*s* 图。新蒸汽在高压汽轮机中膨胀做功至某一中间压力后，被引出到锅炉中的再热器，吸收烟气放出的热量，然后再导入低压汽轮机中继续做功到终压 p_2。由图6-6(b)可见，蒸汽经再热以后，汽轮机排汽干度明显提高，而且，只要合理选择中间再热压力(一般为初压的20%～30%)，再热循环的吸热平均温度会高于基本循环，使循环热效率得到提高。因此，现代大型火力发电机组在工作中都采用了再热循环。

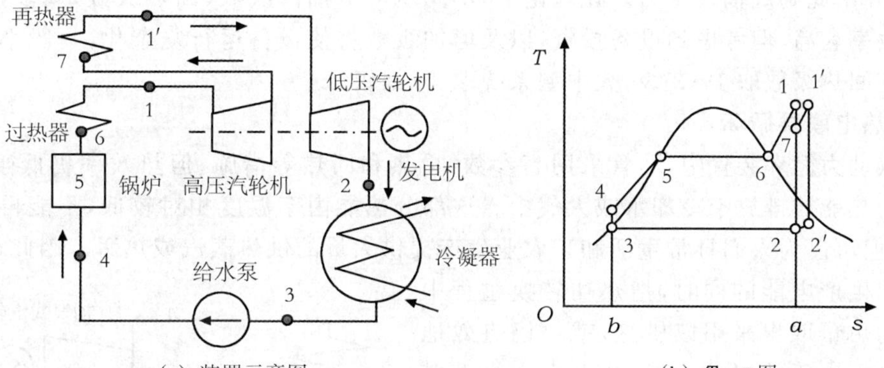

(a) 装置示意图　　(b) *T*-*s* 图

图6-6　再热循环

6.1.4.2　回热循环

朗肯循环吸热平均温度不高的主要原因是锅炉给水温度太低(冷凝气压 p_2 对应的饱和温度)，如果采用回热措施提高给水温度，减少从高温热源的吸热量，则可以有效地提高循环热效率。为此，现代蒸汽动力循环中普遍采用从汽轮机中抽取部分蒸汽来加热低温给水。这种带给水回热的蒸汽循环称为蒸汽回热循环。

图 6-7 为一次抽汽的蒸汽回热循环系统示意图和 T-s 图。1 kg 新蒸汽进入汽轮机膨胀做功到某一中间压力后，抽出 α kg 的蒸汽($\alpha<1$)引入到回热加热器，沿过程线 7-8-9 凝结放热，对冷凝器出来水加热。其余($1-\alpha$)kg 的蒸汽在汽轮机中继续膨胀至背压 p_2，然后进入冷凝器冷凝，冷凝水再经水泵升压后进入回热加热器，与中间压力的 α kg 蒸汽进行混合换热，并汇聚成为 1 kg 饱和水。最后经水泵加压进入锅炉变成新蒸汽，完成一个循环。

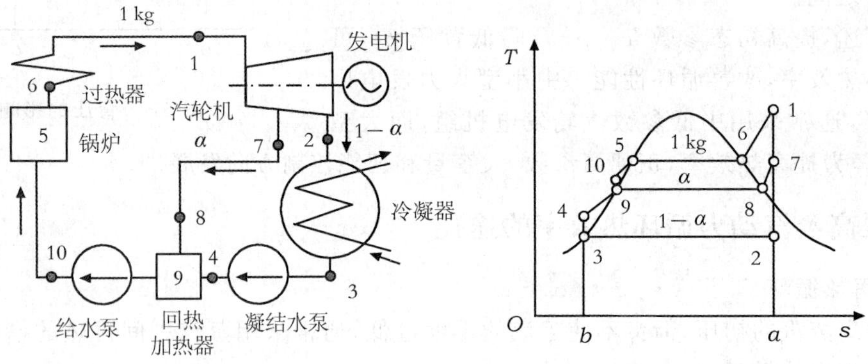

(a) 装置示意图　　(b) T-s图

图 6-7　回热循环

由 T-s 图可见，采用回热循环后，水在锅炉中的吸热过程从 4-1 变为 9-1，显然提高了循环的平均吸热温度。对于一次抽汽回热，给水回热温度，可以取新蒸汽饱和温度和乏汽饱和温度的平均值，并由此确定抽气压力。在理论上，不同压力下抽汽次数(回热级数)愈多，给水回热温度和热效率愈高，但考虑到设备投资，以及增加级数将使设备运行复杂化，一般小型蒸汽动力循环系统回热级数取 1～3 级，大中型系统取 4～8 级。

6.1.4.3　热电联供循环

在蒸汽动力循环装置中，尽管采用高参数、再热和回热等措施，但热效率仍低于 50%，有 50%左右的热能被排放于冷却水或大气中。这部分热能由于温度相对较低，不能再用来转换为机械能，但可以为人们日常生活和工农业生产提供大量的供热蒸汽或热水。因此，如果蒸汽动力装置在生产电能的同时，把热功转换过程中必须放出的热量取出来用以供热，就可以有效地利用冷凝过程中所放出的热量，从而大大提高燃料的利用率。这种方法称为热电联供，既发电又供热的电厂通常称为热电厂。

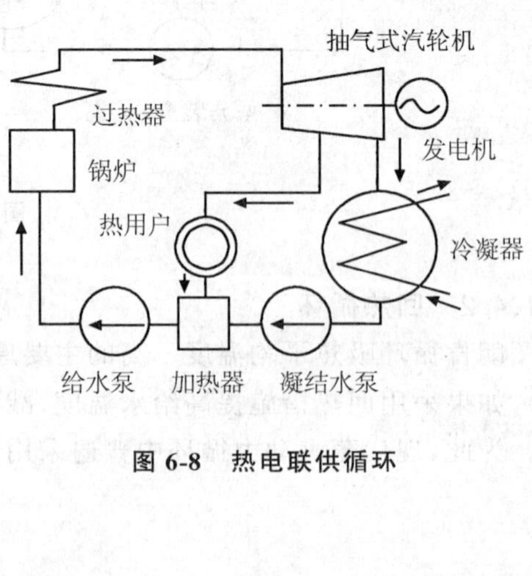

图 6-8　热电联供循环

热电联供循环分为背压式热电联供循环和抽气式热电联供循环 2 种类型。其中抽气式热电联供循环(图 6-8)是在回热循环的基础上，再增加一些厂外的热用户(给水回热器可看作热电厂本身的热用户)。抽气式热电联供循环装置既能充分利用热能,又有利于保护环境,是蒸汽动力装置发展的方向。

6.2 活塞式内燃机循环

活塞式内燃机的工质膨胀和压缩等过程,都是在同一气缸内完成的。按其使用的燃料分为汽油机、柴油机和煤气机;按点火方式分为点燃式和压燃式两类。点燃式内燃机吸入的是燃料和空气的混合物,经压缩后,由电火花点燃;而压燃式内燃机吸入的仅仅是空气,通过压缩使空气温度上升到燃料的自燃温度,再喷入燃料。按完成一个循环所需的冲程又分为四冲程内燃机和二冲程内燃机。汽油机、煤气机一般是点燃式四冲程内燃机,而柴油机则是压燃式四冲程内燃机。二冲程内燃机主要用于轻型交通工具、中型拖拉机和园艺机械上。

6.2.1 活塞式内燃机基本构造及工作过程

内燃机的型式很多,但基本构造大致相同。图 6-9 为一立式单气缸四冲程汽油机的结构图,它主要由气缸体、活塞连杆组件、曲轴飞轮组件和配气机构等几部分组成。汽油机在气缸盖上装有火花塞,而柴油机则装的是喷油嘴。

现以四冲程柴油机为例介绍其工作原理和循环过程。四冲程柴油机每完成一个工作循环,活塞在气缸内往返 2 次。实际工作时气缸内工质的压力与容积变化情况如图 6-10 所示。

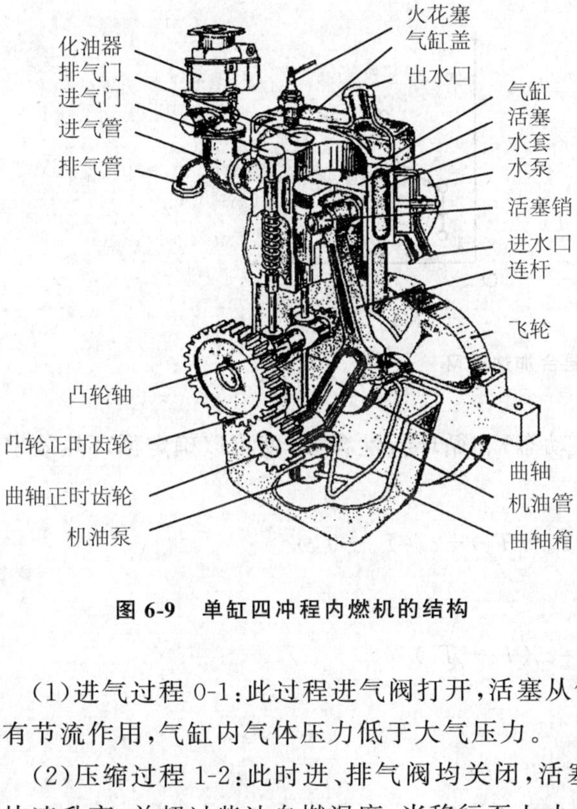

图 6-9 单缸四冲程内燃机的结构

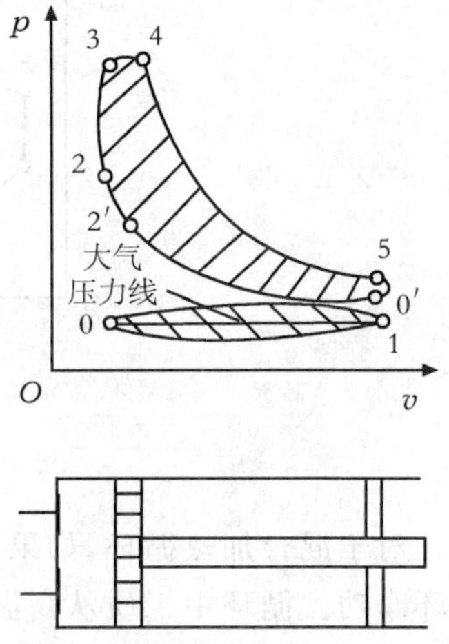

图 6-10 四冲程柴油机示功图

(1)进气过程 0-1:此过程进气阀打开,活塞从气缸上止点下行到下止点,吸入空气。进气阀有节流作用,气缸内气体压力低于大气压力。

(2)压缩过程 1-2:此时进、排气阀均关闭,活塞上行压缩气缸内的气体,气缸内压力及温度快速升高,并超过柴油自燃温度;当移行至上止点 2 附近(点 2′)时,柴油经喷油器高压雾化后喷入气缸,在活塞接近上止点时开始燃烧。

(3)膨胀过程 2-3-4-5:燃料一旦开始燃烧,气缸内的压力将迅速升高,由于活塞在上止点附近移动的距离极小,所以,燃烧过程 2-3 接近定容过程。随着活塞下行,气缸工作容积增大,但燃料在燃烧过程中,气缸内压力变化不大,所以,3-4 接近定压过程。到达 4 点以后,高温高压气体膨胀做功,推动活塞移动至 5 点,气体压力和温度下降。

(4)排气过程 5-0:活塞移动到 5 点时,排气阀打开,部分废气在余压作用下快速排出,气体压力迅速下降。由于活塞在下止点附近的移动距离极小,排气过程 5-0′也接近于定容降压过程。之后活塞上行到上止点,将残余废气排出,即过程 0′-0,至此,便完成一个实际循环。

6.2.2 活塞式内燃机的理想循环

内燃机的实际循环是不可逆循环,并且是不连续的,过程中工质的质量和成分也在不断变化。为了便于理论分析,通常忽略进、排气阀的节流损失及喷入的油量,认为工质为理想气体;忽略循环过程的热损失及工质的黏性摩阻,认为工质的膨胀和压缩为可逆绝热过程;将工质的燃烧过程看成是从高温热源吸热,将排气过程看成是向低温热源放热。

6.2.2.1 混合加热循环

柴油机的混合加热理想循环,又称萨巴德(Sabathe)循环,如图 6-11 所示。图中,1-2 为可逆绝热压缩过程,2-3 为可逆定容加热过程,3-4 为可逆定压加热过程,4-5 为可逆绝热膨胀过程,5-1 为可逆定容放热过程。

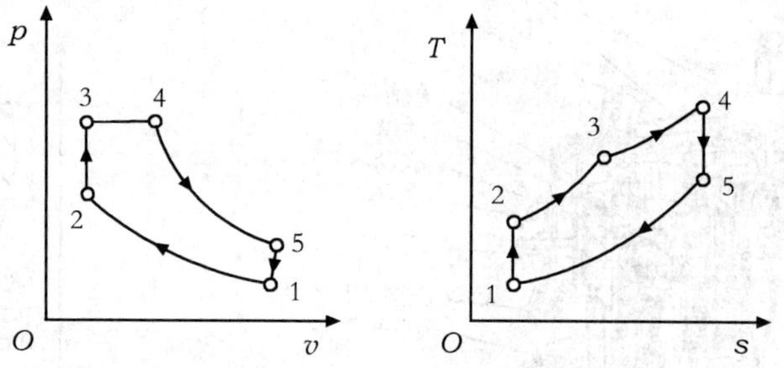

图 6-11 混合加热循环

对于混合加热循环,如果已知进气状态(动态)和循环特性参数,就可以确定循环热效率和循环净功。循环中工质从高温热源吸热量为

$$q_1 = q_{23} + q_{34} = c_v(T_3 - T_2) + c_p(T_4 - T_3)$$

向低温热源放出的热量为

$$q_2 = q_{51} = c_v(T_5 - T_1)$$

循环净功 w_{net} 为

$$w_{net} = q_1 - q_2$$

根据循环热效率定义有

$$\eta_t = \frac{w_{net}}{q_1} = 1 - \frac{q_2}{q_1} = 1 - \frac{c_v(T_5 - T_1)}{c_v(T_3 - T_2) + c_p(T_4 - T_3)}$$

$$= 1 - \frac{(T_5 - T_1)}{(T_3 - T_2) + \kappa(T_4 - T_3)} \tag{6-4}$$

通常把热效率表示为循环特性参数的函数。循环特性参数有：压缩比 $\varepsilon = \frac{v_1}{v_2}$，增压比 $\pi = \frac{p_3}{p_2}$和预胀比 $\rho = \frac{v_4}{v_3}$。对于绝热过程 1-2 与 4-5 有：

$$p_1 v_1^\kappa = p_2 v_2^\kappa, \; p_4 v_4^\kappa = p_5 v_5^\kappa$$

由于 $p_4 = p_3, v_1 = v_5, v_2 = v_3$，故有

$$\frac{p_5}{p_1} = \frac{p_4}{p_2}\left(\frac{v_4}{v_2}\right)^\kappa = \frac{p_3}{p_2}\left(\frac{v_4}{v_3}\right)^\kappa = \pi\rho^\kappa$$

对定容过程 5-1，有

$$T_5 = T_1 \frac{p_5}{p_1} = T_1 \pi \rho^\kappa$$

对绝热过程 1-2，有

$$T_2 = T_1 \left(\frac{v_1}{v_2}\right)^{\kappa-1} = T_1 \varepsilon^{\kappa-1}$$

对定容过程 2-3，有

$$T_3 = T_2 \frac{p_3}{p_2} = \pi T_2 = \pi T_1 \varepsilon^{\kappa-1}$$

对定压过程 3-4，有

$$T_4 = T_3 \frac{v_4}{v_3} = \rho T_3 = \rho \pi T_1 \varepsilon^{\kappa-1}$$

将以上温度代入式(6-4)，得

$$\eta_t = 1 - \frac{\pi\rho^\kappa - 1}{\varepsilon^{\kappa-1}[(\pi - 1) + \kappa\pi(\rho - 1)]} \tag{6-5}$$

由式(6-5)可见，混合加热理想循环的热效率与多种因素有关，当增加压缩比 ε 和增压比 π，以及减小预胀比 ρ 时，都能够提高循环的热效率。

【例 6-2】 某柴油机混合加热理想循环(图 6-11)的 $p_1 = 0.15$ MPa，$t_1 = 60$℃，压缩比 $\varepsilon = 15$，汽缸中气体最大压力 $p_3 = 10$ MPa，循环加热量 $q_1 = 850$ kJ/kg。设工质为空气，比热容为定值，并取 $c_p = 1.004$ kJ/(kg·K)，$c_v = 0.718$ kJ/(kg·K)，$\kappa = 1.4$。试分析该循环并求循环热效率。

解：(1)确定循环过程各状态点参数：由已知条件 $p_1 = 0.15$ MPa，$T_1 = 333.15$ K，$R_g = 287$ kJ/(kg·K)，得

点 1：$$v_1 = \frac{R_g T_1}{p_1} = \frac{287 \times 333.15}{0.15 \times 10^6} = 0.6374(\text{m}^3/\text{kg})$$

点 2:1-2 为定熵过程

$$v_2=\frac{v_1}{\varepsilon}=\frac{0.6374}{15}=0.0425(\mathrm{m^3/kg})$$

$$p_2=p_1\left(\frac{v_1}{v_2}\right)^{\kappa}=p_1\varepsilon^{\kappa}=0.15\times15^{1.4}=6.65(\mathrm{MPa})$$

$$T_2=\frac{p_2v_2}{R_g}=\frac{6.65\times10^4\times0.0425}{287}=984.8(\mathrm{K})$$

点 3:2-3 为定容过程，$p_3=10\ \mathrm{MPa}$，$v_3=v_2=0.0425\ \mathrm{m^3/kg}$，

$$T_3=\frac{p_3v_3}{R_g}=\frac{10\times10^6\times0.0425}{287}=1480.8(\mathrm{K})$$

$$q_{1v}=c_v(T_3-T_2)=0.718\times(1480.8-984.8)=356.1(\mathrm{kJ/kg})$$
$$q_{1p}=q_1-q_{1v}=850-365.1=493.9(\mathrm{kJ/kg})$$

点 4:3-4 为定压过程，$p_4=p_3=10\ \mathrm{MPa}$，由 $q_{1p}=c_p(T_4-T_3)$，有

$$T_4=T_3+\frac{q_{1p}}{c_p}=1480.8+\frac{493.1}{1.004}=1972.7(\mathrm{K})$$
$$v_4=\frac{R_gT_4}{p_4}=\frac{287\times1972.7}{10\times10^6}=0.0566(\mathrm{m^3/kg})$$

点 5:4-5 为定熵过程，$v_5=v_1=0.6374\ \mathrm{m^3/kg}$，

$$p_5=p_4\left(\frac{v_4}{v_5}\right)^{\kappa}=10\times\left(\frac{0.0566}{0.6374}\right)^{1.4}=0.337(\mathrm{MPa})$$
$$T_5=\frac{p_5v_5}{R_g}=\frac{0.337\times10^6\times0.6374}{287}=748.4(\mathrm{K})$$
$$q_2=c_v(T_5-T_1)=0.718\times(748.4-333.15)=298.1(\mathrm{kJ/kg})$$

(2)确定循环过程特性参数及吸热量：

增压比 $$\pi=\frac{p_3}{p_2}=\frac{10}{6.65}=1.5$$

预胀比 $$\rho=\frac{v_4}{v_3}=\frac{0.0566}{0.0425}=1.33$$

(3)求循环热效率：

$$\eta_t=1-\frac{\pi\rho^{\kappa}-1}{\varepsilon^{\kappa-1}[(\rho-1)+\kappa\pi(\rho-1)]}$$

或 $$\eta_t=\frac{w_{net}}{q_1}=\frac{q_1-q_2}{q_1}=1-\frac{q_2}{q_1}=0.649$$

6.2.2.2 定容加热循环

定容加热循环又称为奥托(Otto)循环，是汽油机和煤气机的理想循环。在汽油机中，吸气过程吸入的油气混合物，在上止点附近，被火花塞点燃而迅速燃烧，燃烧过程接近于定容过程，

不再有近似于定压的燃烧膨胀过程。因此奥托循环可以看作是去掉了定压加热过程的混合加热理想循环，即预胀比 $\rho=1$。图 6-12 是定容加热理想循环的 p-v 图和 T-s 图，根据式(6-5)得到其循环热效率为

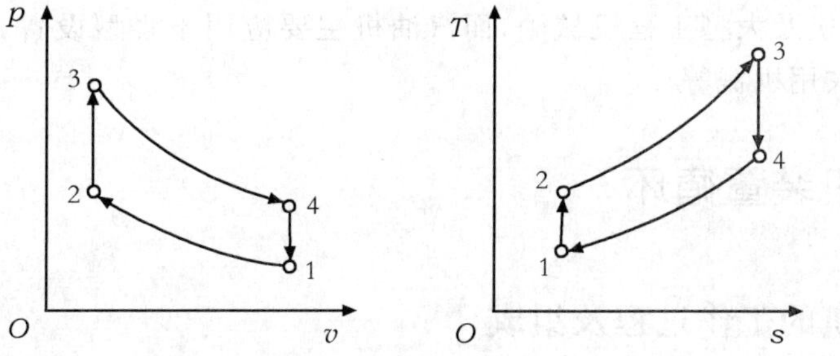

图 6-12　定容加热循环

$$\eta_t=1-\frac{1}{\varepsilon^{\kappa}-1} \tag{6-6}$$

可见定容加热循环的热效率只与压缩比 ε 有关，且随压缩比 ε 的增大而提高。

6.2.2.3　定压加热循环

定压加热的理想循环又称为狄塞尔(Diesel)循环，其 p-v 图和 T-s 图如图 6-13 所示。狄塞尔循环可以看为混合加热理想循环的特例，即去除了定容加热过程的混合加热理想循环($\pi=1$)，故由式 6-5 可得

$$\eta_t=1-\frac{\rho^{\kappa}-1}{\varepsilon^{\kappa-1}\kappa(\rho-1)} \tag{6-7}$$

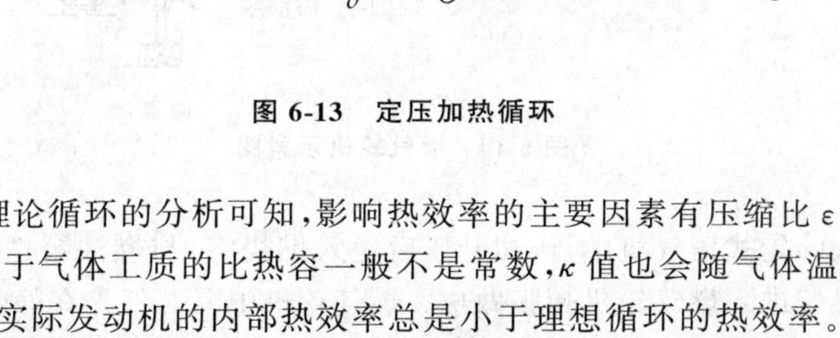

图 6-13　定压加热循环

通过对内燃机理论循环的分析可知，影响热效率的主要因素有压缩比 ε、绝热指数 κ、增压比 π 和预胀比 ρ。由于气体工质的比热容一般不是常数，κ 值也会随气体温度而变，以及燃烧不完全等原因，使得实际发动机的内部热效率总是小于理想循环的热效率。由于实际发动机的内部热效率在一定范围内主要取决于压缩比，所以增大压缩比是提高循环热效率的主要途径之一。但是过高的压缩比也会给内燃机的工作带来不利的影响。对于汽油机，若压缩比过高，可燃混合气体在压缩过程中将会超过其自燃温度，使混合气体在点火前发生爆燃，导致发

动机无法正常工作。所以,汽油机的压缩比不宜过高,一般不超过 5～10。柴油机因压缩的全是空气,不存在点火爆燃问题,所以,可以取较高的压缩比,一般可达 14～20。因此,柴油机的热效率要高于汽油机,且比较省油。但由于压缩比大,柴油机对部件强度的要求较高,机器显得笨重,机械效率较低,噪声和振动相对较大。通常柴油机主要用于装备重型设备,如火车、轮船、重型车辆、拖拉机及大型工程机械等,而汽油机主要应用于轻型设备,如中小型车辆、直升机、摩托车和小型农用机械等。

6.3 燃气轮机装置循环

6.3.1 燃气轮机的工作过程及组成

燃气轮机装置是一种回转式燃气动力装置,直接使用燃气作为工质,不需要像蒸汽动力装置那样庞大的换热设备,也没有内燃机那样的往复运动机构,它可以采用很高的转速,可以连续进气,因此,适用于大功率的动力装置。由于其运转平稳,动力均匀,结构紧凑,管理简便,启动迅速,特别适合作航空发动机,也广泛用于机车、舰船及电站的动力装置。

燃气轮机装置的压气、燃烧、膨胀分别在 3 个设备内完成,如图 6-14 所示。

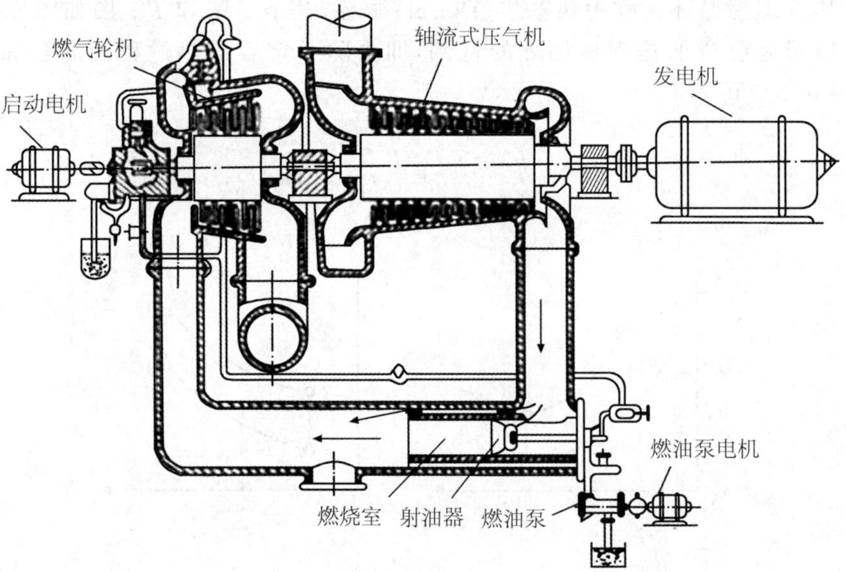

图 6-14 燃气轮机示意图

空气首先进入叶轮式压气机中,压缩升压后送入燃烧室,与燃油泵送来的燃油混合燃烧,随后高温高压的燃气进入燃气轮机膨胀做功。燃气轮机中混合气先在静叶片组成的喷管中膨胀,形成高速气流,然后冲入固定在转子上的动叶片组成的通道,形成推力推动叶片,使转子转动而输出机械功。从燃气轮机排出的废气进入大气放热冷却,完成一个循环。

6.3.2 燃气轮机的理想循环

为了使问题简化，首先对实际循环进行理想化处理：

(1)忽略燃料的质量，并假定工质的比热为定值比热；

(2)工质经历的所有过程都是可逆过程；

(3)在压气机和燃气轮机中，工质经历的过程是绝热过程；

(4)燃烧室中工质经历的是定压过程；

(5)工质向大气放热的过程也是定压放热。

由此，绘制的燃气轮机的理想循环如图 6-15 所示。图中 1-2 是空气在压气机中的可逆绝热压缩过程；2-3 是空气在燃烧室中的可逆定压加热过程；3-4 是空气在燃气轮机中的可逆绝热膨胀过程；4-1 是空气在大气中的可逆定压放热过程。由于是定压加热，所以，该循环被称为定压加热燃气轮机装置循环，也称为布雷登循环(Brayton cycle)。它是简单燃气轮机装置的理想热力循环。

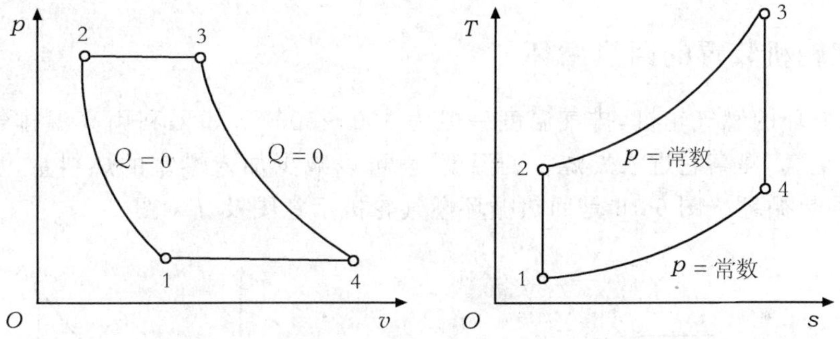

图 6-15 燃气轮机循环

上述循环中工质的吸热量为 $q_1=c_p(T_3-T_2)$

工质放出的热量为 $q_2=c_p(T_4-T_1)$

循环的热效率

$$\eta_t=1-\frac{q_2}{q_1}=1-\frac{c_p(T_4-T_1)}{c_p(T_3-T_2)}=1-\frac{T_1\left(\frac{T_4}{T_1}-1\right)}{T_2\left(\frac{T_3}{T_2}-1\right)} \tag{a}$$

对可逆绝热压缩过程和可逆绝热膨胀过程，有

$$\frac{p_2}{p_1}=\left(\frac{T_2}{T_1}\right)^{\frac{\kappa}{\kappa-1}};\frac{p_3}{p_4}=\left(\frac{T_3}{T_4}\right)^{\frac{\kappa}{\kappa-1}}$$

且注意 $p_2=p_3$ 及 $p_1=p_4$，所以

$$\frac{T_2}{T_1}=\frac{T_3}{T_4} \quad 或 \quad \frac{T_4}{T_1}=\frac{T_3}{T_2} \tag{b}$$

将式(b)代入式(a)，则循环的热效率可以写成

$$\eta_t = 1 - \frac{T_1}{T_2} = 1 - \left(\frac{p_1}{p_2}\right)^{\frac{\kappa-1}{\kappa}} \quad \text{(c)}$$

增压比为 $\pi = \frac{p_2}{p_1}$，热效率为

$$\eta_t = 1 - \pi^{-\frac{\kappa-1}{\kappa}} \quad (6\text{-}8)$$

由式(6-8)可知，简单燃气轮机装置理想循环的热效率 η_t 与增压比 π、绝热指数 κ 有关。假定工质是空气，比热为定值比热，那么 κ 也是定值，所以，热效率 η_t 只和增压比 π 有关。π 增大，η_t 也相应增大。通常 π 在 3～8 之间，最大不超过 10。如果 π 值过高，压缩空气时消耗的动力增加，同时，压缩后空气的压力越高，进入燃烧室的空气温度也越高。如果离开燃烧室进入燃气轮机的燃气温度不变(要保障燃气轮机长期安全运转，就必须限制燃气进入燃气轮机时的最高温度)。压缩空气温度越高，单位质量的压缩空气在燃烧室中吸收的热量就越少。如果压缩空气的温度已经达到了燃气轮机入口的最高允许温度，那么工质的吸热量为零，也就不可能有正功输出。

6.3.3 燃气轮机装置的回热循环

采用简单循环的燃气轮机，排气温度一般为 400～600℃，如果利用高温排气来加热压气机出口的压缩空气，提高它进入燃烧室的温度，就可以减少加入燃室的燃料量，从而提高机组效率，这就是回热循环。图 6-16 是回热循环燃气轮机示意图及 T-s 图。

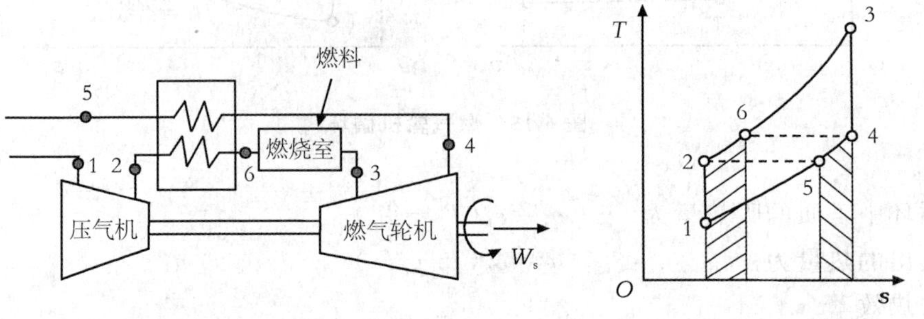

(a) 系统图　　(b) T-s 图

图 6-16 回热循环燃气机示意图

图中 1-2 为压气机中的绝热压缩过程；2-6 为回热器中的定压预热过程；6-3 为燃烧室中的定压加热过程；3-4 为燃气轮机中的绝热膨胀过程；4-5 为回热器中的定压加热过程；5-1 为大气中的定压放热过程；阴影部分表示回热器中的换热量。回热器中回收热量的程度可以用回热度 σ 来表示，σ 可按下列公式近似计算：

$$\sigma = \frac{T_4 - T_2}{T_6 - T_2}$$

简单循环燃气轮机工作效率目前已达到相当高的水平，而联合循环能更好地提高效率，所以在固定式燃气轮机中较少采用回热循环。一些载运机械上使用的燃气轮机(如船用燃气轮

机),为了改善部分负荷下的效率,降低平均燃料消耗,通常采用回热循环。

回热度一般为 0.8～0.92,其值与回热器的类型有关。循环增温比是循环最高温度与最低温度之比,用 τ 表示,在循环增温比 τ 一定的条件下,回热循环的效率要比简单循环高。但回热器中燃气侧和空气侧气流都有压力损失,所以循环的比功 w_e 比简单循环低。

6.3.4 燃气轮机装置的复杂循环

复杂循环可以提高比功和效率,它有多种形式:间冷循环、再热循环、间冷再热循环、回热的复杂循环等。

6.3.4.1 间冷循环

在压缩过程的中段,将空气引出到中间冷却器冷却后,再回到压气机中继续压缩,此即间冷循环,间冷循环示意图及 T-s 图,如图 6-17 所示。

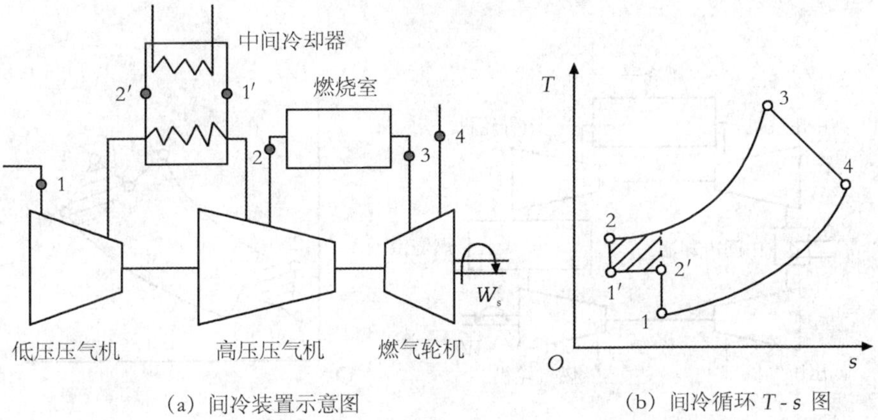

图 6-17 间冷循环示意图及 T-s 图

图中阴影部分是采用间冷后比功的增加量。图中的间冷循环为一次间冷,还可以采用 2 次间冷或多次间冷进一步增加比功。不过实际应用中,一般只用一次间冷,个别燃气轮机采用 2 次间冷。间冷器一般采用水作为冷却剂,从间冷器送出的空气比进口冷水温度高 10～20℃。

6.3.4.2 再热循环

在膨胀过程的中段,将燃气引出直至再次进入燃烧室加热后,再回到汽轮机中继续膨胀以完成膨胀过程,这种循环方式为再热循环。图 6-18 为再热循环示意图及 T-s 图。

图中第一个燃烧室是主燃烧室,第二个燃烧室为再燃烧室。T-s 图中阴影部分是采用再热后新增加的比功。以上是一次再热,理论上可以用多次再热进一步增加比功,但实际应用上只有一次再热。

6.3.4.3 间冷再热循环

将间冷与再热联合起来使用,就构成了间冷再热循环,与单独使用再热循环或间冷循环相比,它可以进一步提高比功。图 6-19 为间冷再热循环示意图及 T-s 图。这种燃气轮机机组因为比功大、功率高曾经得到较多的应用,但后来由于单循环燃气轮机的功率和效率得到了迅速的提高,因而现在已经不再应用。

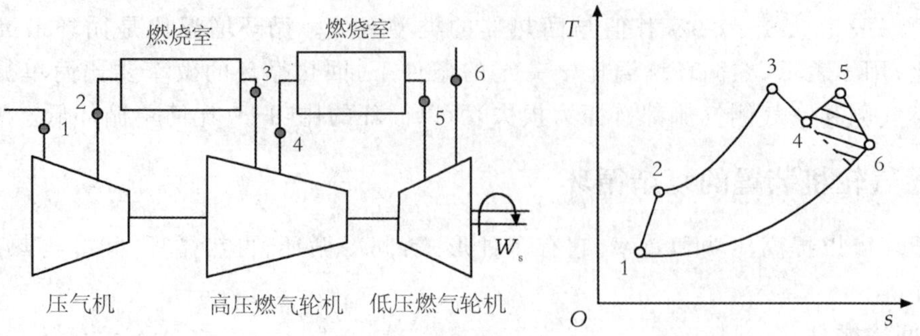

(a) 再热装置示意图　　(b) 再热循环 T-s 图

图 6-18　再热循环示意图及 T-s 图

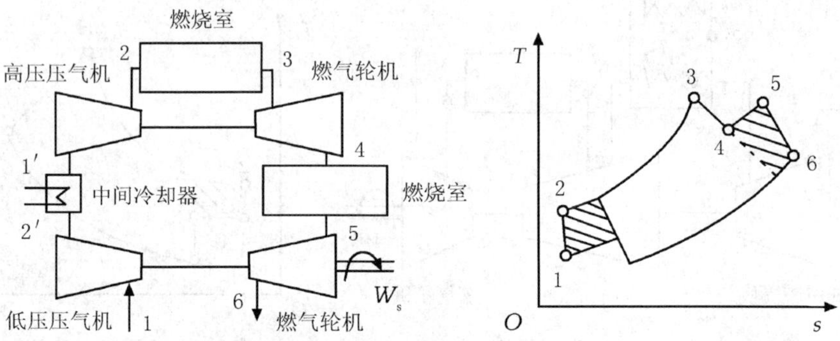

(a) 间冷再热装置示意图　　(b) 间冷再热循环 T-s 图

图 6-19　间冷再热循环示意图及 T-s 图

6.3.4.4　回热的复杂循环

对于复杂循环,同样可以用回热来提高效率,从图 6-17 和图 6-18 可以看出,间冷循环的压气机出口温度降低,再热循环的排气温度升高,如果在以上系统中加入回热器,进入回热器的燃气和空气的温差都比简单循环要高,可回收的热量增加,因而能更好地提高效率。对于间冷再热循环,引入回热器后燃气和空气的温差更大,可回收的热量更多,因此可以使效率获得更显著的提高。

思考题 6

6-1　试简述理想动力循环和实际动力循环的联系与区别,理想化的分析方法是否脱离实际,其结论有何实际价值和指导意义。

6-2　试用 p-v 图和 T-s 图表示几个主要的动力循环,并对其做简要说明。试在 T-s 图上分析朗肯循环的特性参数(T_1、p_1 及 p_2)对循环性能的影响。

6-3　简单的蒸汽动力装置由哪几个基本热力设备所组成?试画出朗肯循环的 p-v 图和

T-s 图,并指出各个基本热力过程分别在哪几个设备中完成的。

6-4 什么是再热循环和回热循环?采用再热及回热的主要作用是什么?

6-5 燃气轮机的基本构造主要包括哪些部件与组件?

习题 6

6-1 某蒸汽动力循环装置为朗肯循环,蒸汽的初压为 $p_1=3$ MPa,终压为 $p_2=0.005$ MPa,若初温分别为 300℃和 500℃,试求在不同初温下循环的热效率及蒸汽终态干度。

6-2 已知朗肯循环中进入汽轮机的参数为 $p_1=5$ MPa,$t_1=500$℃,乏汽压力 $p_2=0.005$ MPa,试求循环的平均吸热温度及热效率。如果将蒸汽初压提高到 10 MPa,而其他条件不变,试求循环热效率,并表示在 T-s 图上。

6-3 蒸汽动力装置的再热循环,已知 $p_1=14$ MPa,$t_1=550$℃,再热过程的蒸汽压力为 3 MPa,再热温度等于初温 t_1,乏汽压力为 0.005 MPa。试求该循环的热效率及乏汽干度。如果不采用再热措施,则朗肯循环的热效率及乏汽干度是多少,并将这两种循环表示在 T-s 图上。

6-4 已知混合加热循环的初态参数 $T_1=340$ K,$p_1=0.085$ MPa,压缩比 $\varepsilon=15$,循环最高压力为 7.5 MPa,最高温度为 2 200 K。设工质是比热为常数的空气,试确定循环各典型点上的温度,并计算循环净功和热效率。

6-5 柴油机采用压燃式点火方式工作。已知柴油的燃点为 400℃,柴油机压缩前空气温度为 60℃,绝热指数为 $\kappa=1.4$。试求为压燃柴油,压缩比最低应取多少?

6-6 压缩比为 $\varepsilon=16$ 的混合加热循环,其初态参数为:$p_1=0.1$ MPa,$t_1=50$℃,最高压力 $p_3=7$ MPa,在定压吸热和定容吸热过程中吸热量相等。假定工质是比热为常数的空气,且 $c_v=718$ J/(kg·K),$c_p=1\ 004$ J/(kg·K),$\kappa=1.4$,试求:

(1)循环各状态点的压力与温度;

(2)循环过程吸热量;

(3)循环的热效率。

6-7 定容加热活塞式内燃机理想循环,已知 $p_1=98.1$ kPa,$t_1=60$℃,压缩比为 $\varepsilon=6$,$q_1=880$ kJ/kg。若工质可看作比热容为定值的空气,$c_v=718$ J/(kg·K),$\kappa=1.4$。试求循环各状态点的温度、压力、比体积和循环热效率。

6-8 压缩比为 7 的奥托循环,吸气状态为 $p_1=98.1$ kPa,$t_1=15$℃,试计算绝热指数分别为 $\kappa=1.3$ 和 $\kappa=1.4$ 的情况下,压缩过程终了时的压力、温度,并计算循环热效率。

7 制冷装置循环

“制冷”是指人为地维持某一对象的温度低于周围自然环境的温度。这就必须不断地将热量从低温源取出并排向高温源(通常是自然环境,如大气、地下水等)。制冷装置循环是一种逆向循环,使工质在低温下自冷藏库吸热 q_2,消耗机械能 w_0 压缩工质使它温度升高,然后向外界放出热量 $q_1=q_2+w_0$。如工质自冷藏库吸出的热量与外界传入冷藏库的热量相等,则冷藏库就能维持这一低温。这种获得并保持低温的装置统称为制冷装置。

制冷装置根据“制冷剂”(制冷工质)所执行的状态变化是完全处在气态区,还是跨越液、气两态的过渡区,可以分为空气压缩式和蒸汽压缩式 2 类。除此之外,还有吸收式制冷循环、吸附式制冷循环、蒸汽喷射式制冷循环以及半导体制冷等。

逆向卡诺循环是制冷装置在相同温差间工作最理想的制冷循环,它的制冷系数为

$$\varepsilon=\frac{q_2}{q_1-q_2}=\frac{T_2}{T_1-T_2}$$

式中热源温度 T_1 就是环境温度,它是把环境当作高温热源而向外排热。T_2 是冷藏库中需要保持的低温。所以,在一定的环境温度下,逆向卡诺循环的制冷系数 ε 取决于需要保持的低温 T_2。T_2 愈高,制冷系数愈大。可见,要维持的低温源温度越低,消耗机械功就越多。

实际上制冷装置并不按逆向卡诺循环运动,因其循环依所采用的工质而异。所以,也把制冷系数称为制冷装置的工作性能系数,用下角标 cop 表示

$$\varepsilon_{\text{cop}}=\frac{q_2}{q_1-q_2}$$

7.1 压缩空气制冷循环

压缩空气制冷装置的示意图如图 7-1 所示。

从冷藏室换热器出来的空气被压缩机吸入后压缩,提高其压力和温度后被送入冷却器,冷却后进入膨胀机膨胀做功,压力和温度大幅下降,低温低压空气进入冷藏室吸取热量,达到制冷的目的。吸热升温后的空气再次被吸入压缩机,一次循环往复,实现维持低温冷藏。

如果忽略空气在冷却器、冷藏室内的压力变化以及在压气机、膨胀机中的散热,可以将压缩空气制冷装置的实际工作循环理想化为如图 7-2 所示的 2 个定压过程和 2 个定温过程,图 7-2 中 T_0 为外界环境温度,T_c 为冷藏库中需要保持的温度。从冷藏库出来的空气,相当于状态 1,$T_1=T_c$;进入压气机被绝热压缩到状态 2,此时的温度高于 T_c;然后通入冷却箱,在定压下冷却,达到状态 3,$T_3=T_0$;然后导入膨胀气缸绝热膨胀到状态 4,使温度降到 T_c 以下后进入冷藏库,在定压下吸收冷藏库的热量,回到状态 1,完成一个循环。

取空气的比热容为比定值热容,则单位质量的空气在冷却器中,即排向高温热源的热量为

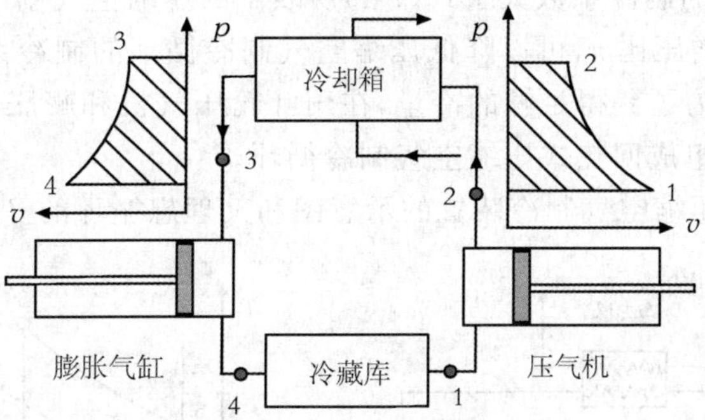

图 7-1 空气定温定压回转装置

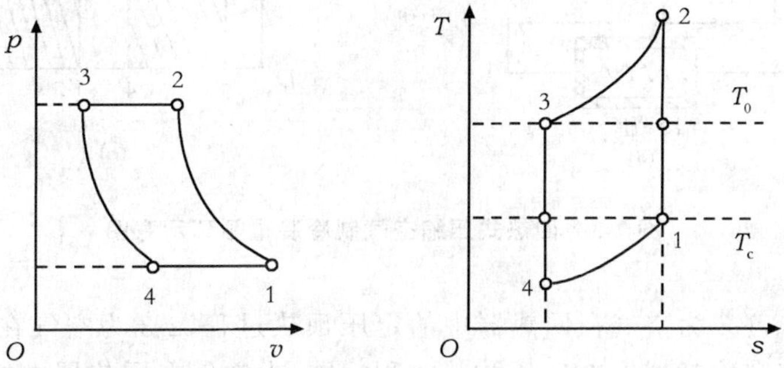

图 7-2 空气定温过程的 p-v 图和 T-s 图

$$q_1=h_2-h_3=c_p(T_2-T_3)$$

在冷藏库中，即空气从低温热源吸取的热量为

$$q_2=h_1-h_4=c_p(T_1-T_4)$$

于是，压缩空气制冷循环的制冷系数被表示为

$$\varepsilon=\frac{q_2}{q_1-q_2}=\frac{T_1-T_4}{(T_2-T_3)-(T_1-T_4)}=\frac{1}{\dfrac{T_2-T_3}{T_1-T_4}-1}$$

由于 $p_2=p_3$，$p_1=p_4$，过程 1-2 和 3-4 都是绝热过程，$\dfrac{T_2}{T_1}=\left(\dfrac{P_2}{P_1}\right)^{\frac{\kappa-1}{\kappa}}$，$\dfrac{T_3}{T_4}=\left(\dfrac{P_3}{P_4}\right)^{\frac{\kappa-1}{\kappa}}$，故得压缩空气制冷循环的制冷系数

$$\varepsilon=\frac{T_1}{T_2-T_1}=\frac{1}{\left(\dfrac{p_2}{p_1}\right)^{\frac{\kappa-1}{\kappa}}-1}=\frac{1}{\pi^{\frac{\kappa-1}{\kappa}}-1} \tag{7-1}$$

在相同的大气温度和冷藏温度条件下，逆向卡诺循环的制冷系数为 $\dfrac{T_1}{T_3-T_1}$，由于 $T_3<$

T_2，显然，逆向卡诺循环的制冷系数大于式(7-1)所表示的压缩空气制冷循环的制冷系数。

由式(7-1)知，降低增压比 π，可以降低压缩空气制冷循环的制冷系数，但是，π 值越小，每一循环的制冷量越小。为了获得足够的冷量，在用叶轮压气机和膨胀机来增大空气的流量的同时，可辅以回热装置，组成回热式压缩空气制冷循环。

图 7-3 是一回热式压缩空气制冷装置的示意图和其理想循环的 T-s 图。

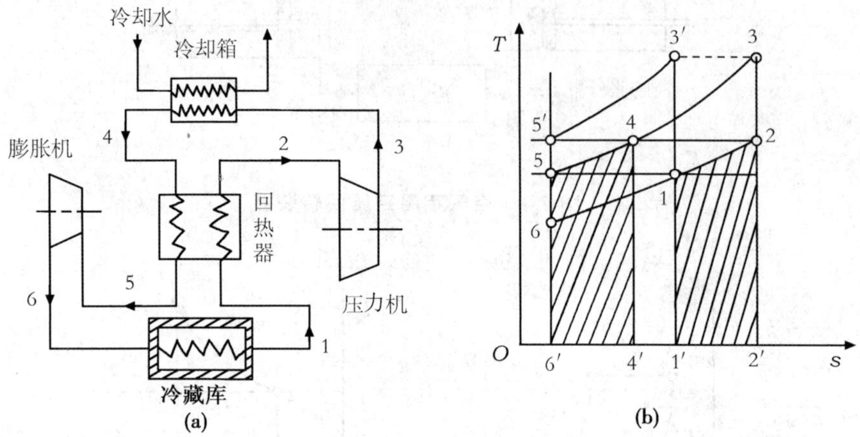

图 7-3 回热式压缩空气制冷装置循环示意图

在图 7-3(b)中，1-2 为空气在回热器中的定压预热过程，2-3 为空气在压缩机中的绝热压缩过程，3-4 为空气在冷却器中的定压放热过程，4-5 为空气在回热器中的定压放热过程，5-6 为空气在膨胀机中的绝热膨胀过程，6-1 为空气在回热器中的定压吸热过程。1-2-3-4-5-6-1 构成了一个理想的回热式压缩空气制冷循环。空气在过程 4-5 中放出的热量(图中 4-5-6′-4′-4 的面积)等于在过程 1-2 中吸收的热量(图中 1-2-2′-1′-1 的面积)，与不采用回热式压缩空气制冷循环 1-3′-5′-6-1 相比，可以看出，当两种循环的最高温度相等时，每完成一个循环，二者的制冷量 q_2 相等，都等于 6-1-1′-6′-6 的面积，它们在冷却器中的放热量 q_1 也相等，即 3-4-4′-2′-3 的面积等于 3′-5′-6′-1′-3′的面积。

可见，2 种循环的制冷系数相同，但与不采用回热式压缩空气制冷循环相比，空气在压缩机中的增压比却减小了，这就为叶轮式压缩机(流量大而增压比小)和膨胀机提供了条件，从而实现了通过大幅度增加工质流量提高制冷量。

7.2 压缩蒸汽制冷循环

从上节的讨论知，压缩空气制冷循环存在两大缺点：其一是不能实现定温过程，使循环偏离卡诺循环而降低了经济性；其二是制冷能力不强，因 $q_2=c_p\times(T_1-T_4)$，其中 c_p 的数值不大。采用增加(T_1-T_4)来提高制冷能力，循环增压比 π 必须增大，经济性不好。这两大缺点是由气体的热力性质决定的。应用回热之后，虽得到某些改善，但由于空气本身的定压热容较小，压缩空气制冷式循环单位质量的制冷量小的事实却无法得到改善。如果采用低沸点物质(指在大气压力下沸点 $t_s\leqslant 0$℃)作为制冷剂，就可以利用其在定温定压下汽化吸热和凝结放热的相变特性，实现定温吸、放热过程，可以大大地提高制冷量和经济性。

压缩蒸汽制冷装置示意图及其理想的制冷循环如图 7-4(a)、(b)所示。制冷装置主要由压缩机、冷凝器、膨胀阀(或称节流阀)和蒸发器四大部分组成。其循环过程为:压缩机从蒸发器抽出状态 1 的干饱和蒸汽并经绝热压缩过程 1-2,升压、升温至过热蒸气状态 2;然后进入冷凝器,沿过程 2-3 定压放热,工质在冷凝器中先沿过程 2-3 定压冷却为干饱和蒸汽 3,然后沿定压、定温过程 3-4 凝结为饱和液体 4;从冷凝器出来的饱和液体经过膨胀阀绝热节流,使部分液体蒸发,降压降温至湿蒸汽状态 5 后进入蒸发器(冷库),沿过程 5-1 蒸发吸热,离开蒸发器时已成为干饱和蒸汽,从而完成一个循环 1-2-3-4-5-1。图 7-4(b)是蒸汽压缩式制冷理想循环的 T-s 图,图中 4-5 是绝热节流过程,虚线表示过程 4-5 不可逆。

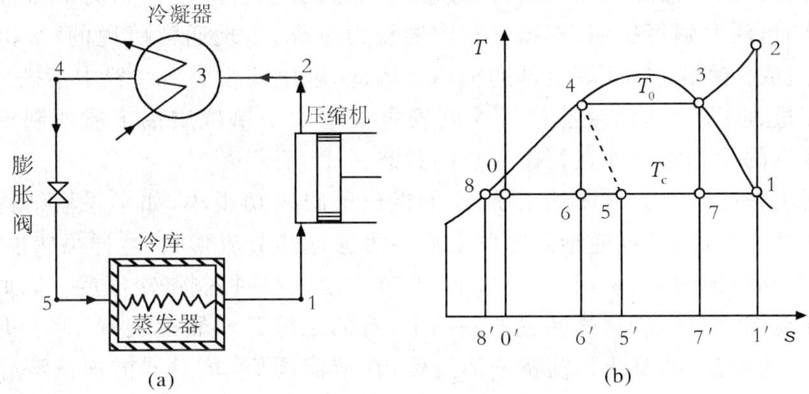

图 7-4 压缩蒸气制冷循环

每完成一个循环,每千克工质在蒸发器中吸收的热量为

$$q_2 = h_1 - h_5 = h_1 - h_4$$

在冷凝器中发出的热量为

$$q_1 = h_2 - h_4$$

所以,循环的制冷系数为

$$\varepsilon = \frac{q_2}{q_1 - q_2} = \frac{h_1 - h_4}{(h_2 - h_4) - (h_1 - h_4)} = \frac{h_1 - h_4}{h_2 - h_1} \tag{7-2}$$

式中:h_1 为压力 p_1 下干饱和蒸汽的焓,可根据状态 1 的 p_1(或 t_1)及 x_1 求得或由饱和蒸汽表查出;h_4 为压力 p_2 下饱和液体的焓,可根据 T_4($T_4 = T_3$)或 p_4($p_4 = p_3$)求得或由饱和蒸汽表查得;h_2 可根据状态 2 的 p_2(相当于 T_3 下的饱和压力)及 s_1($s_1 = s_2$)求得或由过热蒸气表查出。

由以上各式可见,蒸汽压缩制冷循环的吸热量、放热量以及所需功量都可用工质在各状态点的焓差来表示。

从热力学理论来看,用节流过程 4-5 来代替绝热过程 4-6 带来了 2 点不利:①使原来可以回收的机械功 $h_4 - h_6$ 没能回收;$h_4 - h_6$ 可用 T-s 图中的 8-4-6-8 的面积表示。图中点 0 表示 0℃时饱和液的状态,此时规定 $h_0' = 0$,$A_0' = 0$。$h_4 = A_{0\text{-}4\text{-}6'\text{-}0'\text{-}0}$,$h_6 = A_{0\text{-}8\text{-}8'\text{-}0'\text{-}0} + A_{8\text{-}6\text{-}6'\text{-}8'\text{-}8}$。因从状态 0 到状态 6 的定压过程线为 0-8-6,其中 0-8 段是沿 A(图中的面积)减少的方向进行,

是放热过程，面积取为负值；而 8-6 段是正的。定压过程 0-8-6 下的面积即为 h_0，如上式所示，故 $h_4-h_6=A_{8-6-4-8}$。②工质从冷藏库吸收的热量，即制冷能力也减少了相应的数量。原来的吸热量为(h_1-h_6)，相当于过程线 6-1 下的面积，而改用不可逆的节流过程后，吸热量减小为(h_1-h_5)，相当于过程线 5-1 下的面积，所减少的吸热量(h_5-h_6)等于未回收的机械功。

在理论上，压缩蒸汽制冷循环可以完全实现卡诺逆循环，如图 7-4(b)所示的逆向卡诺循环 7-3-4-6-7。可见，绝热压缩过程与绝热膨胀过程都处于湿蒸汽区，湿蒸汽的压缩有难以克服的缺点。一方面，压缩终了时，气缸内往往留有液体工质，当压缩机进行再吸气时，残留在余隙里的液滴将首先因压力降低而汽化，严重影响压缩机的实际吸气量；另一方面，当气缸内混有较多的液体时，活塞强行压缩，使得气缸内的压力过高，出现通常所说的"液击"或"敲缸"现象，严重时会造成活塞销、连杆等机件的损坏。因此，湿压缩在制冷装置中不被采用，而代之的是干蒸汽压缩过程 1-2。这比湿蒸汽压缩既安全又增加了单位质量工质的制冷量。实际上，压缩机入口蒸汽的状态常常处在稍微过热的状态。

从冷凝器出来已凝结为液体的工质，所能做出的膨胀功很小，如果采用结构简单、造价低廉的节流阀代替膨胀机，将可逆绝热膨胀变成不可逆绝热节流膨胀，这样虽然损失了一些可回收的功，但节流阀结构简单、体积小、造价低、调节方便，极易控制制冷温度。因此，实际的压缩蒸气制冷循环在图 7-4(a)所示的装置的基础上，有的压缩蒸汽制冷装置，为了更有效、安全地运行，还添加一些设备，如节流阀前将液体过冷，在节流阀后，蒸发器前加汽液分离器，采用回热和多级压缩等。

必须指出，虽然实际制冷设备不能完全按逆卡诺循环工作，但是逆卡诺循环对改进实际制冷循环具有重要的指导意义。根据逆卡诺循环，提高低温物体的温度和降低高温物体的温度，可以减少功耗，提高制冷系数。

【例 7-1】 某压缩式制冷设备用氨(NH_3)作制冷剂。已知氨从蒸发器出来的氨气的状态为 $t_1=-10℃$，在冷凝器中冷却为饱和氨，温度 $t_4=25℃$，压缩机入口是干饱和氨蒸气，要求的制冷量为 105 kJ/h，试计算制冷剂流量、压缩机消耗的功率和制冷系数。

解：参看图 7-4(b)。根据题意知，点 1 和点 4 是饱和状态，且点 4 为饱和液；点 4 和点 5 的焓值相等。由氨的压-焓图(附图 1)查出各状态点的参数为

$$h_1=1\ 430\ \text{kJ/kg},\quad p_1=0.29\ \text{MPa}$$
$$h_2=1\ 670\ \text{kJ/kg},\quad p_2=1.5\ \text{MPa}$$
$$h_4=h_5=350\ \text{kJ/kg}$$

(1)制冷剂流量

$$q_2=h_1-h_4=1\ 430-350=1\ 080(\text{kJ/kg})$$

氨的质量流量

$$q_m=\frac{10^5\ \text{kJ/h}}{1\ 080\ \text{kJ/kg}}=92.6(\text{kg/h})$$

(2)压缩机消耗的功率

$$w=h_2-h_1=1\ 670-1\ 430=240(\text{kJ/kg})$$
$$P=q_m w=0.025\ 7\ \text{kg/s}\times 240\ \text{kJ/kg}=6.17\ \text{kW}$$

(3)制冷系数

$$\varepsilon=\frac{q_2}{w}=\frac{1\ 080}{240}=4.5$$

7.3 制冷剂的性质

制冷剂又称制冷工质，是制冷环节中的工作介质。当前，能用作制冷剂的物质有 80 多种，最常用的是氨、氟利昂类、水和少数碳氢化合物等。

载冷剂又称冷媒，是间接制冷系统中传递热量的液体介质。它在蒸发器里被制冷剂冷却后，送至冷却设备中吸收被冷却物体的热量，再返回到蒸发器里将吸收的热量释放给制冷剂，自身又重新被冷却，如此循环可达到连续制冷的目的。常用的载冷剂有水、盐水和有机溶液等。

制冷机用的润滑油又称冷冻机油，它要在制冷系统的最低温度下仍能流动，以保证压缩机运动部件的良好润滑。

7.3.1 制冷剂概况

制冷剂的种类很多，并且在不断地发展。早在 19 世纪 70 年代，氨(NH_3)、氯甲烷(CH_3Cl)及二氧化硫(SO_2)等先后被用作制冷剂，后来又发展了氯乙烷(C_2Cl_6)和二氧化碳(CO_2)等。由于氨具有比较适中的压力范围和较大的单位容积制冷量，因此，逐渐替代了其他几种制冷剂。

20 世纪 30 年代氟利昂制冷剂的出现，对制冷技术产生了巨大的推动作用。由于它具有无毒、无味、不燃和无爆炸并且腐蚀性小、热和化学稳定性好等优点，作为一种比较理想的制冷剂，得到了广泛的应用。

氟利昂是将碳氢化合物甲烷(CH_4)和乙烷(C_2H_6)中的部分或全部氢(H)元素用氯(Cl)和氟(F)元素置换，一般具有 $C_kH_lCl_mF_n$ 分子式结构的制冷剂的总称。

近些年来，科学家的研究证实 R11($CFCl_3$)、R12(CF_2Cl_2)、R113($C_2F_3Cl_3$)等氯氟烃化合物(CFC)制冷剂，在泄漏或排放后扩散到地球的同温层中，会破坏臭氧层，结果使地球上生物遭到紫外线的损害，加剧地球的温室效应，进而危及人类的健康和安全。

为了便于识别各种氟利昂对臭氧层的破坏作用，美国杜邦公司首先提出用 CFC 代表含氯的氟化碳，用 HCFC 表示含氢、氯的氟化碳，而用 HFC 表示含氢无氯的氟化碳。这 3 类物质中，CFC 中的氯元素对臭氧层具有最大的破坏作用；而 HCFC 中由于氢元素的存在，大大减弱了对臭氧层的破坏作用；至于无氯的 HFC，则不会对臭氧层产生破坏作用。

1987 年 9 月在加拿大的蒙特利尔市召开了专门性的国际会议，并签署了《关于消耗臭氧层物质的蒙特利尔议定书》，于 1989 年 1 月 1 日起生效，对氟利昂中的 R11、R12、R113、R114 及 R115 等 CFC 类的生产进行限制。1990 年 6 月在伦敦召开了该议定书缔约国的第二次会议，增加了对全部 CFC、四氯化碳(CCl_4)和甲基氯仿($C_2H_3Cl_3$)生产的限制，要求缔约国中的发达国家在 2000 年完全停止生产以上物质，发展中国家可推迟到 2010 年。另外对过渡性物质 HCFC 提出了 2020 年后的控制日程表。

我国已宣布加入修改后的蒙特利尔议定书，必须加快 CFC 替代物质的研究和生产。目前，HCFC 中的 R123 和 HCF 中的 R134a 是 R11 和 R12 最有希望的替代工质。

7.3.2 对制冷剂的要求

7.3.2.1 热力学的要求

(1)在大气压力下，制冷剂的蒸发温度(沸点)t_s 要低。t_s 低，则不仅可以制取较低温度，而且还可以在一定的蒸发温度 t_s 下，使其蒸发压力 p_s 高于大气压力，以避免空气进入制冷系统影响换热效果和设备的使用寿命。同时，在一定蒸发温度下，蒸发压力高于大气压力，系统一旦发生泄漏时容易发现。

(2)要求制冷剂在常温下的冷凝压力 p_f 应尽力低，以降低压缩机的工作压力和对冷凝器及排出管道等设备过高的强度要求。避免冷凝压力过高导致制冷剂向外渗漏，引起消耗功的增大。

(3)对大中型活塞式压缩机，制冷剂的单位容积制冷量 q_v 要尽可能大，这样可以缩小压缩机尺寸和减少制冷工质的循环量。而对于小型或微型压缩机，单位容积制冷量可小一些，因这类制冷机所需的制冷剂量很小，若采用单位容积制冷量大的制冷剂则压缩机上制冷剂的通道将设计得很小，这样会给制造带来困难。

(4)制冷剂的临界温度要高、凝固温度要低。临界温度的高低确定了制冷剂在常温下或普通低温范围内能否液化。

凝固温度是制冷剂使用范围的下限，凝固温度越低制冷剂的使用范围愈大。表 7-1 示出了部分制冷剂的一般性质。

表 7-1 制冷剂的一般性质

制冷剂	分子式	分子质量 /u	正常蒸发温度 t_s/℃	凝固点 t_f/℃	临界温度 t_c/℃	临界压力 p_c（绝对压力）/(kgf/cm^2)	绝热指数 κ
水(R718)	H_2O	18.02	+100	±0	+374.1	225.6	1.33
氨(R717)	NH_3	17.03	−33.4	−77.7	+132.4	115.2	1.31
R11	$CFCl_3$	137.39	+23.7	−111	+198.0	44.6	1.17
R12	CF_2Cl_2	120.92	−29.8	−155	+111.5	40.8	1.15
R13	CF_3Cl	104.47	−81.5	−180.0	+28.8	39.4	—
R22	CHF_2Cl	88.48	−40.8	−180.0	+96.0	50.3	1.19
R115	C_2F_5Cl	154.48	−38.0	−106.0	80.0	33	1.00

7.3.2.2 物理化学的要求

(1)制冷剂的黏度应尽可能小，以减少管道流动阻力，提高换热设备的传热强度。这有利于制冷剂的循环和降低压缩机的消耗，可缩小系统管径，降低金属消耗量。

(2)制冷剂的导热系数应当高，以提高换热设备的热效率，减少传热面积。

(3)与油的互溶性质：制冷剂溶解于润滑油的性质应从 2 个方面分析。如果制冷剂与润滑油能任意互溶，其优点是润滑油能与制冷剂一起浸润到压缩机各个部件，保障润滑，且在蒸发器、冷凝器的热交换面上不易形成油膜阻碍传热；其缺点是从压缩机带出的油量过多，并且会使蒸发器中的蒸发温度升高。

部分或微溶于油的制冷剂，其优点是从压缩机带出的油量少，蒸发器中蒸发温度较稳定；其缺点是在蒸发器和冷凝器换热面上形成很难清除的油膜，影响传热。

(4)应具有一定的吸水性，不致在制冷系统中形成"冰塞"而影响正常运行。

(5)应具有化学稳定性，不燃烧、不爆炸，使用中不分解，不变质。

部分制冷工质的燃烧点及爆炸性如表7-2所示，部分制冷剂与润滑油的溶解性如表7-3所示。

表 7-2 制冷剂的燃烧点及爆炸极限

制冷剂	燃烧点/℃	爆炸容积含量/%	制冷剂	燃烧点/℃	爆炸容积含量/%
氨	100～780	16～25	一氯甲烷	—	8～17
丁烷	480～550	2～9	一氯乙烷	—	4～12
甲烷	650～750	5～16	乙烷	520～630	3～14
丙烷	510～580	2～9	乙烯	540～550	3～33

表 7-3 制冷剂与润滑油的溶解性

类别	溶解性	制冷剂	产生的影响
1	难溶	NH_3，CO_2，R13，R14，R15，SO_2	无
2	微溶(在压缩机曲轴箱和冷凝器内相互溶解，在蒸发器内分离)	R22，R114，R152，R502	溶解时降低润滑油的黏度
3	完全溶解	R11，R12，R21，R113，烃类 CH_3，Cl，R500	降低润滑油黏度和凝固点，使油中石蜡下沉，蒸发温度升高

同时，制冷剂本身或与油、水等相混时，对金属不应有显著的腐蚀作用，对密封材料的溶解作用应小。

7.3.2.3 安全性的要求

由于制冷剂在运行中可能漏泄，故要求工质对人身健康无损害、无毒性、无刺激作用。表7-4列出了几种制冷剂的毒性数据，其毒性级别是指制冷剂的化学性质及其在空气中的浓度造成对人体危害程度，它取决于空气中制冷剂蒸发的浓度和人体在其间停留时间的长短。有些无毒的制冷剂往往也会由于在空气中含量过多造成缺氧而使人窒息。有些制冷剂遇火还会分解产生有毒气体(如光气)。相对毒性级数则按制冷剂对人体毒害程度而定。

表 7-4 一些制冷剂的毒性数据

制冷剂	相对毒性级数	引起严重后果的含量及时间		制冷剂	相对毒性级数	引起严重后果的含量及时间	
		体积分数/%	时间/min			体积分数/%	时间/min
二氧化硫	1	0.7	5	二氧化碳	5	30	30
氨	2	0.5	30	R11	5	10	120
R10	3	0～2.5	60	R22	5a	10	120
R40	4	5	120	R12	6	30	120
R113	4	5	60	R114	6	21	120
R21	4～5	10	30	R13	6	10～15	60

7.3.2.4 经济性的要求

要求制冷剂能够工业化生产，容易获得，并且价格便宜，满足保护生态环境的要求。表 7-5 和表 7-6 分别给出氨及氟利昂饱和蒸汽的性质。

表 7-5 氨(R717)饱和蒸汽的性质

t/℃	p/100 kPa	h'/(kJ/kg)	h''/(kJ/kg)	s'/(kJ/kg)	s''/(kJ/kg)
−30	1.195 4	282.27	1 640.85	3.660 1	9.248 6
−20	1.902	327.28	1 655.71	3.817 1	9.089 5
−10	2.909	372.75	1 669.15	4.014 6	8.943 8
0	4.294	418.68	1 681.08	4.186 8	8.809 4
10	6.150	465.20	1 691.26	4.353 0	8.683 8
20	8.572	512.38	1 699.55	4.515 5	8.565 8
30	11.665	560.36	1 705.83	4.674 6	8.453 8
40	15.544	609.26	1 709.76	4.830 7	8.345 5

表 7-6 氟利昂(R12)饱和蒸汽的性质

t/℃	p/100 kPa	h'/(kJ/kg)	h''/(kJ/kg)	s'/(kJ/kg)	s''/(kJ/kg)
−30	1.004 7	391.76	559.11	4.083 5	4.771 9
−20	1.509 8	400.47	564.00	4.118 3	4.764 5
−10	2.191 0	409.47	568.86	4.152 8	4.758 6
0	3.085 7	418.68	573.55	4.186 8	4.753 9
10	4.230 1	428.14	578.11	4.220 4	4.750 1
20	5.667 0	437.90	582.47	4.253 7	4.746 9
30	7.434 4	447.86	586.49	4.286 7	4.744 1
40	9.581 8	458.08	590.09	4.319 4	4.741 0

7.4 其他制冷循环

7.4.1 气流引射压汽式制冷循环

气流引射压汽式制冷循环是利用水蒸气进行正向循环，带动另一部分水蒸气的逆向循环。正向循环的循环功表现于做功蒸汽经过喷嘴时所得到的高速气流的动能，然后利用这些动能将工作蒸汽本身连同作为制冷工质的那一部分水蒸气在扩压管中予以压缩。这样做功工质和制冷工质都是水蒸气，即不需要通常的动力机，也不需要通常的压缩机，在设备上极为紧凑。

通常压缩蒸汽式制冷设备应用的制冷剂都是低沸点工质，如氨、氟利昂等。但水在压力为 $p=871.8$ Pa 时，饱和温度 $t_s=5$℃，对于空气调节和车间降温的制冷设备，t_c 不要求低于 0℃ 的场合，水也可作为制冷剂。

图 7-5(a)给出了这种形式制冷循环的示意图。工作蒸汽引入喷管中绝热膨胀到很低压力，使得混合室中的压力较低，其结果将制冷工质的一路蒸汽吸入了混合室，与两路蒸汽混合后进入扩压管，在扩压管中压力增加，使对应的饱和温度比冷凝器中冷却水的温度稍高。此

后，蒸汽由扩压管进入冷凝器，向冷却水排热而凝结成液态。冷凝器出来的凝结水一部分随供水泵转回锅炉，其余的进入减压节流阀，部分蒸发，温度下降，作为制冷工质导入蒸发器，在其中自冷媒(通常用盐溶液)吸热重新汽化而完成循环。被冷却至低温的冷媒导入冷室或空调室吸热，使冷室能够保持所需要的低温。

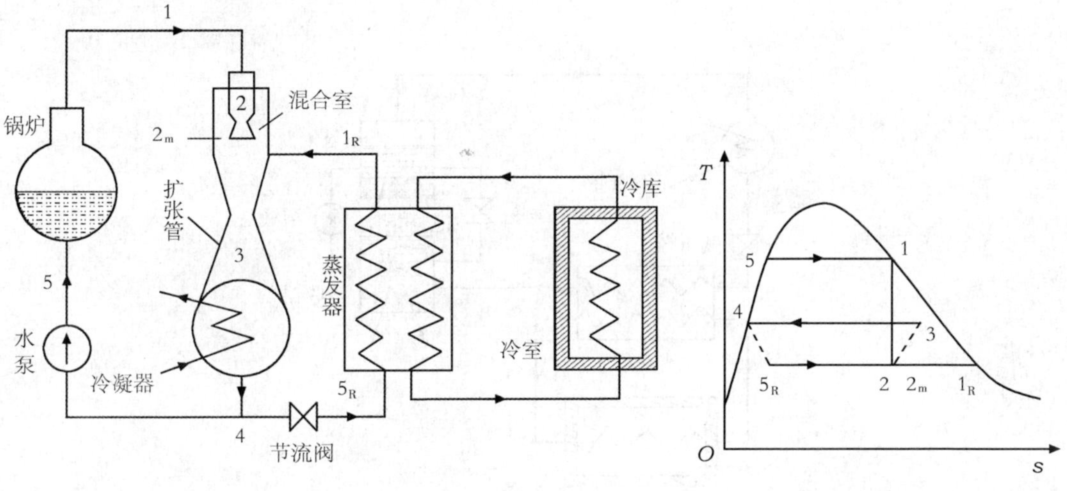

(a)气流引射压汽式制冷循环装置　　(b) 喷管绝热膨胀过程

图 7-5　气流引射压汽式制冷循环及其喷管绝热膨胀过程

制冷工质蒸汽按逆向卡诺循环 1_R-2_m-3-4-5_R-1_R 工作，工作循环蒸汽按正向循环 1-2-2_m-3-4-5-1 工作。在喷管中的绝热膨胀过程如图 7-5(b)中的可逆过程 1-2。2_m 表示工作蒸汽与制冷剂蒸汽在混合室中混合后的状态。2_m-3 表示混合后的蒸汽在扩压管中的不可逆绝热压缩过程。

在蒸发器中，水的饱和温度在 5℃左右，这时管道中水蒸气的压力很低，比体积很大，需要较粗的管道。因此，对管道的密封防漏要求较高，以防大气环境中的空气漏入管内。

这种制冷循环的优点是不需要电力或消耗机械功带动，在有蒸汽供应的场合，有应用价值，而且循环中不用压力机，结构简单、体积很小。它的缺点就是经济性较差，且所能达到的最低温度不宜低于 5℃，适用于空气调节和车间降温，而不能用作制冷和冷冻。

这种装置的效果是将热量 Q_2 从冷库转移到环境介质，其代价是工作蒸汽从热源吸入热量 Q_1，所以，它的经济性可用能量利用系数 ξ 来度量，即

$$\xi=\frac{Q_2}{Q_1} \tag{7-3}$$

式中：Q_2 为从蒸发器吸收的热量(即制冷量)。

7.4.2　吸收式制冷循环

吸收式制冷循环是耗费热能达到制冷效果的循环。高沸点液体，例如水，在较低温度时能够吸收、溶解某些低沸点的蒸气，如氨蒸气，组成二元溶液。这时水是溶剂，也称制冷剂。当溶

液被外热源加热、温度升高时,溶剂对溶质的溶解度减小,并会在较高的压力下释放出氨气。氨气压力的提高不是依靠绝热压缩氨气本身,而是先压缩氨水溶液,然后在定压下加热溶液,依靠氨在溶剂中溶解度的变化来达到的,因而所耗费的代价主要是外热源供应的热量。在氨吸收式制冷循环中水是吸收剂,氨是制冷剂。也可以有其他吸收剂和制冷剂的吸收式制冷循环,例如以溴化锂作为吸收剂,而把水作为制冷剂。

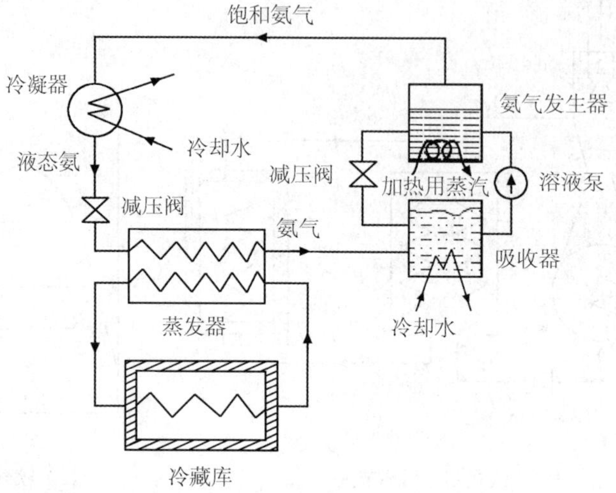

图 7-6 氨吸收式制冷循环作用原理示意图

图 7-6 是氨吸收式制冷循环作用原理示意图。从冷凝器出来的制冷剂是液态氨,经过减压节流阀进入蒸发器,此时氨的压力很低、是干度很小的湿蒸气。在蒸发器中因吸收了冷藏库循环盐液(冷媒)所放出的热量,汽化成干饱和氨蒸气,再进入吸收器。在吸收器里被水吸收后变为温度较高的水—氨溶液。经冷却水冷却形成浓缩的水—氨溶液,然后由溶液泵泵入氨气发生器,再由外界加热,从溶液中蒸发出压力较高的饱和氨气,流入冷凝器,凝结成液态,完成一次制冷循环。较低浓度的溶液则通过减压节流阀回到吸收器,重新吸收氨气变为较高浓度的溶液。

这一循环的经济性同样用能量利用系数来表示,即 $\xi=\frac{Q_2}{Q_1}$,Q_2 为氨自冷藏库中吸收的能量,Q_1 为供给氨发生器的能量。虽然吸收式制冷循环的实际能量利用系数较小,但因其构造简单,造价较廉,尤其是可以利用低品位即较低温度的热能,故广泛应用于空调和小冰箱等。

7.5 热泵循环

如果将制冷机的"蒸发器"放在室外,"冷凝器"放在室内,当制冷机工作时,就可将户外环境中的热量转移到室内。于是,用这套设备就可以采暖。它的热能大部分来自周围环境,只有一小部分是机械功转变的。这样,以花费少量机械功为代价,将室外低温环境的热能转移到温度较高的室内的设备,称为"热泵"。热泵运行的经济指标是**供热系数**,用 ε' 表示:

$$\varepsilon'=\frac{q_1}{q_1-q_2} \tag{7-4}$$

式中：q_1 为供给室内（高温源 T_1）的热量；q_2 为从温度为 T_0 的低温环境中吸收的热量；(q_1-q_2)为热泵消耗的机械功。

对理想的逆卡诺循环，供热系数用 ε_c' 表示

$$\varepsilon_c'=\frac{q_1}{q_1-q_2}=\frac{T_1}{T_1-T_0}=\frac{1}{1-\dfrac{T_0}{T_1}}>1 \tag{7-5}$$

式(7-5)说明 ε' 永远大于 1，T_1 越接近 T_0，其值越大。

和用小型锅炉燃烧供暖相比，用热泵供暖的经济性好，而且没有烟尘，对保护环境极为有利。同时，一套热泵设备可在泵热的同时，也产出了大量的冷气，便于实现冷、热同时利用。这种采暖与制冷兼备的热泵，有些国家（如美国和加拿大）早已用于火车车厢和远洋货轮与客轮的空气调节。近年来，随着石油价格猛涨所触发的能源危机感，使热泵以其能够回收大量较低温度余热的特异功能而被公认为是绿色节能的有效措施之一。此外，热泵还被用于干燥系统，例如，木材和食品的去湿和减湿，烟草、茶叶、棉、毛、纸张的干燥等。

热泵在理论上比用锅炉或火炉供暖的经济性好，但它的经济指标（供热系数）和室外温度 T_0 的高低有密切关系。在严寒的北方，室内外温度差（T_1-T_0）太大时，热泵的供热系数将会明显下降。

热泵的任务是供暖或兼作制冷，所用的工质要比一般制冷机的制冷剂要求更加严格，例如在较高温度下的饱和压力不能太高。

热泵供暖通常是以大气、土壤和水为热源。工质流过蒸发器时，吸取自然环境中热量。供热系数 ε' 受环境温度的影响，环境温度越低，ε' 越小，热泵的供热能力就越低。在选用大气作为供热源时，由于空气与壁面间的传热系数小，受热面必须很大。同时，在寒冷的气候条件下，受热面上可能产生冰霜，不利传热。以土壤为热源时，由于土壤的导热系数小，同样需要加大受热面积。用水作热源时，为了避免结冰，水的温度必须在 0℃ 以上，同时，还要考虑管道和蒸发器的防腐和防污垢问题。

思考题 7

7-1 使用制冷机可以产生低温，利用所产生的低温物质作为冷源可以扩大热动力循环所能利用的温差，从而提高热动力循环的热效率，这样做是否有利？为什么？

7-2 气体压缩式和蒸汽压缩式制冷循环的区别是什么？

7-3 参看图 7-4(b)，若蒸汽压缩制冷循环按 1-2-3-4-8-1 运行，则循环所消耗的净功不变，仍等于 h_2-h_1，而从冷源吸收的热量却从 h_1-h_5 增加为 h_1-h_8，显见是有利的。这种考虑错误何在？

习题 7

7-1 参见图 7-4(a)，从蒸发器中出来进入压气机的氨气的状态是 $t_1=50$℃，$x=0.95$。在

冷凝器中冷凝后的氨液为饱和液状态，图点 4 所表示，$t_4=25℃$。从点 4 经节流阀后变成状态 5，状态 5 的氨进入蒸发器汽化，吸取热量 q_2 以产生制冷的效果。

(1)求蒸发器管子中的氨的压力 p_1 及冷凝器管子中氨的压力 p_2；

(2)求 q_2，w_0 和制冷系数 ε，并在 T-s 图中表示 q_2；

(3)设该循环的制冷能力 $Q=420\ 000$ kJ/h(即每小时从冷源移走的热量 $Q=420\ 000$ kJ)，求每小时氨的流量。

7-2　空气压缩制冷机冷藏温度为 $-15℃$，环境温度为 25℃，制冷能力为 7.5 冷冻吨或 1.05×10^5 kJ/h。试求 $p_1=1$ bar 和 $p_2=4$ bar 时，整个制冷装置所需消耗最低功率和相应的制冷系数。(空气压缩制冷机所需消耗最低功率是指在理想情况下，亦即不考虑损失的情况下，空气压缩机的理论功率与空气膨胀机的理论之差。状态 1 为 $p_1=1$ bar 和 $t_1=-15℃$，状态 3 为 $p_2=4$ bar 和 $t_2=-25℃$，状态 2 的压力同样为 4 bar，状态 4 的压力同样为 1 bar)

7-3　设 $t_1=15℃$，$p_1=1$ bar，$p_2=4$ bar，计算压缩空气制冷循环的 q_2，ω_0 以及制冷系数 ε(图 7-2)。设 $c_p=1.004$ kJ/(kg·K)，$k=1.4$。

7-4　冬天利用习题 7-1 中所述的制冷循环改装成为热泵设备，作为室内取暖设备，这时蒸发器放在室外，氨从室外冷空气中吸收热量 q_2。设蒸发器中氨的温度为 $-10℃$，即 $t_1=t_2=-10℃$(室外空气的温度为 0℃左右)，设 $x_1=0.90$。冷凝器放在室内空气中，氨在冷凝器中凝结成为氨液，对室内空气放出热量 q_1。冷凝器管子中氨液的温度设为 50℃(室内空气设为 15℃左右)，即 $t_4=50℃$。求：

(1)q_1，q_2，w_0 和热泵循环的供热系数 ε'，$\varepsilon'=\dfrac{q_1}{w_0}$；

(2)设该循环每小时向室内供给热量 $Q=80\ 000$ kJ，求用作带动热泵的理想功率为多少千瓦？

(3)如果直接用电炉供热，那么当 $Q=80\ 000$ kJ 的时候，电炉的功率为多少千瓦？

第2篇

传　热　学

8 导　热

8.1　导热的基本定律

物体内部产生导热的起因在于物体各部分之间具有温度差。导热过程中热量的传递不但与物体的物性有关，同时与物体内部温度分布状况密切相关。因此，在研究导热规律之前，我们首先讨论温度分布。

8.1.1　温度场

在某一瞬间，物体内各点的温度分布称为**温度场**。一般情况下，物体内的温度分布是空间坐标(x,y,z)和时间τ的函数，即

$$t=f(x,y,z,\tau) \tag{8-1}$$

这种温度分布随时间变动的温度场称为**非稳态温度场**。非稳态温度场内发生的导热现象称为**非稳态导热**。若物体各点的温度不随时间变动，即

$$t=f(x,y,z) \tag{8-2}$$

这种温度场称为**稳态温度场**。

在特殊情况下，物体的温度仅在一个坐标方向上有变化，如图 8-1 所示的 2 个各自保持均匀温度的平行平面间的导热。这种情况下的温度场称为**一维稳态温度场**。

温度场中同一瞬间，同温度各点连成的面称为**等温面**。在任何一个二维的截面上等温面表现为**等温线**。温度场习惯上用等温面图或等温线图来表示，图 8-2 是用等温线图表示温度场的实例。

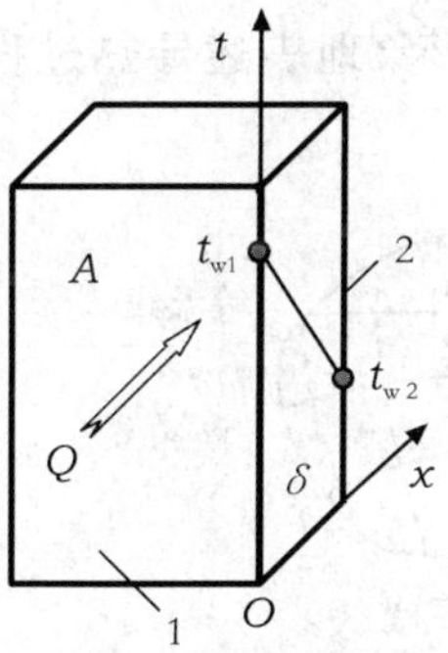

图 8-1　一维导热图示

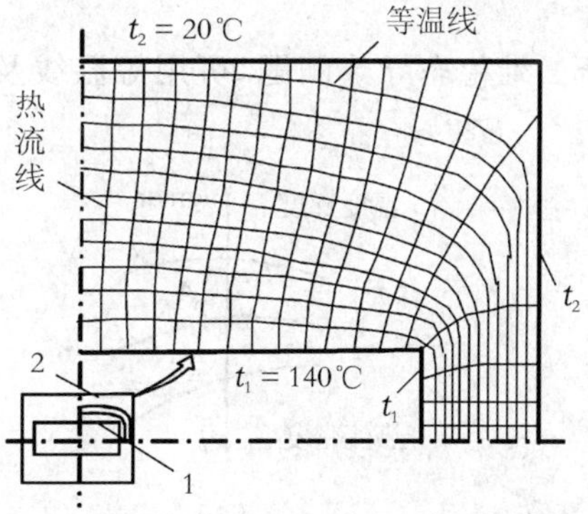

图 8-2　温度场图示

根据等温线的定义，物体中的任一条等温线要么形成一个封闭的曲线，要么终止在物体表面上，它不会与另一条等温线相交。当等温线图上每两条相邻等温线间的温度间隔相等时，等温线的疏密可直观地反映出不同区域导热热流密度的相对大小。

8.1.2 导热基本定律

8.1.2.1 傅里叶定律

实践证明，单位时间内通过单位截面积所传递的热量，正比于该截面法线方向上的温度变化率，即

$$\frac{Q}{A} \sim \frac{\partial t}{\partial x} \tag{8-3}$$

式中：Q 为单位时间内通过给定面积的热量，W；t 为温度，℃；x 为截面法线方向的坐标轴。

引入导热系数 λ 得到

$$Q = -\lambda A \frac{\partial t}{\partial x} \tag{8-4}$$

这就是导热基本定律（又称傅里叶定律）的数学表达式。式中负号表示热量传递的方向指向温度降低的方向。傅里叶定律指出了导热现象中单位时间内通过给定导热面的热量，与垂直于该截面方向上的温度变化率和截面面积成正比，热量传递的方向与温度升高的方向相反。

傅里叶定律用热流密度 q 表示时有下列形式

$$q = -\lambda \frac{\partial t}{\partial x} \tag{8-5}$$

式中：$\frac{\partial t}{\partial x}$为物体温度沿 x 方向的变化率；q 为沿 x 方向传递的热流密度，W/m^2。当物体的温度是 3 个坐标的函数时，3 个坐标方向上的单位矢量与该方向上热流密度分量乘积合成一个热流密度矢量，记为 $\boldsymbol{q}$。傅里叶定律的一般形式的数学表达式是对热流密度写出的，其形式为

$$\boldsymbol{q} = -\lambda \mathbf{grad} t = -\lambda \frac{\partial t}{\partial \boldsymbol{n}} \boldsymbol{n} \tag{8-6}$$

式中：$\mathbf{grad} t$ 是空间某点的温度梯度；$\boldsymbol{n}$ 是通过该点的等温线上的法向单位矢量，指向温度升高的方向。

对于二维稳态导热问题，可用等温线及热流线来定量且形象地表述导热过程。图 8-3(a)

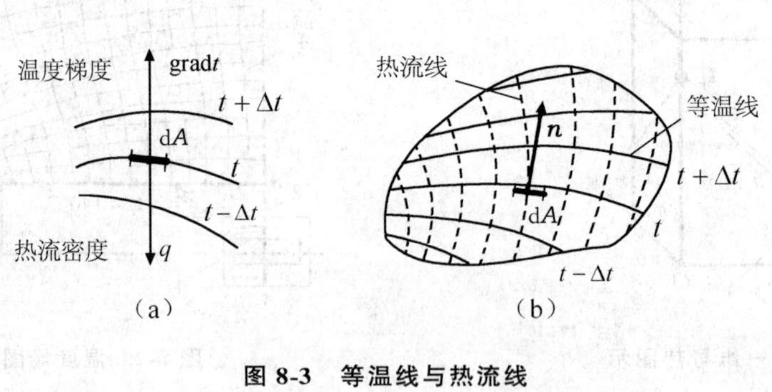

图 8-3 等温线与热流线

表示了微元面积 dA 附近的温度分布及垂直于该微元面积的热流密度矢量。在整个物体中，热流密度矢量的走向可以用热流线来表示。热流线是一组与等温线处处垂直的曲线，通过平面上任一点的热流线与该点的热流密度矢量相切。在图 8-3(b)中，虚线表示热流线，相邻两条热流线之间沿热流线所传递的热流量处处相等，相当于一个热流通道。

8.1.2.2 导热系数

导热系数的定义式由傅里叶定律的数学表达式给出。由式(8-6)得

$$\lambda=-\frac{q}{\dfrac{\partial t}{\partial \boldsymbol{n}}\boldsymbol{n}} \tag{8-7}$$

在数值上，它等于在单位温度梯度作用下，物体内所产生的热流密度。

工程计算采用的各种物质导热系数的数值都是由实验测定出来的。近年来，除了继续采用一些稳态测量方法之外，非稳态测量方法有了很大发展。

导热系数的数值取决于物质的种类和温度等因素。金属的导热系数很高，在常温(20℃)条件下纯铜为 399 W/(m·K)；碳钢(含碳量 $w_C=1.5\%$)为 36.7 W/(m·K)。气体的导热系数很小，如 20℃时干空气的导热系数为 0.026 7 W/(m·K)。非金属固体的导热系数值为 0.71～0.85 W/(m·K)，有些接近甚至低于空气的导热系数值。图 8-4 表示出了多种物质导热系数对温度的依变关系。工程实际计算中，在比较广的温度区间内大多数材料的 λ 都允许采用线性近似关系，即 $\lambda=\lambda_0(1+bt)$，式中 t 为温度，b 为常量，而 λ_0 是该直线段的延长线在纵坐标上的截距。

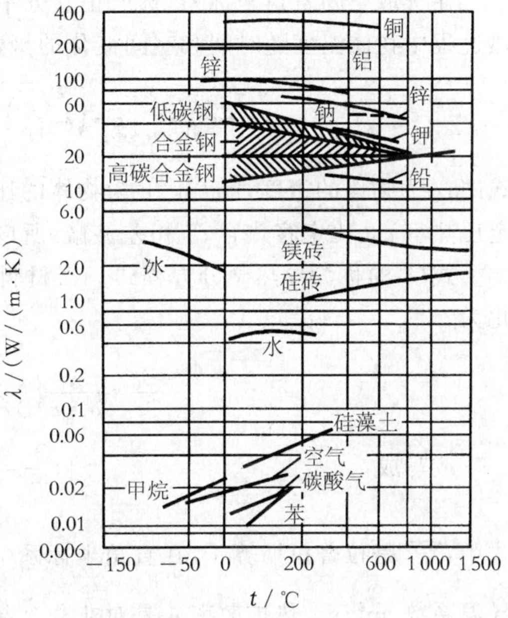

图 8-4 导热系数对温度的依变关系

习惯上把导热系数小的材料称为保温材料。我国国家标准规定，凡平均温度不高于 350℃时导热系数不大于 0.12 W/(m·K)的材料称为保温材料。矿渣棉、硅藻土、岩棉板、岩棉玻璃布缝毡、膨胀珍珠岩、膨胀塑料及中孔微珠等都属于这类材料。如岩棉玻璃布缝毡在 0℃时的导热系数仅为 0.031 W/(m·K)。

高效的保温材料大多是蜂窝状多孔结构，高温时，这些保温材料中热量转移的机理包括蜂窝固体结构的导热及穿过微小气孔的导热几种方式。在更高温度时，穿过微小气孔不仅有导热，同时还有辐射方式。为了存储液氢、液氦等超低温材料的需要，发展了具有极好隔热效果的所谓超级保温材料。

有一些材料，像木材、石墨以及多层抽真空结构的超级保温材料等，因它们各向结构不同，而使其在不同方向上的导热系数有很大差别，这些材料称为各向异性材料。对于各向异性材料，导热系数值必须指明方向才有意义。

8.2 导热微分方程及其单值性条件

8.2.1 导热微分方程

导热微分方程可由导热物体内选取的微元控制体(简称微元体),依照热力学第一定律,分析导热过程中进、出微元体边界的能量及微元体内部的能量变化,建立微元体的热平衡方程;根据傅里叶定律及已知条件,导出导热微分方程。

假设:

(1)所研究的物体是各向同性的连续介质;

(2)物体内部具有内热源,例如物体内部存在放热或吸热化学反应或通电加热等。内热源记作 Φ,单位为 W/m^2,表示单位时间、单位体积内的内热源生成热。

在选取空间直角坐标系,选取正立方平行六面微元体为研究对象。建立并推导得出的导热过程中物体温度随时间和空间变化的函数关系式

$$\rho \cdot c \frac{\partial t}{\partial \tau}=\left[\frac{\partial}{\partial x}\left(\lambda \frac{\partial t}{\partial x}\right)+\frac{\partial}{\partial y}\left(\lambda \frac{\partial t}{\partial y}\right)+\frac{\partial}{\partial z}\left(\lambda \frac{\partial t}{\partial z}\right)\right]+\dot{\Phi} \tag{8-8}$$

式中:ρ 为物体的密度,kg/m^3;c 为物体的比热容,$J/(kg \cdot K)$。对于固体和不可压缩流体的比定压热容 c_P、比定容热容 c_V 相差甚微,所以,认为 $c_p=c_V=c$。

式(8-8)称为导热微分方程式。当材料的热导率 λ 为常数时,导热微分方程式(8-8)可简化为

$$\frac{\partial t}{\partial \tau}=\frac{\lambda}{\rho \cdot c}\left(\frac{\partial^2 t}{\partial x^2}+\frac{\partial^2 t}{\partial y^2}+\frac{\partial^2 t}{\partial z^2}\right)+\frac{\dot{\Phi}}{\rho \cdot c}$$

或写成

$$\frac{\partial t}{\partial \tau}=a \nabla^2 t+\frac{\dot{\Phi}}{\rho \cdot c} \tag{8-9}$$

式中:∇^2 是拉普拉斯算子,在直角坐标系中 $\nabla^2 t=\frac{\partial^2 t}{\partial x^2}+\frac{\partial^2 t}{\partial y^2}+\frac{\partial^2 t}{\partial z^2}$;$a=\frac{\lambda}{\rho \cdot c}$为热扩散率,又称导温系数,$m^2/s$。热扩散率 a 是对非稳态导热过程有重要影响的物性参数,其大小反映物体瞬态加热或冷却时物体内部温度变化的快慢。由式(8-9)可以看出,热扩散率 a 越大,温度随时间的变化率$\frac{\partial t}{\partial \tau}$越大,即温度变化越快。$\dot{\Phi}$ 是内热源强度随时间的变化率,单位时间内,微元体内热源的生成热 $d\Phi v=\dot{\Phi} dx dy dz$。

在物体无内热源时($\dot{\Phi}=0$)导热微分方程式(8-9)可简化成

$$\frac{\partial t}{\partial \tau}=a \nabla^2 t \tag{8-10}$$

对于稳态导热$\left(\frac{\partial t}{\partial \tau}=0\right)$,导热微分方程式(8-9)被简化成

$$a \nabla^2 t+\frac{\dot{\Phi}}{\rho \cdot c}=0 \tag{8-11}$$

对于稳态导热，无内热源，导热微分方程式(8-9)被简化成 $\nabla^2 t=0$，即

$$\frac{\partial^2 t}{\partial x^2}+\frac{\partial^2 t}{\partial y^2}+\frac{\partial^2 t}{\partial z^2}=0 \tag{8-12}$$

当研究对象是圆柱状(圆柱、圆筒壁等)物体时，采用圆柱坐标系(γ,φ,z)，分析圆柱坐标系中微元体在导热过程中的热平衡，可推导出圆柱坐标系中的导热微分方程式

$$\rho\cdot c\frac{\partial t}{\partial \tau}=\frac{1}{\gamma}\frac{\partial}{\partial \gamma}\left(\lambda\gamma\frac{\partial t}{\partial \gamma}\right)+\frac{1}{\gamma^2}\frac{\partial}{\partial \varphi}\left(\lambda\frac{\partial t}{\partial \varphi}\right)+\frac{\partial}{\partial z}\left(\lambda\frac{\partial t}{\partial z}\right)+\dot{\Phi} \tag{8-13}$$

当 λ 为常数时，式(8-13)可简化为

$$\frac{\partial t}{\partial \tau}=a\left(\frac{\partial^2 t}{\partial \gamma^2}\right)+\frac{1}{\gamma}\frac{\partial t}{\partial \gamma}+\frac{1}{\gamma^2}\frac{\partial^2 t}{\partial \varphi^2}+\frac{\partial^2 t}{\partial z^2}+\frac{\dot{\Phi}}{\rho\cdot c}$$

当研究对象是球状物体时，采用球坐标系(γ,θ,φ)，分析球坐标系中微元体在导热过程中的热平衡，可推导出球坐标系中的导热微分方程式

$$\rho\cdot c\frac{\partial t}{\partial \tau}=\frac{1}{\gamma^2}\frac{\partial}{\partial \gamma}\left(\lambda\gamma^2\frac{\partial t}{\partial \gamma}\right)+\frac{1}{\gamma^2\sin\theta}\frac{\partial}{\partial \theta}\left(\lambda\sin\theta\frac{\partial t}{\partial \theta}\right)+\frac{1}{\gamma^2\sin^2\theta}\frac{\partial}{\partial \varphi}\left(\lambda\frac{\partial t}{\partial \varphi}\right)+\dot{\Phi} \tag{8-14}$$

当 λ 为常数时，式(8-14)可简化为

$$\frac{\partial t}{\partial \tau}=a\left[\frac{1}{\gamma}\frac{\partial^2(\gamma t)}{\partial \gamma^2}+\frac{1}{r^2\sin\theta}\frac{\partial t}{\partial \theta}\left(\sin\theta\frac{\partial t}{\partial \theta}\right)+\frac{1}{\gamma^2\sin^2\theta}\frac{\partial^2 t}{\partial \varphi^2}\right]+\frac{\dot{\Phi}}{\rho\cdot c}$$

8.2.2 单值性条件

导热微分方程式是在一定的假设条件下根据微元体在导热过程中的能量守恒建立起来的，是描写物体的温度随空间坐标及时间变化的一般性关系式，在推导过程中没有涉及导热过程的具体特点，所以，它适用于无穷多个的导热过程，也就是说它有无穷多个解。为了完整地描写某个具体的导热过程，除了给出导热微分方程式之外，还必须说明导热过程的具体特点，即给出导热微分方程的单值性条件或定解条件，使导热微分方程式具有唯一解。导热微分方程式与单值性条件一起构成了具体导热过程完整地数学描述。

单值性条件一般包括下面 4 个方面：

8.2.2.1 几何条件

说明参与导热过程的物体的几何形状及尺寸大小。很明显，在其他条件相同的情况下，物体的几何形状及尺寸对其温度场的影响非常大，它决定了温度场的空间分布特点和进行分析时所采用的坐标系。

8.2.2.2 物理条件

说明导热物体的物理性质，例如给出热物性参数(λ、ρ、c 等)的数值及其特点，是常物性(物性参数为常数)还是变物性(一般指物性参数随温度而变化)，等等。热物性参数对物体中的温度分布具有显著的影响，尤其是稳态导热过程中的热导率 λ、非稳态导热过程中的热扩散率 a。几乎所有工程材料的热物性参数都不同程度地随温度而变化。本来温度场的求解是以物性参数已知为条件的，如果物性又随温度变化，则物性场与温度场的相互耦合给问题的分析

求解带来了很大的困难。所以,如何处理变物性的问题是求解导热以及对流换热问题的一个难点。对于这类问题,常根据实际情况和要求,采用不同的方法进行处理。最简单的办法是把物性参数取作常数(一般取物性参数在所涉及温度范围内的平均值),这种处理方法只适用于材料的热物性参数在所涉及的温度范围内变化不大、对求解的精确度要求又不高的场合。若不能作为常物性处理,应该尽可能将物性参数随温度的变化规律加以简化,如可以认为,在一定的温度范围内,材料的热导率随温度线性变化,这种近似处理方法往往可使问题的求解大为简化。此外,物体有无内热源以及内热源的分布规律等也属于物理条件的范畴。

8.2.2.3 时间条件

说明导热过程进行的时间上的特点,例如是稳态导热还是非稳态导热。对于非稳态导热过程,还是该给出过程开始时物体内部的温度规律

$$t|_{\tau=0}=f(x,y,z) \tag{8-15}$$

称之为非稳态导热的初始条件。如果过程开始时物体内部的温度分布均匀,则初始条件简化为

$$t|_{\tau=0}=t_0=\text{常数}$$

8.2.2.4 边界条件

因为物体内部的导热现象总是在外部环境的作用下发生的,所以,需要说明导热物体边界上的热状态以及与周围环境之间的相互作用,例如边界上的温度、热流密度分布以及物体通过边界与周围环境之间的热量传递情况等。

常见的边界条件有下面 3 类:

(1)第一类边界条件　第一类边界条件规定了物体边界上的温度分布及其随时间变化的规律

$$t_w=f(x,y,z,\tau) \tag{8-16}$$

如果在整个导热过程中物体边界上的温度为定值,则上式简化为

$$t_w=\text{常数}$$

(2)第二类边界条件　第二类边界条件给出物体上的热流密度分布及其随时间变化的规律

$$q_w=f(x,y,z,\tau) \tag{8-17}$$

根据傅里叶定律表达式

$$q_w=-\lambda\left(\frac{\partial t}{\partial n}\right)_w$$

可得

$$\left(\frac{\partial t}{\partial n}\right)_w=-\frac{q_w}{\lambda}$$

所以,第二类边界条件规定了边界面法线方向的温度变化率,但边界温度 t_w 未知。

如果在导热过程中,物体的某一表面是绝热的,即 $q_w=0$,则

$$\left(\frac{\partial t}{\partial n}\right)_w=0 \tag{8-18}$$

在这种情况下,物体内部的等温面或等温线与该绝热表面垂直相交。

(3)第三类边界条件　第三类边界条件规定了与物体表面进行对流换热的流体的温度 t_f 及表面换热系数 h。

根据边界条件的热平衡，由物体内部导向边界界面的热流密度应该等于从边界面传给周围流体的热流密度，于是，由傅里叶定律和牛顿冷却公式可得

$$-\lambda\left(\frac{\partial t}{\partial n}\right)_w = h(t_w - t_f) \tag{8-19}$$

该式建立了物体内部温度在边界处的变化率与边界处对流换热之间的关系，所以，第三类边界条件也称为对流换热边界条件。

对于稳态的对流换热，t_f 与 h 为常数；对于非稳态的对流换热，还应给出 t_f、h 与时间的函数关系。

从第三类边界条件表达式可以看出，当 h 非常大时，边界面温度近似等于已知的流体温度，$t_w \approx t_f$，第三类边界条件转化为第一类边界条件；当 h 非常小时，$h \approx 0$，$q_w = 0$，相当于第二类边界条件的特例。

上述 3 类边界条件概括了导热问题中的大部分实际问题，并且都是线性的，所以，也称为线性边界条件。如果导热物体的边界处除了对流换热，还存在与周围环境之间的辐射换热，则物体边界面的热平衡表达式为

$$-\lambda\left(\frac{\partial t}{\partial n}\right)_w = h(t_w - t_f) + q_r \tag{8-20}$$

式中的 q_r 为物体边界面与周围环境之间的净辐射换热热流密度。q_r 与物体边界面和周围环境温度的四次方有关，此外还与物体边界面与周围环境的辐射特性有关，所以，式(8-20)是温度的复杂函数。这种对流换热与辐射换热叠加的复合换热边界条件是非线性的边界条件。这里仅限于讨论具有线性边界条件的导热问题。

8.3　稳态导热

研究导热的目的在于确定导热物体内的温度分布以及计算导热量。

8.3.1　通过平壁的导热

设有一厚度为 δ 的无限大平壁(指平壁的长度与宽度远比厚度大)，材料的导热系数 λ 为常量，如图 8-5 所示。平壁两侧表面分别维持均匀且恒定的温度 t_{w1} 和 t_{w2}，壁内是一维稳态温度场，壁内各等温面都是平行于表面的平面。因此，该平壁导热问题可用一维稳态导热微分方程来描述，即

$$\frac{d^2 t}{dx^2} = 0 \tag{8-21}$$

边界条件为 $x=0, t=t_{w1}$；$x=\delta, t=t_{w2}$。积分后的通解为

$$t = C_1 x + C_2$$

式中积分常数 C_1 和 C_2 由给定的边界条件确定：$C_2 = t_{w1}$，$C_1 = \dfrac{t_{w2} - t_{w1}}{\delta}$。代入通解，得导热微

分方程(8-21)的定解为

$$t=t_{w1}+\frac{t_{w2}-t_{w1}}{\delta}\cdot x \tag{8-22}$$

式(8-22)是一个直线方程式。可见,当无内热源、λ 为常量时,壁内温度按直线规律分布,如图 8-5 所示。已知温度分布,可利用傅里叶定律式(8-22)计算任何点的热流密度。由式(8-21)求得$\frac{dt}{dx}$,代入式(8-5),得平壁一维稳态导热时壁内热流密度为

$$q=-\lambda\frac{\partial t}{\partial n}=-\lambda\frac{dt}{dx}=\lambda\frac{t_{w1}-t_{w2}}{\delta}\quad(W/m^2) \tag{8-23}$$

工程上常遇到的平壁往往是由不同材料组成的多层壁。如锅炉炉墙,常由耐火砖层、保温层和普通砖层砌成。

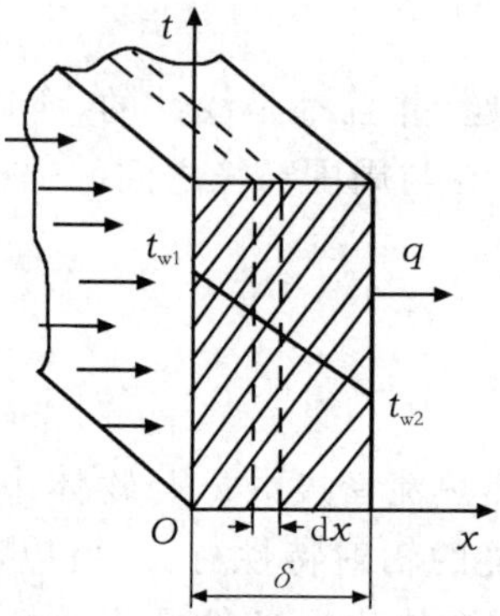

图 8-5 单层平壁导热

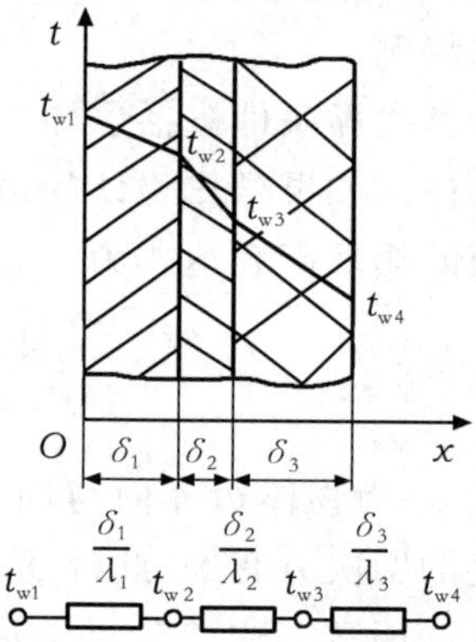

图 8-6 多层平壁导热

令 $R_{\lambda i}=\frac{\delta_i}{\lambda_i}$,并称为导热热阻,于是对于如图 8-6 所示的多层平壁,按照串联热阻叠加原则,可方便地确定出通过 n 层平壁的热流密度为

$$q=\frac{t_{w1}-t_{w,n+1}}{\sum\limits_{i=1}^{n}\frac{\delta_i}{\lambda_i}}=\frac{t_{w1}-t_{w,n+1}}{\sum\limits_{i=1}^{n}R_{\lambda i}}\quad(W/m^2) \tag{8-24}$$

由于在每一层内温度均按直线分布,所以,在整个多层平壁中,温度分布图是一条折线,如图 8-6 所示。在 n 层平壁中,第 i 层与第 $i+1$ 层之间接触面的温度为

$$t_{w,i+1}=t_{w1}-q(R_{\lambda1}+R_{\lambda2}+\cdots+R_{\lambda i}) \tag{8-25}$$

8.3.2 通过圆管壁的导热

设有一长度为 l,内、外直径分别为 d_1 与 d_2 的圆管壁,且 $l\gg d_2$,导热系数 λ 为常量,内、外壁面温度分别为 t_{w1},t_{w2},且 $t_{w1}>t_{w2}$,如图 8-7 所示。若用圆柱坐标表示管壁内部的温度,则它

仅依坐标 r 变化，温度场是一维的，各等温面都是彼此同心的圆柱面。此外，在稳态工况下，通过圆管壁的热流量 Q 是恒定的，而各个圆柱面上单位面积的热流密度 q 随半径的增加而减小。

若在圆管壁内取一半径为 r、厚度为 dr 的 2 个等温圆柱面组成薄圆管壁，则根据傅里叶定律，单位时间通过此薄圆管壁的热流量为

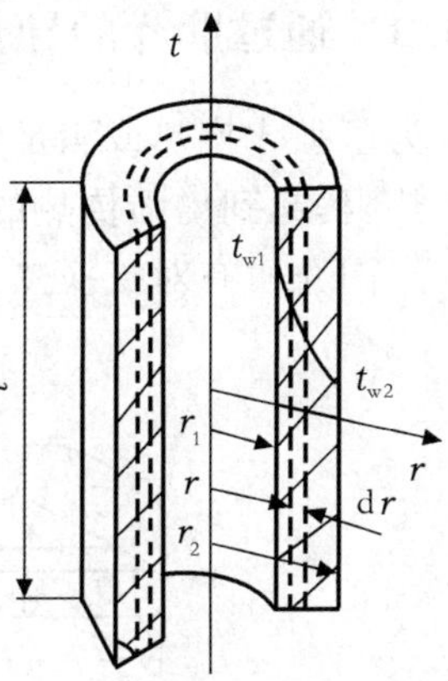

图 8-7 通过圆管壁的导热

$$Q=Fq=-2\pi rl\lambda\frac{dt}{dr}$$

积分得

$$-\int_{t_{w1}}^{t_{w2}}dt=\frac{Q}{2\pi\lambda l}\int_{r_1}^{r_2}\frac{dr}{r}$$

于是

$$t_{w1}-t_{w2}=\frac{Q}{2\pi\lambda l}\ln\frac{r_2}{r_1}=\frac{Q}{2\pi\lambda l}\ln\frac{d_2}{d_1}$$

$$Q=\frac{(t_{w1}-t_{w2})l}{\frac{1}{2\pi\lambda}\ln\frac{d_2}{d_1}}\quad(\text{W})\tag{8-26}$$

通过每米管长的热流量为

$$q_1=\frac{Q}{l}=\frac{t_{w1}-t_{w2}}{\frac{1}{2\pi\lambda}\ln\frac{d_2}{d_1}}\quad(\text{W/m})\tag{8-27}$$

由式(8-27)可知，单位管长的导热热阻为

$$R_1=\frac{1}{2\pi\lambda}\ln\frac{d_2}{d_1}\quad(\text{m}\cdot\text{K/W})\tag{8-28}$$

管壁内部任一位置 x 处的温度分布式

$$t_{wx}=t_{w1}-\frac{t_{w1}-t_{w2}}{\ln\frac{d_2}{d_1}}\ln\frac{d_x}{d_1}\tag{8-29}$$

式(8-29)表明圆管壁内温度按对数曲线规律分布。

式(8-26)和式(8-29)也可用圆柱坐标系一维稳态导热微分方程导得。

多层圆管壁的导热计算公式与多层平壁一样，可按照串联热阻叠加，直接写出 n 层圆管壁的导热计算公式

$$q_l=\frac{t_{w1}-t_{w,n+1}}{\sum_{i=1}^{n}\frac{1}{2\pi\lambda_i}\ln\frac{d_{i+1}}{d_i}}\tag{8-30}$$

8.3.3 通过肋片的导热

为了强化换热或满足其他要求，可在换热表面上附加各种形状的肋片，以增加传热面积，减少热阻，起到增强传热的作用。肋片导热，除了在肋片高度方向上有导热之外，在肋片表面还与周围介质有对流换热。

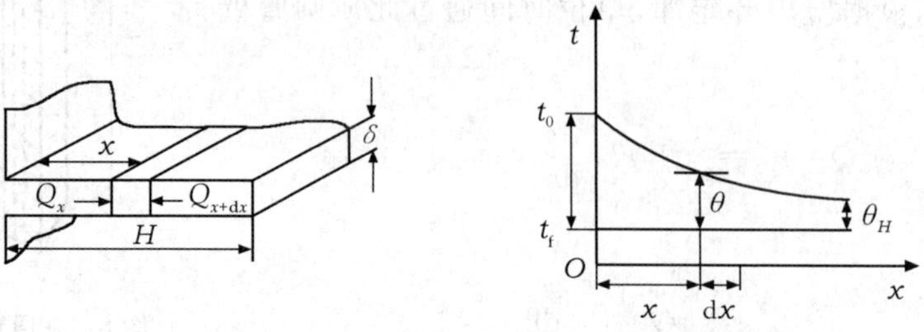

图 8-8 通过等截面直肋导热

图 8-8 是一等截面直肋，其横截面面积为 A，参与换热的周长为 L，高为 H，厚为 δ，周围是温度为 t_f 的流体，表面总换热系数为 h。可以认为肋片任一截面上的温度分布均匀一致，即可假定只沿 x 方向（即肋高方向）温度才有显著变化。同时把肋片表面向周围流体的换热量可看作冷源吸热。因而，肋片内的温度场可视为具有负内热源的一维稳态温度场。此时温度场的微分方程可写成

$$\frac{d^2 t}{dx^2}-\frac{q_v}{\lambda}=0 \tag{8-31}$$

式中负内热源的散热强度 $q_v=h(t-t_f)L dx/(A dx)$。以流体温度 t_f 为基准温度，令 $\theta=t-t_f$ 称为过余温度，则式(8-31)可写成

$$\frac{d^2\theta}{dx^2}-\frac{hL}{\lambda A}\theta=0 \tag{8-32}$$

令 $hL/(\lambda A)=m^2$，则式(8-32)可写成

$$\frac{d^2\theta}{dx^2}-m^2\theta=0 \tag{8-33}$$

若边界条件为：$\theta|_{x=0}=\theta_0=t_0-t_f$，$\frac{d\theta}{dx}|_{x=H}=0$，即肋端部不散热，则肋片内的温度分布表达式为

$$\theta=\theta_0\frac{\mathrm{ch}[m(H-x)]}{\mathrm{ch}(mH)} \tag{8-34}$$

由式(8-34)知：从肋基开始，肋片内温度沿肋高呈双曲线余弦函数关系逐渐降低。肋端($x=H$)处的过余温度为

$$\theta_H=\theta_0\frac{1}{\mathrm{ch}(mH)} \tag{8-35}$$

在稳态情况下，如不考虑端部散热，则肋片表面散至周围流体的热量应等于通过肋基导入的热量

$$Q=Q_0=-\lambda A\left.\frac{\mathrm{d}\theta}{\mathrm{d}x}\right|_{x=0}=\theta_0\sqrt{\alpha L\lambda A}\cdot\mathrm{th}(mH) \tag{8-36}$$

8.4 非稳态导热

8.4.1 非稳态导热概述

物体温度随时间变化的导热过程称为非稳态导热。物体温度时间变化的特性，可有物体的终温逐渐趋近于恒定值和发生周期性变化等情况。工程上经常遇到的，如热力设备的启动、停机及变负荷，零部件的热处理，快速干燥等都属于非稳态导热过程。

为说明非稳态导热过程的特点，以平壁为例，如图 8-9 所示。假定初始时刻，即导热时间 $\tau<\tau_0$ 时，平壁左、右两侧流体的温度 t_{f1}，t_{f2} 保持不变，则通过平壁的传热是稳态的，壁内各层的温度不随时间而变化，温度分布呈线性，通过平壁的热流量 Q' 及平壁内的内能均保持不变。在 $\tau=\tau_0$ 时刻，左侧面的介质温度很快地从 t_{f1} 升到 t'_{f1}，并保持恒定。此时，左侧流体介质传给左侧表面的热流量 Q_1 骤增，在 $\tau>\tau_0$ 时刻，该侧表面温度首先升高，随即平壁内各层的温度依次逐渐升高。随着左侧平壁表面温差 $(t'_{f1}-t_{w1})$ 的减小，Q_1 逐渐下降，如图 8-9(b)所示。平壁右侧表面温度在 $\tau\leqslant\tau_3$ 时，仍保持 t_{w2} 不变，热流量 Q_2 维持原值，$Q_2=Q'$。左侧表面所得到的热量 Q_1 与右侧表面失去的热量 Q_2 之差 (Q_1-Q_2) 为平壁在非稳态导热过程中所获得的热量，它将完全储蓄于壁内，使其内能增加。这一阶段的温度分布主要受物体初始温度的控制，称为非正规状况阶段。当过程进行到一定深度 $\tau>\tau_3$ 时，物体初始温度分布的影响逐渐消失，此后，不同时刻的温度分布主要受热边界条件的影响，这一阶段的非稳态导热，称为正规状况阶段。在正规状况阶段，右侧表面温度也开始升高，使 Q_2 随右侧的温差 $(t'_{w2}-t_{f2})$ 加大而上升，最终建立起新的稳态传热工况，即 $Q_1=Q_2=Q''$，而温度分布曲线变为 t'_{f1}，$-t'_{w1}$，$-t'_{w2}$，$-t_{f2}$。

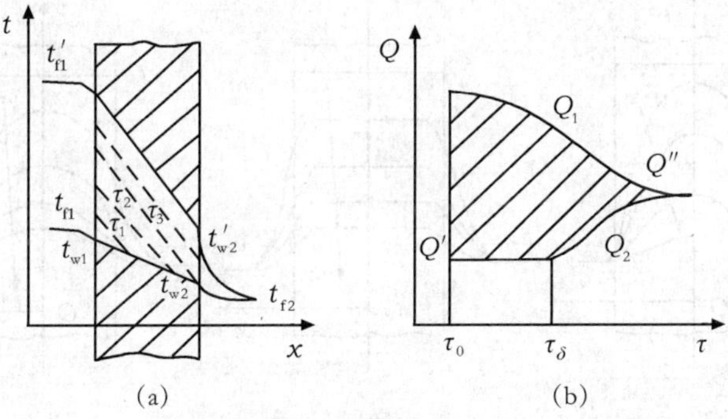

图 8-9 壁内非稳态导热温度和热流量随时间的变化

由此可见，非稳态导热过程与稳态导热不同之处在于：

(1)在非稳态导热过程中，随着热量传递，壁内各层的温度逐渐依次升高，不到一定的时间，壁内某层的温度不会升高，如图 8-9(a)所示。温度向壁内传播的速率取决于材料的

导温系数。

(2)在非稳态导热过程中,在垂直于热流方向的截面上的热流量 Q 处处不等。本例是沿途逐渐减少,所减少的部分用于该处材料的升温。

(3)在非稳态导热过程中,瞬时热流量 Q_1 和 Q_2 是时间 τ 的函数,如图 8-9(b)所示。根据热力学第一定律,图中阴影部分的面积代表着引起平壁内能变化的热量,也就是平壁从一个稳态工况向另一个稳态工况过渡时所积蓄的内能。

为了说明第三类边界条件下非稳态导热时物体中的温度变化特性与边界条件参数的关系,我们来分析以下简单情形。如图 8-10 所示,设有一块厚为 2δ 的金属平板,初始温度为 t_0,突然将它置于温度为 t_∞ 的流体中进行冷却,表面对流换热系数为 h,平板的导热系数为 λ。由于平壁热阻 δ/λ 与对流换热热阻 $1/h$ 的相对大小的不同,平板中温度场的变化会出现以下 3 种情形。

(1)$1/h \ll \delta/\lambda$:这时由于表面对流换热热阻 $1/h$ 几乎可以忽略,因而过程一开始平板的表面温度就被冷却到 t_∞,随着时间的推移,平板内部各点的温度逐渐下降而趋近于 t_∞。

(2)$\delta/\lambda \ll 1/h$:这时平板内部导热热阻 δ/λ 几乎可以忽略,因而任一时刻平板中各点的温度接近均匀,并随着时间的推移,整体下降,逐渐趋近于 t_∞。

(3)$1/h$ 与 δ/λ 的数值比较接近:这时平板中不同时刻的温度分布介于上述 2 种极端情况之间。

由此可见,上述 2 个热阻的相对大小对于物体中非稳态导热的温度场的变化有重要影响。为此,引入表征这 2 个热阻比值的无量纲数

$$Bi = \frac{\delta/\lambda}{1/h} = \frac{\delta h}{\lambda} \tag{8-37}$$

Bi 称为毕渥数。它是表征非稳态导热过程的特征数,习惯上称为准则数。出现在特征数定义式中的几何尺度称为特征长度,一般用符号 l 表示。在这里以平板的半厚作为特征长度,即取 $l=\delta$。在接触一个新的特征数时,除熟悉其定义外还必须弄清它表征的物理意义。

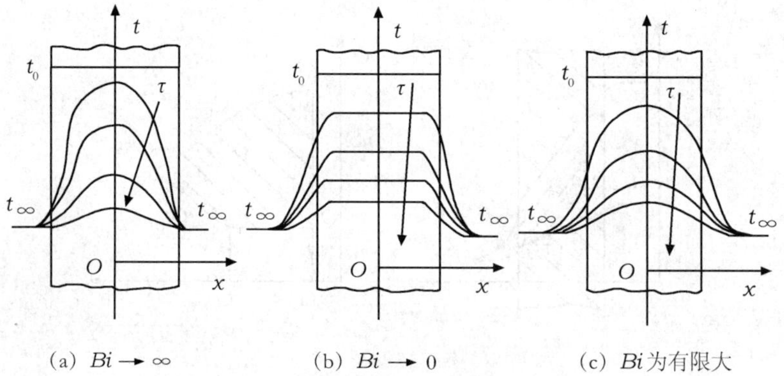

图 8-10 毕渥数 Bi 对平板温度场变化的影响

数学上可以证明,如果某一函数 $t(x,y,z,\tau)$ 满足导热微分方程及一定的初始条件与边界条件,则此函数就是这一特定导热问题的唯一解。换句话说,不可能同时存在两个都满足导热

微分方程及同一定解条件的不同的解。这个结论称为解的唯一性定理。本章所介绍的各种分析解都被认为是满足特定问题的唯一解。下面固体内部导热热阻相对于表面换热热阻很小($Bi\to 0$)时的情形,以大平壁为重点讨论介绍毕渥数为有限大小时一维非稳态导热的分析解,并重点讨论正规状况阶段的计算。

8.4.2 大平壁一维非稳态导热的分析解

如图 8-11 所示,厚度为 2δ 的无限大平壁,材料的导热系数 λ 和热扩散率 a 为常数,无内热源,初始温度为 t_0,将其突然置于温度为 t_∞ 的流体环境中,并保持 t_∞ 不变。假设平壁表面与流体间的换热系数 h 为常数。选取 x 轴的坐标原点位于平壁中心。显然,这是一个一维非稳态导热问题,其导热微分方程为

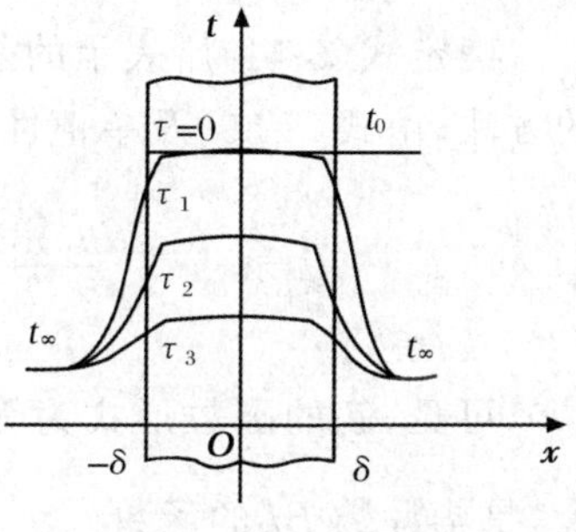

图 8-11 大平壁一维非稳态导

$$\frac{\partial t}{\partial \tau}=a\frac{\partial^2 t}{\partial x^2} \tag{8-38}$$

初始条件 $\tau=0, t=t_0$。边界条件 $x=0,\frac{\partial t}{\partial x}=0$(对称性);$x=\delta,-\lambda\frac{\partial t}{\partial x}=h(t-t_\infty)$。

以上导热微分方程式及单值条件组成了该非稳态导热问题的数学模型。引进过余温度 $\theta=t-t_\infty$,于是式(8-38)和单值性条件变为

$$\frac{\partial \theta}{\partial \tau}=a\frac{\partial^2 \theta}{\partial x^2} \tag{8-39}$$

初始条件 $\tau=0,\theta=\theta_0=t_0-t_\infty$。边界条件 $x=0,\frac{\partial \theta}{\partial x}=0$;$x=\delta,-\lambda\frac{\partial \theta}{\partial x}=h\theta$。

引进温度无量纲量 $\Theta=\frac{\theta}{\theta_0}$,坐标无量纲量 $X=\frac{x}{\delta}$,将上式及单值性条件无量纲化为

$$\frac{\partial \Theta}{\partial \tau}=\frac{a}{\delta^2}\frac{\partial^2 \Theta}{\partial X^2}$$

即

$$\frac{\partial \Theta}{\partial\left(\frac{a\tau}{\delta^2}\right)}=\frac{\partial^2 \Theta}{\partial X^2} \tag{8-40}$$

初始条件 $\tau=0,\Theta=\Theta_0=1$。边界条件 $x=0,\frac{\partial \Theta}{\partial X}=0$;$X=1,\lambda\frac{\partial \Theta}{\partial X}=-\frac{h\delta}{\lambda}\Theta$。

通过量纲分析可以发现,参数$\frac{a\tau}{\delta^2},\frac{h\delta}{\lambda}$均为无量纲量。

令 $Fo=\frac{a\tau}{\delta^2}$,$Fo$ 称为傅里叶数。从 $Fo=\frac{a\tau}{\delta^2}=\frac{\tau}{\delta^2/a}$可以看出,分子是非稳态导热过程开始到 τ 时刻的时间,分母也具有时间的量纲,并可理解为温度变化波及到 δ^2 面积所需要的时间。所以,Fo 是 2 个时间之比,是非稳态导热过程的无量纲时间。

令 $Bi=\frac{h\delta}{\lambda}$,$Bi$ 称为毕渥数。从 $Bi=\frac{h\delta}{\lambda}=\frac{\delta/\lambda}{1/h}$可见,$Bi$ 是物体内部的导热热阻 δ/λ 与边界处的对流换热热阻 $1/h$ 之比。

Fo,Bi 称为特征数,即准则数,具有特定的物理意义。

由式(8-40)和单值性条件可知,Θ 是 Fo,Bi,X 3 个无量纲的函数,可表示为

$$\Theta=\frac{\theta}{\theta_0}=f(Bi,Fo,X) \tag{8-41}$$

确定式(8-41)所表示的函数关系,是求解该非稳态导热问题的主要任务。采用分离变量的方法,由式(8-39)及单值性条件求出的分析解为

$$\frac{\theta(x,\tau)}{\theta_0}=\sum_{n=1}^{\infty}\frac{2\sin\beta_n}{\beta_n+\sin\beta_n\cos\beta_n}\cos\left(\beta_n\frac{x}{\delta}\right)\mathrm{e}^{-\beta_n^2 Fo} \tag{8-42}$$

可见,解的函数形式为无穷级数,式中 $\beta_1,\beta_2,\cdots,\beta_n$ 是超越方程 $\tan\beta=\dfrac{Bi}{\beta}$ 的根,有无穷多个,是毕渥数 Bi 的函数。

8.5 导热问题的数值解法基础

前面分别讨论了稳态导热和非稳态导热的分析解法。分析解法的主要优点是求解过程所依据的数学分析比较严谨,物理概念和逻辑推理比较清晰,求解结果以函数的形式表示,能清楚地显示各种因素对温度分布的影响。但是,只有少数几何形状和边界条件都比较简单的导热问题才能求出分析解,对于工程上绝大多数稍复杂的导热问题,分析解法还非常困难。

随着计算机及计算方法的进步,传热问题的数值计算方法取得了重大进展,从 20 世纪 70 年代起就已形成了传热学的一个新兴的分支——数值传热学。数值解法的优点在于,它能求解其他方法所不能解决的大量实际传热问题,并随着计算机容量、计算速度的迅速提高,数值解法的应用范围、规模、解题速度和精确度都有很大的提高,成为求解复杂传热问题的有效手段,越来越受到科技工作者的青睐。

数值解法的基本思想是:用导热问题所涉及的空间和时间区域内有限个离散点(称为节点)的温度近似值,来代替物体内实际连续的温度分布,将连续温度分布函数的求解问题转化为各节点温度值的求解问题,将导热微分方程的求解问题转化为节点温度代数方程的求解问题。因此,求解域的离散化、节点温度代数方程组的建立与求解是数值解法的主要内容。

数值解法求解导热问题的基本步骤如下:

(1)建立控制方程及定界条件。对实际导热问题的几何、物理性质进行分析、合理的简化,建立描写物理问题的微分方程,即控制方程。在这里就是导热微分方程及其边界条件;

(2)根据物理模型建立完整的数学模型,即给出导热微分方程(即导热控制方程)和单值性条件;

(3)求解域离散化。把导热问题所涉及的空间和时间区域,按一定的要求划分成有限个子区域,将子区域的顶点作为需要确定温度值的空间点或时间点,称为节点(也叫结点),相邻两个节点间的距离称为步长,每个节点就代表以它为中心的子区域,节点温度就代表子区域的温度。

(4)建立节点温度代数方程组,即离散方程。

(5)求解节点温度代数方程组,得到所有节点的温度值。

(6)对计算结果进行分析。计算结果不符合实际情况,则检查上述计算步骤,修正不合理之处重复进行计算,直到结果满意为止。

上述计算步骤中的前2步是导热问题所有求解方法的基础,后面4步是数值解法的主要步骤。

目前,求解导热问题常用的数值解法主要有有限差分法、有限元法及边界元法。就方法的成熟性和应用的广泛性而言,有限差分法占有优势,所以,下面主要介绍有限差分法的基本原理,仅为今后进行导热的数值计算提供一个入门的向导。

8.5.1 有限差分法的基本原理

有限差分法的基本原理就是用有限差分近似微分,用有限差商近似微商(导热),例如 $\Delta x \approx \mathrm{d}x$,$\dfrac{\Delta t}{\Delta x} \approx \dfrac{\mathrm{d}t}{\mathrm{d}x}$,进而将导热偏微分方程转化为节点温度的差分方程。下面以二维稳态导热为例进行说明。

8.5.1.1 求解域的离散化

(1)子区域的划分:根据导热物体的几何形状选择坐标系,利用一组与坐标轴平行的网格线将物体划分成若干个子区域。例如,在直角坐标系中,这些子区域就是一些矩形的网格,如图8-12所示。网格的宽度 Δx、Δy 称为步长。步长大小(即网格疏密)的选择根据问题的需要而定,虽然步长越小,网格越密,节点越多,节点温度分布越接近于连续的温度分布,但也并非网格越密越好,过多的节点会增加不必要的计算工作量。网格的划分可以采用均匀网格,也可以根据问题特点采用非均匀网格,例如在温度变化较大处采用密集网格,在温度变化较小处采用疏松网格。

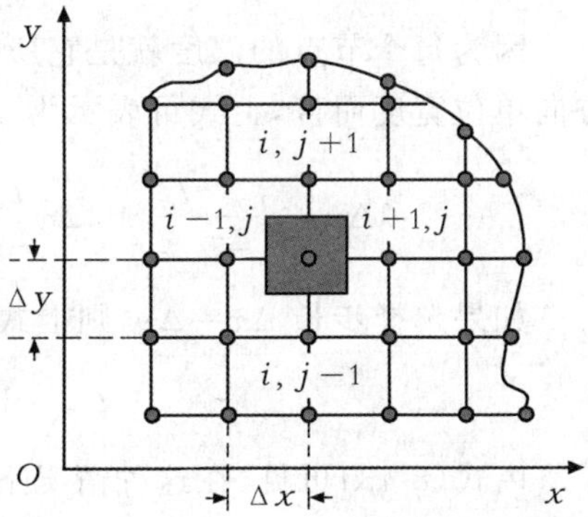

图 8-12 求解域的离散示意图

对于非稳态导热问题,还要对时间域进行离散。时间步长和空间步长的选择要满足解的稳定性条件。

(2)节点的选择:可以选择网格线交点和网格线与物体边界线的交点作为节点。每个节点代表以它为中心的子区域(或称为控制容积),如图8-12中节点(i,j)就代表涂阴影的子区域。节点的温度就是子区域的温度。如果物体内部有物性突变,例如不同材料组成的多层平壁的交接面处,节点位置的选择应该使控制容积内只含有同一种材料,没有物性的突变。节点位置确定之后,应标明所有节点的编号,如$(i-1,j)$、(i,j)、$(i+1,j)$等。

8.5.1.2 温度差分方程的建立

建立节点温度差分方程的方法有2种:泰勒级数展开法与控制容积热平衡法,在此,仅介绍控制容积热平衡法。

控制容积热平衡法的基本思路是,根据节点所代表的控制容积在导热过程中的能量守恒来建立节点温度差分方程。下面仍以二维稳态导热为例来说明节点温度差分方程的建立方法。

(1)内部节点温度差分方程:如图8-13所示,内部节点(i,j)所代表的控制容积在导热过

程中的热平衡可表述为:从周围相邻控制容积导入的热流量之和等于零,即

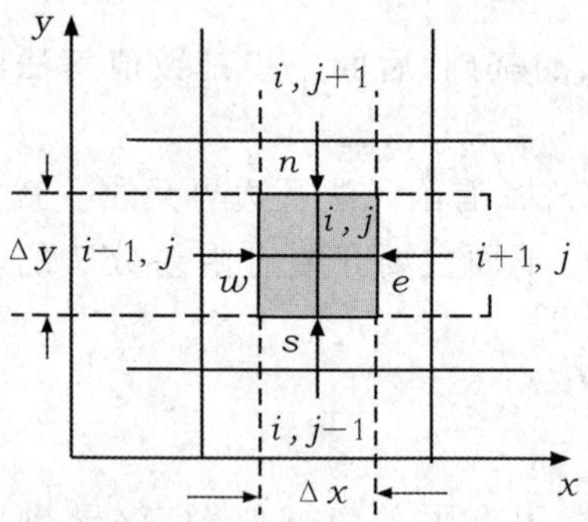

图 8-13　热平衡法示意图

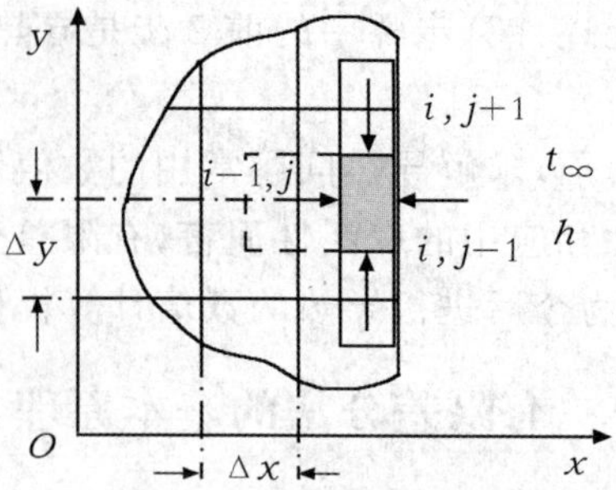

图 8-14　边界节点方程的建立

$$Q_w+Q_e+Q_s+Q_n=0$$

因为每个节点的温度就是它所代表的控制容积的温度,根据傅里叶定律,对于垂直于纸面方向单位宽度而言,上式可表示为

$$\lambda\Delta y\frac{t_{i-1,j}-t_{i,j}}{\Delta x}+\lambda\Delta y\frac{t_{i+1,j}-t_{i,j}}{\Delta x}+\lambda\Delta x\frac{t_{i,j-1}-t_{i,j}}{\Delta y}+\lambda\Delta x\frac{t_{i,j+1}-t_{i,j}}{\Delta y}=0$$

如果选择步长 $\Delta x=\Delta y$,则上式可整理为

$$t_{i-1,j}+t_{i+1,j}+t_{i,j-1}+t_{i,j+1}-4t_{i,j}=0 \tag{8-43}$$

由式(8-43)可见,在这种情况下,物体内每一个节点的温度都等于它周围相邻 4 个节点温度的算术平均值。式(8-43)为二维稳态导热均匀步长情况下的节点温度差分方程。

(2)边界节点温度差分方程:如果是第一类边界条件,边界节点温度已知;若是第二类边界条件,根据边界节点所代表的控制容积的热平衡,同样可以建立边界节点温度的差分方程。

如图 8-14 所示的具有第三类边界条件的边界节点(i,j),代表图中阴影所示的控制容积。根据其热平衡,从四周向它传递的热量之和等于 0,由傅里叶定律和牛顿冷却公式,可写出

$$\lambda\Delta y\frac{t_{i-1,j}-t_{i,j}}{\Delta x}+\alpha\Delta y(t_\infty-t_{i,j})+\lambda\frac{\Delta x}{2}\frac{t_{i,j-1}-t_{i,j}}{\Delta y}+\lambda\frac{\Delta x}{2}\frac{t_{i,j+1}-t_{i,j}}{\Delta y}=0$$

选择步长 $\Delta x=\Delta y$,则上式可整理为

$$t_{i-1,j}-t_{i,j}+\frac{h\Delta y}{\lambda}(t_\infty-t_{i,j})+\frac{1}{2}(t_{i,j-1}-t_{i,j})+\frac{1}{2}(t_{i,j+1}-t_{i,j})=0$$

令 $Bi_\Delta=\dfrac{h\Delta x}{\lambda}$,$Bi_\Delta$称为网格毕渥数,于是上式可整理成

$$2t_{i-1,j}+t_{i,j-1}+t_{i,j+1}-(2Bi_\Delta+4)t_{i,j}+2Bi_\Delta t_\infty=0 \tag{8-44}$$

此式即具有第三类边界条件的边界节点温度的差分方程式。

表 8-1 中列举了常物性、无内热源的二维稳态导热的几种边界节点温度的差分方程。

表 8-1 一些情况下的边界节点温度的差分方程式

节点位置	节点温度方程($\Delta x=\Delta y$)
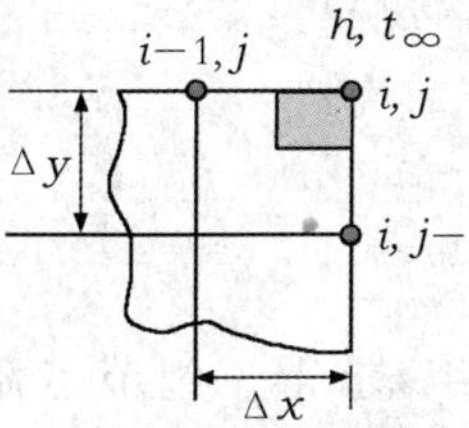	第三类边界条件下的外拐角边界节点： $t_{i-1}+t_{i,j-1}-(2Bi_\Delta+2)t_{i,j}+2Bi_\Delta t_\infty=0$
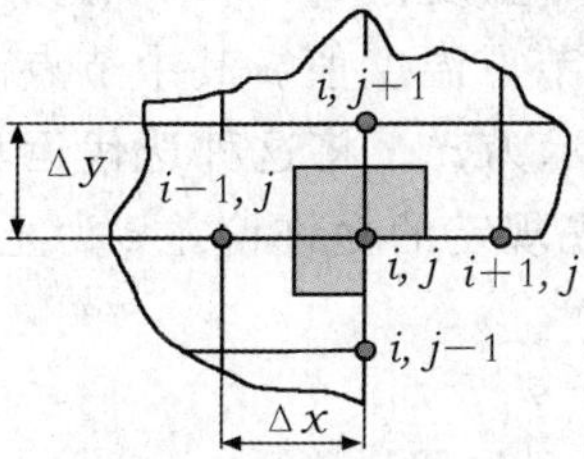	第三类边界条件下的外拐角边界节点： $t_{i,j-1}+t_{i+1,j}+2(t_{i-1,j}+t_{i,j+1})-(2Bi_\Delta+6)t_{i,j}+2Bi_\Delta t_\infty=0$
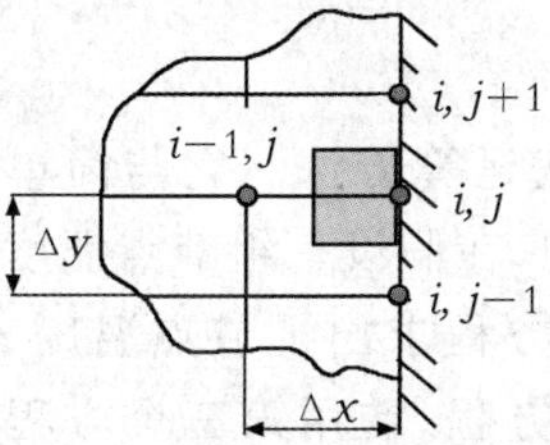	绝热边界点： $t_{i,j-1}+t_{i,j+1}+2t_{i-1,j}-4t_{i,j}=0$

8.5.2 节点温度差分方程组的求解方法

运用有限差分方法可以建立导热物体所有内部节点和边界节点温度的差分方程。这些节点温度的差分方程都是线性代数方程。有 n 个未知的节点温度，就可以建立 n 个节点温度差分方程，构成一个线性代数方程组。求解该方程组，就可以求得节点温度的数值。

有关线性代数方程组的求解方法(如消元法、矩阵求逆法、迭代法等)在线性代数、计算方法等教科书中已有详细论述，这里仅简单介绍在导热的数值计算中常用的迭代法。

8.5.2.1 简单迭代法

设节点温度差分方程的形式为

$$\begin{cases}a_{11}t_1+a_{12}t_2+\cdots+a_{1j}t_j+\cdots+a_{1n}t_n=b_1\\a_{21}t_1+a_{22}t_2+\cdots+a_{2j}t_j+\cdots+a_{2n}t_n=b_2\\\vdots\\a_{n1}t_1+a_{n2}t_2+\cdots+a_{nj}t_j+\cdots+a_{nn}t_n=b_n\end{cases}$$

其中 a_{ij}，b_i 为常数，且 $a_{ii}\neq0$。

将该方程组改写为 $t_1,t_2,\cdots,t_n$ 的显函数的形式

$$\begin{cases} t_1=\dfrac{1}{a_{11}}(b_1-a_{12}t_2-\cdots-a_{1j}t_j-\cdots-a_{1n}t_n) \\ t_2=\dfrac{1}{a_{22}}(b_2-a_{21}t_1-\cdots-a_{2j}t_j-\cdots-a_{2n}t_n) \\ \vdots \\ t_n=\dfrac{1}{a_{nn}}(b_n-a_{n1}t_1-\cdots-a_{nj}t_j-\cdots-a_{n(n-1)}t_{n-1}) \end{cases}$$

先合理地假设一组节点温度的初始值 $t_1^0,t_2^0,\cdots,t_n^0$，代入上方程组，求得一组节点温度值 $t_1^1,t_2^1,\cdots,t_n^1$；再将 $t_1^1,t_2^1,\cdots,t_n^1$ 代入上述方程组，又求得一组新的节点温度值 $t_1^2,t_2^2,\cdots,t_n^2$。依此类推，每次都将新求得的节点温度值代回方程组，求得一组更新的节点温度值。其中节点温度的上角标表示迭代次数，例如，经 k 次迭代得到的节点 i 的温度表示为 t_i^k。将这种迭代运算反复进行，直至前后相邻两组对应节点温度值间的最大偏差小于预先规定的允许偏差 ε 为止，即

$$\max|t_i^k-t_i^{k-1}|<\varepsilon \quad 或 \quad \max\left|\frac{t_i^k-t_i^{k-1}}{t_i^k}\right|<\varepsilon$$

这时认为迭代运算已经收敛。

8.5.2.2 高斯-塞德尔迭代法

高斯-塞德尔迭代法是在简单迭代法的基础上加以改进的迭代运算方法。它与简单迭代法的主要区别是，在迭代运算过程中总使用最新算出的数据。例如，在假设一组节点温度的初始值 $t_1^0,t_2^0,\cdots,t_n^0$ 后代入方程组进行第一次迭代运算时，由第一个方程求出了节点温度 t_1^1，于是在用第二个方程计算节点温度 t_2^1 时，直接将 t_1^1（而不是 t_1^0）代入方程；在用第三个方程计算节点温度 t_3^1 时，直接利用 t_1^1,t_2^1。依此类推得

$$\begin{cases} t_1^1=\dfrac{1}{a_{11}}(b_1-a_{12}t_2^0-\cdots-a_{1j}t_j^0-\cdots-a_{1n}t_n^0) \\ t_2^1=\dfrac{1}{a_{22}}(b_2-a_{21}t_1^1-\cdots-a_{2j}t_j^0-\cdots-a_{2n}t_n^0) \\ \vdots \\ t_n^1=\dfrac{1}{a_{nn}}(b_n-a_{n1}t_1^1-\cdots-a_{nj}t_j^1-\cdots-a_{n(n-1)}t_{n-j}^1) \end{cases}$$

高斯-塞德尔迭代法比简单迭代法收敛速度快。

8.5.3 非稳态导热问题的数值解法

非稳态导热问题的数值解法与稳态导热的主要区别在于以下 4 点：

(1)非稳态导热问题的控制方程比稳态导热多了非稳态项，因此，单值性条件中增加了初始条件。

(2)除了与稳态导热问题一样需要对空间域进行离散外，还需要对时间域进行离散。

(3)在利用热平衡法导出节点温度方程时需要考虑控制容积的热力学能随时间的变化。

(4)由于时间和空间同时离散，会带来节点温度方程求解的稳定性问题，有些情况下空间步长和时间步长不能任意选择。

下面以第三类边界条件下无限大平壁的一维非稳态导热问题为例，说明非稳态导热问题

的数值求解方法。

8.5.3.1 求解域的离散

如图 8-15 所示，横坐标表示空间，纵坐标表示时间。将空间域($0\sim\delta$)划分为 n 小段，步长为 Δx，得到 $0,1,2,\cdots,i,\cdots,n$ 共 $n+1$ 个空间节点；将时间域($0\sim\tau$)划分为 m 个时间间隔，步长为 $\Delta\tau$，得到 $0,1,2,\cdots,k,\cdots,m$ 共 $m+1$ 个时间节点。分格线的交点(i,k)代表空间—时间域中的位置，t_i^k 表示空间节点 i 在时刻 $k\Delta\tau$(简称 k 时刻)的节点温度。

空间和时间步长的大小要看问题的具体情况而定，有时不能任意选择，需要考虑节点温度方程求解的稳定性问题。

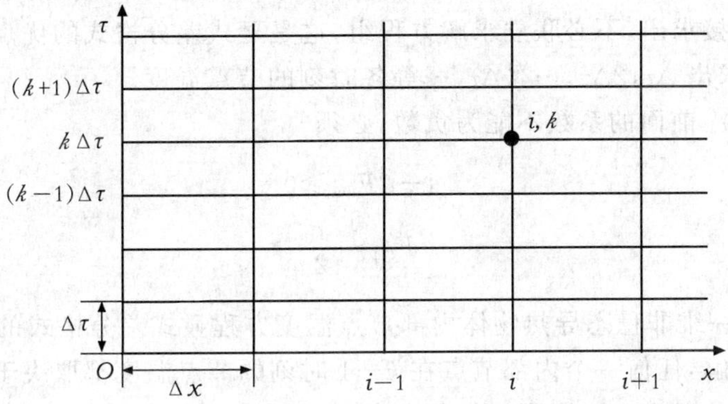

图 8-15 一维非稳态导热空间域和时间域的离散

8.5.3.2 节点温度差分方程的建立

与稳态导热一样，运用热平衡法可以建立非稳态导热物体内部节点和边界节点温度的差分方程。

(1)内部节点温度差分方程：如图 8-16 所示，对于常物性、无内热源的无限大平壁的一维非稳态导热问题，内部节点 i 所代表的控制容积(图中阴影部分)的热平衡表述为：在 k 时刻，单位时间内从相邻控制容积 $i-1$ 与 $i+1$ 分别导入的热流量 Q_λ' 与 Q_λ'' 之和等于该控制容积热力学能的增加 $\mathrm{d}U$，即

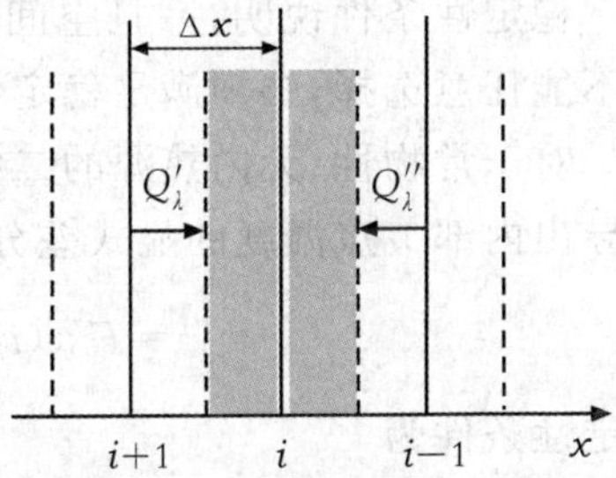

图 8-16 一维非稳态导热内部节点温度差分方程的建立

$$Q_\lambda' + Q_\lambda'' = \mathrm{d}U$$

如果节点 i 的温度对时间的变化率采用向前差分，则热平衡方程式可写成

$$A\lambda\frac{t_{i-1}^k - t_i^k}{\Delta x} + A\lambda\frac{t_{i+1}^k - t_i^k}{\Delta x} = A\Delta x\rho c\frac{t_i^{k+1} - t_i^k}{\Delta\tau}$$

上式可整理成

$$\frac{t_i^{k+1} - t_i^k}{\Delta\tau} = \alpha\frac{t_{i-1}^k + t_{i+1}^k - 2t_i^k}{(\Delta x)^2}$$

移项后变为

$$t_i^{k+1}-t_i^k=\frac{\alpha\Delta\tau}{(\Delta x)^2}(t_{i-1}^k+t_{i+1}^k-2t_i^k)$$

令 $F_{O\Delta}=\frac{\alpha\Delta\tau}{\Delta x^2}$，$F_{O\Delta}$ 称为**网格傅里叶数**。上式可整理成以下显函数的形式：

$$t_i^{k+1}=F_{O\Delta}(t_{i-1}^k+t_{i+1}^k)+(1-2F_{O\Delta})t_i^k \tag{8-45}$$

该式称为一维非稳态导热内部节点温度方程的显式差分格式。由此式可以得出两点结论：

①任意一个内部节点在某一时刻的节点温度，可以由该节点及其相邻节点在前一时刻的节点温度从上式直接求出，不必联立求解方程组，这是显式差分格式的优点。这样就可以从初始温度出发，依次求出 $\Delta\tau,2\Delta\tau,\cdots,k\Delta\tau,\cdots$ 等各时刻的节点温度。

②式(8-45)中 t_i^k 前面的系数不能为负数，必须

$$1-2F_{O\Delta}\geqslant 0$$

即

$$F_{O\Delta}\leqslant\frac{1}{2} \tag{8-46}$$

式(8-46)称为一维非稳态导热物体内部节点温度方程显式差分格式的稳定性条件。其物理意义可以这样理解：任何一个内部节点在 $k+1$ 时刻的节点温度都取决于由该节点及其周围相邻节点在 k 时刻的温度。当周围相邻节点在 k 时刻的温度确定时，该节点在 k 时刻的温度愈高，则它在 $k+1$ 时刻的温度也就愈高，因此，式中 t_i^k 前面的系数不能为负数，即必须满足式(8-46)表示的稳定性条件。

稳定性条件说明，一旦空间步长 Δx 或时间步长 $\Delta\tau$ 的数值确定之后，另一个步长的数值就不能任意选择，必须满足稳定性条件。

对于常物性、无内热源的二维非稳态导热问题，若取 $\Delta x=\Delta\tau$，运用热平衡方法同样可以推导出内部节点温度的显式差分方程格式

$$t_{i,j}^{k+1}=F_{O\Delta}(t_{i-1,j}^k+t_{i+1,j}^k+t_{i,j-1}^k+t_{i,j+1}^k)+(1-4F_{O\Delta})t_{i,j}^k \tag{8-47}$$

稳定性条件为

$$1-4F_{O\Delta}\geqslant 0$$

$$即\ F_{O\Delta}\leqslant\frac{1}{4} \tag{8-48}$$

(2)边界节点温度差分方程：以第三类边界条件下无限大平壁的一维非稳态导热为例，如图 8-17 所示。边界节点 0 所代表的控制容积(图中阴影部分)的热平衡可表述为：在 k 时刻，单位时间内从相邻控制容积 1 导入的热流量 Q_λ 与从流体以对流换热的方式传入的热流量 Q_k 之和，等于该控制容积热力学能的增加 dU，即

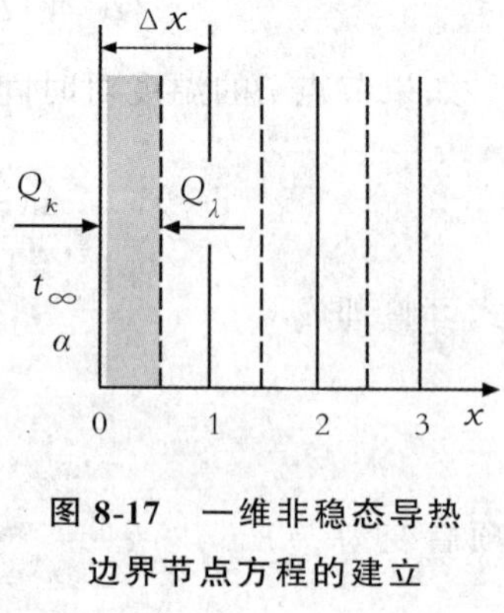

图 8-17 一维非稳态导热边界节点方程的建立

$$Q_\lambda+Q_k=\mathrm{d}U$$

如果边界节点 0 的温度对时间的变化率采用向前差分，则

热平衡方程式可写成

$$A\lambda\frac{t_1^k-t_0^k}{\Delta x}+A\alpha(t_\infty^k-t_0^k)=A\frac{\Delta x}{2}\rho c\frac{t_0^{k+1}-t_0^k}{\Delta t}$$

上式经过整理，并引入网格毕渥数 Bi_Δ 和网格傅里叶数 $F_{O\Delta}$，可写成显函数的形式：

$$t_0^{k+1}=2F_{O\Delta}(t_1^k+Bi_\Delta t_f^k)+(1-2Bi_\Delta F_{O\Delta}-2F_{O\Delta})t_0^k \tag{8-49}$$

该式为第三类边界条件下一维非稳态导热物体边界节点温度方程的显式差分格式。同内部节点温度方程的显式差分格式的道理一样，式(8-49)必须满足解的稳定性条件，t_0^k 的系数不能为负数，即

$$1-2Bi_\Delta F_{O\Delta}-2F_{O\Delta}\geqslant 0$$

或写成

$$F_{O\Delta}\leqslant\frac{1}{2Bi_\Delta+2} \tag{8-50}$$

因为 $Bi_\Delta>0$，所以，只要满足式(8-50)，自然满足内部节点温度方程显式差分格式的稳定性条件 $F_{O\Delta}$。因此，式(8-50)是第三类边界条件下一维非稳态导热节点温度方程显式差分格式的稳定性条件。

对于第三类边界条件下的二维非稳态导热，用热平衡法同样可以导出边界节点温度差分方程。如果采用图 8-12 所示的均分网格，$\Delta x=\Delta y$，可得出下面的显式差分格式

$$t_i^{k+1}=F_{O\Delta}(2t_{i-1,j}^k+t_{i,j-1}^k+t_{i,j+1}^k+2Bi_\Delta t_\infty^k)+(1-Bi_\Delta F_{O\Delta}-4F_{O\Delta})t_{i,j}^k \tag{8-51}$$

其稳定性条件为

$$F_{O\Delta}\leqslant\frac{1}{2Bi_\Delta+4} \tag{8-52}$$

只要满足式(8-52)，自然也满足内部节点温度方程显式差分格式的稳定性条件，即式(8-48)。因此，式(8-52)是第三类边界条件下二维非稳态导热节点温度方程显式差分格式的稳定性条件。

思考题 8

8-1 写出导热傅里叶定律表达式的一般形式，说明其适用条件及式中各符号的物理意义。

8-2 写出直角坐标系 3 个坐标方向上的傅里叶定律表达式。

8-3 为什么导电性能好的金属导热性能也好?

8-4 一个具体导热问题的完整数学描述应包括哪些方面?

8-5 何谓导热问题的单值性条件? 它包含哪些内容?

8-6 试说明在什么条件下平板和圆筒壁的导热可以按一维导热处理。

8-7 试用传热学观点说明为什么冰箱要定期除霜。

8-8 为什么有些物体要加装肋片? 加肋一定会使传热量增加吗?

8-9 试说明影响肋片效率的主要因素。

8-10 什么是接触热阻？接触热阻的主要影响因素有哪些？

8-11 什么是非稳态导热的正规状况阶段？有什么特点？

8-12 写出傅里叶数 Fo 及毕渥数 Bi 的表达式，并说明它们的物理意义。

8-13 试以第三类边界条件下无限大平板的非稳态导热为例，说明傅里叶数 Fo 及毕渥数 Bi 对平板内温度分布的影响。

8-14 什么叫做非稳态导热的集总参数法？其使用条件是什么？

8-15 简要说明数值计算导热问题的有限差分法的基本思想与步骤。

8-16 是否差分网格划分得越密越好？为什么？

习题 8

8-1 冷库的墙由内向外由钢板、矿渣棉和石棉板 3 层材料构成，各层的厚度分别为 0.8 mm、150 mm 和 10 mm，热导率分别为 45 W/(m·K)、0.07 W/(m·K)和 0.1 W/(m·K)。冷库内、外气温分别为 −2℃和 30℃，冷库内、外壁面的对流换热系数分别为 2 W/(m^2·K) 和 3 W/(m^2·K)。为了维持冷库内温度恒定，试确定制冷设备每小时需要从冷库内取走的热量。

8-2 炉墙由一层耐火砖和一层红砖构成，厚度都为 250 mm，热导率分别为 0.6 W/(m·K) 和 0.4 W/(m·K)，炉墙内、外壁面温度分别维持 700℃和 80℃不变。

(1)试求通过炉墙的热流密度；

(2)如果用热导率为 0.076 W/(m·K)的珍珠岩混凝土保温层代替红砖层，并保持通过炉墙的热流密度及其他条件不变，试确定该保温层的厚度。

8-3 有一炉墙，厚度为 20 cm，墙体材料的热导率为 1.3 W/(m·K)，为使散热损失不超过 1 500 W/m^2，紧贴墙外壁面加一层热导率为 0.1 W/(m·K)的保温层。已知复合墙壁内、外两侧壁面温度分别为 800℃和 50℃，试确定保温层的厚度。

8-4 有一 3 层平壁，各层材料热导率分别为常数。已测得壁面温度 $t_{w1}=600$℃，$t_{w2}=500$℃，$t_{w3}=250$℃及 $t_{w4}=50$℃，试比较各层导热热阻的大小，并绘出壁内温度分布示意图。

8-5 热电厂有一外径为 100 mm 的过热蒸汽管道（钢管），用热导率 $\lambda=0.04$ W/(m·K)的玻璃棉保温。已知钢管外壁面温度为 400℃，要求保温层外壁面温度不超过 50℃，并且每米长管道的散热损失要小于 160 W，试确定保温层的厚度。

8-6 某过热蒸汽管道的内、外直径分别为 150 mm 和 160 mm，管壁材料的热导率为 45 W/(m·K)。管道外包 2 层保温材料：第一层厚度为 40 mm，热导率为 0.1 W/(m·K)；第二层厚度为 50 mm，热导率为 0.16 W/(m·K)。蒸汽管道内壁面温度为 400℃，保温层外壁面温度为 50℃。试求：

(1)各层导热热阻；

(2)每米长蒸汽管道的散热损失；

(3)各层间的接触面温度。

9 对流换热

9.1 放热过程及其影响因素

对流换热是流动的流体与固体壁面直接接触，当两者温度不同时相互间所发生的热传递过程。它既具有流体分子间微观导热作用，又具有流体宏观位移的热对流作用，所以，对流换热过程必然受到导热规律和流体流动规律的双重支配，其基本计算公式为

$$Q=hF(t_f-t_w) \quad (W) \tag{9-1}$$

或

$$q=h(t_f-t_w) \quad (W/m^2)$$

$$h=\frac{q}{\Delta t} \quad (W/(m^2 \cdot K)) \tag{9-2}$$

式中：h 为对流换热系数，是表征对流换热强度的量，数值上等于流体和壁面之间的温度差为1℃时，每单位时间单位壁面的对流换热量。对流换热系数的大小与对流换热过程中的许多因素有关，因而式(9-2)只能看作是对流换热系数的一个定义式，它并没有揭示各种因素与对流换热系数之间的内在关系。因此，计算对流换热量就变成如何根据各种具体情况分析和计算对流换热系数的问题。

9.1.1 速度边界层

黏性流体流过固体壁面时会产生黏性力，使流体内层与层之间产生摩擦切应力。根据牛顿黏性定律，切应力 τ 与速度梯度$\frac{dc_f}{dy}$之间的关系为

$$\tau=\mu\frac{dc_f}{dy}$$

式中：μ 为流体动力黏度，Pa·s或N·s/m² 或 kg/(m·s)；c_f 为流体的流动速度，m/s。当流体的动力黏度较小时，只有在流体中存在较大的速度梯度时才会产生较大的黏性力。

流体沿壁面法线，即 y 轴方向的边界层速度分布及速度边界层的形成和发展情况如图 9-1 所示。在 $y=0$ 处，摩擦力最大，所以，速度梯度也最大；距离壁面越远速度梯度越小，在 $y=\delta$ 处，流速则等于流体的主流速 c_f。靠近壁面，速度梯度较大的流体薄层称为速度边界层，其厚度用 δ 表示。边界层以外的区域称为主流区，主流区内流体的流速维持主流速 c_f，速度梯度为零，黏性不起作用。

速度边界层是逐渐形成和发展的，在壁面前缘，边界层厚度 δ 为零，δ 沿壁面逐渐增加，在厚度较小时，边界层内的流动总是层流，成为层流边界层。厚度增加到一定程度，边界层内的流动状态就由层流转变为紊流。

对于层流，速度分布为抛物线形；对于紊流，速度分布在层流底层部分较陡斜，近似于直线，而在底层以外的区域速度变化趋于平缓。由层流边界层开始向紊流边界层过渡的距离 x_c 称为**临界长度**，其值与前缘的形状、壁面粗糙度、流体性质、流体速度等因素有关。x_c 处的雷诺数称为**临界雷诺数** $Re_c=c_f x_c/\nu$。通常，流体沿平板流动时，$Re_c=5\times10^5$。

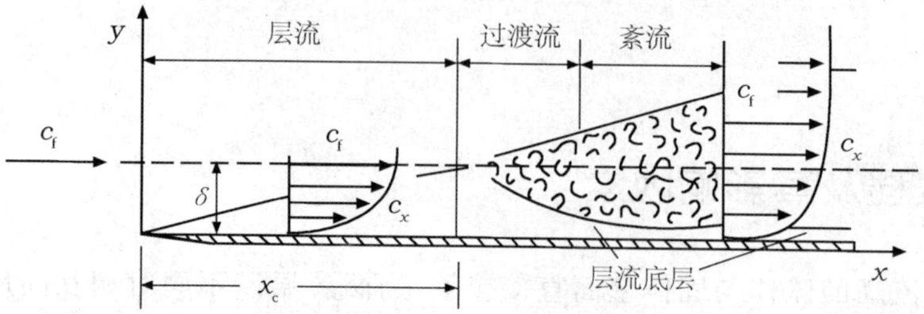

图 9-1 边界层速度分布及速度边界层的逐渐形成和发展

9.1.2 热边界层

当流体与固体壁面进行对流换热时，沿法线方向的流体温度分布情况如图 9-2 所示（流体被加热）。在紧贴壁面 $y=0$ 处，流体的温度 t 等于壁面温度 t_w，此处的温度梯度 $(\partial t/\partial y)_{y=0}$ 最大，$\partial t/\partial y$ 随 y 的增加而逐渐减小，到 $y=\delta_t$ 处，温度等于主流区流体温度 t_f。在温度由壁面温度变化到主流温度的一层流体中，靠近壁面的温度梯度较大，温度变化最剧烈，把这一流体薄层称为热边界层（或称温度边界层），其厚度以 δ_t 表示。在热边界层以外，温度梯度几乎为零，可以当作等温流动区。

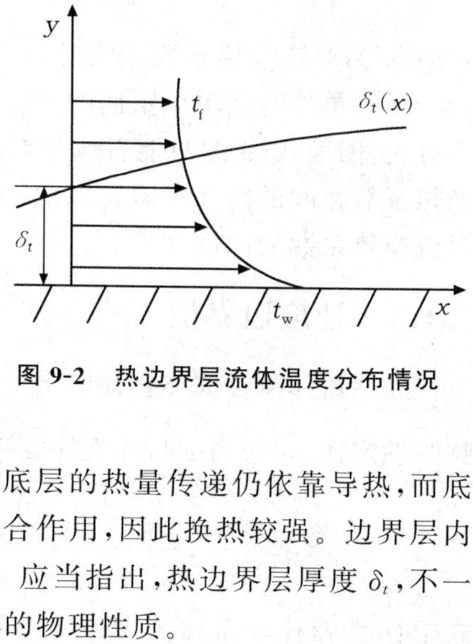

图 9-2 热边界层流体温度分布情况

边界层内热量传递过程由流动边界层和热边界层的状况而定。对于层流边界层，因沿壁面法线方向无热对流，因此在此方向上的热量传递仅依靠导热方式，换热较弱，边界层内温度分布呈抛物线形。对于紊流边界层，层流底层的热量传递仍依靠导热，而底层以外的紊流区，除导热方式外，主要靠涡旋扰动的对流混合作用，因此换热较强。边界层内的温度梯度在层流底层区最大，而在紊流区变化较为平缓。应当指出，热边界层厚度 δ_t，不一定等于流动边界层厚度 δ，它们之间的相互关系取决于流体的物理性质。

9.1.3 影响对流换热的因素

影响对流换热的因素很多，这是因为对流换热和流体的流动总是联系在一起的，同时又与固体壁面的形状大小等有关，主要有以下几个方面。

(1)流动产生的原因。按照引起流动的原因，可将对流换热区分为受迫流动和自由流动两大类。如果流体的流动是由泵、风机或其他压差作用造成的，称为受迫流动；如果流体的流动是由于流体冷热的密度不同所引起的，则称为自由流动。由于两者流动的推动力不同，它们的换热规律也不同。

一般情况，自然对流的流速较低，因此，自然对流换热通常要比强迫对流换热弱，对流换热系数要小。例如,气体的自然对流换热系数在 1～10 $W/(m^2 \cdot K)$范围内,而气体的强迫对流换热系数通常在 10～100 $W/(m^2 \cdot K)$范围内。

(2)流体流动的速度。流速 w 增加,促使边界层变薄,并使流体内部相对运动加剧,从而使对流换热系数 h 加大。

(3)流体的物理性质。影响对流换热过程的流体物性主要是导热系数、比热容、密度及黏度等。导热系数大的流体,贴壁层流层的导热热阻小,换热就强。比热容和密度大的流体容积热容量大,即载热能力大,增强了流体与壁面之间的热交换。此外,黏度大的流体流动边界层增厚,对换热不利。在分析物性参数对换热的影响时,应注意诸物性的综合效果,不宜孤立分析每一个物性参数对换热的影响,否则会导致错误的结论。

(4)换热表面的几何尺寸、形状和位置。在对流换热时,流体沿着壁面流动,所以,壁面的几何尺寸和位置对流体的流动有很大影响,从而也影响对流换热的强弱。图 9-3(a)示出了流体在管内受迫流动和流体横向绕过圆管受迫流动的情况。显然,这是 2 种不同的流动情况,换热规律必定不同。图 9-3(b)表示水平壁面向空气自由流动换热的 2 种布置。一种热面朝上,一种热面朝下。前者气流受热上升容易展开流动;后者由于热面朝下抑制流动,使 h 减小。

(5)流动的状态。流体的流动有层流和湍流两种流态。层流时流速缓慢,流体分层沿平行于壁面的方向流动,宏观上层与层之间互不混合,因此,垂直于流动方向上的热量传递主要靠分子扩散(即导热)。湍流时,流体内存在强烈的脉动和旋涡,使各部分流体之间迅速穿流、混合。流体湍流时的热量传递除了分子扩散之外,主要靠流体宏观的湍流脉动,因此,湍流对流换热要比层流对流换热强烈,表面换热系数大。

(6)流体有无相变。有时,在对流换热过程中流体会发生相变,如液体在对流换热过程中被加热而沸腾,由液态变为气态;蒸汽在对流换热过程中被冷却而凝结,由气态变为液态。由于流体在沸腾和凝结换热过程中吸收或者放出汽化潜热(相变热),沸腾时流体还受到气泡的强烈扰动,所以,流体发生相变时换热的规律以及换热强度和单相流体不同。

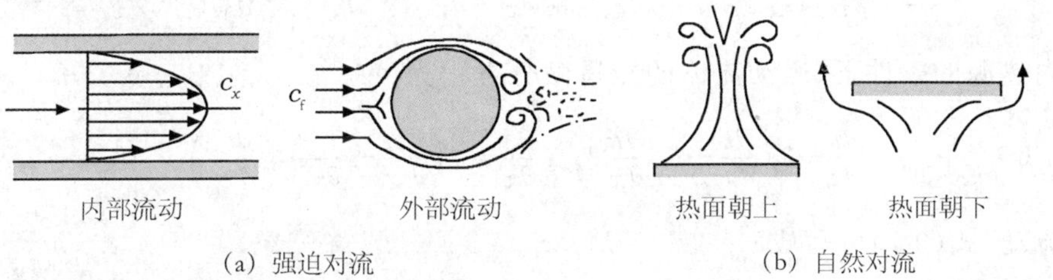

图 9-3 影响对流换热的几何因素示意图

综上所述,影响对流换热系数的因素很多,写成函数形式为

$$h=f(c_f,t_w,t_f,\lambda,c,\rho,\beta,\nu,l,\varphi,\cdots) \tag{9-3}$$

式中:l 为换热表面的**特征长度**,习惯上称为**定型尺寸**,通常是指对换热影响最大尺寸,如管内流动时的管内径、横向外掠圆管时的圆管外径等;φ 为换热表面的几何因素,如形状、相对位置等;$\nu=\mu/\rho$ 为流体的运动黏度,m^2/s;φ 为壁面的形状特征。

由于对流换热过程比较复杂,受迫流动和自由流动,层流和紊流,有相变与无相变,各种性质不同的流体以及换热面的形状、大小和相对位置等组成了多种不同规律的换热过程。因此，要了解对流换热系数 h 的变化规律，只有对上述各种情况分门别类地进行分析和试验，才能获得反映各种情况的计算公式。

9.1.4 对流换热微分方程组

9.1.4.1 对流换热微分方程

由上节可知，在紧贴壁面的层流边界层或层流底层中，热量的传递依靠导热，所以，沿壁面法向任意位置的局部热流密度可利用傅里叶定律来计算：

$$q=-\lambda\left(\frac{\partial t}{\partial y}\right)_{\mathrm{w}} \tag{9-4}$$

当然，也可按对流换热的基本公式来计算：

$$q=h_x(t_{\mathrm{f}}-t_{\mathrm{w}}) \tag{9-5}$$

由此可得

$$h_x=-\frac{\lambda}{t_{\mathrm{f}}-t_{\mathrm{w}}}\left(\frac{\partial t}{\partial y}\right)_{\mathrm{w}} \tag{9-6}$$

式(9-6)称为对流换热微分方程。它建立了局部换热系数和流体温度场之间的关系。为了求解温度梯度还需要建立其他微分方程。

9.1.4.2 能量微分方程——描述流体温度场的微分方程

设在对流条件下，$\mathrm{d}\tau$ 时间内微元体将沿 x,y,z 3 个方向移动 $\mathrm{d}x,\mathrm{d}y,\mathrm{d}z$ 距离，而在 3 个方向的速度分量分别为 c_x,c_y,c_z。因此，微元体的位置(x,y,z)也是时间的函数，即流体温度场的函数式为 $t=f(x,y,z,\tau)$。取 t 对时间的全导数，即

$$\frac{\mathrm{d}t}{\mathrm{d}\tau}=\frac{\partial t}{\partial \tau}+\frac{\partial t}{\partial x}\frac{\partial x}{\partial \tau}+\frac{\partial t}{\partial y}\frac{\partial y}{\partial \tau}+\frac{\partial t}{\partial z}\frac{\partial z}{\partial \tau}=\frac{\partial t}{\partial \tau}+c_x\frac{\partial t}{\partial x}+c_y\frac{\partial t}{\partial y}+c_z\frac{\partial t}{\partial z}$$

则在没有内热源的条件下，运动流体的能量微分方程为

$$\frac{\partial t}{\partial \tau}+c_x\frac{\partial t}{\partial x}+c_y\frac{\partial t}{\partial y}+c_z\frac{\partial t}{\partial z}=a\left(\frac{\partial^2 t}{\partial x^2}+\frac{\partial^2 t}{\partial y^2}+\frac{\partial^2 t}{\partial z^2}\right) \tag{9-7}$$

对于稳定流动，式(9-7)可写成

$$c_x\frac{\partial t}{\partial x}+c_y\frac{\partial t}{\partial y}+c_z\frac{\partial t}{\partial z}=a\left(\frac{\partial^2 t}{\partial x^2}+\frac{\partial^2 t}{\partial y^2}+\frac{\partial^2 t}{\partial z^2}\right)$$

由此可知，运动流体内的温度场与速度场有关，因此，还需要描述速度场的微分方程。

9.1.4.3 动量微分方程——描述流体速度场的微分方程

根据牛顿第二定律，物体的质量乘以某一轴向上的加速度，等于在这一轴向上作用的外力之和。由此可导得常物性不可压缩流体的动量微分方程。

沿 x 轴向

$$\rho\left(\frac{\partial c_x}{\partial \tau}+c_x\frac{\partial c_x}{\partial x}+c_y\frac{\partial c_x}{\partial y}+c_z\frac{\partial c_x}{\partial z}\right)=-\rho g_x\beta\Delta t-\frac{\partial p}{\partial x}+\mu\left(\frac{\partial^2 c_x}{\partial x^2}+\frac{\partial^2 c_x}{\partial y^2}+\frac{\partial^2 c_x}{\partial z^2}\right) \tag{9-8}$$

式(9-8)等号左边是惯性力,即单位体积的质量与加速度的乘积,ρ 是流体的密度;等号右边的 3 项分别是由于密度不均而引起的浮升力(g_x 是 x 轴向的重力加速度,β 是流体的体积膨胀系数,气体的 $\beta=\frac{1}{T}$,Δt 为冷、热流体的温差)、总压力梯度和黏性力。

同理,也可以写出沿 y 轴和 z 轴方向的类似方程。

在稳定的受迫流动换热中,惯性力较大,所以,可忽略浮升力的影响,则式(9-8)可写成

$$\rho\left(c_x\frac{\partial c_x}{\partial x}+c_y\frac{\partial c_x}{\partial y}+c_z\frac{\partial c_x}{\partial z}\right)=-\frac{\partial p}{\partial x}+\mu\left(\frac{\partial^2 c_x}{\partial x^2}+\frac{\partial^2 c_x}{\partial y^2}+\frac{\partial^2 c_x}{\partial z^2}\right) \tag{9-9a}$$

在稳定的自由流动换热中应考虑浮升力的作用。此时,流场内总压强是均匀的,因而$\frac{\partial p}{\partial x}=0$,于是式(9-8)可写成

$$\rho\left(c_x\frac{\partial c_x}{\partial x}+c_y\frac{\partial c_x}{\partial y}+c_z\frac{\partial c_x}{\partial z}\right)=-\rho g_x\beta\Delta t+\mu\left(\frac{\partial^2 c_x}{\partial x^2}+\frac{\partial^2 c_x}{\partial y^2}+\frac{\partial^2 c_x}{\partial z^2}\right) \tag{9-9b}$$

为使方程组能闭合,还需补充一个微分方程——连续性方程。

9.1.4.4 连续性方程

根据质量守恒定律,可导得不可压缩流体的连续性方程

$$\frac{\partial c_x}{\partial x}+\frac{\partial c_y}{\partial y}+\frac{\partial c_z}{\partial z}=0 \tag{9-10}$$

9.2 相似准则及准则函数

9.2.1 对流换热准则方程

相似理论是研究自然界和工程中各种物理过程相似原理的学说,作为用实验方法研究各种物理过程和完整地整理和综合实验结果的一般方法,相似理论已经广泛应用于水力学、传热学、热力学和物理化学等许多领域。根据相似理论,可将影响系统发展的主要物理量组合成无量纲的准则数,并进一步分析、建立准则数之间的相互关系。1915 年,努谢尔特(Nusselt)用相似方法研究了换热过程,系统地概括了以往的实验结果,并规划了新的实验,成为传热学诞生的标志。

整个 20 世纪是“相似”这一普通的概念和词语逐步成为专门特殊的学科的过程,其理论和应用日益扩大,进入了各个领域,由广而专,又由专而更广。20 世纪初,物理学界对与相似有关的理论展开了重要的讨论,同时开始应用于工程领域。30 年代形成了各种理论体系和各种应用科学的模型试验方法。70 年代由于计算机应用推广,“模型”和“相似”的概念突破了原来的范围,成为仿真技术的基础。近二三十年国内外又出现提出“相似论”作为从思维科学和认知哲学来进行研究的学术分支。对这样蓬勃发展的势头,需要进行探讨,理清一些概念和体系。

由于对流换热的复杂性,目前工程上应用的计算对流换热系数 h 的各种公式,主要是通过实验研究获得的。根据上节分析可知,对流换热系数与许多变量有关,因而实验工作量非常

大，以致难以实现。另外，即使进行了大量的实验，在整理实验数据时也将因变量太多，无法得到一个具有普遍意义的经验公式。为此，用相似理论指导的实验研究方法，得到了普遍的应用。

用相似理论指导实验，简单地说，就是依据相似理论的分析，把现象中众多的变量组成几个数群。这种数群称为相似准则，是无量纲量。每一个准则反映一个方面的影响，从而把变量变换成少数几个相似准则的函数式。这样就有可能从个别实验得到的数据，揭示出在一定场合下对流换热的普遍规律，简化了实验求解的工作量。

9.2.1.1 物理现象相似的条件

进行对流换热问题实验研究时是用模型进行的，只有模型中的换热现象与实际换热过程相似，实验所得的规律才能应用于实际过程。因此，布置实验装置时，必须使模型与原型之间满足物理相似的条件。

(1)必须是同类现象，即现象的物理性质相同，描述该类现象的关系式有类同的数学表达式和内容。

(2)物理现象相似只能发生在几何相似的体系中。对于对流换热现象而言，几何相似是指换热面放置位置要相同，几何形状要相似。

(3)2 个物理现象相似，意味着用来说明该 2 个现象物理性质的一切物理量相似。即在空间相对应的各点和时间上相对应的瞬时，说明第一个现象的某一物理量 φ' 和第二个现象的同类物理量 φ'' 成比例

$$\frac{\varphi'}{\varphi''}=c_{\varphi} \tag{9-11}$$

式中 c_{φ} 称为该物理量的相似倍数。

9.2.1.2 对流换热现象的相似准则和准则方程

相似准则是从描述物理现象的数学表达式，经相似变换而得的无量纲量。现以对流换热微分方程为例，说明导得相似准则的方法。

设 2 个相似的对流换热现象，它们的对流换热微分方程分别为

$$h'=-\frac{\lambda'}{\Delta t'}\left(\frac{\partial t'}{\partial y'}\right)_{\mathrm{w}} \tag{a}$$

$$h''=-\frac{\lambda''}{\Delta t''}\left(\frac{\partial t''}{\partial y''}\right)_{\mathrm{w}} \tag{b}$$

由于两现象相似，它们各同类物理量将分别存在如下的相似关系

$$\frac{h'}{h''}=c_h,\quad \frac{t'}{t''}=c_t,\quad \frac{y'}{y''}=c_l,\quad \frac{\lambda'}{\lambda''}=c_\lambda \tag{c}$$

将式(c)代入式(a)整理后得

$$\frac{c_h c_l}{c_\lambda}h''\Delta t''=-\lambda''\left(\frac{\partial t''}{\partial y''}\right)_{\mathrm{w}} \tag{d}$$

将式(b)和式(d)进行比较，必然是

$$\frac{c_h c_l}{c_\lambda}=1 \tag{e}$$

式(e)说明,描述对流换热现象规律的3个相关物理量,它们各自的相似倍数之间必然存在着制约关系。再将式(c)代入式(e),又得

$$\frac{h'y'}{\lambda'}=\frac{h''y''}{\lambda''}$$

习惯上,用l来表示换热面的特征尺寸,则上式可写为

$$\frac{h'l'}{\lambda'}=\frac{h''l''}{\lambda''} \tag{f}$$

式(f)说明,2个对流换热现象相似,其无量纲量$\frac{hl}{\lambda}$必相等,并称它为努谢尔特准则,用符号Nu表示。$Nu=\frac{hl}{\lambda}$包含对流换热系数h,Nu数越大,h也越大,对流换热越强烈,它是一个表征换热程度强弱的准则。因此,对于对流换热的2个换热现象,可以把描述现象的3个物理量所组成的无量纲量$\frac{hl}{\lambda}$,在任何相对应的地点和相对应的时刻是否保持等值,作为判断该2个现象是否相似的依据。

相似准则也可称之为"相似判据"。各种准则都由描述物理现象性质的若干物理量组成,并总可以从描述物理现象规律的数学表达式中用上述的相似变换方法导得。

流体作受迫流动时,可根据动量微分方程(9-9a)导得$c_f l/\nu=Re$并称为雷诺准则。$Re=\frac{c_f l}{\nu}$反映流体流动时惯性力和黏性力的相对大小。Re数大说明惯性力作用大,流态呈紊流;反之,Re数小说明惯性力作用小,流态平流。它是一个表征流体受迫流动状态的准则。

流体作自由流动时,可根据动量微分方程(9-9b)导得$\beta g\Delta t l^3/\nu^2=Gr$,并称为格拉晓夫准则,式中$\beta$为流体的容积膨胀系数。对于理想气体$\beta=\frac{1}{T}$,$T$为气体的绝对温度;液体的$\beta$值可查物性表。$\beta g\Delta t$反映了因温度差造成流体内部密度不同而引起的浮升力的大小。Gr数大表明浮升力较大,流体自由流动较剧烈,自由对流换热较强,它是一个表征流体自由流动状态的准则。

$Pr=\frac{\nu}{a}=\frac{\mu/\rho}{\lambda/(\rho c_p)}=\frac{\mu c_p}{\lambda}$,由流体物性量组成。这2个物性参数对边界层厚度和边界层内的流速、温度分布影响较大,所以,它是一个表征流体物性对换热影响的准则。Pr数大,必定是导温能力弱而黏度大的流体,如各种油类;Pr数小,必定是导温能力强而黏度小的流体,如液态金属。

同理,根据能量微分方程(9-7)可导得$c_f l/a=Pe$并称为贝克来准则,它反映了流体的热对流与导热对温度分布的影响。Pe可以进一步转换为$Pe=\frac{c_f l}{\nu}\frac{\nu}{a}=Re\cdot Pr$,而$Pr=Pe/Re=\nu/a$称为普朗特准则。

各相似准则都是从反映现象客观规律的微分方程导出的,都有一定的物理意义,都分别表述某一方面的影响因素。

9.2.1.3 定性温度和定型尺寸

各个准则中往往包含有物性参数,而所有物性参数均随温度变化。在换热条件下,流场内各处温度不同,物性也不同。这就要选取一个有代表性的温度来确定物性参数,并把它当作常

数来处理，这个确定物性参数的温度称为定性温度。选择定性温度并没有一定的规定，一般可按以下方案选择：

流体平均温度 $t_f=(t_f'+t_f'')/2$（t_f' 为进口处流体的平均温度，t_f'' 为出口处流体的平均温度）；边界层中流体的平均温度（也叫膜温度）$t_m=(t_w+t_f)/2$，t_w 为壁面温度。

在准则数中还出现代表换热表面几何特征的尺寸，这个特征尺寸称为定型尺寸。通常选取对流动情况有决定性影响的尺寸。例如，纵掠平板选用流动方向的板长 l；管内流动选用管的内径；横掠圆管选用管的外径。

9.2.2 准则函数的导出

相似原理在传热学中的一个重要的应用是指导安排试验及试验数据的整理。按相似原理，对流换热的试验数据应表示成相似准则数之间的函数关系，同时也应以相似准则数作为安排试验的依据，以管内单相强制对流换热为例，由上一节的分析知道，Nu 数与 Re 数及 Pr 数有关，即 $Nu=f(Re,Pr)$，因此，应当以 Re 数及 Pr 数作为试验中区别不同工况的变量，而以 Nu 数为因变量。这样，如果每个变量改变 10 次，则总共仅需做 10^2 次试验，而不是以单个物理量作变量时的 10^6 次，大幅度地减少了试验次数，且所得的结果有一定通用性（代表了该相似组）。

描述物理现象的微分方程表达了各物理量之间的函数关系，那么，由这些物理量组成的准则，也必然存在某种函数关系，因此，对于对流换热过程，可用上面导出的相似准则将式(9-3)改为准则方程，即

$$Nu=f(Re,Gr,Pr) \tag{9-12}$$

对于受迫紊流流动换热，可以忽略自由流动的影响，式(9-12)可写成

$$Nu=f(Re,Pr) \tag{9-13a}$$

对于纯自由流动换热，因不存在受迫流动，可从式(9-12)中略去 Re 准则，即

$$Nu=f(Gr,Pr) \tag{9-13b}$$

由此可见，应用相似准则来描写对流换热问题，可使方程中的变量数目大大减少，因而给实验研究带来很大方便。一般都将式(9-13a)整理成幂函数形式，即

$$Nu=cRe^n\ Pr^m \tag{9-14}$$

式中，系数 c 和指数 n，m 都是由实验确定的常数。

量纲间的内在联系，体现在量纲分析的基本依据 π 定理上。其内容是：一个表示 n 个物理量间关系的量纲一致的方程式，一定可以转换成包含 $n-r$ 个独立的无量纲物理量群间的关系式，r 指 n 个物理量中所涉及的基本量纲的数目。

下面以单相介质管内对流换热问题为例，应用量纲分析法来导出其有关的无量纲量。使流体在直径为 d 的圆管内流动时，可有下述关系：

$$h=f(c_f,d,\lambda,\mu,\rho,c_p) \tag{9-15}$$

应用量纲分析法获得特征数的步骤如下：

(1)找出组成与本问题有关的各物理量量纲中的基本量的量纲。

本例有 7 个物理量，它们的量纲均由 4 个基本量的量纲——时间的量纲 T、长度的量纲

L、质量的量纲 M 及温度的量纲 Θ 组成，即 $n=7$，$r=4$，故可以组成 3 个无量纲量。同时，选定 4 个物理量作为基本物理量，该基本物理量的量纲必须包括上述 4 个基本量的量纲，本例中取 c_f，d，λ 及 μ 为基本物理量。

(2)将基本量逐一与其余各量组成无量纲量，无量纲量总是采用幂指数形式表示，其中指数值待定。用字母 π 表示无量纲量，对本例则有

$$\pi_1 = hc_f^{a_1} d^{b_1} \lambda^{c_1} \mu^{d_1} \tag{a}$$

$$\pi_2 = \rho c_f^{a_2} d^{b_2} \lambda^{c_2} \mu^{d_2} \tag{b}$$

$$\pi_3 = c_p c_f^{a_3} d^{b_3} \lambda^{c_3} \mu^{d_3} \tag{c}$$

(3)用量纲和谐原理来决定上述待定指数 $a_1 \sim a_3$ 等以 π_1 为例可列出各物理量的量纲如下：

$$\dim h = \mathrm{M\Theta^{-1}T^{-3}};\quad \dim d = \mathrm{L}$$
$$\dim\lambda = \mathrm{ML\Theta^{-1}T^{-3}};\ \dim\mu = \mathrm{ML^{-1}T^{-1}}$$
$$\dim c_f = \mathrm{LT^{-1}}$$

将上述结果代入式(a)，并将量纲相同的项归并到一起，得

$$\pi_1 = \mathrm{L}^{a_1+b_1+c_1-d_1}\mathrm{M}^{c_1+d_1+1}\Theta^{-1-c_1}\mathrm{T}^{-a_1-d_1-3c_1-3}$$

上式等号左边为无量纲量，因而等号右边各量纲的指数必为零(量纲齐次原理)，故得

$$a_1+b_1+c_1-d_1=0$$
$$c_1+d_1+1=0$$
$$-1-c_1=0$$
$$-a_1-d_1-3c_1-3=0$$

由此得 $b_1=1,\quad d_1=0,\quad c_1=-1,\quad a_1=0$

故有 $\pi_1 = hc_f^0 d^{-1}\lambda^{-1}\mu^0 = \dfrac{hd}{\lambda} = Nu$

类似可得

$$\pi_2 = \frac{\rho c_f d}{\mu} = Re$$

$$\pi_3 = \frac{\mu c_p}{\lambda} = Pr$$

π_1 及 π_2 分别是以管子内径为特征长度的努谢尔特数及雷诺数。至此，式(9-15)可转化为

$$Nu = f(Re, Pr) \tag{9-16}$$

在对流换热过程中，可以推导出下述情况的相似准则方程

当对于层流掠过平板表面时，

$$Nu = 0.6Re^{0.5} \tag{9-17}$$

当气流以紊流形式掠过平板表面时，

$$Nu = 0.55Re^{0.8} \tag{9-18}$$

自由对流状态时，

$$Nu=4.67(GrPr)^{0.104} \tag{9-19}$$

蒸汽与热空气的混合状态的热传递

$$Nu=2+0.59Re^{0.5}(1+1.55\times10^{-4}Re)^{0.25} \tag{9-20}$$

【例 9-1】对空气($Pr=0.7$)在管内的强制对流换热进行实验测定得出了这样一个结果：对于流速 $c_f=10.5$ m/s、直径 $d=0.1$ m、运动黏度 $\nu=16\times10^{-6}$ m²/s、平均对流换热系数 $h=36.9$ W/(m² · K)的工况、流体的导热系数 $\lambda=0.0259$ W/(m · K)，计算得

$$Re=\frac{c_f d}{\nu}=\frac{10.5\ \text{m/s}\times0.1\ \text{m}}{16\times10^{-6}\ \ \text{m}^2/\text{s}}=6.56\times10^4$$

$$Nu=\frac{hd}{\lambda}=142.5$$

因此，只要 $Pr=0.7$，$Re=6.56\times10^4$，圆管内湍流强制对流换热的 Nu 数总等于 142.5。而 $Re=6.56\times10^4$ 这样一种工况可以由许多种不同的流速及直径的组合来达到，上述实验结果即代表了这样一个相似组。

相似原理的另一个重要应用是指导模化试验。所谓模化试验，是指用不同于实物几何尺度的模型(在大多数情况下是缩小的模型)来研究实际装置中所进行的物理过程的试验。显然，要使模型中的试验结果能应用到实物中去，应使模型中的过程与实际装置中的相似。这就要求实际装置及模型中所进行的物理现象的单值性条件相似，已定准则相等。但要严格做到这一点很困难。以对流换热为例，单值性条件相似包括了流体物性场的相似，即模型与实物的对应点上流体的物性分布相似。除非是没有热交换的等温过程，要做到这一点是很难的，因而工程上广泛采用近似模化的方法，即只要求对过程起决定性影响的条件满足相似原理的要求。例如，对稳态对流换热相似的要求可减少为流场几何相似、边界条件相似、Re 相等、Pr 数相等，而物性场的相似则通过引入定性温度来近似地实现。前面已指出，定性温度是指计算流体物性时所采用的温度。在整理试验数据时按定性温度计算物性，则整个流场中的物性就认为是相应于定性温度下的值，即相当于把物性视为常数，自然也就满足了物性场相似的条件。

【例 9-2】一换热设备的工作条件是：壁温 $t_w=120$℃，加热 $t_f=80$℃的空气，空气流速 $c_f=0.5$ m/s 采用一个全盘缩小成原设备 1/5 的模型来研究它的换热情况。在模型中亦对空气加热，空气温度 $t_f'=10$℃，壁面温度 $t_w'=30$℃。试问模型中流速 c_f' 应多大才能保证与原设备中的换热现象相似(模型中各量用上角码“′”标明)？

解：模型与原设备中研究的是同类现象，单值性条件亦相似，所以只要已定准数 Re、Pr 彼此相等即可实现相似。因空气的 Pr 数随温度变化不大，可认为 $Pr'=Pr$。于是需要保证的是 $Re'=Re$。据此

$$\frac{c_f' l'}{\nu'}=\frac{c_f l}{\nu}$$

从而

$$c_f'=c_f\frac{\nu' l}{\nu l'}$$

取定性温度为流体温度与壁温的平均值 $t_m=(t_w+t_f)/2$，从附表 6 查得

$$\nu=23.13\times10^{-6}\ \mathrm{m^2/s},\quad \nu'=15.06\times10^{-6}\ \mathrm{m^2/s}$$

已知 $l/l'=5$。于是,模型中要求的流体流速为

$$c_f'=c_f\frac{\nu'}{\nu}\frac{l}{l'}=\frac{0.5\ \mathrm{m/s}\times15.06\times10^{-6}\ \mathrm{m/s}\times5}{23.13\times10^{-6}\ \mathrm{m/s}}=1.63\ \mathrm{m/s}$$

讨论:模型是实物的 1/5,如果不按相似原理的思想来考虑,据此以为模型中的流速也应是实物中的 1/5 就错了。实际上恰恰相反,模型中的流速应是实物中流速 5 倍左右。至于不是严格的 5 倍,那是由流体的物性随温度的变化而引起的。按照本计算所得的条件进行试验,模型与实物中的过程就属于同一个相似组,模型中的试验结果就可以代表整个相似组。

【例 9-3】用平均温度为 50℃的空气来模拟平均温度为 400℃的烟气的外掠时的对流换热。实物中烟气流速在 10～15 m/s 范围内变化。模型采用与实物一样的管径,问模型中空气的流速应在多大范围内变化?

解:由附表 12 知:400℃烟气的 $\nu=60.38\times10^{-6}\ \mathrm{m^2/s}$,50℃空气的 $\nu=17.95\times10^{-6}\ \mathrm{m^2/s}$。为使模型与实物中 Re 数的变化范围相同,模型中的空气流速应为

$$c_f'=\frac{17.95\times10^{-6}\ \mathrm{m/s}}{60.38\times10^{-6}\ \mathrm{m/s}}\times(10\sim15)\ \mathrm{m/s}=(2.97\sim4.46)\ \mathrm{m/s}$$

安排试验时模型中的空气流速应包括这一范围。

在对流换热的特征数方程式中,待定量对流换热系数 h 包含在 Nu 中,所以 Nu 数是个待定数。对于求 h 的计算,其他特征数都是已定数。

在使用特征数方程时应注意以下 3 个问题:

(1)特征长度应该按该准则式规定的方式选取。前已指出,包括在相似准则数中的几何尺度称为特征长度,例如在 Re 数、Nu 数、Bi 数及 Fo 数中均包含有特征长度。原则上,要把所研究问题中具有代表性的尺度取为特征长度。对一些较复杂的几何系统,不同准则方程可能会采用不同的特征长度,使用时应加以注意。

(2)定性温度应按该准则式规定的方式选取。定性温度用以计算流体的物性。对同一批实验数据,定性温度不同使所得的准则方程也可能不一样。整理实验数据时定性温度的选取除应考虑实验数据对拟合公式的偏离程度外,也应照顾到工程应用的方便。常用的选取方式有:流体在通道内部流动取进出口截面的平均值;外部流动取边界层外的流体温度或取这一温度与壁面温度的平均值。

(3)准则方程不能任意推广到得到该方程的实验参数的范围以外。这种参数范围主要有 Re 数范围、Pr 数范围、几何参数范围等。

判断 2 个同类现象相似的条件是:①同名的已定特征数相等;②单值性条件相似。已定特征数是由所研究问题的已知量组成的特征数。例如,在研究对流换热现象时,Re 数及 Pr 数是已定特征数,而 Nu 数为待定特征数,因为其中的对流换热系数是需要求解的未知量。所谓单值性条件,是指使被研究的问题能唯一地确定下来的条件,它包括:

①初始条件,即非稳态问题中初始时刻物理量的分布(稳态问题不需要这一条件)。

②边界条件,即所研究系统边界上的温度(或热流密度)、速度分布等条件。

③几何条件,即换热表面的几何形状、位置以及表面的粗糙度等。

④物理条件,即物体的种类与物性。

这里的单值性条件与解析法中数学描写的定解条件是一致的，只是在相似原理中，为了强调各个与现象有关的量纲之间的相似性，特别增加了几何条件与物理条件两项。而在数学求解的定解条件中，给定所求解问题的几何条件与物理条件则被认为是不言而喻的。

量纲分析是获得无量纲量的一种方法。它的长处是方法简单，并对还列不出微分方程而只知道影响现象的有关物理量的问题，也可以求得结果。它的缺点是在有关物理量漏列或错列时不能得出正确的结果。就我们讨论的对流换热之类的问题而言，绝大多数情况都可列出微分方程式，漏列或错列有关物理量的情况并不存在。由于这种缘故，许多基础传热学教材都采用量纲分析法来导出无量纲量。

9.3 自由对流换热与受迫运动换热

9.3.1 自由对流换热

自然对流换热产生的原因是由于固体壁面与流体间存在温差，使流体内部温度场不均匀，导致密度场不均匀，于是在重力场作用下产生浮升力而促使流体发生流动，引起热量交换。例如在没有通风设备的室内暖气片与周围空气的换热，冰箱后面蛇行管散热片的散热，不安装强制冷却装置的电器设备元器件的散热，以及大气环流等。自然对流换热不消耗动力，在工业和日常生活中发挥着重要作用。

在大多数情况下，只有固体表面和所接触的流体之间存在温差，就会发生自然对流换热。但有温差也并非一定会引起自然对流，例如一块温度为 t_w 大平板，水平悬空放置在大房间内，假设房间内 的空气温度为 t_f，并且没有其他原因引起的流动。如果 $t_w>t_f$，则大平板上边的空气会发生自然对流，下边（边缘附近除外）的空气却几乎是静止的，因为平板阻止被加热的空气向上运动，板的下面与空气间的热量传递只能靠导热，如图 9-4(a)所示；如果 $t_w<t_f$，则正好相反，平板下边的空气发生自然对流，而上边的空气却几乎是静止的，因为平板阻止被冷却的空气向下运动，空气与上表面间的热量传递主要靠导热，如图 9-4(b)所示。再如 2 块温度不同的水平平板夹层中的流体，当上面平板的温度低于下面平板的温度时就会发生自然对流，反之则不能。

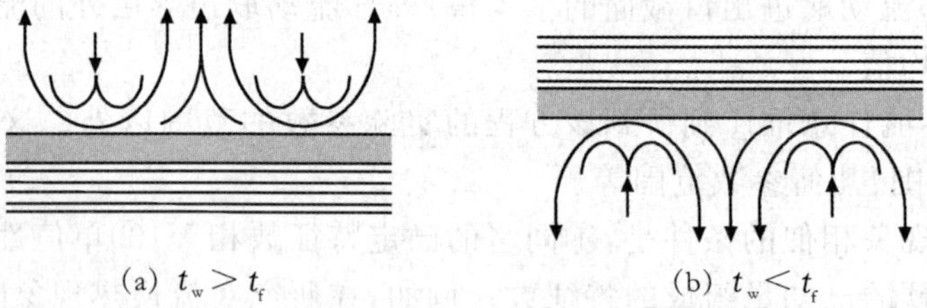

(a) $t_w>t_f$　　(b) $t_w<t_f$

图 9-4 水平平板上、下表面自然对流状态示意图

根据自然对流所在空间的大小，其他物体是否影响自然对流边界层的形成和发展，区分为大空间自然对流和有限空间自然对流。

9.3.1.1 自然对流换热的特点和规律

了解自然对流换热的数学模型对于掌握自然对流换热的特点和规律非常重要。下面以大空间内沿竖直壁面的自然对流换热为例进行说明。一个具有均匀温度 t_w 的竖直壁面位于一大空间内，远离壁面处的流体处于静止状态，没有强迫对流。假设流体的温度 t_f 低于壁面温度，即 $t_w>t_f$，于是，壁面与流体间发生自然对流换热，并在紧贴壁面处形成自上而下的自然对流边界层。与流体外掠平板的强迫对流换热类似，自然对流边界层也有层流和湍流之分，从壁面的下边开始向上，由层流边界层逐渐过渡到湍流边界层。

大空间内竖直壁面的自然对流换热具有以下特点：

(1)浮升力是自然对流的动力。反映浮升力与黏性力相对大小的格拉晓夫数 Gr 对自然对流换热起决定作用，这是所有自然对流换热的共同特点。

(2)自然对流边界层内的流体在浮升力与黏性力的共同作用下运动，而强迫对流边界层内的流体在惯性力与黏性力的共同作用下运动，这就决定了自然对流边界层内的速度分布与强迫对流不同。自然对流的最大速度位于边界层内部，并且速度的最大值随着 Pr 的增大而减小，其位置向壁面移动，如图 9-5 所示。

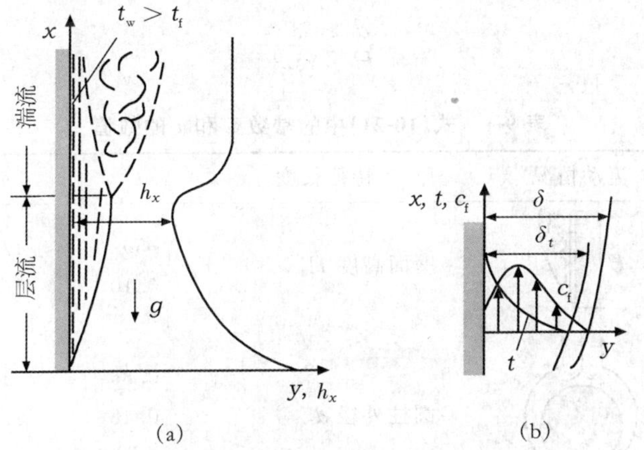

图 9-5 竖直面的自然对流换热对流示意图

(3)原则上，有温度差就有密度差，就会产生浮升力使流体运动。理论上，自然对流的热边界层厚度 δ_t 应该等于流动边界层的厚度 δ。但事实上，只有黏度非常小、$Pr\ll1$ 的流体(如液态金属)，δ 才近似等于 δ_t，而其他所有流体的 δ 都大于 δ_t。这是由于在黏性力的作用下，热边界层内受热上升的流体携带热边界层外邻近的未受热流体一起运动的缘故。对自然对流层流换热的理论分析结果证明，δ 与 δ_t 的比值取决于 Pr。从图 9-5 可见，随着 Pr 的增大，层流边界层的厚度 δ 变化不大，但热边界层的厚度 δ_t 迅速减小，壁面处温度梯度的绝对值增大，换热增强。

(4)Gr 的大小决定了自然对流的流态。绝大多数文献推荐用瑞利数 $Ra=Gr\cdot Pr$ 作为流态的判据，例如对于竖直壁面的自然对流换热，当 $Ra<10^9$ 时为层流，当 $Ra>10^9$ 是为湍流。

(5)随着流态的改变，自然对流换热的强度也随之发生变化。沿竖直壁面高度方向局部对流换热系数 h_x 的变化如图 9-5 所示，随着层流边界层的加厚，h_x 沿高度方向逐渐减小，当边界层从层流向湍流过渡时又增大。实验研究表明，在旺盛湍流阶段，h_x 基本上不随壁面高度变化。

9.3.1.2 大空间自然对流换热特征数关联式

理论分析和实验研究的结果表明，自然对流换热的特征数关联式可以写成下面的幂函数形式：

$$Nu=C(GrPr)^n=CRa^n \tag{9-21}$$

该式的定性温度为边界层的算术平均温度 $t_m=\frac{1}{2}(t_w+t_f)$。常见的自然对流换热有等壁温和常热流 2 种边界条件，下面分别介绍这 2 种边界条件下的特征数关联式。

(1)等壁温。对于等壁温边界条件的自然对流换热，可直接利用式(9-21)进行计算，表 9-1 列出了几种典型的自然对流换热的常数 C 和 n 的数值。

对于竖直圆柱，当满足式(9-22)可以按竖直壁面处理；否则，直径 d 将影响边界层的厚度，进而影响换热强度。这时，无论对层流还是湍流，式(9-21)中的常数 C 的值都取为 0.686，n 的值与竖直壁面的情况相同。

$$\frac{d}{H}\geqslant\frac{35}{Gr^{\frac{1}{4}}} \tag{9-22}$$

表 9-1　式(10-21)中的常数 C 和 n 的数值

壁面形状与位置	流动情况	特征长度	C	n	$GrPr$ 适用范围
竖直平面或竖直圆柱	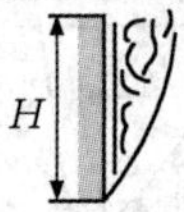	壁面高度 H	59 0.10	1/4 1/3	$10^4\sim10^5$ $10^9\sim10^{13}$
水平圆柱	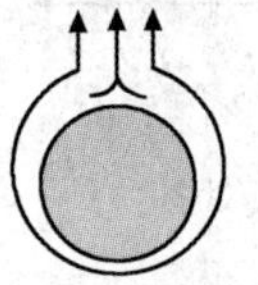	圆柱外径 d	0.85 0.48 0.125	0.188 1/4 1/3	$10^2\sim10^4$ $10^4\sim10^7$ $10^7\sim10^{12}$
水平热面朝上或水平冷面朝下	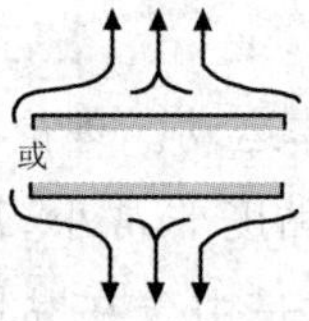	平壁取面积与周长之比 A/L，圆盘取 0.9 d	0.54 0.15	1/4 1/3	$10^4\sim10^7$ $10^7\sim10^{11}$
水平热面朝下或水平冷面朝上	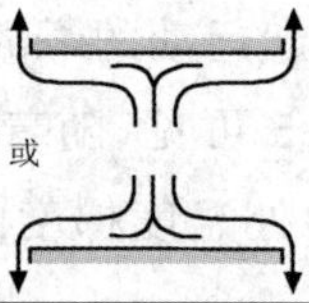	平壁取面积与周长之比 A/L，圆盘取 0.9 d	0.25	1/4	$10^5\sim10^{11}$

在工程和日常生活中常见的温度范围内，空气在常压下的物性参数可近似为常数，式(9-21)可以进一步简化。对于表 9-1 中的几种典型的自然对流换热情况，简化后的公式列于表 9-2。

如果压力略高于或略低于大气压，可在表 9-2 所示简化公式的右边乘以一个修正系数 ε_p

对于层流　$\varepsilon_p=\left(\frac{p}{101.32}\right)^{\frac{1}{2}}$

对于湍流 $$\varepsilon_p=\left(\frac{p}{101.32}\right)^{\frac{2}{3}}$$

式中 p 的单位为 kPa。

表 9-2 几种情况下的自然对流换热的简化公式

壁面形状与位置	特征长度	简化公式	$GrPr$ 适用范围
竖直平面或竖直圆柱	壁面高度 H	$\alpha=1.42(\Delta t/H)^{1/4}$	$10^4\sim10^9$
		$\alpha=1.31(\Delta t)^{1/3}$	$10^9\sim10^{13}$
水平圆柱	圆柱外径 d	$\alpha=1.32(\Delta t/d)^{1/4}$	$10^4\sim10^9$
		$\alpha=1.24(\Delta t)^{1/3}$	$10^9\sim10^{12}$
水平热面朝上或水平冷面朝下	平壁取面积与周长之比 A/L,圆盘取 0.9 d	$\alpha=1.32(\Delta t/l)^{1/4}$	$10^4\sim10^7$
		$\alpha=1.52(\Delta t)^{1/3}$	$10^7\sim10^{11}$
水平热面朝下或水平冷面朝上	平壁取面积与周长之比 A/L,圆盘取 0.9 d	$\alpha=0.59(\Delta t/l)^{1/4}$	$10^5\sim10^{11}$

(2)常热流。对于常热流边界条件下的自然对流换热,例如电加热器、电子元件表面的散热,一般壁面热流密度 q 是给定的,但壁面温度未知,并且沿壁面分布不均匀,计算的目的往往是确定局部壁面温度 t_w。

对于竖直壁面,通常引进一个修正的局部格拉晓夫 Gr_x^*,定义为

$$Gr_x^*=Gr_xNu_x=\frac{\beta g\Delta tl^3}{\nu^2}\frac{hl}{\lambda}=\frac{\beta ghql^4}{\nu^2\lambda} \tag{9-23}$$

采用下面的关联式计算常热流边界条件下竖直壁面自然对流换热的局部表面传热系数

$$Nu_x=0.60(Gr_x^*Pr)^{\frac{1}{5}} \tag{9-24}$$

适用范围为 $10^5<Gr_x^*Pr<10^{11}$,层流;

$$Nu_x=0.17(Gr_x^*Pr)^{\frac{1}{4}} \tag{9-25}$$

适用范围为 $2\times10^{13}<Gr_x^*Pr<10^{16}$,湍流。

式(9-24)、式(9-25)的定性温度为局部边界层平均温度 $t_m=\frac{1}{2}(t_w+t_f)$,但由于 t_w 未知,定性温度 t_m 不能确定。对于这种情况,可以采用试算法:先假设一个 $t'_{w,x}$,确定一个定性温度,再根据式(10-24)或式(10-25)求得 h,将其代入式 $q=h(t_w-t_f)$ 求出 t_w。如果求出的 t_w 与假设的 t'_w 偏差太大,再重新假设,重复上述计算,直到计算结果满意为止。需要指出,由于在常热流边界条件下,温差 (t_w-t_f) 沿壁面高度方向变化,所以,不能用式 $h=\frac{1}{H}\int_0^H h_x\mathrm{d}x$ 计算平均换热系数。

丘吉尔(Churchill)等人在整理大量文献实验数据的基础上,提出了对等壁温和常热流边界条件下的竖直壁面自然对流换热都适用的平均表面传热系数计算公式:

$$Nu=\left\{0.825+\frac{0.387Re^{1/6}}{[1+(0.492/Pr)^{9/16}]^{8/27}}\right\}^2 \tag{9-26}$$

该式的适用范围较广，为 $10^{-1}<Ra<10^{12}$，且对层流和湍流都适用。对于 $Ra<10^9$ 的层流换热，利用下式计算更为精确：

$$Nu=0.68+\frac{0.67Re^{1/4}}{[1+(0.492/Pr)^{9/16}]^{4/9}} \tag{9-27}$$

以上二式的定性温度也是边界层平均温度 $t_m=\frac{1}{2}(t_w+t_f)$，特征长度为壁高 H。对于常热流边界条件，t_w 未知，仍需采用试算法。

【例 9-4】 热电厂中有一水平放置的蒸汽管道，保温层外径 $d=400$ mm，壁温 $t_w=50$℃，周围空气的温度 $t_f=20$℃。试计算蒸汽管道外壁面的对流散热损失。

解：这是一个自然对流换热问题。特征温度为

$$t_m=\frac{1}{2}(t_w+t_f)=\frac{1}{2}\times(50℃+20℃)=35℃$$

按此温度从附表 6 中查得空气的物性参数值为

$$\nu=16.58\times10^{-6}\,\mathrm{m^2/s},\quad \lambda=2.72\times10^{-2}\,\mathrm{W/(m\cdot K)},\quad Pr=0.7$$

$$\beta=\frac{1}{T_m}=\frac{1}{(273+35)\mathrm{K}}=3.25\times10^{-3}\,\mathrm{K^{-1}}$$

$$GrPr=\frac{g\beta\Delta td^3}{\nu^2}Pr=\frac{9.8\,\mathrm{m/s^2}\times3.25\times10^{-3}\,\mathrm{K^{-1}}\times(50-20)\mathrm{K}\times(0.4\,\mathrm{m})^3}{(16.58\times10^{-6}\,\mathrm{m^2/s})^2}\times0.7=1.56\times10^8$$

由表 9-1 可查得 $C=0.125$，$n=1/3$，于是根据式(9-21)有

$$Nu=0.125(GrPr)^{1/3}=0.125\times(1.56\times10^8)^{1/3}=67.3$$

$$h=\frac{\lambda}{d}Nu=\frac{2.72\times10^{-2}\,\mathrm{W/(m\cdot K)}}{0.4\,\mathrm{m}}\times67.3=4.63\,\mathrm{W/(m^2\cdot K)}$$

单位管长的对流散热损失为

$$q_l=\pi dh(t_w-t_f)=\pi\times0.4\,\mathrm{m}\times4.63\,\mathrm{W/(m^2\cdot K)}\times(50-20)\mathrm{K}=174.5\,\mathrm{W/m}$$

如果要计算蒸汽管道的全部散热损失，还必须考虑外壁面与周围环境之间的辐射换热损失。

9.3.2 流体受迫流动换热

9.3.2.1 流动和换热特征

当流体在管内受迫流动时，边界层的形成和发展如图 9-6(a)所示。流体以匀速流入管口后，因黏性力而使管壁处的流速降低，形成边界层，并逐渐加厚。由于管内各断面流量不变，管心流速将随边界层流速的降低而逐渐增加。因此，沿 x 方向不同截面上的速度分布不同。经过一段距离 l 后，管壁两侧的边界层在管心汇合，边界层停止发展，它的厚度等于管子半径 $\delta=d/2$。在边界层汇合之前的区段，称为流动进口段。其后，各截面上速度分布不再变化，形成充分发展的流动，称为流动充分发展段。管内的流态可用管截面平均流速计算出的 Re 数来判断：$Re<2\,300$ 时为层流，$Re>10^4$ 为旺盛紊流，其间是过渡段。

与流动边界层的发展相伴随，管内热边界层也同时发展和增厚，最终也汇合于管心。在热边界层汇合之前的区段，不同截面上流体的无量纲温度分布，在沿 x 方向变化。此区段称为

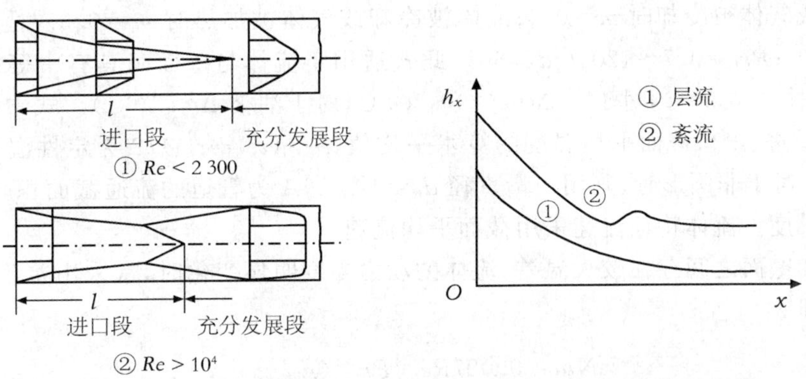

(a) 进口段流动边界层的形成和发展　　(b) 进口段局部换热系数的变化

图 9-6　流体受迫流动时的边界层和换热系数

热进口段。其后,各截面上流体的无量纲温度分布不再变化,称为热充分发展段。对于 $Pr \approx 1$ 的流体,流动进口段和热进口段的长度基本相等。

管内层流和紊流的局部换热系数 h_x 随 x 的变化如图 9-6(b)所示。在进口处,边界层最薄,h_x 具有最大值,然后随边界层增厚而逐渐降低。在层流情况下,h_x 逐渐趋于不变值,如图 9-6(b)中的曲线①所示。在紊流情况下,当边界层转变为紊流后,将回升并迅速趋于不变值,如图 9-6(b)中的曲线②所示。到了热充分发展段,对流换热系数将保持定值。对于平均对流换热系数而言,若为 $l/d \geqslant 60$ 的长管,进口段的影响可忽略不计。对于 $l/d < 60$ 的短管,因进口段的影响,短管的平均对流换热系数高于长管的平均对流换热系数。一般列出的管内受迫流动换热准则方程指长管,若用于短管,应引入管长修正系数 ε_l 加以修正。

在对流换热的情况下,由于存在温差,管心处和近壁处流体的温度不同,物性发生变化。特别是黏度发生差异,将导致有温差时的速度场不同于等温流动的情况。以液体在管内流动被加热的情况为例,近壁处液体的黏度比管心处小,因而近壁处的液体要比等温流动时快,如图 9-7 曲线 3 所示。温差越大,这种速度分布的畸变就越大,贴壁处的速度变化率也越大。其他条件相同时,液体被加热时的换热系数高于被冷却时的换热系数。总之,热流方向不同(被冷却或被加热)对换热系数有影响,在准则方程中为考虑这种影响而引入修正项 $\left(\frac{\mu_f}{\mu_w}\right)^n$ 或 $\left(\frac{T_f}{T_w}\right)^n$ 加以修正。

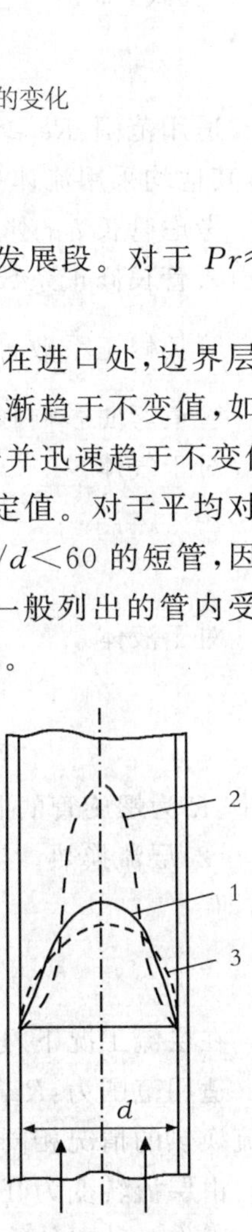

图 9-7　热流方向对速度场的影响

流体在螺旋管中流动时,由于离心力作用,使流体在管道内形成二次环流,强化了换热过程,故螺旋管的换热比直管强,在准则方程中应引入弯曲修正系数 ε_R 加以修正。

9.3.2.2　管内换热计算公式(准则方程)

(1)紊流换热。对光滑管内充分发展的紊流换热,可采用迪特斯-玻尔特(Dittus-Boelter)公式

$$Nu_f = 0.023 Re_f^{0.8} Pr_f^m \tag{9-28}$$

液体被加热或气体被冷却时 $m=0.4$；液体被冷却或气体被加热时 $m=0.3$。适用范围：$Re_f=10^4\sim1.2\times10^5$；$Pr_f=0.7\sim120$；$l/d\geqslant60$。此式适用于流体与壁面间具有中等以下温度差的场合（对于气体 $\Delta t\leqslant50$℃，对于水 $\Delta t<(20\sim30)$℃，对于油类 $\Delta t\leqslant10$℃）。式中采用流体平均温度 t_f 即管道进、出口截面平均温度的算术平均值，$t_f=(t_f'+t_f'')/2$ 为定性温度。定型尺寸取管内径 d。对于非圆形管，则用当量直径 $d_e=4A/L$，A 为管道的流通截面积，L 为流体润湿流道的周边长度。流体特征流速采用截面平均流速。

当流体和壁面之间存在较大温差，流体的动力黏度明显变化时，常采用希德-台特（Sieder-Tate）公式，即

$$Nu_f=0.027Re_f^{0.8}Pr_f^{1/3}(\mu_f/\mu_w)^{0.14}$$

适用范围：$Re_f\geqslant10^4$；$Pr_f=0.7\sim16\ 700$；$l/d\geqslant60$。式中除 μ_w 用壁面温度 t_w 为定性温度外，其他均采用流体平均温度 t_f 为定性温度。

考虑管长 l 的影响，对于 $l/d<60$ 的短管和螺旋管，在采用上式进行换热计算时，必须分别引入管长修正系数 ε_l 和管道弯曲影响修正系数 ε_R。

管长修正系数 ε_l 可采用 $\varepsilon_l=1+\left(\dfrac{d}{l}\right)^{0.7}$ 来计算。

管道弯曲影响修正系数 ε_R 的计算式为

对于气体

$$\varepsilon_R=1+1.77\frac{d}{R}$$

对于液体

$$\varepsilon_R=1+10.3\left(\frac{d}{R}\right)^3$$

式中：R 为螺旋管的曲率半径；d 为管子直径。

(2)层流换热。对于营内层流换热，无自由对流影响时，可采用希德-台特（Sieder-Tate）公式，即

$$Nu_f=1.86(Re_f\cdot Pr_f\cdot d/l)^{1/3}(\mu_f/\mu_w)^{0.14} \tag{9-29}$$

在层流工况下，进口段的影响波及的管段比较长，故式中引进几何参数准则 d/L。

适用范围为：$Re_f\leqslant2\ 300$；$Pr_f>0.6$；$Re_fPr_fd/l>10$。式中选用的定性温度和定型尺寸与紊流换热的情况相同，流体流速也采用管内平均流速。

由层流转变为旺盛紊流的过渡流较不稳定，为避免换热设备的不稳定性，一般都不在这一区域工作。若要估算过渡流区的换热系数，可以分别用层流和紊流公式计算，过渡流区的换热系数介于两者之间。

9.4 外掠圆管和管束放热

所谓外部流动换热是指这样一类流动与换热：换热壁面上的流动边界层与热边界层能自由发展，不会受到邻近壁面存在的限制。因而，在外部流动中存在着一个边界层外的区域，那

里无论是速度梯度还是温度梯度都可以忽略。

9.4.1 横掠单管换热

所谓横掠单管，就是流体沿着垂直于管子轴线的方向流过管子表面。流体横掠单管流动除了具有边界层特征外，还要发生绕流脱体，而产生回流、旋涡和涡束。下面定性说明绕流脱体现象。流体绕掠圆管时，沿程压力发生变化。大约在圆管的前半部，压力递降，而在后半部压力又回升。考察压力升高条件($\mathrm{d}p/\mathrm{d}x>0$)下边界层的流动特征，发现它与外掠平板的边界层流动不同。此时，在边界层内流体靠本身的动量克服压力增长而向前流动，速度分布趋于平缓。近壁的流体层由于动量不大，在克服上升的压力时显得越来越困难，以至出现壁面处速度梯度变为0，$\left.\frac{\partial \mu}{\partial y}\right|_{y=0}=0$。随后产生与原流动方向相反的回流，如图 9-8 所示。这一转折点称为绕流脱体的起点(或称分离点)。从此点起边界层内缘脱离壁面，如图 9-8(b)中虚线所示，故称脱体。脱体起点位置取决于 Re 数。$Re<10$ 时不出现脱体。$10<Re\leqslant 1.5\times10^5$ 时边界层为层流，脱体发生在 $\varphi=80°\sim85°$处。而 $Re\geqslant1.5\times10^5$ 时，边界层在脱体前已转变为湍流，脱体的发生推后到 $\varphi\approx140°$处。

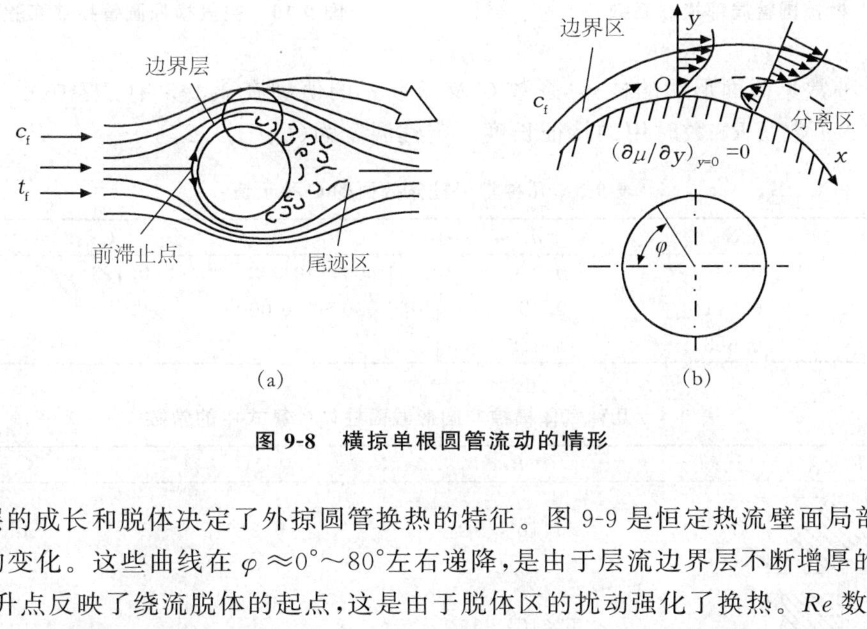

图 9-8 横掠单根圆管流动的情形

边界层的成长和脱体决定了外掠圆管换热的特征。图 9-9 是恒定热流壁面局部努塞尔数随角度 φ 的变化。这些曲线在 $\varphi\approx0°\sim80°$左右递降，是由于层流边界层不断增厚的缘故。Re 数低时，回升点反映了绕流脱体的起点，这是由于脱体区的扰动强化了换热。Re 数高时，第一次回升是由于转变成湍流的缘故；第二次回升约在 $\varphi=140°$，是由于脱体的缘故。

虽然局部对流换热系数变化比较复杂，但从平均对流换热系数看(图 9-10)，渐变的规律性很明显。为计算方便，推荐以下分段幂次关联式

$$Nu=CRe^{n}Pr^{1/3} \tag{9-30a}$$

式中：C 及 n 的值见表 9-3；定性温度为$(t_w+t_f)/2$；特征长度为管外径；Re 数中的特征速度为通道来流速度 c_f。该式对空气的实验温度验证范围为：$t_f=15.5\sim982$℃，$t_w=21\sim1\,046$℃。

气体横掠非圆形截面的柱体或管道的对流换热也可采用式(9-30b)计算：

$$Nu=CRe^{n} \tag{9-30b}$$

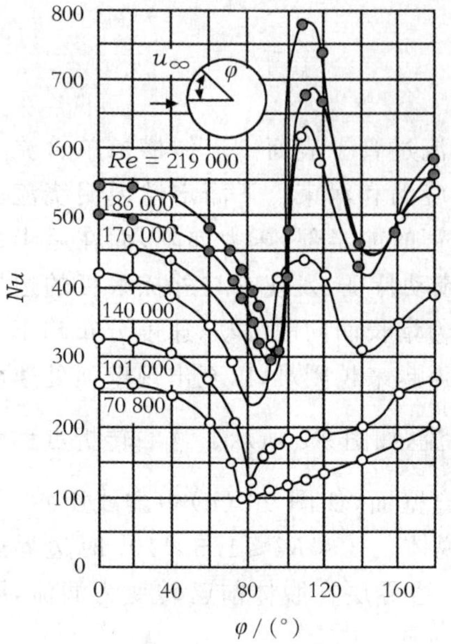

图 9-9 横掠圆管局部换热系数

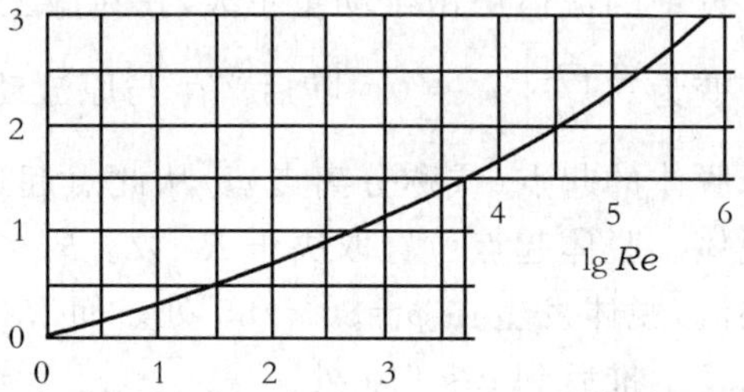

图 9-10 空气横掠圆管换热实验结果

对于几种常见截面形状的柱体，系数 C 及指数 n 的值列在表 9-3 中。表中示出的几何尺寸 l 是计算 Nu 数及 Re 数时用的特征长度。定性温度为 $(t_w+t_f)/2$。

表 9-3 几种常用柱体截面的 C 和 n 值

Re	C	n	Re	C	n
0.4～4	0.989	0.330	4 000～40 000	0.193	0.618
4～40	0.911	0.385	40 000～400 000	0.026 6	0.805
40～4 000	0.683	0.466			

表 9-4 几种气体横掠非圆形截面柱体计算式中的常数

形 状	Re	C	n
正方形 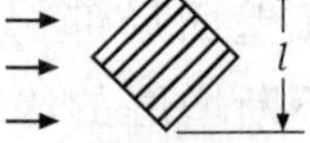	$5\times10^3\sim10^5$	0.246	0.588
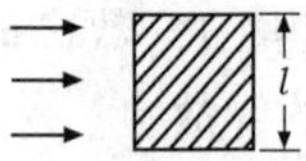	$5\times10^3\sim10^5$	0.102	0.675
正六边形 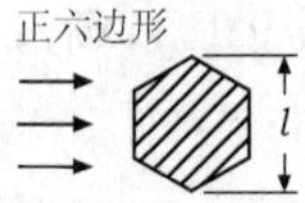	$5\times10^3\sim1.95\times10^4$ $1.95\times10^4\sim10^5$	0.160 0.038 5	0.638 0.782
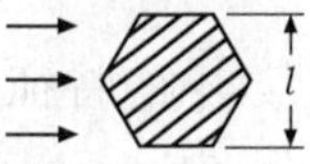	$5\times10^3\sim10^5$	0.153	0.638
竖直平板 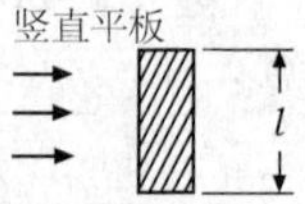	$4\times10^3\sim1.5\times10^4$	0.228	0.731

在式(9-30)中，这种准则式形式简单，但对于如图 9-10 所示的宽广范围内的实验数据需分段整理。丘吉尔与朋斯登(M. Bermstein)对流体横向外掠单管提出了以下在整个试验范围内都适用的准则式

$$Nu=0.3+\frac{0.62Re^{1/2}Pr^{1/3}}{[1+(0.4/Pr)^{2/3}]^{1/4}}\left[1+\left(\frac{Re}{282\ 000}\right)^{5/8}\right]^{4/5} \tag{9-31}$$

此式的定性温度为$(t_w+t_f)/2$，适用于$RePr>0.2$的情形。

【例 9-5】在低速风洞中用电加热圆管的方法来进行空气横掠水平放置圆管的对流换热试验。试验管置于风洞的 2 个侧壁上，暴露在空气中的部分长 100 mm，外径为 12 mm。实验测得来流气温 $t_f=15$℃，换热表面平均温度 $t_w=125$℃，功率 $P=40.5$ W。由于换热管表面的辐射及换热管两端通过风洞侧壁的导热，估计约有 15%的功率损失掉，试计算此时的对流换热系数。

解：按牛顿冷却公式，整根换热管的平均对流换热系数为

$$h=\frac{Q}{A(t_w-t_f)}$$

其中 $Q=0.85P=0.86\times40.5\ \text{W}=34.43\ \text{W}$；$A=\pi dl=3.14\times0.012\ \text{m}\times0.1\ \text{m}=3.768\times10^{-3}\ \text{m}^2$。代入上式得

$$h=\frac{34.43\ \text{W}}{3.768\times10^{-3}\ \text{m}^2(125-15)℃}=83.1\ \text{W/(m}^2\cdot℃)$$

讨论为了提高对流换热系数测定的精确度，在本试验中尽量降低换热管的辐射与两端导热损失具有重要意义。为了减少辐射换热，可在换热管表面镀铬，这可使表面发射率下降到 0.01～0.05。为了减少两端导热损失，在换热管穿过风洞壁面处应该用绝热材料隔开。在进行自然对流试验时，减少辐射与端部导热损失对提高测试结果的准确度更具有重要意义。

9.4.2 横掠管束换热

外掠管束换热在换热器及锅炉、暖风器等专用换热设备中最为常见。通常管子有叉排和顺排 2 种排列方式，见图 9-11。流体冲刷叉排和顺排管束的景象是不同的，叉排时流体在管间交替收缩和扩张的弯曲通道中流动，比顺排时在管间走廊通道的流动扰动剧烈。因此，一般地说，叉排时的换热比顺排时强。但叉排管束的阻力损失大，顺排有易于清洗冲刷清洗的管束。

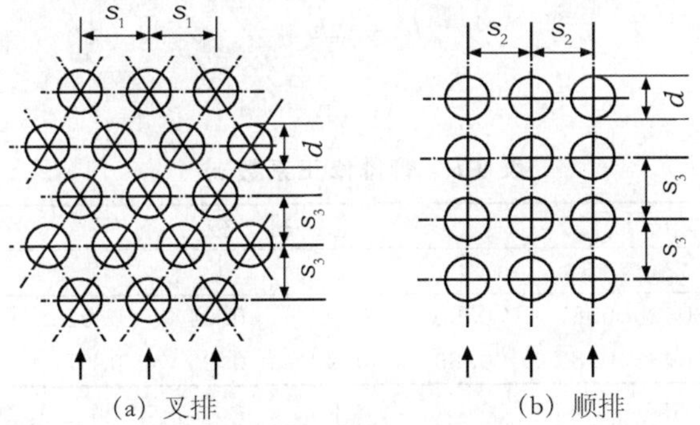

(a) 叉排　　(b) 顺排

图 9-11　叉排与顺排管束

影响管束换热的因素除 Re、Pr 数(若限于讨论气体,则 Pr 数可不包括在内)外,还有叉排或顺排、管间距(横向间距 s_1 和纵向间距 s_2)、管束排数。根据格里姆森(Ggrimson)的实验结果,后排管受前排管尾流的扰动作用对平均对流换热系数的影响直到 10 排以上的管子才能消失。对这种影响的常用处理方法是,先总结出可以不考虑排数影响的基本实验关联式,然后把管束排数的因素作为修正系数。气体横掠 10 排以上管束的平均对流换热系数的实验关联式为

$$Nu = CRe^{m} \tag{9-32}$$

该式的定性温度采用

$$t_r = (t_w + t_f)/2 \tag{9-33}$$

式中:t_f 为管束中流体的平均温度。式(9-32)中的特征长度为管外径 d,Re 中的流速采用整个管束中最窄截面处的流速,C 和 m 的值见表 9-5。该式的适用范围为 Re_f=2 000~4 000。

表 9-5 式(9-32)中的 C 与 m

排式	s_2/d	s_1/d 1.25 C	1.25 m	1.5 C	1.5 m	2 C	2 m	3 C	3 m
顺排	1.25	0.348	0.592	0.275	0.608	0.100	0.704	0.063 3	0.752
	1.5	0.367	0.586	0.250	0.620	0.101	0.702	0.067 8	0.744
	2	0.418	0.570	0.299	0.602	0.299	0.632	0.198	0.648
	3	0.290	0.601	0.357	0.584	0.374	0.581	0.286	0.608
叉排	0.6							0.213	0.636
	0.9					0.446	0.571	0.401	0.558 1
	1			0.497	0.558				
	1.125					0.478	0.565	0.518	0.560
	1.25	0.518	0.556	0.505	0.554	0.519	0.556	0.522	0.562
	1.5	0.451	0.568	0.460	0.562	0.452	0.568	0.488	0.568
	2	0.404	0.572	0.416	0.568	0.482	0.556	0.449	0.570
	3	0.310	0.592	0.356	0.580	0.440	0.562	0.421	0.574

对于排数少于 10 排的管束,平均对流换热系数可在式(9-32)的基础上再乘以一个小于 1 的管排修正系数 ε_n,得到

$$h_n = \varepsilon_n h \tag{9-34}$$

ε_n 的值见表 9-6。

表 9-6 管排修正系数 ε_n

排式	总排数 1	2	3	4	5	6	7	8	9	10
顺排	0.64	0.80	0.87	0.90	0.92	0.94	0.96	0.98	0.99	1.0
叉排	0.68	0.75	0.83	0.89	0.92	0.95	0.97	0.98	0.99	1.0

茹卡乌斯卡斯(A. A. жукаускас)换热总结出了一套在很宽的 Pr 数变化范围内更便于使用的公式,如表 9-7 及表 9-8 所示。这些公式用于计算沿流体流动方向排数大于或等于 16 排

的管束平均对流换热系数的关联式。式中定性温度为管束进出口流体平均温度；Pr_w 按管束的平均壁温确定；Re 数中的流速取管束中最小截面处的平均流速；特征长度为管子外径。这些关联式适用于 $Pr=0.6\sim500$ 的范围。对于排数小于 16 的管束，其平均对流换热系数为按表 9-7 和表 9-8 计算，所得值再乘上小于 1 的修正值 ε_n。修正值 ε_n 如表 9-9 所示。

表 9-7 流体横掠顺排管束平均对流换热系数计算关联式(≥16 排)

关联式	适用 Re 数范围
$Nu_f=0.9Re_f^{0.4}Pr_f^{0.36}(Pr_f/Pr_w)^{0.25}$	$1\sim10^2$
$Nu_f=0.52Re_f^{0.5}Pr_f^{0.36}(Pr_f/Pr_w)^{0.25}$	$10^2\sim10^3$
$Nu_f=0.27Re_f^{0.63}Pr_f^{0.36}(Pr_f/Pr_w)^{0.25}$	$10^3\sim2\times10^5$
$Nu_f=0.033Re_f^{0.8}Pr_f^{0.36}(Pr_f/Pr_w)^{0.25}$	$2\times10^5\sim2\times10^6$

表 9-8 流体横掠叉排管束平均对流换热系数计算关联式(≥16 排)

关联式	适用 Re 数范围
$Nu_f=1.04Re_f^{0.4}Pr_f^{0.36}(Pr_f/Pr_w)^{0.25}$	$1\sim5\times10^2$
$Nu_f=1.04Re_f^{0.4}Pr_f^{0.36}(Pr_f/Pr_w)^{0.25}$	$5\times10^2\sim5\times10^3$
$Nu_f=0.35\left(\frac{s_1}{s_2}\right)^{0.2}Re_f^{0.6}Pr_f^{0.36}(Pr_f/Pr_w)^{0.25},\frac{s_1}{s_2}\leqslant2$	$10^3\sim2\times10^5$
$Nu_f=0.40Re_f^{0.6}Pr_f^{0.36}(Pr_f/Pr_w)^{0.25},\frac{s_1}{s_2}>2$	$10^3\sim2\times10^5$
$Nu_f=0.031\left(\frac{s_1}{s_2}\right)^{0.2}Re_f^{0.8}Pr_f^{0.36}(Pr_f/Pr_w)^{0.25}$	$2\times10^5\sim2\times10^6$

表 9-9 茹卡乌斯卡斯公式的管排修正值 ε_n

排式	管排数 n										
	1	2	3	4	5	7	9	10	13	15	≥16
顺排 $Re_f>10^3$	0.07	0.80	0.86	0.91	0.93	0.95	0.97	0.98	0.99	0.994	1.0
叉排 $10^2<Re_f<10^3$	0.83	0.87	0.91	0.94	0.95	0.97	0.98	0.984	0.993	0.996	1.0
$Re_f>10^3$	0.62	0.76	0.84	0.90	0.92	0.95	0.97	0.98	0.99	0.997	1.0

采用肋片管(翅片管)是强化换热的有效途径。工程中许多类型的气—液换热器常在气侧采用不同形式的肋片管。流体横掠肋片管束的换热性能不仅与肋片管的结构参数(如肋片的高度、间距，肋片的形状等)有关，还与肋片管的制造工艺(影响肋片与基管间的接触热阻)有关。

【例 9-6】在一锅炉中，烟气横掠 4 排管组成的顺排管束。已知管外径 $d=60$ mm，$s_1/d=2$，$s_2/d=2$，烟气平均温度 $t_f=600℃$，$t_w=120℃$。烟气通道最窄处平均流速 $c_f=8$ m/s。试求管束平均对流换热系数。

解：采用式(9-32)计算，则定性温度为

$$t_r=(t_w-t_f)/2=(120℃+600℃)/2=360℃$$

从附表 12 得烟气物性参数为

$$\lambda=5.36\times10^{-2}\ \mathrm{W/(m\cdot K)}$$

$$\nu=54.6\times10^{-6}\ \mathrm{m^2/s}$$

又

$$Re=\frac{c_f d}{\nu}=\frac{8\ \mathrm{m/s}\times0.06\ \mathrm{m}}{54.6\times10^{-6}\ \mathrm{m^2/s}}=8\ 791$$

由式(9-32)及表 9-5 得

$$Nu=0.229Re^{0.632}=0.229\times8\ 791^{0.632}=71.2$$

$$h=Nu\frac{\lambda}{d}=71.2\times\frac{0.053\ 6\ \mathrm{W/(m^2\cdot K)}}{0.06}=63.6\ \mathrm{W/(m^2\cdot K)}$$

按表 9-6，管排修正系数 $\varepsilon_n=0.90$，于是管束平均对流换热系数为

$$h'=63.6\ \mathrm{W/(m^2\cdot K)}\times0.90=57.2\ \mathrm{W/(m^2\cdot K)}$$

讨论如果采用茹卡乌斯卡斯公式，由附表 12 查得

$$Pr_f=0.62,\quad Pr_w=0.686,\quad \nu=93.61\times10^{-6}\ \mathrm{m^2/s},\quad \lambda=7.42\times10^{-2}\ \mathrm{W/(m\cdot K)}$$

又

$$Re=\frac{8\ \mathrm{m/s}\times0.06\ \mathrm{m}}{93.61\times10^{-6}\ \mathrm{m^2/s}}=5\ 128$$

按表 9-7 中的关联式有

$$Nu_f=0.27Re_f^{0.63}Pr_f^{0.36}(Pr_fPr_w)^{0.25}=0.27\times5\ 128^{0.63}\times0.62^{0.36}\times(0.62/0.686)^{0.25}=48.2$$

$$h=Nu\frac{\lambda}{d}=48.2\times7.42\times10^{-2}\ \mathrm{W/(m\cdot K)}/0.06\ \mathrm{m}=59.6\ \mathrm{W/(m^2\cdot K)}$$

按表 9-9，管排修正值 $\varepsilon_n=0.91$，故平均对流换热系数为

$$h'=59.6\ \mathrm{W/(m^2\cdot K)}\times0.91=54.2\ \mathrm{W/(m^2\cdot K)}$$

由本例可以看出定性温度在对流换热计算中的作用。2 个公式计算得到的 h' 相符甚好，但 Nu 及 Re 数则相差甚大，这主要是由定性温度的不同而引起。

思考题 9

9-1　什么是对流换热的放热面和放热温差？它们对放热的影响如何？

9-2　影响对流换热的因素有哪些？这些因素中哪些是主要的？哪些是比较容易人为改变的？为什么水的放热系数比空气的高？

9-3　在热边界层内外，流体内部的对流和导热在放热过程中的作用有什么不同？为什么紊流放热一般比层流放热强烈？

9-4　采用一个与换热设备几何相似而尺寸缩小至 1/2 的模型来研究设备的放热情况，若模型中的温度、流速等物理量也比设备中相应的量缩小至 1/2，模型与设备中的放热情况是否相似？为什么？

9-5　对流换热的经验公式为什么一般都以相似准则的函数形式出现？

9-6 常用的对流换热相似准则有哪些？它们的数值大小分别反映放热现象哪一方面的特征？

9-7 何谓定性温度和定型尺寸？定性温度通常有哪几种取法？应用经验公式时需注意哪些原则？

9-8 流体沿壁面作自由运动和受迫运动时，各有什么不同的特点？

9-9 圆管的入口段流动边界层发展情况对定型后的流动状态影响如何？

9-10 为什么可以用因子$\left(\frac{Pr_f}{Pr}\right)^{0.25}$或$\left(\frac{\mu_f}{\mu_w}\right)^{0.14}$进行热流方向的修正？

9-11 短管和弯管对于管内受迫运动放热有什么影响？

9-12 流体横掠单圆管时放热系数沿截面圆周的变化如何？为什么？

9-13 水分别在 100 kPa 和 1 MPa 压力下在大容器内沸腾，哪一种情况下放热系数较大？为什么？

9-14 为什么流体的相态发生变化时，其放热系数要比单相流体的大得多？

习题 9

9-1 平均温度 $t_{f1}=50℃$的水在内径 $d_1=50$ mm 的圆管内流动，平均流速 $w_1=1$ m/s；另有平均温度为 $t_{f2}=10℃$的空气在内径为 $d_2=200$ mm 的圆管内流动，现欲使 2 个系统的流动状态相似，求空气的平均流速 w_2。

9-2 某干燥室的一面外墙高 3.5 m，宽 6 m，壁面平均温度 35℃，室外空气温度 15℃，如果不考虑风的平均流速影响，求这面墙每小时内散失的热量。

9-3 有一外径 $d=20$ mm，长 $l=500$ mm 的圆柱形加热元件，置于 10℃的水中，元件表面平均温度为 90℃，水空间的尺寸远大于加热元件尺寸，求元件表面对水的放热系数。元件在水中的位置为：(1)横置；(2)竖置。

9-4 一段通过室内的蒸汽管外径 $d=55$ mm，其垂直段高 2.5 m，水平段长 5 m，平均壁温 112℃，室内空气平均温度 18℃，求这段管道在室内的散热量。

9-5 一台箱式加热炉，外形尺寸为长 2.5 m，宽 1.5 m，高 2 m，炉体外表面平均温度 75℃，车间室温 25℃，求炉体表面的对流散热量。

9-6 习题 9-1 中水管内壁的平均温度为 $t_w=70℃$。求管壁对水的放热系数。

9-7 习题 9-1 中空气管内壁的平均温度为 $t_w=80℃$，求自管道入口起至 4 m 长区段内，管壁对空气的平均放热系数。

9-8 烟道的截面为长 400 mm，宽 300 mm 的矩形，平均温度 $t_f=200℃$的烟气以流速 $c_f=1.5$ m/s 在烟道内流动，烟道壁温 $t_w=80℃$，长 $l=15$ m，求烟气对烟道的对流散热量。

9-9 曲率半径为 100 mm 的螺旋管换热元件，管内径 $d=20$ mm，水在管内的平均流速为 0.6 m/s，入口处水温 10℃，管壁平均温度 100℃，欲将水加热到 70℃，求螺旋管的圈数。

9-10 温度为 180℃的饱和水蒸气以 1 m/s 的流速在内径 100 mm 的蒸汽管内流动，管内壁平均温度为 160℃，求每米长管内蒸汽的散热量。

9-11 锅炉的火管由内径 51 mm 的钢管组成。平均温度为 600℃的烟气以 1.5 m/s 的流速在管内流动，火管内壁平均温度 260℃，求烟气在每米长火管内的散热量。

9-12 干燥室内有一根外径为 $d = 40$ mm 的蒸汽管，管壁温度 $t_w = 180$℃。温度为 70℃ 的空气以 6 m/s 的速度横向掠过蒸汽管，求管壁对空气的放热系数。

9-13 空气加热器是由 8 排管子组成的叉排管束，管径 $d = 38$ mm，横向节距 $s_1 = 60$ mm，纵向节距 $s_2 = 52$ mm，管束最窄处空气流速为 12 m/s，管壁平均温度 180℃，空气平均温度 70℃，求管束放热系数。

9-14 9-13 题中管束改为顺排排列，其他条件不变，求放热系数。

10 辐射换热

温度高于 0 K 的任何物体，时刻都在以辐射的方式与外界交换能量。辐射换热是物体之间以辐射方式进行热量交换的宏观效果，在各种热量传递过程中几乎都伴有辐射换热，涉及面很广，是各类工程领域和传热科学研究的重点问题之一。

本章主要介绍热辐射的特征、它所遵循的基本规律及辐射换热计算。

10.1 热辐射的基本概念

10.1.1 热辐射的本质

辐射是物体通过电磁波传递能量的现象。热辐射是由于物体内部微观粒子的热运动状态改变，而将部分内能转换成电磁波发射出去的过程。物体发生电磁波的起因不同，发出的电磁波的频率也就不同，投射到物体上产生的效应也不一样。热辐射产生的电磁波辐射称为热射线。热辐射的波长主要集中在 0.10～1 000 μm 的范围内，它包含一部分紫外线、全部可见光和红外线。可见光的波长域为 0.38～0.76 μm。电磁波的波长域为零到无穷大，整个波谱范围内的电磁波的波长及命名如图 10-1 所示。

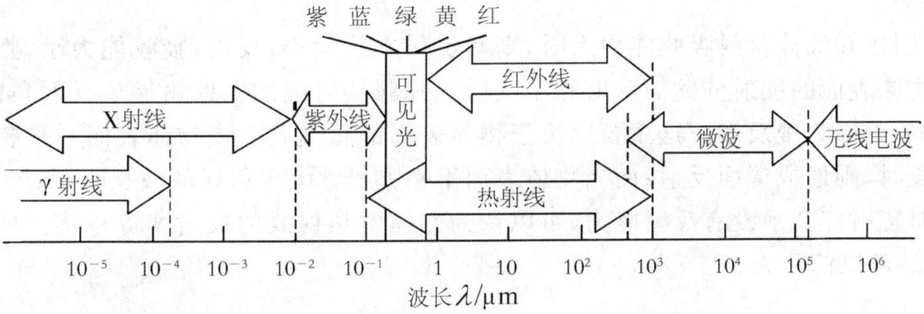

图 10-1 电磁波波谱

紫外线与可见光的分界波长在 0.3～0.4 μm 之间，可见光与红外线的分界波长在 0.70～0.78 μm 之间。按照国际照明委员会的规定：波长在 0.76～1.4 μm 的称为近红外线，波长在 1.4～3 μm 的称为中红外线，波长在 3～1 000 μm 的称为远红外线。

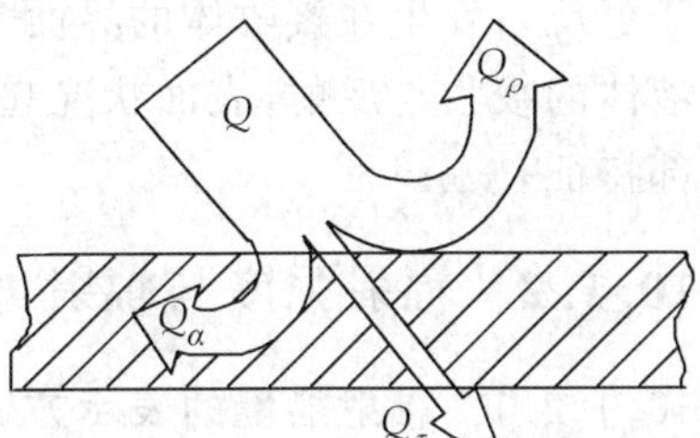

图 10-2 物体的吸收、反射和透射

当热射线投射到物体表面上时，和可见光一样，也发生吸收、反射和透射现象，如图 10-2 所示。设外界投射到物体表面上的总能量为 Q，其中一部分 Q_α 被物体吸收，另一部分

Q_ρ 被物体反射，其余部分 Q_τ 穿透该物体。按照能量守恒定律有

$$Q=Q_\alpha+Q_\rho+Q_\tau \tag{10-1}$$

由上式可得

$$\frac{Q_\alpha}{Q}+\frac{Q_\rho}{Q}+\frac{Q_\tau}{Q}=1$$

令式中 $\frac{Q_\alpha}{Q}=\alpha,\frac{Q_\rho}{Q}=\rho,\frac{Q_\tau}{Q}=\tau$，分别称为该物体的吸收率、反射率和透射率，则有

$$\alpha+\rho+\tau=1 \tag{10-2}$$

α,ρ,τ 都是无因次数，其值的大小与物体的性质、温度、表面状况及热射线的波长有关。如果物体的 $\alpha=1$，则表明该物体能吸收全波长域的所有辐射能，这类物体称为**绝对黑体**，简称**黑体**；如果 $\rho=1$，则表明该物体能全部反射所有投射来的辐射能，这类物体称为**绝对白体**，简称**白体**。如果 $\tau=1$，为绝对透明体则表明该物体能全部透过所有投射来的辐射能，这类物体称为**绝对透明体**，简称**透明体**。

自然界不存在绝对的黑体、绝对的白体和绝对的透明体，这些都是为研究方便而假定的理想物体。不过自然界有些物质很接近黑体，如沥青($\alpha=0.98$)、雪和霜($\alpha=0.97$)等；抛光的金属表面接近于白体($\rho=0.97$)；双原子气体接近于透明体($\tau\approx1$)。

热射线穿过一般固体或液体的表面后，在很小的距离内就被完全吸收。金属材料的这一距离仅几分之一微米，而非金属材料也只有几分之一毫米。因此，对于热射线，固体和液体实际上都是不透明体，即 $\tau=0$。于是式(10-2)可以简化为

$$\alpha+\rho=1 \tag{10-3}$$

可见，固体和液体材料吸收能力大时，则其反射本领就小；反之，吸收能力小，则其反射本领就大。物体表面的反射分镜面反射和漫反射。凡服从射线的入射角等于反射角规律的，称为**镜面反射**，否则为**漫反射**。这主要取决于物体表面的粗糙度。当物体表面不平整尺寸小于射线的波长时，则形成镜面反射；而当物体表面不平整尺寸大于射线的波长时，则形成漫反射。

气体对辐射能几乎没有反射能力，可以认为气体对热射线的反射率等于零。所以对于气体，式(10-2)可以简化为

$$\alpha+\tau=1 \tag{10-4}$$

因此，透射性好的气体吸收能力差，而透射性差的气体吸收率必然高。

反射发生在接收体的界面上，而吸收与透射发生在表面及整个容积内，所以，对于固体和液体的吸收与反射，表面状况起着关键作用；而对于气体的吸收与透射则主要取决于气体的内部特征。

10.1.2 辐射强度与辐射力

10.1.2.1 辐射能量的表示方法

辐射能是按空间方向分布的，在不同方向上有不同的数值；辐射能又是按波长分布的，不同波长具有不同的能量。在辐射换热中，空间的几何性质常用方向角和立体角表示。立体角

为一空间角度。设以立体角的角端为中心作一半径为 r 的半球，在其基圆中心有一微元面 dA，此微元面发射一束微元能量，其空间几何性质如图 10-3 所示。图中，微元束的中心轴表示此微元束的辐射方向，微元束能量的方向用方向角 θ 和 ϕ 表示。θ 角是 dA_1 面的法线与微元束中心轴的夹角（$0\leqslant\theta\leqslant\pi/2$），$\phi$ 是中心轴在基圆上的投影线与 x 坐标轴的夹角（$0<\phi\leqslant2\pi$）。该束能量所占空间的特性用微元立体角 $d\omega_1$ 表示。**立体角的大小用球面上被立体角切割的面积 dA_2 除以半径的平方来表示**，单位为 sr（球面度），即

$$d\omega_1=\frac{dA_2}{r^2}=\frac{r\sin\theta\cdot d\theta\cdot rd\phi}{r^2}=\sin\theta\cdot d\theta\cdot d\phi(\text{sr}) \tag{10-5}$$

式中：dA_2 为球面上的微元曲面面积。半球空间的立体角为 $2\pi r^2/r^2=2\pi$。

10.1.2.2 辐射强度

物体表面在某辐射方向上的单位投影面积，在单位时间、单位立体角内发射的全波长域的能量称为辐射强度，记作 I，单位是 $W/(m^2\cdot sr)$。辐射强度也称为**定向辐射强度**。

由图 10-4 中微元面 dA_1 在单位时间内辐射给微元面 dA_2 全波长域的总能量为 dQ_{12}，则辐射强度可表示为

$$I=\frac{dQ_{12}}{d\omega_1 dA_1\cos\theta} \tag{10-6}$$

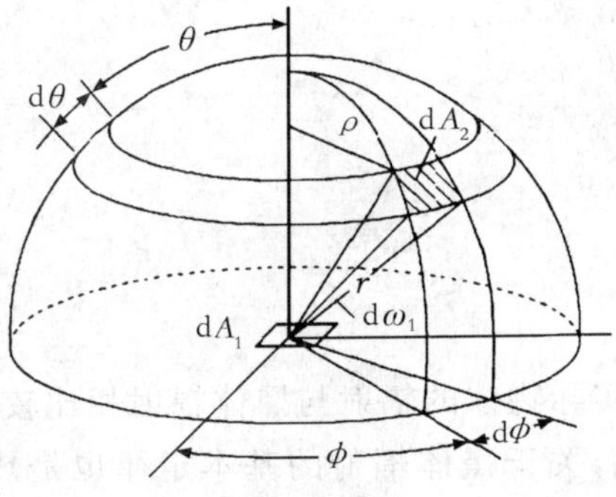

图 10-3 立体角的定义

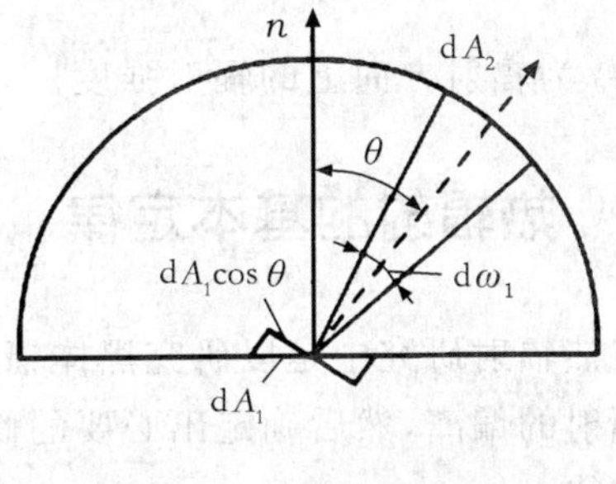

图 10-4 辐射强度的定义

辐射波长为 λ、在波长间隔 $d\lambda$ 范围内所发射的能量，定义为**单色辐射强度 I_λ**

$$I_\lambda=\frac{dI}{d\lambda} \tag{10-7}$$

I_λ 的单位是 $W/(m^2\cdot\mu m\cdot sr)$，因此

$$I=\int_0^\infty I_\lambda d\lambda \tag{10-8}$$

10.1.2.3 辐射力

物体在单位时间内，每单位表面积上发射出去的全波长范围的总能量称为辐射力。用符号 E 表示，单位为瓦/米²（W/m^2）。

辐射力 E 与辐射强度 I 的关系可表示为

$$E = \int_{\omega_1 = 2\pi} I\cos\theta \mathrm{d}\omega_1 \tag{10-9}$$

式中：θ 为物体表面 $\mathrm{d}A$ 的法向与辐射方向的夹角。代入微元立体角积分可得 $E = I\pi$。

辐射力与单色辐射强度 I_λ 之间的关系为

$$E = \int_{\omega_1 = 2\pi}\int_0^\infty I_\lambda \cos\theta \mathrm{d}\omega_1 \mathrm{d}\lambda \tag{10-10}$$

波长为 λ 的辐射波在波长间隔 $\mathrm{d}\lambda$ 范围内所发射的能量，称为**单色辐射力**，用符号 E_λ 表示，即

$$E_\lambda = \frac{\mathrm{d}E}{\mathrm{d}\lambda} \tag{10-11}$$

E_λ 的单位为 $\mathrm{W/(m^2 \cdot \mu m)}$。故有

$$E = \int_0^\infty E_\lambda \mathrm{d}\lambda \tag{10-12}$$

某辐射方向的单位立体角内所发射的全波长能量，称为定向辐射力，记为 E_θ，单位为 $\mathrm{W/(m^2 \cdot sr)}$。由于定向辐射力 E_θ 是以发射物体的单位面积为计算依据，而辐射强度是以垂直于发射方向的单位面积为计算依据的，因此，由其几何关系可得

$$E_\theta = I_\theta \cos\theta \tag{10-13}$$

式中：I_θ 为辐射方向上的辐射强度。

10.2 热辐射的基本定律

在热辐射研究中是以研究黑体辐射为基础，把实际物体的辐射与黑体辐射相比较，找出与黑体辐射的偏离，然后确定出必要的修正系数，因此，关于黑体辐射的基本定律也是热辐射的基本定律。

10.2.1 普朗克定律

普朗克定律根据量子理论，揭示了黑体单色辐射力 $E_{b\lambda}$ 按照波长 λ 和黑体的热力学温度 T 的分布规律，其表达式为

$$E_{b\lambda} = \frac{c_1 \lambda^{-5}}{\mathrm{e}^{c_2/(\lambda T)} - 1} \tag{10-14}$$

式中：e 为自然对数的底；c_1 为普朗克第一常数，$c_1 = 3.743 \times 10^8 (\mu\mathrm{m})^4 \cdot \mathrm{W/m^2}$；$c_2$ 为普朗克第二常数，$c_2 = 1.438\ 7 \times 10^4\ \mu\mathrm{m} \cdot \mathrm{K}$。$E_{b\lambda}$ 的单位为 $\mathrm{W/(m^2 \cdot \mu m)}$。

由普朗克定律揭示的在特定温度 T 下，黑体单色辐射力 $E_{b\lambda}$ 随波长变化的关系如图 10-5 所示。黑体的辐射力相当于图中某一绝对温度 T 曲线下面的面积。随温度的升高，图中曲线下面的面积逐渐增大，表明黑体的辐射力随温度的升高而增大。由图 10-5 可以看出：

(1)在某一绝对温度 T 下，黑体的单色辐射力随波长连续变化，且在总能量中各种波长的

能量相差很大。当 $\lambda=0$ 时 $E_{b\lambda}=0$,随后,$E_{b\lambda}$ 随波长的增加而增加。当波长增至某一数值 λ_{max} 时,单色辐射力达到最大值 $(E_{b\lambda})_{max}$,此后,$E_{b\lambda}$ 又随 λ 的增加而减少,在 λ 趋向 ∞ 时,重新变为零。黑体温度在 1 800 K 以下时,辐射能量的大部分处在 0.76~10 μm 波长范围内,在此范围内可见光的能量可以忽略。

(2)对应于单色辐射力最大值 $(E_{b\lambda})_{max}$ 的 λ_{max} 随温度升高而向短波方向移动,称之为维恩(Wein)位移:

$$\lambda_{max}T=2\ 897.6\ \mu m\cdot K \tag{10-15}$$

利用维恩定律可根据黑体的光谱求黑体温度。将维恩定律的表达式代入普朗克定律式,即可得出黑体最大单色辐射力与温度的关系。

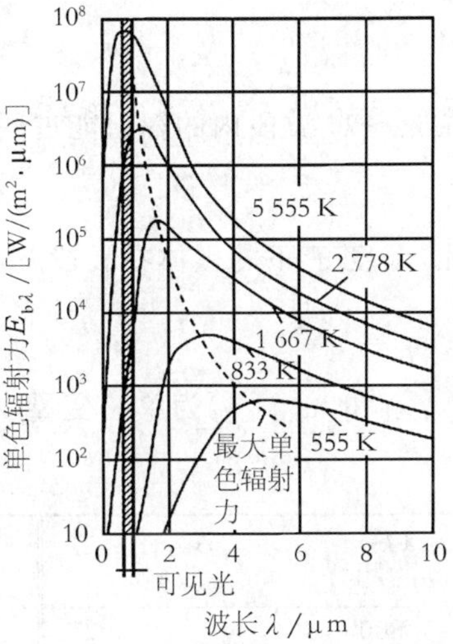

图 10-5 黑体辐射力与温度、波长的关系

10.2.2 斯忒藩-玻耳兹曼定律

斯忒藩(J. Stefan)-玻耳兹曼(D. Boltzmann)定律又称四次方定律,它用于确定黑体的辐射力,在此基础上才能对热辐射进行各种分析和计算,因此非常重要。可由普朗克定律所规定的 $E_{b\lambda}$ 的表达式求积分而得到,即

$$E_b=\int_0^\infty \frac{c_1\lambda^{-5}}{e^{c_2/(\lambda T)}-1}d\lambda$$

积分得

$$E_b=\sigma_b T^4 \quad (W/m^2) \tag{10-16}$$

或

$$E_b=C_b\left(\frac{T}{100}\right)^4 \quad (W/m^2) \tag{10-17}$$

式中:σ_b 为黑体辐射常数,$\sigma_b=5.67\times10^{-8}\ W/(m^2\cdot K^4)$;$C_b$ 为黑体辐射系数,$C_b=5.67\ W/(m^2\cdot K^4)$。

该定律表明黑体的辐射力仅是温度的函数,并与温度的四次方成正比,俗称四次方定律。

工程中常需确定某温度下特定波段内的黑体辐射能量。如从 $\lambda_1\sim\lambda_2$ 波段内的辐射能就是该波段内黑体单色辐射力曲线下的面积。为了便于确定某波段内的辐射能,一般把波段内的辐射能表示为占同温度下黑体辐射力 E_b 的百分数。例如 $\lambda=0\sim\lambda_1$ 波段内的辐射能占温度为 T 的黑体辐射力的百分数为

$$A_{b(0\sim\lambda_1)T}=\frac{\int_0^{\lambda_1}E_{b\lambda}d\lambda}{E_b}$$

将式(10-14)和式(10-16)代入可得

$$A_{b(0\sim\lambda_1)T}=\frac{1}{\sigma_b}\int_0^{\lambda_1 T}\frac{c_1(\lambda T)^{-5}}{e^{c_2/(\lambda T)}-1}d(\lambda T)$$

同理可得 $\lambda=0\sim\lambda_2$ 波段内的辐射能占同温度下黑体的总辐射能的百分数为

$$A_{b(0\sim\lambda_2)T}=\frac{1}{\sigma_b}\int_0^{\lambda_2 T}\frac{c_1(\lambda T)^{-5}}{e^{c_2/(\lambda T)}-1}d(\lambda T)$$

则在 $\lambda_1\sim\lambda_2$ 波段内的辐射能占同温度下黑体的总辐射能的百分数应为

$$A_{b(\lambda_1\sim\lambda_2)T}=A_{b(0\sim\lambda_2)T}-A_{b(0\sim\lambda_1)T}$$

因此，温度 T 下的黑体在波段 $\lambda_1\sim\lambda_2$ 内的辐射能为

$$E_{b(\lambda_1\sim\lambda_2)T}=(A_{b(0\sim\lambda_2)T}-A_{b(0\sim\lambda_1)T})E_b \quad (W/m^2) \tag{10-18}$$

$A_{b(0-\lambda_1)T}$ 和 $A_{b(0-\lambda_2)T}$ 为单一变量(λT)的函数，称为黑体辐射函数，可由表 10-1 查得。

表 10-1　黑体辐射函数表

λT /(μm·K)	$A_{b(0-\lambda)T}$ /%	λT /(μm·K)	$A_{b(0-\lambda)T}$ /%	λT /(μm·K)	$A_{b(0-\lambda)T}$ /%
800	0.002	3 600	40.40	16 000	97.38
900	0.009	3 800	44.38	18 000	98.08
1 000	0.032 3	4 000	48.13	20 000	98.56
1 100	0.091 6	4 200	51.64	22 000	98.89
1 200	0.214	4 400	54.92	24 000	99.12
1 300	0.434	4 600	57.96	26 000	99.30
1 400	0.782	4 800	60.79	28 000	99.43
1 500	1.290	5 000	63.41	30 000	99.53
1 600	1.979	5 500	69.12	35 000	99.70
1 700	2.862	6 000	73.81	40 000	99.79
1 800	3.946	6 500	77.66	45 000	99.85
1 900	5.225	7 000	80.83	50 000	99.89
2 000	6.690	7 500	83.46	55 000	99.92
2 200	10.11	8 000	85.64	60 000	99.94
2 400	14.05	8 500	87.47	70 000	99.96
2 600	18.34	9 000	89.07	80 000	99.97
2 800	22.82	9 500	90.32	90 000	99.98
3 000	27.36	10 000	91.43	100 000	99.99
3 200	31.85	12 000	94.51		
3 400	36.21	14 000	96.29		

10.2.3　兰贝特定律

兰贝特(Lambert)定律指出，**黑体的辐射强度与方向无关，即在半球空间各个方向上的辐射强度都相等**。其表达式为

$$I_{\theta 1}=I_{\theta 2}=\cdots=I_{\theta n} \tag{10-19a}$$

由定向辐射力的定义可得

$$E_\theta=I_\theta\cos\theta=E_n\cos\theta \tag{10-19b}$$

式中：E_n 为辐射面法线方向的辐射力。式(10-19b)是兰贝特定律的另一个表达式，表明单位

辐射面积发出的辐射能落到空间不同方向单位立体角内的能量不相等，其值正比于该方向与辐射面法线方向夹角的余弦。因此兰贝特定律又称为余弦定律。

10.3 实际物体的辐射

10.3.1 实际物体的辐射与吸收特性

实际物体的光谱辐射力不仅比黑体的光谱辐射力 $E_{b\lambda}$ 小，而且 E_{λ} 往往随波长作不规则的变化，图 10-6(a)示出了同温度下某实际物体和黑体的光谱辐射力曲线。图中 2 条曲线下面的面积分别表示各自的辐射力。实际物体的辐射力与同温度下黑体辐射力的比值称为实际物体的**发射率**，俗称**黑度**，记为 ε。

$$\varepsilon=\frac{E}{E_{b}}=\frac{\int_{0}^{\infty}E_{\lambda}\,d\lambda}{\int_{0}^{\infty}E_{b\lambda}\,d\lambda}=\frac{\int_{0}^{\infty}\varepsilon_{\lambda}E_{b\lambda}\,d\lambda}{\sigma_{b}T^{4}} \tag{10-20}$$

式中 $\varepsilon_{\lambda}=E_{\lambda}/E_{b\lambda}$ 为实际物体的单色辐射力 E_{λ} 与同温度下黑体的单色辐射力 $E_{b\lambda}$ 的比值，称为实际物体的单色发射率。

实际物体的辐射力并不严格地同热力学温度的四次方成正比。为了方便，在工程中仍采用四次方定律计算，而把由此引起的偏差包含到发射率中予以修正，因此，实际物体的发射率与温度有关，可以直接由实验测得。这样，实际物体的辐射力计算公式就可表示为

$$E=\varepsilon E_{b}=\varepsilon C_{b}\left(\frac{T}{100}\right)^{4} \tag{10-21}$$

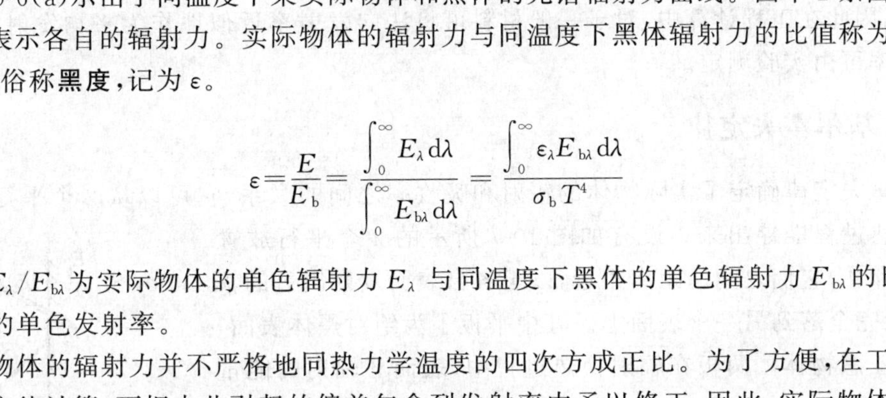

图 10-6 实际物体、灰体与黑体的单色辐射力和吸收率

另外，实际物体的辐射能在空间的分布也不严格遵守兰贝特定律。在半球空间各方向上的辐射强度并不完全相等。把实际物体表面的定向辐射力与同温度下黑体的定向辐射力之比，称为该表面的定向发射率，用符号 ε_{θ} 表示。即

$$\varepsilon_\theta = \frac{E_\theta}{E_{b\theta}} = \frac{I_\theta}{I_{b\theta}} \tag{10-22}$$

对于某波长的射线，其单色定向发射率为

$$\varepsilon_{\lambda\theta} = \frac{I_{\lambda\theta}}{I_{b\lambda}} \tag{10-23}$$

材料的性质和表面状况对其发射率均有影响。一般，金属表面向半球空间的平均发射率大于其法向发射率；而非金属材料表面向半球的平均发射率小于其法向发射率。表面光洁的材料有较小的发射率，表面粗糙和不干净的同种材料有较大的发射率。由于这些因素的影响很难确定，因此在工程计算中，对于一般材料可将法向发射率近似地作为平均发射率，材料的法向发射率可由实验测定。

10.3.2 基尔霍夫定律

基尔霍夫定律确定了实际物体的辐射和吸收率之间的联系，它可以从 2 个平行表面之间的辐射换热过程推导出来。设有如图 10-7 所示的 2 个平行放置的平板Ⅰ和Ⅱ，它们之间的距离很近，以至各自表面发射出去的辐射能，都能完全落到另一个表面上。其中平板Ⅰ为绝对黑体表面，平板Ⅱ为任意物体。两板在辐射换热过程中，表面Ⅱ辐射的能量到达黑体表面Ⅰ上时，全部被吸收；而从黑体表面Ⅰ辐射到表面Ⅱ上的能量只吸收了 αE_b，其余的 $(1-\alpha)E_b$ 部分被反射回去，又重新被黑体吸收。在这一辐射换热过程中，任一个板表面的能量收支差额，即它们之间的辐射换热量均为：$q=E-\alpha E_b$。在系统处于平衡状态时，两表面的温度相等，$q=0$。于是得

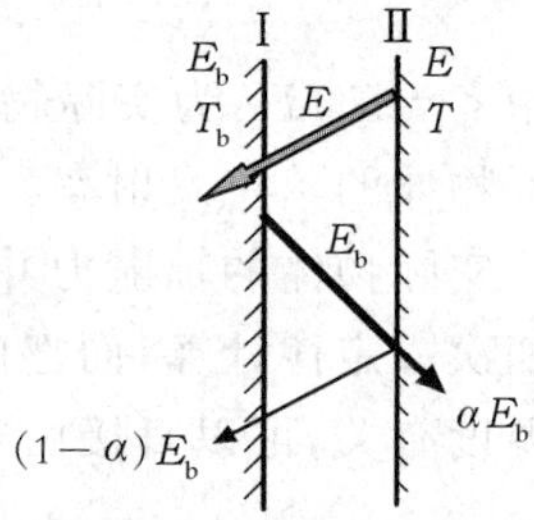

图 10-7 平行大平壁间的辐射换热

$$E-\alpha E_b=0 \quad 或 \quad \frac{E}{\alpha}=E_b \tag{10-24}$$

式(10-24)就是**基尔霍夫定律**，它可以表述为：**在热平衡条件下，任何物体的辐射力和它对来自黑体辐射的吸收率的比值，恒等于同温度下黑体的辐射力**。这种关系对于任何物体都是成立的。比较式(10-24)和实际物体发射率定义式(10-20)可得基尔霍夫定律的另一表达式

$$\varepsilon=\alpha \tag{10-25}$$

该式说明，在温度平衡条件下，实际物体对来自黑体辐射的吸收率等于该物体的发射率，即物体的辐射能力愈大，它的吸收能力也愈大，或者说，善于反射的物体就不善于辐射。

基尔霍夫定律同样适用于单色辐射，即在同温度下

$$\varepsilon_\lambda=\alpha_\lambda \tag{10-26}$$

必须强调的是，该定律是在热平衡条件下导出的，式(10-26)只有在温度平衡时才成立。在非热平衡体系中，实际物体的黑度 ε 与吸收率 α 不一定相等。ε 只与辐射体本身的情况(温度及表面状况等)有关，而 α 取决于辐射体自身的情况和投射辐射的特性，它与投射辐射的波长有关。也就是说，物体对不同波长的辐射能的吸收具有选择性。物体对辐射能选择性吸收

这一客观事实，在日常生活中随处可见，例如一朵红颜色的花，之所以是红色的，是因为它吸收了白色光中 0.4～0.5 μm 的蓝色光和 0.55～0.6 μm 的绿色光，仅仅反射了 0.6～0.7 μm 的红色光。花本身没有色彩，光才是色彩的源泉，物体对光的选择性吸收才是它呈现颜色的主要原因。在工农业生产中利用物体对辐射能选择性吸收的特性，可实现特定的目的。例如：利用黑镍、黑铬、黑钴等金属及金属氧化物、金属硫化物和半导体等发色体粒子的电子跃迁能级与可见光谱区的光子能量较为匹配的材料，制成了各种太阳能选择性涂层，使太阳能利用技术发生了变革性地进展；利用玻璃对波长小于 2.2 μm 的辐射能透射率很高，而对一般低温物体所能发出的波长在 3 μm 以上的辐射能透射率很小的特性，建造了植物生产玻璃温室。在检测领域，人们利用气体的选择性吸收特性，开发出了多种物料成分测试分析仪。在干燥领域，研究材料的选择性吸收特性，解决辐射干燥能量利用不匹配问题等等。但是，实际物体的辐射能选择性吸收特性，使研究实际物体的热辐射问题变得很复杂，给工程计算造成了一定的麻烦。为简化问题，将实际物体理想化，而引入了“灰体”的概念。

10.3.3 灰体

灰体是指单色吸收率与波长无关的物体。即：α_λ = 常数（图 10-6）。这一定义表明，不管投射辐射的分布如何，吸收率 α 都是同一个常数，也就是说灰体的吸收率只取决于灰体本身的情况，与外界无关。不论投射辐射的波长和温度等如何变化，也不论投射辐射是否来自黑体，基尔霍夫定律都完全适用于灰体，即灰体的黑度恒等于它在同温度下的吸收率（$\varepsilon=\alpha$）。就辐射和吸收而言，灰体与黑体完全相似，只不过灰体的辐射和吸收，在数量上小于黑体。

可见，灰体的辐射力遵守斯忒藩-玻耳兹曼定律：

$$E=\varepsilon E_b=\varepsilon C_b\left(\frac{T}{100}\right)^4 \tag{10-27}$$

自然界并不存在灰体，灰体也是一种理想物体。热力学中遇到的热辐射主要位于红外线波长范围内（绝大部分能量位于 0.76～10 μm 之间）。在此范围内，大多数工程材料可以近似地看作灰体。由于不论投射辐射是否来自黑体，也不论是否处于温度平衡条件，其吸收率恒等于同温度下的发射率。这一结论大大简化了辐射换热条件下吸收率的确定。

10.4 物体之间辐射换热的计算

辐射换热的基本计算方法是空腔法。一个物体辐射的能量分布在半球空间中，同时该物体又要吸收来自半球空间各物体的辐射能。在计算任一表面与其他表面的辐射换热时，必须考虑所有参与辐射换热的表面，把它们看成一个封闭腔来分析。这个封闭腔的辐射换热表面可以全部是真实的，也可以有部分是虚构的。组成辐射空腔的任一表面辐射的能量会按不同的百分比辐射到其他各个表面上，同时，其他各表面辐射的能量也会按不同的百分比辐射到该表面上。只有求出这些百分比才能计算物体间的辐射换热量。这个“百分比”称为**辐射角系数**，简称**角系数**。

10.4.1 角系数

10.4.1.1 角系数的定义

设有空间任意放置的1,2两个物体(图10-8),物体1发射的辐射能有一部分落到物体2上,而其余部分从物体2的周边落到其他表面上,则物体1对物体2的辐射角系数 φ_{1-2} 可表示为

$$\varphi_{1-2}=\frac{\text{物体 1 发射的总辐射能中落到物体 2 上的辐射能}}{\text{物体 1 发射的总辐射能}}=\frac{Q_{1-2}}{Q_1} \tag{10-28}$$

角系数反映的是物体的几何形状、尺寸和相对位置等几何因素对物体间辐射换热的影响,与辐射体物性($\varepsilon,\alpha,\rho,\tau$ 等)及表面温度无关,是一个纯几何因子。可以用数学分析法、查曲线图法、投影法或几何图形法等方法来确定。为了研究方便,在讨论角系数时,我们把物体作为黑体。下面介绍用代数法和积分法确定角系数。

10.4.1.2 代数法确定角系数

代数法是一种比较简便的方法,它求解的主要依据是角系数的以下几个特性。

(1)角系数的相对性。空间任意放置的两黑体表面在单位时间内,由表面 A_1 到达 A_2 面的能量为 $\varphi_{1-2}E_{b1}A_1$,与此同时,由表面 A_2 到达表面 A_1 的能量为 $\varphi_{2-1}E_{b2}A_2$。物体的辐射换热量是物体失去与获得的辐射能的差额。所以,表面 A_1 和 A_2 之间的辐射换热量为

$$Q_{12}=Q_{1-2}-Q_{2-1}=\varphi_{1-2}E_{b1}A_1-\varphi_{2-1}E_{b2}A_2 \tag{10-29}$$

两黑体表面处于热平衡时,它们的温度相等,$E_{b1}=E_{b2}$,辐射换热量 $Q_{12}=0$,于是得

$$\varphi_{1-2}A_1=\varphi_{2-1}A_2 \tag{10-30}$$

该式说明任意两表面间的这一对角系数不是独立的,它们要受式(10-30)的制约。

(2)角系数的完整性。对于由 n 个表面组成的封闭腔,其中的任一个面(如 A_1 面)辐射的总能量 Q_1,将射向自身表面和其他各表面上,根据能量守恒原理,可得

$$Q_1=Q_{1-1}+Q_{1-2}+\cdots+Q_{1-n}=Q_1(\varphi_{1-1}+\varphi_{1-2}+\cdots+\varphi_{1-n})=Q_1\sum_{i=1}^{n}\varphi_{1-i}$$

$$\varphi_{1-1}+\varphi_{1-2}+\cdots+\varphi_{1-n}=\sum_{i=1}^{n}\varphi_{1-i}=1 \tag{10-31}$$

式中:Q_{1-1} 为 A_1 面发射的能量投射到自身的部分,当 A_1 面为平面或凸面时 $Q_{1-1}=0$;φ_{1-1} 为 A_1 面对自身的角系数,$0\leqslant\varphi_{1-1}\leqslant 1$。

式(10-31)表示了封闭空间角系数的完整性。当 A_1 面为平面或凸面时 $\varphi_{1-1}=0$。

(3)角系数的分解性。设有空间任意放置的1,2两黑体辐射表面,讨论表面1对表面2的辐射角系数。从角系数的定义知,表面1发出的辐射能到达表面2的份额为 $A_1E_{b1}\varphi_{1-2}$。如果我们将表面2分解为 n 个分表面,那么,根据能量守恒定律知,这 n 个分表面各自接收到来自表面1能量的份额之和等于 $A_1E_{b1}\varphi_{1-2}$。

$$Q_{1-2}=Q_{1-21}+Q_{1-22}+\cdots+Q_{1-2n}=\sum_{i=1}^{n}Q_{1-2i}$$

即

$$A_1E_{b1}\varphi_{1-2}=A_1E_{b1}\varphi_{1-21}+A_1E_{b1}\varphi_{1-22}+\cdots+A_1E_{b1}\varphi_{1-2n}=A_1E_{b1}\sum_{i=1}^{n}\varphi_{1-2i}$$

$$\varphi_{1-2}=\sum_{i=1}^{n}\varphi_{1-2i} \tag{10-32}$$

式(10-32)表明了角系数的可分解性。反过来,从表面 2 发出的辐射能到达表面 1 上的总辐射能,等于被划分成的 n 个分表面各自发出的辐射能到达表面 1 上的辐射能之和,即

$$\varphi_{2-1}=\sum_{i=1}^{n}\varphi_{2i-1}\left(\frac{A_{2i}}{A_2}\right) \tag{10-33}$$

式(10-33)也可以表述为角系数的可加性。

用代数法确定角系数就是依据以上特性结合物体各表面的几何形状和相对位置等来计算的。工程上常用的一些特定几何形状和位置的换热表面的平均角系数,已由导出的计算式制成线图,可由工具书中查得。图 10-8 和图 10-9 为 2 张较为常用的线图。

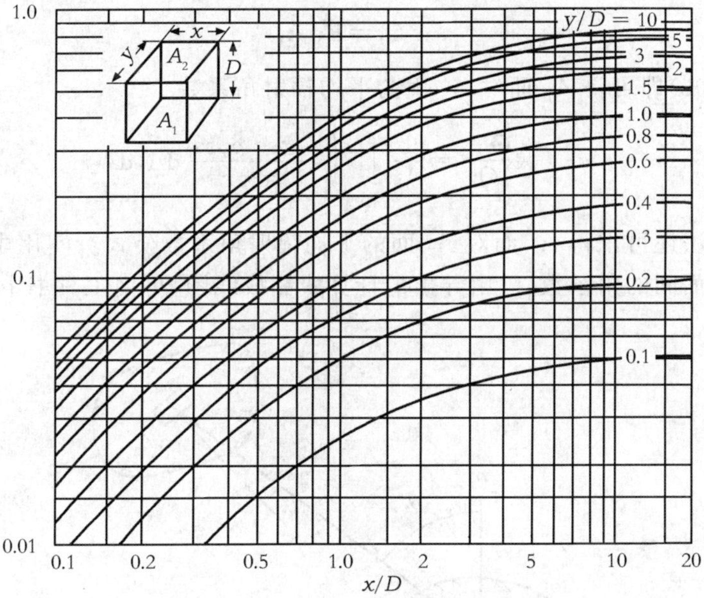

图 10-8 长方体两平行面间的角系数

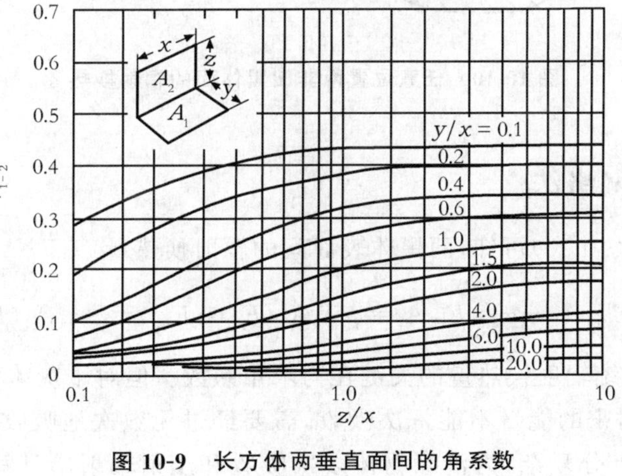

图 10-9 长方体两垂直面间的角系数

10.4.1.3 积分法确定角系数

仍以空间任意放置的1,2两黑体表面间的辐射换热(图10-10)为例。两黑体表面的温度、表面积分别为 T_1, A_1 和 T_2, A_2,两表面间为绝对透热介质(或真空)。在两表面上各取一微元面 dA_1 和 dA_2,从 dA_1 到 dA_2 的辐射能量为

$$dQ_{1-2} = I_{b1}\cos\theta_1 dA_1 d\omega_1 = \frac{E_{b1}}{\pi}\cos\theta_1 dA_1 d\omega_1$$

可得 A_1 面发射的总辐射能量中投射到 A_2 面上的辐射能为

$$Q_{1-2} = E_{b1}\int_{A_1}\int_{A_2}\frac{\cos\theta_1\cos\theta_2}{\pi\cdot r^2}dA_1 dA_2 \tag{a}$$

黑体面 A_1 发射的总辐射能为

$$Q_1 = E_{b1}A_1 \tag{b}$$

由式(a),式(b)即可得 A_1 面对 A_2 面的平均辐射角系数

$$\varphi_{1-2} = \frac{Q_{1-2}}{Q_1} = \frac{1}{A_1}\int_{A_1}\int_{A_2}\frac{\cos\theta_1\cos\theta_2}{\pi\cdot r^2}dA_1 dA_2 \tag{10-34}$$

用同样的方法还可求得 A_1 面对 A_2 面的平均辐射角系数公式。实用中为了简化计算,对不同相对位置表面间的角系数,已由导出的计算式制成线图,可由工具书中查得。

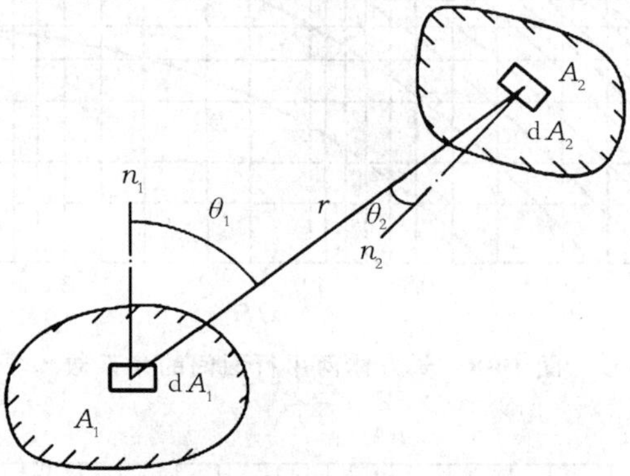

图10-10 任意位置两非凹黑体面的辐射换热

10.4.2 辐射换热网络法

由式(10-29)及式(10-30)可知,两黑体表面间的辐射换热量

$$Q_{12} = \varphi_{1-2}E_{b1}A_1 - \varphi_{2-1}E_{b2}A_2 = \varphi_{1-2}A_1(E_{b1}-E_{b2}) = \varphi_{2-1}A_2(E_{b1}-E_{b2}) \tag{10-35}$$

可见,计算黑体系统辐射换热量的关键在与求角系数。但对于灰体系统,由于其吸收率小于1,所以,对外界辐射来的能量不能一次吸收,需要经过无数次地吸收和反射的过程。这就使辐射换热计算变得十分复杂,为消除物体多次吸收和反射辐射给计算带来的麻烦,在此定

义：单位时间内外界投射到物体表面的单位面积上的辐射能称为**投射辐射**，用符号 G 表示，如图 10-11 所示。这部分辐射能进入表面后，αG 部分的能量被吸收；ρG 部分的能量被反射。把表面单位面积上本身的辐射和反射的辐射能之和，称为表面的**有效辐射**，用符号 J 表示。即

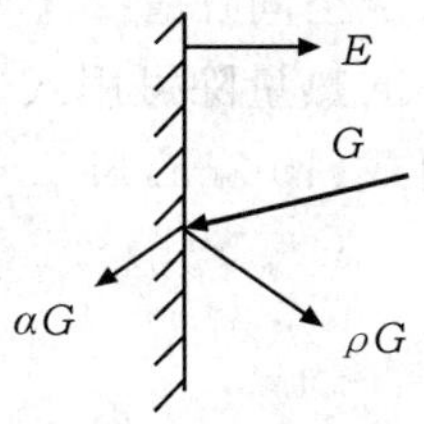

图 10-11　物体表面辐射能收支

$$J=\varepsilon E_b+\rho G=\varepsilon E_b+(1-\varepsilon)G \tag{a}$$

物体表面净辐射换热量

$$Q=(J-G)A \tag{b}$$

由(a)、(b)两式中消去 G 得的换热量

$$Q=\frac{E_b-J}{\dfrac{1-\varepsilon}{\varepsilon A}} \tag{10-36a}$$

式(10-36a)与欧姆定律相比较，Q 为净辐射热流量，等号右边分子为辐射势差，分母 $\frac{1-\varepsilon}{\varepsilon A}$ 称为**表面辐射热阻**。将式(10-36a)表示的辐射换热过程绘成热阻网络，如图 10-12 所示，称为**表面热阻网络单元**。在表面热阻网络单元一端的是黑体的辐射力 E_b，而另一端是灰体的有效辐射力 J。显然，表面热阻的产生是因为表面不是黑体而形成的。由表面辐射热阻的定义式可知，表面的发射率或吸收率越大，即表面越接近黑体，表面辐射热阻就越小，表面为黑体时，此热阻等于零。

对于空间任意 2 个灰体表面之间的辐射换热（参见图 10-15 和图 10-16），它们在单位时间内交换的热量为

$$Q_{12}=Q_{1-2}-Q_{2-1}=\varphi_{1-2}J_1A_1-\varphi_{2-1}J_2A_2$$

根据角系数的相对性，则有

$$Q_{12}=\varphi_{1-2}A_1(J_1-J_2)=\varphi_{2-1}A_2(J_1-J_2)=\frac{J_1-J_2}{\dfrac{1}{A_1\varphi_{1-2}}} \tag{10-36b}$$

式(10-36b)中的边界势差 J_1-J_2 代表两表面边界层间的辐射换热势差。把分母 $\frac{1}{A_1\varphi_{1-2}}$ 称为**空间辐射热阻**。它只取决于物体间的空间几何关系和表面的面积，两物体的平均角系数和表面积愈小，则空间热阻愈大。将式(10-36b)表示的辐射换热过程绘成热阻网络，如图 10-13 所示，称为**空间热阻网络单元**。

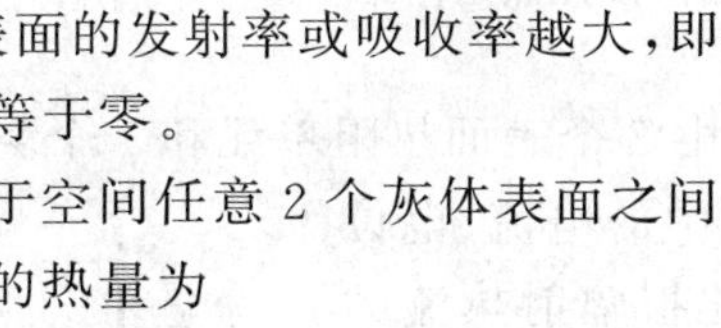

图 10-12　表面辐射热阻网络单元

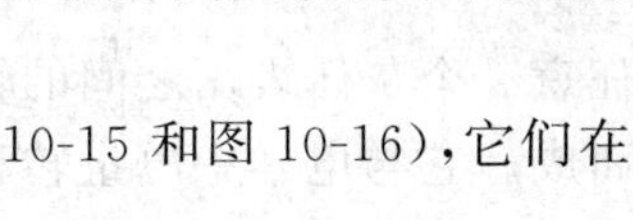

图 10-13　空间热阻网络单元

对于空间任意 2 个灰体表面之间的辐射换热(参见图 10-15 和图 10-16),它们在单位时间内交换的热量除可用式(10-36b)表示外还可用式(10-36c)表示。

由式(10-36a)知

$$J_1=E_{b1}-\left(\frac{1}{\varepsilon_1}-1\right)\cdot\frac{Q_{12}}{A_1} \tag{a}$$

$$J_2=E_{b2}-\left(\frac{1}{\varepsilon_2}-1\right)\cdot\frac{Q_{21}}{A_2} \tag{b}$$

由能量守恒定律知

$$Q_{12}=-Q_{21} \tag{c}$$

将式(a)、式(b)、式(c)代入式(10-36b)得

$$Q_{12}=\frac{E_{b1}-E_{b2}}{\frac{1-\varepsilon_1}{\varepsilon_1 A_1}+\frac{1}{\varphi_{1-2}A_1}+\frac{1-\varepsilon_2}{\varepsilon_2 A_2}} \tag{10-36c}$$

式(10-36c)所表示的辐射换热热阻网络如图 10-14 所示。

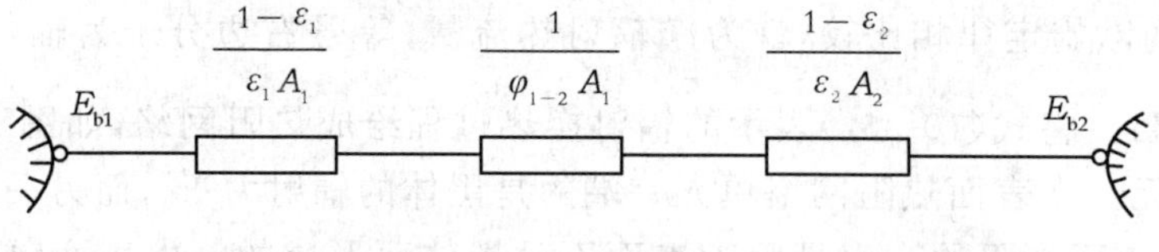

图 10-14 空间任意两灰体表面之间的辐射换热热阻网络

空间任意 2 个灰体表面之间的辐射换热热阻网络是由 2 个表面热阻单元和 1 个空间热阻单元串联而成。它与电学中电量转移相似,因此,用电学中的电流、电位差和电阻来比拟热学中的热流、热势差与热阻,用电路比拟辐射热流的传递通路来解决辐射换热计算问题,使分析更加简明、直观。

10.4.3 网络法的应用

下面讨论几种特殊情况下的辐射换热。

10.4.3.1 两平行大平板间的辐射换热

如图 10-15 所示,2 个平行放置的平板Ⅰ和Ⅱ,平板Ⅰ的温度 T_1 高于平板Ⅱ的温度 T_2;它们之间的距离很近,以至各自表面发射出去的辐射能,都能完全落到另一个表面上。在这种情况下,$A_1=A_2=A$,$\varphi_{1-2}=\varphi_{2-1}=1$。此时式(10-36c)被简化为

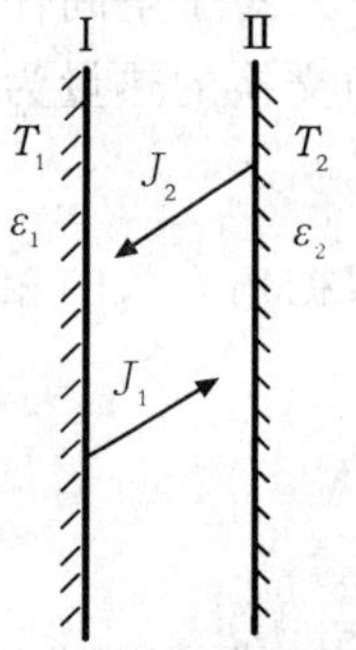

图 10-15 两平行大平板间的辐射换热

$$Q_{12}=\frac{A(E_{b1}-E_{b2})}{\frac{1}{\varepsilon_1}+\frac{1}{\varepsilon_2}-1} \tag{10-37}$$

10.4.3.2 组成封闭空间的两物体之间的辐射换热

图 10-16 是抽象出的 2 个灰体表面组成的二维封闭系统。在图(a)中,表面 1,2 分别是 2 个球体的外表面和内腔表面,1 包囊在 2 中;图(b)、图(c)、图(d)是无限长的空心柱体,表面 1 和表面 2 是空腔的内表面。

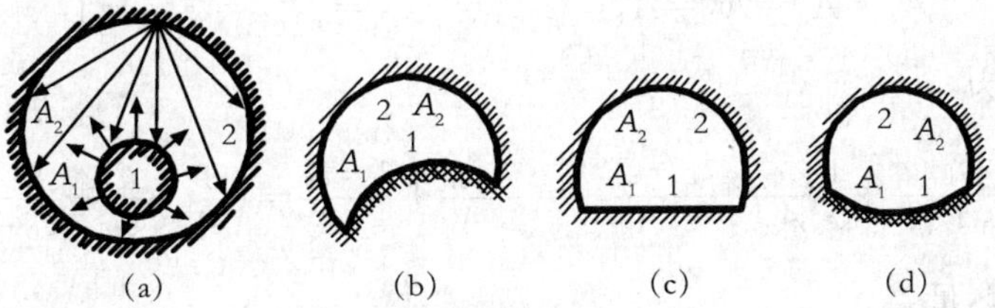

图 10-16 两表面组成的辐射换热系统

对于(a)、(b)、(c)3 种情形，A_1 面为非凹面，发出的辐射能不存在自我吸收的情况，则有 $\varphi_{12}=1$。此时的式(10-36c)被简化为

$$Q_{12}=\frac{A_1(E_{b1}-E_{b2})}{\frac{1}{\varepsilon_1}+\frac{A_1}{A_2}\left(\frac{1}{\varepsilon_2}-1\right)}$$

把 $E_{b1}=C_b\left(\frac{T_1}{100}\right)^4$，$E_{b2}=C_b\left(\frac{T_2}{100}\right)^4$ 代入后得

$$Q_{12}=\frac{A_1C_b\left[\left(\frac{T_1}{100}\right)^4-\left(\frac{T_2}{100}\right)^4\right]}{\frac{1}{\varepsilon_1}+\frac{A_1}{A_2}\left(\frac{1}{\varepsilon_2}-1\right)} \tag{10-38}$$

当凸表面较其包腔内表面小得多时，可视为$\frac{A_1}{A_2}\approx 0$，此时式(10-38)被简化为

$$Q_{12}=\varepsilon_1A_1C_b\left[\left(\frac{T_1}{100}\right)^4-\left(\frac{T_2}{100}\right)^4\right] \tag{10-39}$$

利用网络法还可推导计算含有多重辐射面的辐射换热系统及多表面系统的辐射换热量。

【例 10-1】 2 块平行放置且相距很近的大钢板，黑度 $\varepsilon_1=\varepsilon_2=0.8$。如果在这 2 块钢板之间插入一块黑度 $\varepsilon_3=0.05$ 的遮热板，问这 2 块钢板间的辐射换热量有无变化？若有变化，那么无遮热板时的辐射换热量是有遮热板时的多少倍？

解：两板相距很近且面积很大，此时有

$$A_1=A_2=A,\quad \varphi_{1-2}=\varphi_{2-1}=1$$

无遮热板时两板间的辐射热阻为

$$\frac{1-\varepsilon_1}{\varepsilon_1A_1}+\frac{1}{\varphi_{1-2}A_1}+\frac{1-\varepsilon_2}{\varepsilon_2A_2}=\left(\frac{1}{\varepsilon_1}+\frac{1}{\varepsilon_2}-1\right)\cdot\frac{1}{A}$$

两板间的辐射换热量

$$Q_{12}=\frac{A\sigma_b(T_1^4-T_2^4)}{\frac{1}{\varepsilon_1}+\frac{1}{\varepsilon_2}-1}$$

插入遮热板后

$$A_1 = A_3 = A_2 = A, \quad \varphi_{1-3} = \varphi_{3-1} = \varphi_{3-2} = \varphi_{2-3} = 1$$

两板间的辐射热阻为

$$\frac{1-\varepsilon_1}{\varepsilon_1 A_1} + \frac{1}{\varphi_{1-3} A_1} + \frac{1-\varepsilon_3}{\varepsilon_3 A_3} + \frac{1-\varepsilon_3}{\varepsilon_3 A_3} + \frac{1}{\varphi_{3-2} A_3} + \frac{1-\varepsilon_2}{\varepsilon_2 A_2} = \left(\frac{1}{\varepsilon_1} + \frac{2}{\varepsilon_3} + \frac{1}{\varepsilon_2} - 2\right) \cdot \frac{1}{A}$$

插入遮热板后的换热量

$$Q'_{12} = \frac{A\sigma_b (T_1^4 - T_2^4)}{\frac{1}{\varepsilon_1} + \frac{2}{\varepsilon_3} + \frac{1}{\varepsilon_2} - 2}$$

插入遮热板前后的换热量比

$$\frac{Q_{12}}{Q'_{12}} = \frac{\frac{1}{\varepsilon_1} + \frac{2}{\varepsilon_3} + \frac{1}{\varepsilon_2} - 2}{\frac{1}{\varepsilon_1} + \frac{1}{\varepsilon_2} - 1} = \frac{\frac{2}{0.8} + \frac{2}{0.05} - 2}{\frac{2}{0.8} - 1} = 27$$

插入遮热板后两板间的辐射换热量有变化。无遮热板时的辐射换热量是有遮热板时的27倍。

思考题 10

10-1 什么是灰体？灰体与黑体有何异同？简述它的理论意义。

10-2 辐射换热与对流换热相比有哪些特点？

10-3 物体的黑度与哪些因素有关？

10-4 在什么条件下一般物体的吸收率等于发射率？

10-5 夏天在阳光下穿白色的衣服可以少吸收一些太阳的热辐射，在钢铁厂的高温车间是否也是采用白色工作服更好？

10-6 对于一般物体吸收率等于发射率在什么条件下成立？

10-7 角系数有哪些特性？这些特性的物理依据是什么？

10-8 什么是一个表面的本身辐射、投入辐射及有效辐射？有效辐射概念的引入对灰体表面系统辐射换热的计算有什么作用？

10-9 利用辐射热阻来说明隔热板的隔热原理。

10-10 按基尔霍夫定律，灰体的吸收率等于其发射率，这是否意味着灰体所吸收的能量总是等于它所辐射的能量？如果不是，同基尔霍夫定律有无矛盾？

10-11 用玻璃制作的温室可以采热保暖，而在炼钢车间的隔热室装的也是玻璃，试分析这是为什么？

10-12 什么是表面辐射热阻？什么是空间辐射热阻？试分析由几个黑度不同的表面拼成的表面与外界辐射换热时的热阻。

习题 10

10-1 两宽度分别为 a,b 的无限长平面相交,夹角为 θ,试求两平面间的角系数。

10-2 2 块平行放置的大平板,温度分别保持 $T_1=800$ K 和 $T_2=300$ K,两板的发射率 $\varepsilon_1=\varepsilon_2=0.8$,两板的距离远小于板的宽度和高度。求板 1 和板 2 之间的辐射换热量,这 2 块平板的本身辐射、有效辐射、和吸收辐射,以及对板 1 和板 2 的投射辐射。

10-3 A,B 2 个小表面放在一个温度均匀的封闭腔内,已知投射到每个表面单位面积上的辐射能为 6 300 W/m^2,由测量得知,表面吸收的辐射热流分别为 5 600 W/m^2 和 630 W/m^2,在很长时间后,已达到稳定状态。求:

(1)每个表面的净辐射热流是多少?每个表面的温度为多少?

(2)每个表面的吸收率是多少?

(3)每个表面的辐射力是多少?

(4)每个表面的黑度是多少?

10-4 直径 $d=200$ mm 的蒸汽管道,放在剖面为 400 mm×500 mm 的砖砌沟内,管道表面的发射率为 0.74,砖砌沟的发射率为 0.92,蒸汽管道的表面温度为 150℃,沟壁的表面温度为 50℃,求每米蒸汽管道的辐射散热损失。

10-5 把地球作为黑体表面,把太阳看成是 $T=5\ 800$ K 的黑体,试估算地球表面的温度。已知地球直径为 1.29×10^7 m,太阳的直径为 1.39×10^9 m,两者相距 1.5×10^{11} m。地球对太空的辐射可视为对 0 K 黑体空间的辐射。

10-6 一根直径为 0.5 mm 的白炽灯丝,长度为 500 mm,发射率为 0.9,周围环境温度为 20℃。如果对灯丝通电加热,消耗功率为 0.5 kW。若这部分热量仅仅依靠辐射换热从导线表面散逸出去,试求灯丝的表面温度。

10-7 暖房的升温作用可以从玻璃的光谱穿透比变化得到解释,有一块厚为 2 mm 的玻璃,经测定其对 0.3~2.5 μm 的辐射能的穿透比为 0.90,而对其他波长的辐射能可以认为完全透明。试据此计算温度为 5 800 K 的黑体辐射和 300 K 的黑体辐射投射到该玻璃上时各自的总透射率。

10-8 2 块平行放置的无限大灰平板,温度分别为 T_1 和 T_2,表面发射率均为 0.9。在两灰板间插入以金属板,使辐射换热量减少为原来的 1/20。问此表面的发射率应该为多少?

10-9 一加热炉的炉膛的宽和长分别为 0.4 m 和 0.5 m,高为 0.3 m,其顶面温度恒为 300℃,而其余表面的温度保持 100℃,假定所有表面的发射率为 0.8,试计算顶面和其他表面的辐射换热量。

10-10 一外径为 100 mm 的钢管横穿过室温为 27℃的房间,管外壁温度为 100℃,表面发射率为 0.85,试确定单位管长上的辐射热损失。

10-11 一高为 4 m 的炉墙,外表面平均温度为 58℃,发射率为 0.9,锅炉房的空气温度为 32℃,求炉墙每平方米的辐射散热量。

10-12 一平板表面接受的太阳投射辐射为 1 262 W/m^2,该表面对太阳能的吸收率为 α,自身辐射的发射率为 ε,平面向阳面对环境的散热相当于对 −50℃ 的表面进行辐射换热。试对 $\varepsilon=0.5$, $\alpha=0.9$ 及 $\varepsilon=0.1$,$\alpha=0.15$ 两种情形,确定平板表面处于稳定工况下的温度。

10-13　太阳能以800 W/m^{2}的平均辐射强度射到建筑物的房顶上，房顶对太阳能的吸收率为0.75，房顶的面积为36 m^2，温度为36℃，发射率为0.88。若室外空气温度为40℃，试计算传入室内的热量。

10-14　在一厚200 mm的炉墙上有一直径为200 mm的孔，孔的圆柱形表面可以认为是绝热的，炉内温度为1 400℃，室温为30℃，试确定当该孔的盖板被移去时，室内物体得到的净辐射热量。

10-15　一空间飞行器的散热装置应向0 K的环境中通过辐射散失飞行器运行中内部产生的热量。如果该飞行器散热表面的最高允许温度为2 500 K，发射率为0.8，试确定所允许的最大发热功率。

10-16　用特定仪器测得一黑体炉发出的波长0.7 μm的辐射能(在半球范围内)为10^8 W/m^3，试计算该黑体炉工作在多高的温度下？在该工况下辐射黑体炉的加热功率为多大？辐射小孔的面积为4×10^{-4} m^2。

10-17　人工黑体腔上的辐射小孔是一个直径为20 mm的圆，辐射力$E_b=3.72\times10^8$ W/m^2。一个辐射热流计置于该黑体小孔的正前方$l=0.5$ m处，该热流计吸收热的面积为1.6×10^{-5} m^2。问该热流计所得到的黑体投入辐射是多少？

10-18　钢制工件在炉内加热时，随着工件温度的升高，其颜色会逐渐由暗红变成白亮。假设钢件的表面可以作为黑体，试计算在工件温度为900℃及1 100℃时，工件所发出的辐射能中的可见光是温度为700℃时的多少倍？$\lambda T\leqslant600$ μm·K时$F_{b(0\sim\lambda)}=0$；$\lambda T=800$ μm·K时$F_{b(0\sim\lambda)}=0.16\times10^{-4}$。

10-19　从太阳投射到地球大气层外表面的辐射能量经准确测定为1 353 W/m^2。太阳直径为1.39×10^9 m，地球直径为1.29×10^7 m，两者相距1.5×10^{11} m。若认为太阳是黑体，估算其表面的温度。

10-20　冷藏瓶由真空玻璃夹层所组成，在夹层的两相对壁面上镀银，黑度为0.05。内层壁的外径为110 mm，温度为0℃；外层壁的内径为122 mm，壁温为37℃。玻璃夹层高180 mm。如果不计瓶口的导热损失，试求因辐射换热冷藏瓶每小时的传热量。

10-21　一同心长套管，内管的外径$d_1=50$ mm，壁温$t_1=277$℃，黑度$\varepsilon_1=0.6$；外管的内径$d_2=300$ mm，壁温$t_2=27$℃，黑度$\varepsilon_2=0.3$。试求每米套管内、外壁面间的辐射换热量Q_{12}。

10-22　一电烙铁的端部面积为0.001 3 m^2，黑度为0.8，置于温度为25℃的房间内。烙铁端部表面与空间的对流换热系数为9.5 W/(m^2·℃)，当加于烙铁端部的电功率为20 W时，试计算达到稳态时烙铁端部的表面温度。

11 传热与换热器

11.1 传热与换热器

热量从间壁一侧的热流体通过间壁传给另一侧的冷流体，这种热量传递过程称为传热过程。热流体通过间壁与冷流体进行热量交换的传热过程分为 3 步：

(1)热流体以对流传热方式将热量传给固体壁面；

(2)热量以热传导方式由间壁的热侧面传到冷侧面；

(3)冷流体以对流传热方式将间壁传来的热量带走。

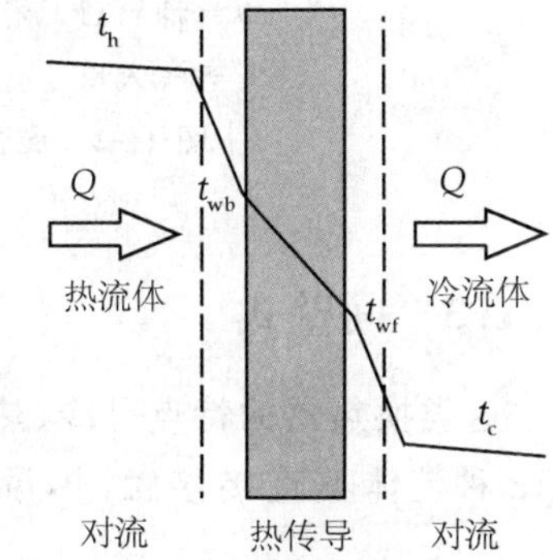

图 11-1 流体通过间壁的热量交换

在上述 3 个步骤中，第(2)步通过间壁的传热纯属热传导，第(1)与第(3)步为流体与间壁固体之间的传热，主要依靠对流传热，对于高温的多原子气体或含固体颗粒的气体，流体与壁面之间的辐射传热比较强烈。由于在生产中经常遇到的是温度不太高的流体之间的传热，因而在传热过程计算中通常忽略流体与间壁之间的辐射传热。图 11-1 中示出了沿热量传递方向从热流体到冷流体的温度分布情况。热流体以对流方式将热量传给间壁的一侧，如果热流体不发生相变，则热流体的温度逐渐降低；在间壁中沿热流方向温度降低；当热量传给冷流体后，如果冷流体也不发生相变，则其温度将逐渐升高。凡是能实现从热流体将热量传给冷流体的设备都称为换热器。换热器种类很多，按热量交换的原理和方式，可分为混合式、蓄热式和间壁式 3 类。

11.1.1 混合式(或直接接触式)

混合式换热器是依靠冷、热流体直接接触进行传热，这种传热方式避免了传热间壁及其两侧污垢的热阻，只要流体间的接触情况良好，就具有较大的传热速率，它具有设备结构简单、传热效率高和易于防腐等特点。因此，在生产工艺上允许 2 种流体相互混合的情况下，都可以采用混合式换热器，例如气体的洗涤和冷却、循环水的冷却、蒸汽-水之间的混合加热等。图 11-2 示出混合式冷凝器的原理示意图。

11.1.2 蓄热式(或回热式)

蓄热式换热器又称蓄热器，它主要是由热容量较大的蓄热室构成，蓄热室的填料一般是耐火材料或金属材料。当冷、热两种流体交替通过蓄热室时，即可通过蓄热室将热流体传给蓄热室的热量间接地传给冷流体，而达到换热的目的。蓄热式换热器的结构较简单，可耐受高温，但其缺点是设备体积庞大，冷、热流体之间存在一定程度的混合。一般用于气体的余热或冷量的回收利用。传统的蓄热室是由耐火砖砌成的格子体，单位体积蓄热室的传热面积较小，近年开发的高效而紧凑的蓄热器，大大改善了设备庞大的缺点，如旋转型蓄热器和流化床蓄热器以及图 11-3 表示栅格式蓄热器。

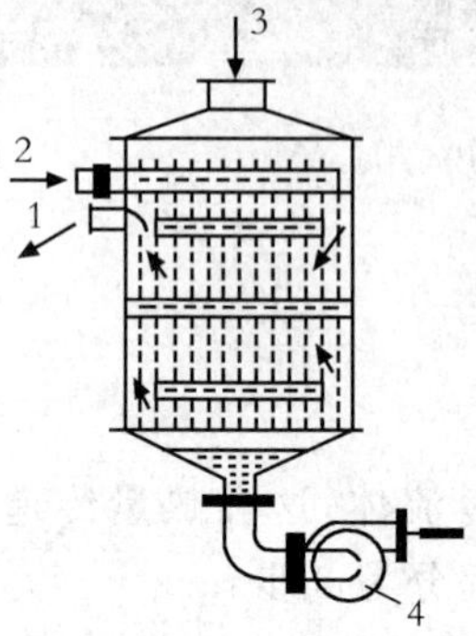

1.空气抽出口　2.冷却水入口
3.乏气入口　4.凝结水泵

图 11-2　混合式冷凝器

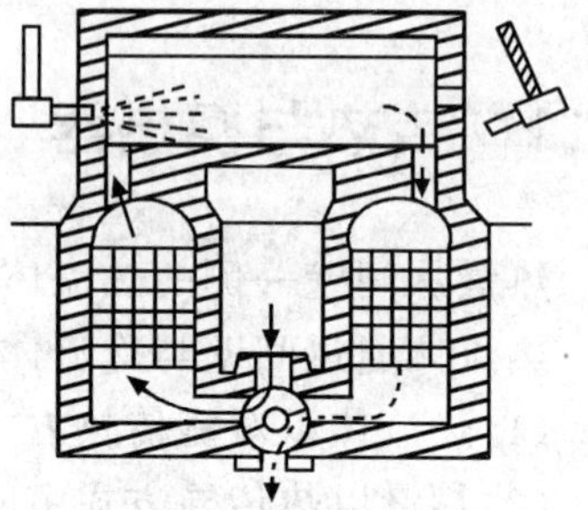

图 11-3　回热式换热器

11.1.3　间壁式

这类换热器的特点是冷、热两种流体之间有一固体壁面，两流体分别在固体壁面的两侧流动，2 种流体不直接接触，热量通过壁面进行传递。间壁式是工业上应用最广泛的换热器之一。

换热器还可按其用途分为加热器、冷却器、蒸发器、冷凝器和再沸器等；按换热器制造材料分为金属、陶瓷、塑料、石墨和玻璃换热器等。

11.1.3.1　管壳式换热器

如图 11-4 流体Ⅰ在管外流动，流体Ⅱ在管内流动，管外各管间常设一些圆缺形的挡板，使流体充分流经全部管面，改善流体对管子的冲刷角度，以提高换热器壳侧的换热系数，另外挡板还可以起支撑管束的作用。图 11-4 所示的换热器为单壳程 2 管程；图 11-5 为 2 壳程 4 管程和 3 壳程 6 管程。

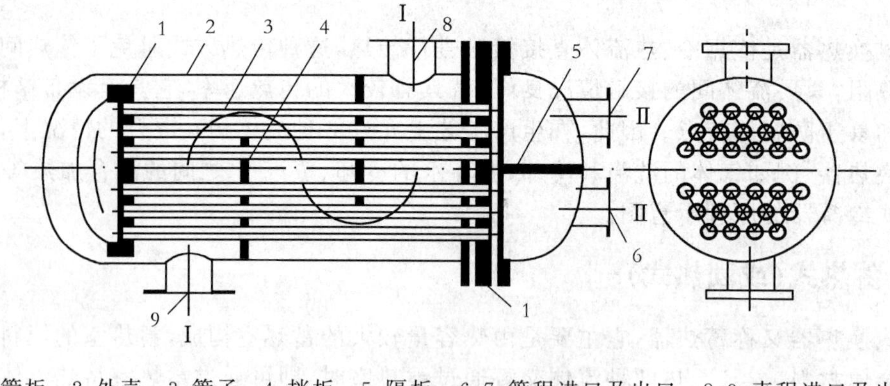

1.管板　2.外壳　3.管子　4.挡板　5.隔板　6,7.管程进口及出口　8,9.壳程进口及出口

图 11-4　管壳式换热器示意图

根据流体在管程和壳程的安排，又可以分为：顺流式（并流式），即两种流体作同方向平行流动（图 11-5(a)）；逆流式，即两种流体作平行且反方向流动，（图 11-5(b)）；横流或称交叉流，2 种流体在相互垂直的方向流动（图 11-5(c)）；图 11-5 的(d)、(e)、(f)则是 3 种不同组合的流动方式，称为混合流。在混合流动情况下，如果管程很多时，也可作为逆流来处理。不同的流动方式对传热和流动阻力都会有影响。

管壳式换热器结构坚固、易于制造、处理能力大，高温、高压场合下也可以应用，换热表面清洗比较方便，在换热设备中占很大比重。

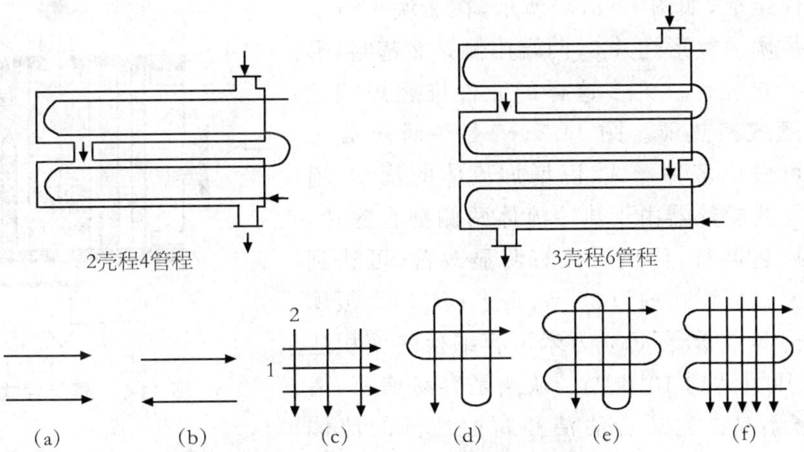

图 11-5　流体在换热器中的流动方式

11.1.3.2　肋片式换热器

图 11-6 为肋片管式换热器，用于空气加热或冷却；在管子的外壁加肋片，大大增加了空气侧的换热面积，强化了传热。这类换热器的结构紧凑，对换热面两侧流体换热系数相差较大的场合非常适用。

肋片管式换热器结构上的主要问题是肋片的形状和结构以及和管子的连接方式。

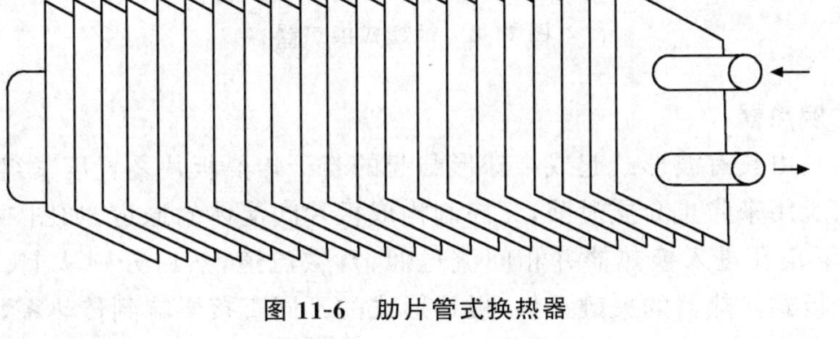

图 11-6　肋片管式换热器

11.1.3.3　螺旋板式换热器

图 11-7 为螺旋板式换热器结构原理图，它由 2 张平行的金属板卷制而成，构成 2 个螺旋通道，再加上下盖及连接管构成。热冷 2 种流体分别在两螺旋通道中流动。流体 1 从中心进入，螺旋流动到周边流出；流体 2 由周边进入螺旋流动到中心流出。这种换热器的螺旋流道有利于提高换热系数。螺旋流道中的污垢形成速度仅为管壳式的 1/10。这是因为当流道中壁

面形成污垢后，通道截面减小，使流速增加，冲刷作用增强而产生“自洁”效果；此外，这种换热器的结构紧凑，单位体积可容纳的换热面积为管壳式的 3 倍。但缺点是不易清洗，检修困难，承压能力低，一般用于压力 10^3 kPa 以下的场合。

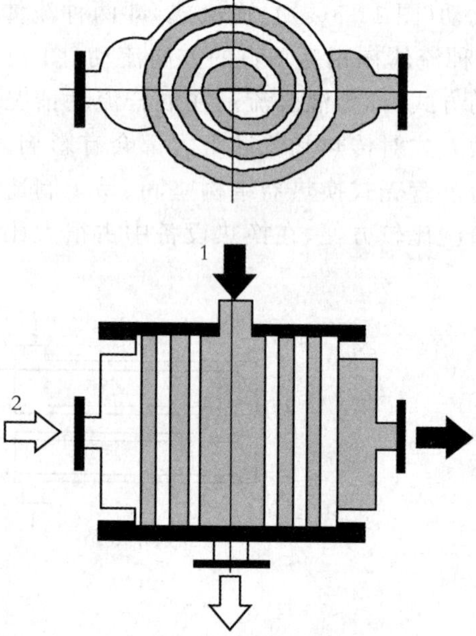

图 11-7　螺旋板式换热器

11.1.3.4　板翅式换热器

板翅式换热器的结构方式很多，但都是由若干层基本换热元件组成，如图 11-8(a)所示，在 2 块平行隔板 1 中加着一块波纹形翅片 3，两端用侧条 2 密封，形成一层基本换热元件。许多这样的元件堆叠焊接起来就构成板翅式换热器。图 11-8(b)是一种堆叠方式。波纹板可做成多种形式，以增加流体的扰动，增强传热。板翅式换热器由于热冷流体两侧都有翅片，作为气—气换热器时，传热系数有明显改善，可达到 300 W/(m^2 · ℃)(管式约为 30 W/(m^2 · ℃))。板翅式换热器结构非常紧凑，每立方米可容纳换热面积达 2 500 m^2，承压可达到 10^4 kPa。缺点是容易堵塞，清洗困难，检修不易。它适合清洁和腐蚀性低的流体换热。

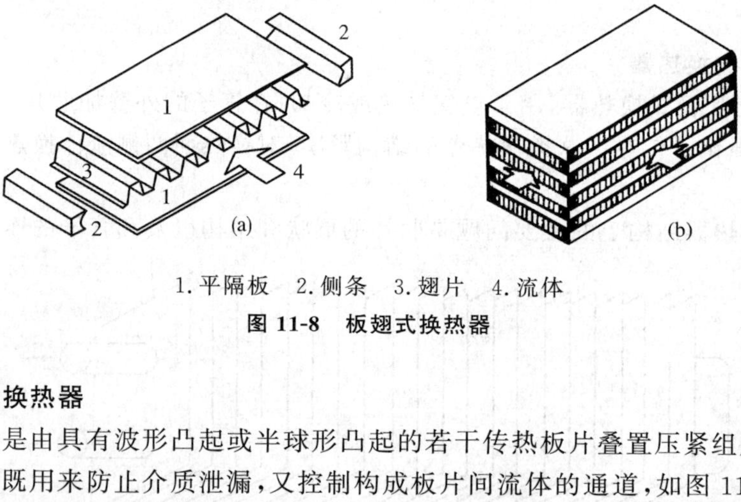

1. 平隔板　2. 侧条　3. 翅片　4. 流体

图 11-8　板翅式换热器

11.1.3.5　板式换热器

板式换热器是由具有波形凸起或半球形凸起的若干传热板片叠置压紧组成。传热板片间有密封垫片。它既用来防止介质泄漏，又控制构成板片间流体的通道，如图 11-9 所示。冷、热流体分别由上、下角孔进入换热器并相间流过偶、奇数流道，然后分别从上、下角孔流出换热器。传热板片是板式换热器的关键元件，板片形式的不同直接影响到传热系数、流动阻力和承压能力。不锈钢是制作板片的主要材料，也有用铝、黄铜、镍等。板式换热器具有传热效率高、结构紧凑、金属消耗量低、使用灵活性大、拆装清洗方便等优点，已广泛用于供热采暖系统及食品、医药、化工部门。目前板式换热器所达到的主要性能数据为：

最大传热系数——3 500 W/(m^2 · ℃)(水—水)；

最大处理量——1 000 m^3/h；

最高操作压力——2 700 kPa；

紧凑性——250～1 000 m^2/m^3。

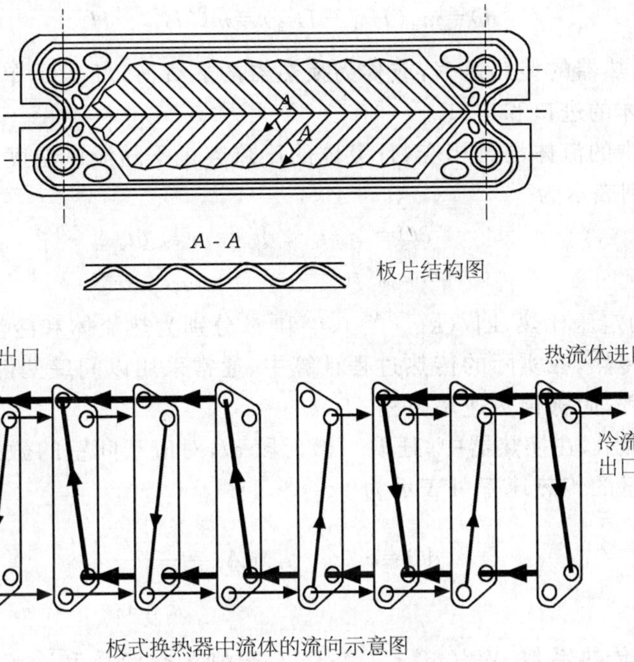

图 11-9　板式换热器工作原理图

11.2　面式换热器的计算原理

根据能量守恒原理，在传热过程中，若忽略热损失，单位时间内热流体放出的热量等于冷流体所吸收的热量。图 11-10 为一稳态逆流操作的套管式换热器，热流体走管内，冷流体走环隙。对于换热器的一个微元段，传热面积为 dA，冷热流体之间的热量传递满足

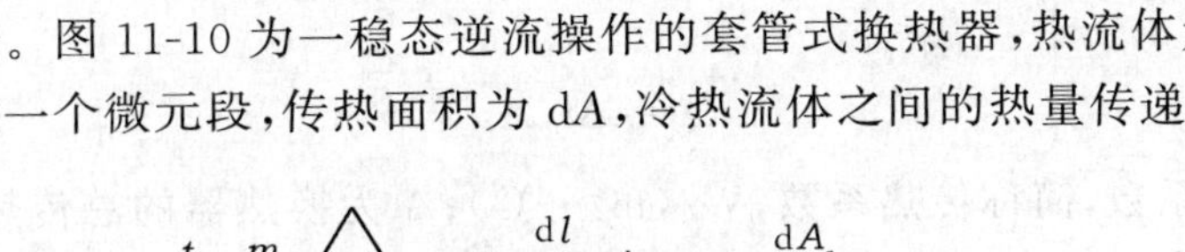

图 11-10　套管换热器的换热过程

$$\delta Q = -m_h dH_h = m_c dH_c \tag{11-1}$$

式中：m 为冷热流体质量流速，kg/s；dH 表示单位质量流体焓值增量，kJ/kg；δQ 为微元传热

面积 dA 上的传热速率；下标 h 和 c 分别表示热流体和冷流体。对于整个换热器，其热量的衡算式为

$$Q=m_{\mathrm{h}}(H_{\mathrm{h1}}-H_{\mathrm{h2}})=m_{\mathrm{c}}(H_{\mathrm{c2}}-H_{\mathrm{c1}}) \tag{11-2}$$

式中：Q 为整个换热器的传热速率，或称为换热器的热负荷；H 表示单位质量流体焓值，下标 1 和 2 分别表示流体的进口和出口。

如果换热器中的流体均无相变，且流体的比热容是不随流体温度变化的常数时，式(11-1)和式(11-2)可分别表示为

$$\delta Q=-m_{\mathrm{h}}c_{p\mathrm{h}}\mathrm{d}t_{\mathrm{h}}=m_{\mathrm{c}}c_{p\mathrm{c}}\mathrm{d}t_{\mathrm{c}} \tag{11-3}$$

$$Q=m_{\mathrm{h}}c_{p\mathrm{h}}(t_{\mathrm{h1}}-t_{\mathrm{h2}})=m_{\mathrm{c}}c_{p\mathrm{c}}(t_{\mathrm{c2}}-t_{\mathrm{c1}}) \tag{11-4}$$

式中：c_p 为流体的定压比热，kJ/(kg・℃)；t_{h} 和 t_{c} 分别为热流体和冷流体的温度，℃。

对于间壁式传热，在实际的传热过程计算中，通常采用以间壁两侧流体的温度差为推动力的总传热速率方程，简称传热速率方程。

如图 11-10 所示，在换热器中，任取一微元段 dl，对应于间壁的微元传热面积 dA_0，热流体对冷流体传递热量的传热速率可表示为

$$\mathrm{d}Q=\kappa'(t_{\mathrm{h}}-t_{\mathrm{c}})\mathrm{d}A_0=\frac{t_{\mathrm{h}}-t_{\mathrm{c}}}{\dfrac{1}{\kappa'\mathrm{d}A_0}} \tag{11-5}$$

式中：κ' 表示局部传热系数，W/(m^2・℃)；t_{h}，t_{c} 分别为热流体和冷流体的局部平均温度，℃。式(11-5)称为微分传热速率方程。因为仅针对换热器的 dl 段列出，故式(11-5)中各量均具有局部的性质。

由于换热器内的冷、热流体的温度和物性是变化的，因而在传热过程中的局部传热温差和局部传热系数都是变化的，但在工程计算中，在沿程温度和物性变化不是很大的情况下，通常传热系数 κ 和传热温差 Δt 均可采用整个换热器上的积分平均值，因此，对于整个换热器，传热速率方程可写为

$$Q=\kappa\Delta t_{\mathrm{m}}A \tag{11-6}$$

式中：κ 为平均传热系数，简称传热系数，W/(m^2・℃)；A 为换热器的总传热面积，m^2；t_{m} 为冷热流体的平均传热温差，℃。

由传热热阻的概念，传热速率方程还可以写为

$$Q=\frac{\Delta t_{\mathrm{m}}}{\dfrac{1}{\kappa A}} \tag{11-7}$$

式中：$R=1/\kappa A$ 为换热器的总传热热阻，℃/W。

传热系数 κ 是反映换热器传热性能的重要参数，也是对换热器进行传热过程计算的基本依据。它可以通过查阅相关手册、实验测定和分析计算获得。传热系数 κ 的数值取决于流体的物性、传热过程的操作条件和换热器的类型等多方面因素。

11.2.1 传热系数的计算

如图 11-10 所示，设两流体通过间壁进行换热。在换热器中任取一微元段 dl，间壁内、外

侧的传热面积分别为 dA_i 和 dA_o。壁面的导热系数为 λ，壁厚为 b，内、外侧流体的温度分别为 t_h 和 t_c，对流换热系数分别为 h_i 和 h_o。间壁内侧、外侧的温度分别为 t_{wh} 和 t_{wc}。根据牛顿冷却定律和傅里叶定律，有

内侧
$$dQ_i=\frac{t_h-t_{wh}}{\frac{1}{h_i dA_i}} \tag{11-8a}$$

间壁
$$dQ_m=\frac{t_{wh}-t_{wc}}{\frac{b}{\lambda dA_m}} \tag{11-8b}$$

外侧
$$dQ_o=\frac{t_{wc}-t_c}{\frac{1}{h_o dA_o}} \tag{11-8c}$$

式中：dA_m 为间壁的平均导热面积，m^2。

在稳态条件下，由热流体到冷流体的传热过程中，各个环节的传热速率处处相等，即

$$dQ_i=dQ_m=dQ_o=dQ \tag{11-9}$$

利用式(11-8)和式(11-9)，可得

$$dQ=\frac{t_h-t_{wh}}{\frac{1}{h_i dA_i}}=\frac{t_{wh}-t_{wc}}{\frac{1}{\lambda dA_m}}=\frac{t_{wc}-t_c}{\frac{1}{h_o dA_o}}=\frac{t_h-t_c}{\frac{1}{h_i dA_i}+\frac{1}{\lambda dA_m}+\frac{1}{h_o dA_o}}=\frac{t_h-t_c}{R} \tag{11-10}$$

若以间壁外侧面为传热面积计算基准，则其局部传热系数为

$$\frac{1}{\kappa_o'\ dA_o}=\frac{1}{h_i dA_i}+\frac{b}{\lambda dA_m}+\frac{1}{h_o dA_o} \tag{11-11a}$$

或
$$\frac{1}{\kappa_o'}=\frac{1}{h_i}\cdot\frac{hA_o}{dA_i}+\frac{b}{\lambda}\cdot\frac{dA_o}{dA_m}+\frac{1}{h_o} \tag{11-11b}$$

由于流体温度沿程不断变化(除发生相变外)，因而流体物性随之改变，致使对流换热系数也改变。然而，在工程计算中，通常是按某一定性温度确定物性参数来计算对流换热系数 h，而将 h 看作常数，因而求得的局部传热系数 κ' 亦为定值，不随管长变化，作为全管长上的传热系数 κ，微元面积的比值也可用全管长上总面积的比值代替，故式(11-11b)可改写为

$$\frac{1}{\kappa_o}=\frac{1}{h_i}\cdot\frac{dA_o}{dA_i}+\frac{b}{\lambda}\cdot\frac{dA_o}{dA_m}+\frac{1}{h_o} \tag{11-12}$$

由式(11-12)可知，对于一个确定的传热过程，传热系数 κ 的数值与换热器的传热面积计算基准有关。对于平壁，由于间壁两侧的传热面积相等，因而传热系数的数值对任一侧作计算基准都相等；而对于沿热流方向传热面积变化的间壁而言，如圆管壁或带有扩展表面的壁面，在选取不同的传热面积作为传热过程计算基准时，其传热系数的数值不同。因此，在指出传热系数的同时，还必须注明传热面的计算基准。

同理，还可写出对应于 A_i 的传热系数 κ_i

$$\frac{1}{\kappa_i}=\frac{1}{h_i}+\frac{b}{\lambda}\cdot\frac{A_i}{A_m}+\frac{1}{h_o}\cdot\frac{A_i}{A_o} \tag{11-13}$$

对于内、外径分别为 d_i 和 d_o，长为 L 的圆管，由于 ，传热系数 κ_o 还可以表示为

$$\frac{1}{\kappa_o}=\frac{1}{h_i}\cdot\frac{d_o}{d_i}+\frac{b}{\lambda}\cdot\frac{d_o}{d_m}+\frac{1}{h_o} \tag{11-14}$$

式中：d_m 表示管壁的平均直径，m。在工程上，一般以圆管外表面作为传热过程中传热面积的计算基准。对于厚度为 b 的平壁，由于内、外侧的传热面积相等，其传热系数 κ 可表示为

$$\frac{1}{\kappa}=\frac{1}{h_i}+\frac{b}{\lambda}+\frac{1}{h_o} \tag{11-15}$$

11.2.2 污垢热阻

换热器在经过一段时间的运行后，传热表面往往积存有污垢，在计算传热系数时污垢层的传热热阻不容忽视。污垢热阻的大小与流体性质、流速、温度、换热器结构和运行时间等因素有关。污垢热阻对换热器的操作影响很大，在操作中需采取必要的措施以防止污垢的积累。对一定的流体和换热器结构，增大流体的流速，可以降低污垢在传热面上沉积的可能性，而减小污垢热阻。由于污垢层厚度及导热系数难以测定，通常只能根据经验选取污垢热阻，作为计算的依据。

如果间壁内、外两侧的污垢热阻分别用 R_{si} 和 R_{so} 表示，则根据串联热阻的叠加原理，总传热热阻可以表示为

$$\frac{1}{\kappa}=\frac{1}{h_i}\cdot\frac{A_o}{A_i}+R_{si}\frac{A_o}{A_i}+\frac{b}{\lambda}\cdot\frac{A_o}{A_m}+R_{so}+\frac{1}{h_o} \tag{11-16}$$

工业上常见流体污垢热阻的大致范围为 $0.9\times10^{-4}\sim17.6\times10^{-4}$ m² · K/W。

11.2.3 换热器中传热系数的范围

在进行换热器的传热计算时，通常需要先估计传热系数。表 11-1 列出了常见的列管式换热器中传热系数经验值的大致范围。

表 11-1　传热系数 κ 的选取范围

换热器的形式	κ/(W/(m² · ℃))
1. 暖气片：热流体为水或蒸汽，被加热的是空气，空气作自然对流	7～11
2. 空气加热器：	
a)热流体为水蒸气，被加热的是空气，空气强迫流动	12～30
b)热流体是烟气，被加热的是空气，空气强迫流动	10～15
3. 空气冷却器：用水冷却空气	50～100
4. 锅炉：热流体为烟气，被加热的是水	20～60
5. 蒸汽加热器：水蒸气(部分冷凝)加热水	1 000～4 000
6. 用水冷却轻油	340～910
7. 用水冷却重油	60～289
8. 用热水加热冷水	850～1 700

由表中的数据可见，传热系数的变化范围很大。

【例 11-1】一空气冷却器，空气横向流过管外壁，对流换热系数 h_o=100 W/(m² · ℃)。冷

却水在管内流动，$h_i = 6\ 000\ W/(m^2 \cdot ℃)$。冷却水管为 $\phi 25\ mm \times 2.5\ mm$ 的钢管，其导热系数 $\lambda = 45\ W/(m \cdot ℃)$。试求：

(1)在该状况下的传热系数；

(2)若将管外空气一侧的对流换热系数提高 1 倍，其他条件不变，传热系数有何变化；

(3)若将管内冷却水一侧的对流换热系数提高 1 倍，其他条件不变，传热系数又有何变化。

解：(1)由式(11-14)可得，以管外壁为基准的传热系数为

$$\kappa_0 = \frac{1}{\frac{1}{h_i} \cdot \frac{d_o}{d_i} + \frac{b}{\lambda_i} \cdot \frac{d_o}{d_m} + \frac{1}{h_o}} = \frac{1}{\frac{1}{6\ 000} \cdot \frac{25}{20} + \frac{0.002\ 5}{45} \cdot \frac{25}{22.5} + \frac{1}{100}} = 97.4\ (W/(m^2 \cdot ℃))$$

由以上计算可以看出管壁的热阻很小，可忽略不计。

(2)若将管外空气一侧的对流换热系数 h_o 提高 1 倍，则传热系数为

$$\kappa_0 = \frac{1}{\frac{1}{h_i} \cdot \frac{d_o}{d_i} + \frac{1}{2 \times h_o}} = \frac{1}{\frac{1}{6\ 000} \cdot \frac{25}{20} + \frac{1}{2 \times 100}} = 192(W/(m^2 \cdot ℃))$$

传热系数增加了 97.1%。

(3)若将管内冷却水一侧的对流换热系数 h_i 提高 1 倍，则传热系数为

$$\kappa_0 = \frac{1}{\frac{1}{2 \times h_i} \cdot \frac{d_o}{d_i} + \frac{1}{h_o}} = \frac{1}{\frac{1}{2 \times 6\ 000} \cdot \frac{25}{20} + \frac{1}{100}} = 99(W/(m^2 \cdot ℃))$$

传热系数只增加了 1.6%。

讨论：由上述计算可以看出，强化空气侧的对流换热所提高的传热系数远较强化冷却水侧的对流换热的效果显著。因此，要提高一个具体传热过程的传热系数，必须对分热阻最大的环节进行强化，这样才能使传热系数显著提高。

11.2.4 变温差传热

若间壁传热过程中有一侧流体没有相变，则流体的温度沿流动方向是变化的，传热温差也随流体流动的位置发生变化，这种情况下的传热称为变温差传热。

在变温差传热时，传热过程平均温差的计算方法与流体的流动排布形式有关。下面分别讨论常见流动排布形式传热过程的平均传热温差计算方法。

11.2.4.1 顺流和逆流时的传热温差

图 11-11 定性地表示出两流体作变温传热时传热温差的变化情况，其中图 11-11(a)为冷、热流体间呈逆流流动，图 11-11(b)为顺流的情形。

下面以逆流传热过程为例，推导平均温差计算公式。设热流体的进、出口温度分别为 t_{h1} 和 t_{h2}；冷流体的进、出口温度分别为 t_{c1} 和 t_{c2}。假定：

(1)冷、热流体的比热容 c_{pc}、c_{ph} 在整个传热面上都是常量；

(2)传热系数 κ 在整个传热面上不变；

(3)换热器无散热损失。

如图 11-10 所示，先研究微元传热面积 dA 上的传热情况。在 dA 两侧，冷、热流体的温度

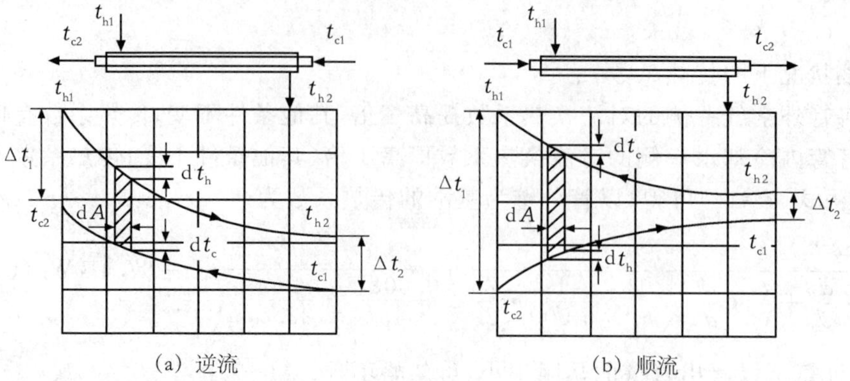

图 11-11 顺流和逆流时的传热温差

分别为 t_c 和 t_h，传热温差为 Δt，即

$$\Delta t = t_h - t_c \tag{a}$$

通过微元面积 dA 的传热量为

$$\mathrm{d}Q = \kappa(t_h - t_c)\mathrm{d}A = \kappa\Delta t\mathrm{d}A \tag{b}$$

热流体放出热量 dQ 后温度下降了 $\mathrm{d}t_h$；冷流体在吸收了热量 dQ 后，温度上升了 $\mathrm{d}t_c$。沿热流体的流动方向，冷、热流体的温度均下降，由热量平衡方程可得

$$\mathrm{d}t_h = -\mathrm{d}Q/(m_h c_{ph}) \tag{c}$$

$$\mathrm{d}t_c = -\mathrm{d}Q/(m_c c_{pc}) \tag{d}$$

对式(a)微分，并利用式(c)和式(d)的关系，可得

$$\mathrm{d}(\Delta t) = \mathrm{d}t_h - \mathrm{d}t_c = \left(\frac{1}{m_c c_{pc}} - \frac{1}{m_h c_{ph}}\right)\mathrm{d}Q \tag{e}$$

将式(b)代入式(e)可以得到微元传热面积 $\mathrm{d}A$ 与微分传热温差 $\mathrm{d}(\Delta t)$ 的关系，即

$$\frac{\mathrm{d}(\Delta t)}{\Delta t} = \kappa\left(\frac{1}{m_c c_{pc}} - \frac{1}{m_h c_{ph}}\right)\mathrm{d}A \tag{f}$$

以 $\Delta t_1 = t_{h1} - t_{c2}$、$\Delta t_2 = t_{h2} - t_{c1}$ 表示换热器两端的温差，对式(f)在整个传热面积 A 上积分

$$\int_{\Delta t_1}^{\Delta t_2} \frac{1}{\Delta t}\mathrm{d}(\Delta t) = \kappa\left(\frac{1}{m_c c_{pc}} - \frac{1}{m_h c_{ph}}\right)\int_0^A \mathrm{d}A \tag{g}$$

即

$$\ln\left(\frac{\Delta t_2}{\Delta t_1}\right) = \kappa A\left(\frac{1}{m_c c_{pc}} - \frac{1}{m_h c_{ph}}\right) \tag{h}$$

由式(11-4)，即得

$$\frac{1}{m_c c_{pc}} - \frac{1}{m_h c_{ph}} = \frac{t_{c2} - t_{c1}}{Q} - \frac{t_{h1} - t_{h2}}{Q} = \frac{(t_{h2} - t_{c1}) - (t_{h1} - t_{c2})}{Q} = \frac{\Delta t_2 - \Delta t_1}{Q} \tag{i}$$

将式(i)代入式(h),得

$$\ln\left(\frac{\Delta t_2}{\Delta t_1}\right)=\kappa A\left(\frac{\Delta t_2-\Delta t_1}{Q}\right) \tag{j}$$

即

$$Q=\kappa A\ \frac{\Delta t_2-\Delta t_1}{\ln\dfrac{\Delta t_2}{\Delta t_1}} \tag{k}$$

可得平均传热温差的表达式

$$\Delta t_{\mathrm{m}}=\frac{\Delta t_2-\Delta t_1}{\ln\dfrac{\Delta t_2}{\Delta t_1}} \tag{11-17}$$

上述所推导的平均传热温差表达式称为对数平均温差。对于冷、热流体作顺流流动的传热过程,同样可以导出与式(11-17)相同的结果。因此,式(11-17)是计算逆流和顺流情况下平均传热温差的通用计算公式,式中的 Δt_1,Δt_2 应按图 11-11 所示选取。

在应用式(11-17)计算平均温差时,为了计算方便,当换热器的端部温差满足 $2>\Delta t_2/\Delta t_1>0.5$ 时,上述对数平均温差可以用算术平均温差 $(\Delta t_1+\Delta t_2)/2$ 代替,其误差不超过 4%。

【例 11-2】在一套管式换热器中,用机油来加热原油。机油的进、出口温度分别为 200℃和 150℃;原油的进出、口温度分别为 90℃和 130℃。试求在这种温度条件下,机油与原油作逆流和顺流流动时的平均传热温差。

解:由题设条件,可根据式(11-17)计算机油与原油传热过程的平均温差。计算的条件和计算结果如表 11-2 所示。

表 11-2 例 11-2 计算表 ℃

逆流	机油	200～150	$\Delta t_1=200-130=70$	$\Delta t_{\mathrm{m}}=\dfrac{70-60}{\ln(70/60)}=64.9$
	原油	130～90	$\Delta t_2=150-90=60$	
顺流	机油	200～150	$\Delta t_1=200-90=110$	$\Delta t_{\mathrm{m}}=\dfrac{110-20}{\ln(110/20)}=52.8$
	原油	90～130	$\Delta t_2=150-130=20$	

讨论:由计算结果可见,在同样的进、出口温度条件下,逆流的传热温差比顺流的大。因此,当换热器中传热速率和传热系数都相同时,采用逆流流动所需的传热面积比顺流的小。

11.2.4.2 错流和折流时的传热温差

在实际的换热器设计中,流体的流动通常不是纯粹的逆流或顺流,因为在设计中除了考虑传热的温差外,还要考虑到影响传热系数的多种因素以及换热器结构方面的问题,所以,在换热器中流体的流向一般都比较复杂。

按照冷、热流体之间的相对流动方向,流体之间作垂直交叉的流动,称为错流;如一流体只沿一个方向流动,而另一流体反复地折流,使两侧流体间顺流和逆流交替出现,这种情况称为简单折流。在列管式换热器中可以有多种流动排布形式。为了强化传热,列管式换热器的管程或壳程通常是多流程,即流体经过 2 次或多次折流后才流出换热器,这样就使平均温差的计算变得复杂。

图 11-12 示出简单折流中热流体作单程流动、冷流体作双程流动的组合（简称 1-2 折流）。在这种情况下，传热过程的平均温差计算远比单纯顺流或逆流时的计算复杂。

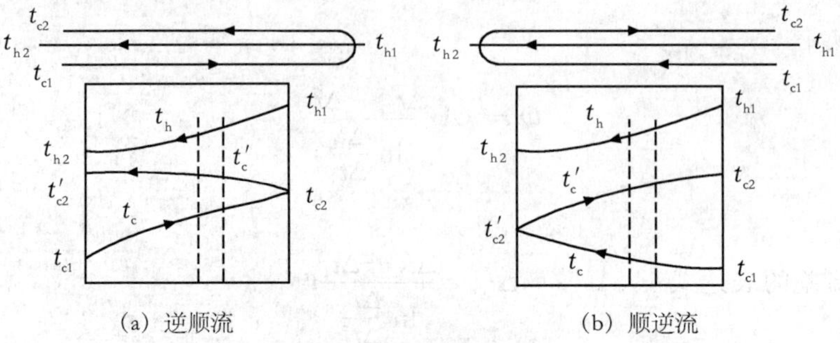

图 11-12　组合流动时的传热温差

在工程上，对于错流或复杂流动的平均温差，先按逆流计算对数平均温差 $\Delta t'_m$，再乘以考虑流动排布形式的温差修正系数 φ 从而得到复杂流动排布形式的平均温差 Δt_m，即

$$\Delta t_m = \varphi \cdot \Delta t'_m \tag{11-18}$$

温差修正系数 φ 与换热器内流体的温度变化有关。对于给定的流动排布形式，温差修正系数 φ 可以表示为无因次参数 P 和 R 的函数，参数 P 和 R 的定义如下：

$$P = \frac{t_{c2} - t_{c1}}{t_{h1} - t_{c1}} = \frac{\text{冷流体的温升}}{\text{两流体的最初温差}} \tag{11-19}$$

$$R = \frac{t_{h1} - t_{h2}}{t_{c2} - t_{c1}} = \frac{\text{热流体的温降}}{\text{冷流体的温升}} \tag{11-20}$$

图 11-13 给出一些常见流动排布形式下温差修正系数 φ 与 P 和 R 的函数曲线，可供计算平均温差时查用。对于其他形式的流动排布形式，其平均传热温差的修正系数可查阅相关手册。

【例 11-3】 在一套管式换热器中，用机油来加热原油。机油的进、出口温度分别为 200℃和 150℃；原油的进出、口温度分别为 90℃和 130℃。试求在这种温度条件下，机油与原油的平均传热温差。

解： 本题冷、热流体温度条件与例 11-2 相同，根据例 11-2 机油与原油作逆流时的平均温差 $\Delta t'_m = 64.9$℃。本例的冷、热流体的流动属于复杂流动，所以要对 $\Delta t'_m$ 进行修正。

$$P = \frac{t_{c2} - t_{c1}}{t_{h1} - t_{c1}} = \frac{130 - 90}{200 - 90} = 0.36, \quad R = \frac{t_{h1} - t_{h2}}{t_{c2} - t_{c1}} = \frac{200 - 150}{130 - 90} = 1.25$$

由图 11-13，查得温差修正系数 $\varphi = 0.92$，故平均传热温差为

$$\Delta t_m = \varphi \cdot \Delta t'_m = 0.92 \times 64.9 = 59.7(℃)$$

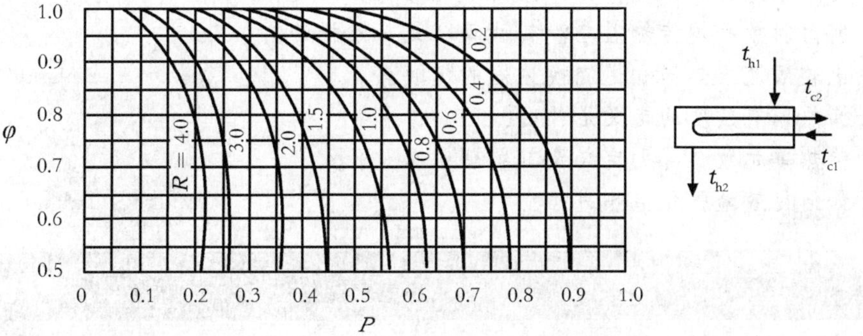

$$P=\frac{t_{c2}-t_{c1}}{t_{h1}-t_{c1}}, \quad R=\frac{t_{h1}-t_{h2}}{t_{c2}-t_{c1}}$$

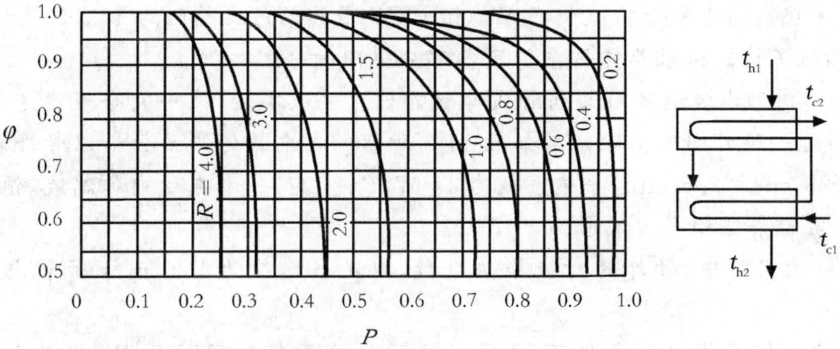

$$P=\frac{t_{c2}-t_{c1}}{t_{h1}-t_{c1}}, \quad R=\frac{t_{h1}-t_{h2}}{t_{c2}-t_{c1}}$$

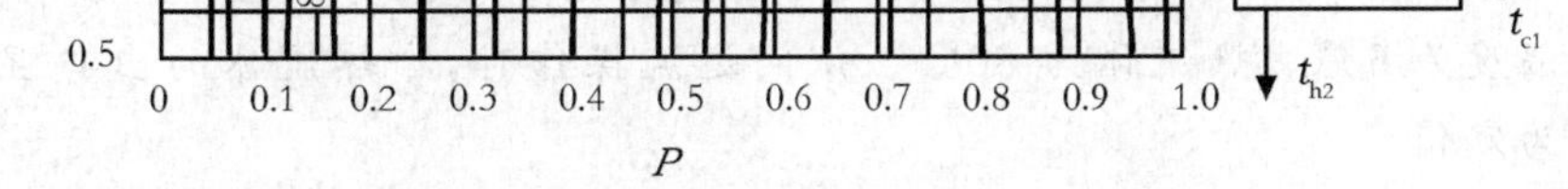

$$P=\frac{t_{c2}-t_{c1}}{t_{h1}-t_{c1}}, \quad R=\frac{t_{h1}-t_{h2}}{t_{c2}-t_{c1}}$$

图 11-13 温差修正系数 φ 与 P 和 R 的函数曲线

思考题 11

11-1 传热过程指的是怎样的热传递过程？

11-2 传热系数的定义是什么？其大小说明什么问题？

11-3 何为对数平均传热温差？其计算公式是怎样的？

11-4 比较顺流换热器和逆流换热器的优缺点。

11-5 换热器有效度的定义是什么？

11-6 传热单元数 N_{TU} 的定义及其物理意义是什么？

11-7 如何有效地强化传热过程？

习题 11

11-1 一列管式换热器，管子为 ϕ25 mm×2.5 mm 的钢管，用水蒸气加热管内的原油。已知管外蒸汽冷凝的对流换热系数为 10 000 W/(m^2·℃)；管内原油的对流换热系数为 1 000 W/(m^2·℃)；钢的导热系数为 45 W/(m·℃)；管内的污垢热阻为 1.5×10^{-3} m^2·℃/W；管外的污垢热阻不计。试求其传热系数及各部分热阻的分配比例。

11-2 用不同的水流速度对某列管式冷凝器作了 2 次实验，第一次冷凝器是新的，第二次冷凝器已使用过一段时间。实验结果如表 11-3 所示。表中的传热系数均以管外表面为基准。管子尺寸为 ϕ28 mm×2.5 mm，导热系数为 45 W/(m·℃)。水在管内作湍流，饱和蒸汽在管外冷凝。2 次实验条件相同。试求：

(1)在第一次实验中，管外的对流换热系数，以及当水速为 2.0 m/s 时管内的对流换热系数；

(2)试分析在相同的水速条件下，2 次实验的传热系数不同的原因，并得出定量的计算结果。

表 11-3 水流速度与传热系数测定结果

实验次数	水流速/(m/s)	传热系数/(W/(m^2·℃))
第一次	1.0	1 200
	2.0	1 860
第二次	1.0	1 100

11-3 一套管式换热器，冷、热流体的进口温度分别为 40℃和 100℃。已知顺流操作时冷流体的出口温度为 60℃，热流体为 80℃。试问逆流操作时，冷热流体的出口温度各为多少？设传热系数为定值。

11-4 一传热面积为 0.4 m^2 的套管式换热器，油在内管从 75℃被冷却至 65℃。冷却水在环隙内作逆流流动，由 30℃加热到 40℃。冷却水的对流换热系数为 4 000 W/(m^2·℃)。内管直径为 ϕ25 mm，管壁较薄，热阻可忽略不计。试求该换热器能冷却的最大油量。已知油在平均温度下的导热系数为 0.56 W/(m·℃)，动力黏度为 1.8×10^{-3} Pa·s，比热容为 2.1 kJ/(kg·℃)。

附　录

附表 1　某些常用气体在理想气体状态下的平均比定压热容 $c_{pm}|_0^t$　　kJ/(kg・K)

t/℃	气体						
	H_2	O_2	N_2	空气	CO	CO_2	H_2O
0	14.195	0.915	1.039	1.004	1.040	0.815	1.859
100	14.353	0.923	1.040	1.006	1.042	0.866	1.873
200	14.421	0.935	1.043	1.012	1.046	0.910	1.894
300	14.446	0.950	1.049	1.019	1.054	0.949	1.919
400	14.477	0.965	1.057	1.028	1.063	0.983	1.948
500	14.509	0.979	1.066	1.039	1.075	1.013	1.978
600	14.542	0.993	1.076	1.050	1.086	1.040	2.009
700	14.587	1.005	1.087	1.061	1.098	1.064	2.042
800	14.641	1.016	1.097	1.071	1.109	1.085	2.075
900	14.706	1.026	1.108	1.081	1.120	1.104	2.110
1 000	14.776	1.035	1.118	1.091	1.130	1.122	2.144
1 100	14.853	1.043	1.127	1.100	1.140	1.138	2.177
1 200	14.934	1.051	1.136	1.108	1.149	1.153	2.211
1 300	15.023	1.058	1.145	1.117	1.158	1.166	2.243
1 400	15.113	1.065	1.153	1.124	1.166	1.178	2.274
1 500	15.202	1.071	1.160	1.131	1.173	1.189	2.305
1 600	15.294	1.077	1.167	1.138	1.180	1.200	2.335
1 700	15.383	1.083	1.174	1.144	1.187	1.209	2.363
1 800	15.472	1.089	1.180	1.150	1.192	1.218	2.391
1 900	15.561	1.094	1.186	1.156	1.198	1.226	2.417
2 000	15.649	1.099	1.191	1.161	1.203	1.233	2.442
2 100	15.736	1.104	1.197	1.166	1.208	1.241	2.466
2 200	15.819	1.109	1.201	1.171	1.213	1.247	2.489
2 300	15.902	1.114	1.206	1.176	1.218	1.253	2.512
2 400	15.983	1.118	1.210	1.180	1.222	1.259	2.533
2 500	16.064	1.123	1.214	1.184	1.226	1.264	2.554

附表 2 某些常用气体在理想气体状态下的平均比定容热容 $c_{vm}|_0^t$ kJ/(kg·K)

t/℃	气体						
	H_2	O_2	N_2	空气	CO	CO_2	H_2O
0	10.071	0.655	0.742	0.716	0.743	0.626	1.398
100	10.228	0.663	0.744	0.719	0.745	0.677	1.411
200	10.297	0.675	0.747	0.724	0.749	0.721	1.432
300	10.322	0.690	0.752	0.732	0.757	0.760	1.457
400	10.353	0.705	0.760	0.741	0.767	0.794	1.486
500	10.384	0.719	0.769	0.752	0.777	0.824	1.516
600	10.417	0.733	0.779	0.762	0.789	0.851	1.547
700	10.463	0.745	0.800	0.773	0.801	0.875	1.581
800	10.517	0.756	0.801	0.784	0.812	0.896	1.614
900	10.581	0.766	0.811	0.794	0.823	0.916	1.648
1 000	10.652	0.775	0.821	0.804	0.834	0.933	1.682
1 100	10.729	0.783	0.830	0.813	0.843	0.950	1.716
1 200	10.809	0.791	0.839	0.821	0.857	0.964	1.749
1 300	10.899	0.798	0.848	0.829	0.861	0.977	1.781
1 400	10.988	0.805	0.856	0.837	0.869	0.989	1.813
1 500	11.077	0.811	0.863	0.844	0.876	1.001	1.843
1 600	11.169	0.817	0.870	0.851	0.883	1.010	1.873
1 700	11.258	0.823	0.877	0.857	0.889	1.020	1.902
1 800	11.347	0.829	0.883	0.863	0.896	1.029	1.929
1 900	11.437	0.834	0.889	0.869	0.901	1.037	1.955
2 000	11.524	0.839	0.894	0.874	0.906	1.045	1.980
2 100	11.611	0.844	0.900	0.879	0.911	1.052	2.005
2 200	11.694	0.849	0.905	0.884	0.916	1.058	2.028
2 300	11.798	0.854	0.909	0.889	0.921	1.064	2.050
2 400	11.858	0.858	0.914	0.893	0.925	1.070	2.072
2 500	11.939	0.863	0.918	0.897	0.929	1.075	2.093

附表 3　饱和水与饱和蒸汽表(按温度排列)

温度	饱和压力	比体积		焓		汽化潜热	熵	
		饱和水	饱和蒸汽	饱和水	饱和蒸汽		饱和水	饱和蒸汽
t/℃	p_s/10^5 Pa	v'/(m^3/kg)	v''/(m^3/kg)	h'/(kJ/kg)	h''/(kJ/kg)	γ/(kJ/kg)	s'/(kJ/(kg·K))	s''/(kJ/(kg·K))
0	0.006 108	0.001 000 2	206.312	−0.04	2 501.0	2 501.0	−0.000 2	9.156 5
0.01	0.006 112	0.001 000 2	206.175	0.000 614	2 501.0	2 501.0	0.000 0	9.156 2
1	0.006 566	0.001 000 1	192.611	4.17	2 502.8	2 498.6	0.015 2	9.129 8
2	0.007 054	0.001 000 1	179.935	8.39	2 504.7	2 496.3	0.030 6	9.103 5
4	0.008 12	0.001 000 0	157.267	16.80	2 508.3	2 491.5	0.060 0	9.051 4
6	0.009 346	0.001 000 0	137.768	25.21	2 512.0	2 486.8	0.091 3	9.000 3
8	0.010 721	0.001 000 1	120.952	33.60	2 515.7	2 482.1	0.121 3	8.950 1
10	0.012 271	0.001 000 3	106.19	41.99	2 519.4	2 477.4	0.151 0	8.900 9
12	0.014 015	0.001 000 4	93.828	50.38	2 523.0	2 472.6	0.180 5	8.852 5
14	0.015 974	0.001 000 7	82.893	58.75	2 526.7	2 467.9	0.209 8	8.805 0
16	0.018 170	0.001 001 0	73.376	67.13	2 530.4	2 463.3	0.238 5	8.758 3
18	0.020 626	0.001 001 3	65.080	75.50	2 534.0	2 458.5	0.267 7	8.712 5
20	0.023 368	0.001 001 7	57.833	83.86	2 537.7	2 453.8	0.296 3	8.667 4
22	0.026 424	0.001 002 2	51.488	92.22	2 541.4	2 449.2	0.324 7	8.623 2
24	0.029 824	0.001 002 6	45.923	100.59	2 545.0	2 444.4	0.358 0	8.579 7
26	0.033 600	0.001 003 2	41.031	108.95	2 548.6	2 439.6	0.381 0	8.537 0
28	0.037 785	0.001 003 7	36.236	117.31	2 552.3	2 435.0	0.408 8	8.459 0
30	0.042 417	0.001 004 3	32.929	125.66	2 555.9	2 430.2	0.436 5	8.453 7
35	0.056 217	0.001 006 0	25.246	146.56	2 565.0	2 418.4	0.504 9	8.353 6
40	0.073 749	0.001 007 8	19.548	167.45	2 574.0	2 406.5	0.572 1	8.257 6
45	0.095 817	0.001 009 9	15.278	188.35	2 582.9	2 394.5	0.638 3	8.165 5
50	0.123 35	0.001 012 1	12.048	209.26	2 591.8	2 382.5	0.703 5	8.077 1
55	0.157 40	0.001 014 5	9.581 2	230.17	2 600.7	2 370.5	0.767 7	7.992 2
60	0.199 19	0.001 017 1	7.680 7	251.09	2 609.5	2 358.4	0.831 0	7.910 2
65	0.250 08	0.001 019 9	6.204 2	272.02	2 618.2	2 346.2	0.893 3	7.832 0
70	0.311 61	0.001 022 8	5.047 9	292.97	2 626.8	2 333.8	0.954 8	7.756 5
75	0.385 48	0.001 025 9	4.135 6	313.94	2 635.3	2 321.4	1.015 4	7.683 7
80	0.473 59	0.001 029 2	3.410 4	334.92	2 643.8	2 308.9	1.052	7.613 5
85	0.578 03	0.001 032 6	2.830 0	355.92	2 652.1	2 296.2	1.134 3	7.545 9
90	0.701 08	0.001 036 1	2.362 4	376.94	2 660.3	2 283.4	1.192 5	7.480 5

续附表 3

温度	饱和压力	比体积		焓		汽化潜热	熵	
		饱和水	饱和蒸汽	饱和水	饱和蒸汽		饱和水	饱和蒸汽
t/℃	p_s/10^5 Pa	v'/(m^3/kg)	v''/(m^3/kg)	h'/(kJ/kg)	h''/(kJ/kg)	γ/(kJ/kg)	s'/(kJ/(kg·K))	s''/(kJ/(kg·K))
95	0.845 25	0.001 039 8	1.983 2	397.99	2 668.4	2 270.4	1.250 0	7.417 4
100	1.013 25	0.001 043 7	1.673 8	419.06	2 676.3	2 257.2	1.306 9	7.356 4
110	1.432 6	0.001 051 9	1.210 6	461.32	2 691.8	2 230.5	1.418 5	7.240 2
120	1.985 4	0.001 060 6	0.892 02	503.7	2 706.6	2 202.9	1.527 6	7.131 0
130	2.701 2	0.0010 700	0.668 15	546.3	2 720.7	2 174.4	1.634 4	7.028 1
140	3.613 6	0.001 080 1	0.508 75	589.1	2 734.0	2 144.9	1.739 0	6.930 7
150	4.759 7	0.001 090 8	0.392 61	632.2	2 746.3	2 114.1	1.841 6	6.838 1
160	6.180 4	0.001 102 2	0.306 85	675.5	2 757.7	2 082.2	1.942 5	6.749 8
170	7.920 2	0.001 114 5	0.242 59	719.1	2 768.0	2 048.9	2.041 6	6.665 2
180	10.027	0.001 127 5	0.293 81	763.1	2 777.1	2 014.0	2.139 3	6.583 8
190	12.552	0.001 141 5	0.156 31	807.5	2 784.9	1 977.4	2.235 6	6.5052
200	15.551	0.001 156 5	0.127 14	852.4	2 791.4	1 939.0	2.330 7	6.428 9
210	19.079	0.001 172 6	0.104 22	897.8	2 796.4	1 898.6	2.424 7	6.354 6
220	23.201	0.001 190 0	0.086 02	943.7	2 799.9	1 856.2	2.517 8	6.281 9
230	27.979	0.001 208 7	0.071 43	990.3	2 801.7	1 811.4	2.610 2	6.210 4
240	33.480	0.001 229 1	0.059 64	1 037.6	2 801.6	1 764.0	2.702 1	6.139 7
250	39.776	0.001 251 3	0.050 02	1 085.8	2 799.5	1 713.7	2.793 6	6.069 3
260	46.940	0.001 275 6	0.042 12	1 135.0	2 795.2	1 660.2	2.885 0	5.998 9
270	55.051	0.001 302 5	0.035 57	1 185.4	2 788.3	1 602.9	2.976 6	5.9278
280	64.191	0.001 332 4	0.030 10	1 237.0	2 778.6	1 541.6	3.068 7	5.855 5
290	74.448	0.001 365 9	0.025 51	1 290.3	2 765.4	1 475.1	3.161 6	5.781 1
300	85.917	0.001 404 1	0.021 62	1 345.4	2 748.4	1 403.0	3.255 9	5.7038
310	98.697	0.001 448 0	0.018 29	1 402.9	2 726.8	1 323.9	3.352 2	5.622 4
320	112.90	0.001 499 5	0.0154 4	1 463.4	2 699.6	1 236.2	3.451 3	5.535 6
330	128.65	0.001 561 4	0.012 96	1 527.5	2 665.5	1 138.0	3.554 6	5.441 4
340	146.08	0.001 639 0	0.010 78	1 596.8	2 622.3	1 025.5	3.663 8	5.336 3
350	165.37	0.001 740 7	0.008 822	1 672.9	2 566.1	893.2	3.781 6	5.214 9
360	186.74	0.001 893 0	0.006 970	1 763.1	2 485.7	722.6	3.918 9	5.060 3
370	210.53	0.002 231	0.004 958	1 896.2	2 335.7	439.5	4.119 8	4.803 1
374.12*	221.15	0.003 174	0.003 147	2 095.2	2 095.2	0.0	4.423 7	4.423 7

注：* 这一行的数据为临界状态的参数值。

附表 4　饱和水与饱和蒸汽表(按压力排列)

压力	饱和温度	比体积		焓		汽化潜热	熵	
		饱和水	饱和蒸汽	饱和水	饱和蒸汽		饱和水	饱和蒸汽
p_s/ 10^5 Pa	t/ ℃	v'/ (m^3/kg)	v''/ (m^3/kg)	h'/ (kJ/kg)	h''/ (kJ/kg)	γ/ (kJ/kg)	s'/(kJ/ (kg·K))	s''/(kJ/ (kg·K))
0.010	6.982	0.001 000 1	129.208	29.33	2 513.8	2 484.5	0.106 0	8.975 6
0.020	17.511	0.001 001 2	67.006	73.45	2 533.2	2 459.8	0.260 6	8.723 6
0.030	24.098	0.001 002 7	45.668	101.00	2 545.2	2 444.2	0.354 3	8.577 6
0.040	28.981	0.001 004 0	34.803	121.41	2 554.1	2 432.7	0.422 4	8.474 7
0.050	32.90	0.001 005 2	28.196	137.77	2 561.2	2 423.4	0.476 2	8.395 2
0.060	36.18	0.001 006 4	23.742	151.50	2 567.1	2 415.6	0.520 9	8.330 5
0.070	39.02	0.001 007 4	20.532	163.38	2 572.2	2 408.8	0.559 1	8.276 0
0.080	41.53	0.001 008 4	18.106	173.87	2 576.7	2 402.8	0.592 6	8.228 9
0.090	43.79	0.001 009 4	16.206	183.28	2 580.8	2 397.6	0.622 4	8.187 5
0.100	45.83	0.001 010 2	14.676	191.84	2 584.4	2 392.6	0.649 3	8.150 5
0.15	54.00	0.001 014 0	10.025	225.98	2 598.9	2 372.9	0.754 9	8.008 9
0.20	60.09	0.001 017 2	7.651 5	251.46	2 609.6	2 358.1	0.832 1	7.909 2
0.25	64.99	0.001 019 9	6.206 0	271.99	2 618.1	2 346.1	0.893 2	7.832 1
0.30	69.12	0.001 022 3	5.230 8	289.31	2 625.3	2 336.0	0.944 1	7.769 5
0.40	75.89	0.001 026 6	3.994 9	317.65	2 636.8	2 319.2	1.026 1	7.671 1
0.50	81.35	0.001 030 1	3.241 5	340.57	2 646.0	2 305.4	1.091 2	7.595 1
0.60	85.95	0.001 033 3	2.732 9	359.93	2 653.6	2 293.7	1.145 4	7.533 2
0.70	89.96	0.001 036 1	2.365 8	376.77	2 660.2	2 283.4	1.192 1	7.481 1
0.80	93.51	0.001 038 7	2.087 9	391.72	2 666.0	2 274.3	1.233 0	7.436 0
0.90	96.71	0.001 041 2	1.870 1	405.21	2 671.1	2 265.9	1.269 6	7.396 3
1.00	99.63	0.001 043 4	1.694 6	417.51	2 675.7	2 258.2	1.302 7	7.360 8
1.2	104.81	0.001 047 6	1.428 9	439.36	2 683.8	2 244.4	1.360 9	7.299 6
1.4	109.32	0.001 051 3	1.237 0	458.42	2 690.8	2 232.4	1.410 9	7.248 0
1.6	113.32	0.001 054 7	1.091 7	475.38	2 696.8	2 221.4	1.455 0	7.203 2
1.8	116.93	0.001 057 9	0.977 75	490.70	2 702.1	2 211.4	1.494 4	7.163 8
2.0	120.23	0.001 060 8	0.885 92	504.7	2 706.9	2 202.2	1.530 1	7.128 6
2.5	127.43	0.001 067 5	0.718 81	535.4	2 717.2	2 181.8	1.607 2	7.054 0
3.0	133.54	0.001 073 5	0.605 86	561.4	2 725.5	2 164.1	1.671 7	6.993 0
3.5	138.88	0.001 078 9	0.524 25	584.3	2 732.5	2 148.2	1.727 3	6.941 4
4.0	143.62	0.001 083 9	0.462 42	604.7	2 738.5	2 133.8	1.776 4	6.896 6
4.5	147.92	0.001 088 5	0.413 92	623.2	2 743.8	2 120.6	1.820 4	6.857 0
5.0	151.85	0.001 092 8	0.374 81	640.1	2 748.5	2 108.4	1.860 4	6.821 5
6.0	158.84	0.001 100 9	0.315 56	670.4	2 756.4	2 086.0	1.930 8	6.75 8
7.0	164.96	0.001 108 2	0.272 74	697.1	2 762.9	2 065.8	1.991 8	6.707 4
8.0	170.42	0.001 115 0	0.240 30	720.9	2 768.4	2 047.5	2.045 7	6.661 8

续附表 4

压力	饱和温度	比体积		焓		汽化潜热	熵	
		饱和水	饱和蒸汽	饱和水	饱和蒸汽		饱和水	饱和蒸汽
p_s/ 10^5 Pa	t/ ℃	v'/ (m^3/kg)	v''/ (m^3/kg)	h'/ (kJ/kg)	h''/ (kJ/kg)	γ/ (kJ/kg)	s'/(kJ/ (kg·K))	s''/(kJ/ (kg·K))
9.0	175.36	0.001 121 3	0.214 84	742.6	2 773.0	2 030.4	2.094 1	6.621 2
10.0	179.88	0.001 127 4	0.194 30	762.6	2 777.0	2 014.4	2.138 2	6.584 7
11.0	184.06	0.001 133 1	0.177 39	781.1	2 780.4	1 999.3	2.178 6	6.551 5
12.0	187.96	0.001 138 6	0.163 20	798.4	2 783.4	1 985.0	2.216 0	6.521 0
13.0	191.60	0.001 143 8	0.151 12	814.7	2 786.0	1 971.3	2.250 9	6.492 7
14.0	195.04	0.001 148 9	0.140 72	830.1	2 788.4	1 958.3	2.283 6	6.466 5
15.0	198.28	0.001 153 8	0.131 65	844.7	2 790.4	1 945.7	2.314 4	6.441 8
16.0	201.37	0.001 158 6	0.123 68	858.6	2 792.2	1 933.6	2.343 6	6.418 7
17.0	204.30	0.001 163 3	0.116 61	871.8	2 793.8	1 922.0	2.371 2	6.386 7
18.0	207.10	0.001 167 8	0.110 31	884.6	2 795.1	1 910.5	2.397 6	6.375 9
19.0	209.79	0.001 172 2	0.104 64	896.8	2 796.4	1 899.6	2.422 7	6.356 1
20.0	212.37	0.001 176 6	0.099 53	908.6	2 797.4	1 888.8	2.446 8	6.337 3
22.0	217.24	0.001 185 0	0.090 64	930.9	2 799.1	1 868.2	2.492 2	6.301 8
24.0	221.78	0.001 193 2	0.083 19	951.9	2 800.4	1 848.5	2.534 3	6.209 1
26.0	226.03	0.001 201 1	0.076 85	971.7	2 801.2	1 829.5	2.573 6	6.238 6
28.0	230.04	0.001 208 8	0.071 38	990.5	2 801.7	1 811.2	2.610 6	6.210 1
30.0	233.84	0.001 216 3	0.066 62	1 008.4	2 801.9	1 793.5	2.645 5	6.183 2
35.0	242.54	0.001 234 5	0.057 02	1 049.8	2 801.3	1 751.5	2.725 3	6.121 8
40.0	250.33	0.001 252 1	0.049 74	1 087.5	2 799.4	1 711.9	2.796 7	6.067 0
45.0	257.41	0.001 269 1	0.044 02	1 122.2	2 796.5	1 674.3	2.861 4	6.017 1
50.0	263.92	0.001 285 8	0.039 41	1 154.6	2 792.8	1 638.2	2.920 9	5.971 2
60.0	275.56	0.001 318 7	0.032 41	1 213.9	2 783.3	1 569.4	3.027 7	5.887 8
70.0	285.80	0.001 351 4	0.027 34	1 267.7	2 771.4	1 503.7	3.122 5	5.812 6
80.0	294.98	0.001 384 3	0.023 49	1 317.5	2 757.5	1 440.0	3.208 3	5.743 0
90.0	303.31	0.001 417 9	0.020 46	1 364.2	2 741.8	1 377.6	3.287 5	5.677 3
100	310.96	0.001 452 6	0.018 00	1 408.6	2 724.2	1 315.8	3.361 6	5.614 3
120	324.64	0.001 526 7	0.014 25	1 492.6	2 684.8	1 192.2	3.498 6	5.493 0
140	336.63	0.001 610 4	0.011 49	1 572.8	2 638.3	1 065.5	3.626 2	5.373 7
160	347.32	0.001 710 1	0.009 330	1 651.5	2 582.7	931.2	3.748 6	5.249 6
180	356.96	0.001 838 0	0.007 534	1 733.4	2 514.4	781.0	3.878 9	5.113 5
200	365.71	0.002 038	0.005 873	1 828.8	2 413.8	585.0	4.018 1	4.933 8
220	373.68	0.002 675	0.003 757	2 007.7	2 192.5	184.8	4.289 1	4.574 8
221.15	374.12	0.003 147	0.003 174	2 095.2	2 095.2	0.0	4.423 7	4.423 7

附表 5 未饱和水与过热蒸汽表

p	0.001 MPa			0.005 MPa		
饱和参数	$t_s=6.982$ $v''=129.208$ $h''=2\ 513.8$ $s''=8.975\ 6$			$t_s=32.90$ $v''=28.196$ $h''=2\ 561.2$ $s''=8.395\ 2$		
t/℃	v/(m^3/kg)	h/(kJ/kg)	s/(kJ/(kg·K))	v/(m^3/kg)	h/(kJ/kg)	s/(kJ/(kg·K))
0	0.001 000 2	−0.041 2	−0.000 1	0.001 000 2	0.0	−0.000 1
10	130.60	2 519.5	8.995 6	0.001 000 2	42.0	0.151 0
20	135.23	2 538.1	9.060 4	0.001 001 7	83.9	0.296 3
30	139.85	2 556.8	9.123 0	0.001 004 3	125.7	0.436 5
40	144.47	2 575.5	9.183 7	28.86	2 574.6	8.438 5
50	149.09	2 594.2	9.242 6	29.78	2 583.4	8.497 7
60	153.71	2 613.0	9.299 7	30.17	2 612.3	8.555 2
70	158.33	2 631.8	9.355 2	31.64	2 631.1	8.611 0
80	162.95	2 650.6	9.409 3	32.57	2 650.0	8.665 2
90	167.57	2 669.4	9.461 9	33.49	2 668.9	8.718 0
100	172.19	2 688.3	9.513 2	34.42	2 687.9	8.769 5
120	181.41	2 726.2	9.612 2	36.27	2 725.9	8.868 7
140	190.66	2 764.3	9.706 6	38.12	2 764.0	8.963 3
160	199.89	2 802.6	9.797 1	39.97	2 802.3	9.053 9
180	209.12	2 841.0	9.883 9	41.81	2 840.8	9.140 8
200	218.35	2 879.6	9.967 2	43.66	2 879.5	9.224 4
220	227.58	2 918.6	10.048 0	45.51	2 918.5	9.304 9
240	236.82	2 957.7	10.125 7	47.36	2 957.6	9.382 8
260	246.05	2 997.1	10.201 0	49.20	2 997.0	9.458 0
280	255.28	3 036.7	10.273 9	51.05	3 036.6	9.531 0
300	264.51	3 076.5	10.344 6	52.90	3 076.4	9.601 7
400	310.66	3 279.5	10.670 9	62.13	3 279.4	9.282 0
500	356.81	3 489.0	10.960	71.36	3 489.0	10.218
600	402.96	3 705.3	11.224	80.59	3 705.3	10.481

注：粗水平线之上为未饱和水状态，粗水平线之下为过热蒸汽状态。

续附表 5

p	0.01 MPa			0.04 MPa		
饱和参数	$t_s=45.83$ $v''=14.676$ $h''=2\ 584.4$ $s''=8.150\ 5$			$t_s=75.89$ $v''=3.994\ 9$ $h''=2\ 636.8$ $s''=7.671\ 1$		
t/℃	v/(m^3/kg)	h/(kJ/kg)	s/(kJ/(kg・K))	v/(m^3/kg)	h/(kJ/kg)	s/(kJ/(kg・K))
0	0.001 000 2	+0.0	−0.000 1	0.001 000 2	0.0	−0.000 1
10	0.001 000 2	42.0	0.151 0	0.001 000 2	42.0	0.151 0
20	0.001 001 7	83.9	0.296 3	0.001 001 7	83.9	0.296 3
30	0.001 004 3	125.7	0.436 5	0.001 004 3	125.7	0.436 5
40	0.001 007 8	167.4	0.572 1	0.001 007 8	167.5	0.572 1
50	14.87	2 592.3	8.175 2	0.001 012 1	209.3	0.703 5
60	15.34	2 611.3	8.233 1	0.001 017 1	251.1	0.831 0
70	15.80	2 630.3	8.289 2	0.001 022 8	293.0	0.954 8
80	16.27	2 949.3	8.343 7	4.044	2 644.9	7.694 0
90	16.73	2 668.3	8.396 8	4.162	2 664.4	7.748 5
100	17.20	2 687.2	8.448 4	4.280	2 683.8	7.801 3
120	18.12	2 725.4	8.547 9	4.515	2 722.6	7.902 5
140	19.05	2 763.6	8.642 7	4.749	2 761.3	7.998 6
160	19.98	2 802.0	8.733 4	4.983	2 800.1	8.090 3
180	20.90	2 840.6	8.820 4	5.216	2 838.9	8.178 0
200	21.82	2 879.3	8.904 1	5.448	2 877.9	8.262 1
220	22.75	2 918.3	8.984 8	5.680	2 917.1	8.343 2
240	23.67	2 957.4	9.062 6	5.912	2 956.4	8.421 3
260	24.60	2 996.8	9.137 9	6.144	2 995.9	8.496 9
280	25.52	3 036.5	9.210 9	6.375	3 035.6	8.570 0
300	26.44	3 076.3	9.281 7	6.606	3 075.6	8.640 9
400	31.06	3 279.4	9.608 1	7.763	3 278.9	8.967 8
500	35.68	3 488.9	9.898 2	8.918	3 488.6	9.258 1
600	40.29	3 705.2	10.161	10.07	2 705.0	9.521 2

续附表 5

p	0.08 MPa			0.1 MPa		
饱和参数	t_s=93.51 v''=2.087 9 h''=2 666.0 s''=7.436 0			t_s=99.63 v''=1.694 6 h''=2 675.7 s''=7.360 8		
t/℃	v/(m^3/kg)	h/(kJ/kg)	s/(kJ/(kg·K))	v/(m^3/kg)	h/(kJ/kg)	s/(kJ/(kg·K))
0	0.001 000 2	0.0	−0.000 1	0.001 000 2	0.1	−0.000 1
10	0.001 000 2	42.1	0.151 0	0.001 000 2	42.1	0.151 0
20	0.001 001 7	83.9	0.296 3	0.001 001 7	84.0	0.296 3
30	0.001 004 3	125.7	0.436 5	0.001 004 3	125.8	0.436 5
40	0.001 007 8	167.5	0.572 1	0.001 007 8	167.5	0.572 1
50	0.001 012 1	209.3	0.703 5	0.001 012 1	209.3	0.703 5
60	0.001 017 1	251.1	0.831 0	0.001 017 1	251.2	0.830 9
70	0.001 022 8	293.0	0.954 8	0.001 022 8	293.0	0.954 8
80	0.001 029 2	334.9	1.075 2	0.001 029 2	335.0	1.075 2
90	0.001 036 1	376.9	1.192 5	0.001 036 1	377.0	1.192 5
100	2.127	2 679.0	7.471 2	1.696	2 676.5	7.362 8
120	2.247	2 718.8	7.575 0	1.793	2 716.8	7.468 1
140	2.366	2 758.2	7.672 9	1.889	2 756.6	7.566 9
160	2.484	2 797.5	7.765 8	1.984	2 796.2	7.660 5
180	2.601	2 836.8	7.851 4	2.078	2 835.7	7.749 6
200	2.718	2 876.1	7.939 3	2.172	2 875.2	7.834 8
220	2.835	2 915.5	8.020 8	2.266	2 914.7	7.916 6
240	2.952	2 955.0	8.099 4	2.359	2 954.3	7.995 4
260	3.068	2 994.7	8.175 3	2.453	2 994.1	8.071 4
280	3.184	3 034.6	8.248 6	2.546	3 034.0	8.144 9
300	3.300	3 074.6	8.319 8	2.639	3 074.1	8.216 2
400	3.879	3 278.3	8.647 2	3.103	3 278.0	8.543 9
500	4.457	3 488.2	8.937 8	3.565	3 487.9	8.834 6
600	5.035	3 704.7	9.201 1	4.028	3 704.5	9.097 9

续附表 5

p	0.5 MPa			1 MPa		
饱和参数	t_s=151.85 v''=0.374 81 h''=2 748.5 s''=6.821 5			t_s=179.88 v''=0.194 30 h''=2 777.0 s''=6.584 7		
t/℃	v/(m^3/kg)	h/(kJ/kg)	s/(kJ/(kg·K))	v/(m^3/kg)	h/(kJ/kg)	s/(kJ/(kg·K))
0	0.001 000 0	0.5	−0.000 1	0.000 999 7	1.0	−0.000 1
10	0.001 000 0	42.5	0.150 9	0.000 999 8	43.0	0.150 9
20	0.001 001 5	84.3	0.296 3	0.001 001 3	84.8	0.296 1
30	0.001 004 1	126.1	0.436 4	0.001 003 9	126.6	0.436 2
40	0.001 007 6	167.9	0.571 9	0.001 007 4	168.3	0.571 7
50	0.001 011 9	209.7	0.703 3	0.001 011 7	210.1	0.703 0
60	0.001 016 9	251.5	0.830 7	0.001 016 7	251.9	0.830 5
70	0.001 022 6	293.4	0.954 5	0.001 022 4	293.8	0.945 2
80	0.001 029 0	335.3	1.075 0	0.001 028 7	335.7	1.074 6
90	0.001 035 9	377.3	1.192 2	0.001 035 7	377.7	1.191 8
100	0.001 043 5	419.4	1.306 6	0.001 043 2	419.7	1.306 2
120	0.001 060 5	503.9	1.527 3	0.001 060 2	504.3	1.526 9
140	0.001 080 0	589.2	1.738 8	0.001 079 6	589.5	1.738 3
160	0.383 6	2 767.4	6.865 3	0.001 101 9	675.7	1.942 0
180	0.404 6	2 812.1	6.966 4	0.194 4	2 777.3	6.585 4
200	0.424 9	2 855.4	7.060 3	0.205 9	2 827.5	6.694 0
220	0.444 9	2 897.9	7.148 1	0.216 9	2 874.9	6.792 1
240	0.464 6	2 939.9	7.231 4	0.227 5	2 920.5	6.882 6
260	0.484 1	2 981.4	7.310 9	0.237 8	2 964.8	6.967 4
280	0.503 4	3 022.8	7.387 1	0.248 0	3 008.3	7.047 5
300	0.522 6	3 064.2	7.460 5	0.258 0	3 051.3	7.123 9
400	0.617 2	3 271.8	7.794 4	0.306 6	3 264.0	7.460 6
500	0.710 9	3 483.6	8.087 7	0.354 0	3 478.3	7.762 7
600	0.804 0	3 701.4	8.352 5	0.401 0	3 697.4	8.029 2

续附表 5

p	2 MPa			3 MPa		
饱和参数	t_s=212.37 v''=0.099 53 h''=2 797.4 s''=6.337 3			t_s=233.84 v''=0.066 62 h''=2 801.9 s''=6.067 0		
t/℃	v/(m^3/kg)	h/(kJ/kg)	s/(kJ/(kg·K))	v/(m^3/kg)	h/(kJ/kg)	s/(kJ/(kg·K))
0	0.000 999 2	2.0	0.000 0	0.000 998 7	3.0	0.000 1
10	0.000 999 3	43.9	0.150 8	0.000 998 8	44.9	0.150 7
20	0.001 000 8	85.7	0.295 9	0.001 000 4	86.7	0.295 7
30	0.001 003 4	127.5	0.435 9	0.001 003 0	128.4	0.435 6
40	0.001 006 9	169.2	0.571 3	0.001 006 5	170.1	0.570 9
50	0.001 011 2	211.0	0.702 6	0.001 010 8	211.8	0.702 1
60	0.001 016 2	252.7	0.829 9	0.001 015 8	253.6	0.829 4
70	0.001 021 9	294.6	0.953 6	0.001 021 5	295.4	0.953 0
80	0.001 028 2	336.5	1.074 0	0.001 027 8	337.3	1.073 3
90	0.001 035 2	378.4	1.191 1	0.001 034 7	379.3	1.190 4
100	0.001 042 7	420.5	1.305 4	0.001 042 2	421.2	1.304 6
120	0.001 059 6	505.0	1.526 0	0.001 059 0	505.7	1.525 0
140	0.001 079 0	590.2	1.737 3	0.001 078 3	590.8	1.736 2
160	0.001 101 2	676.3	1.940 8	0.001 100 5	676.9	1.939 6
180	0.001 126 6	763.6	2.137 9	0.001 125 8	764.1	2.136 6
200	0.001 156 0	852.6	2.330 0	0.001 155 0	853.0	2.328 4
220	0.102 1	2 820.4	6.384 2	0.001 189 1	943.9	2.516 6
240	0.108 4	2 876.3	6.495 3	0.068 18	2 823.0	6.224 5
260	0.114 4	2 927.9	8.594 1	0.072 86	2 885.5	6.344 0
280	0.120 0	2 976.9	6.684 2	0.077 14	2 941.8	6.447 7
300	0.125 5	3 024.0	6.767 9	0.081 16	2 994.2	6.540 8
400	0.151 2	3 248.1	7.128 5	0.099 33	3 231.6	6.923 1
500	0.175 6	3 467.4	7.432 3	0.116 1	3 456.4	7.234 5
600	0.199 5	3 689.5	7.702 4	0.132 4	3 681.5	7.508 4

续附表 5

p	4 MPa			5 MPa		
饱和参数	t_s=250.33 v''=0.049 74 h''=2 799.4 s''=6.067 0			t_s=263.92 v''=0.039 41 h''=2 792.8 s''=5.971 2		
t/℃	v/(m³/kg)	h/(kJ/kg)	s/(kJ/(kg·K))	v/(m³/kg)	h/(kJ/kg)	s/(kJ/(kg·K))
0	0.000 998 2	4.0	0.000 2	0.000 997 7	5.1	0.000 2
10	0.000 998 4	45.9	0.150 6	0.000 997 9	46.9	0.150 5
20	0.000 999 9	87.6	0.295 5	0.000 999 5	88.6	0.295 2
30	0.001 002 5	129.3	0.435 3	0.001 002 1	130.2	0.435 0
40	0.001 006 0	171.0	0.570 6	0.001 005 6	171.9	0.570 2
50	0.001 010 3	212.7	0.701 6	0.001 009 9	213.6	0.701 2
60	0.001 015 3	254.4	0.828 8	0.001 014 9	255.3	0.828 3
70	0.001 021 0	296.2	0.952 4	0.001 020 5	297.0	0.951 8
80	0.001 027 3	338.1	1.072 6	0.001 026 8	338.8	1.072 0
90	0.001 034 2	280.0	1.189 7	0.001 033 7	380.7	1.189 0
100	0.001 041 7	422.0	1.303 8	0.001 041 2	422.7	1.303 0
120	0.001 058 4	506.4	1.524 2	0.001 057 9	507.1	1.523 2
140	0.001 077 7	591.5	1.735 2	0.001 077 1	592.1	1.734 2
160	0.001 099 7	677.5	1.938 5	0.001 099 0	678.0	1.937 3
180	0.001 124 9	764.8	2.135 2	0.001 124 1	765.2	2.133 9
200	0.001 154 0	853.4	2.326 8	0.001 153 0	853.8	2.325 3
220	0.001 187 8	944.2	2.514 7	0.001 186 6	944.4	2.512 9
240	0.001 228 0	1 037.7	2.700 7	0.001 226 4	1 037.8	2.698 5
260	0.051 74	2 835.6	6.135 5	0.001 275 0	1 135.0	2.884 2
280	0.055 47	2 902.2	6.258 1	0.042 24	2 857.0	6.088 9
300	0.058 85	2 961.5	6.363 4	0.045 32	2 925.4	6.210 4
400	0.073 39	3 214.5	6.771 3	0.057 80	3 193.9	6.648 6
500	0.086 38	3 445.2	7.090 9	0.068 53	3 433.8	6.976 8
600	0.098 79	3 673.4	7.368 6	0.078 64	3 665.4	7.258 6

续附表 5

p	6 MPa			7 MPa		
饱和参数	$t_s=275.56$ $v''=0.032\ 41$ $h''=2\ 783.3$ $s''=5.887\ 8$			$t_s=285.80$ $v''=0.027\ 34$ $h''=2\ 771.4$ $s''=5.812\ 6$		
t/℃	v/(m^3/kg)	h/(kJ/kg)	s/(kJ/(kg·K))	v/(m^3/kg)	h/(kJ/kg)	s/(kJ/(kg·K))
0	0.000 997 2	6.1	0.000 3	0.000 996 7	7.1	0.000 4
10	0.000 997 4	47.8	0.150 5	0.000 997 0	48.8	0.150 4
20	0.000 999 0	89.5	0.295 1	0.000 998 6	90.4	0.294 8
30	0.001 001 6	131.1	0.434 7	0.001 001 2	132.0	0.434 4
40	0.001 005 1	172.7	0.569 8	0.001 004 7	173.6	0.569 4
50	0.001 009 4	214.4	0.700 7	0.001 009 0	215.3	0.700 3
60	0.001 014 4	256.1	0.827 8	0.001 014 0	256.9	0.827 3
70	0.001 020 1	297.8	0.951 2	0.001 019 6	298.7	0.950 6
80	0.001 026 3	339.6	1.071 3	0.001 025 9	340.4	1.070 7
90	0.001 033 2	381.5	1.188 2	0.001 032 7	382.3	1.187 5
100	0.001 040 6	423.5	1.302 3	0.001 040 1	424.2	1.301 5
120	0.001 057 3	507.8	1.522 4	0.001 056 7	508.5	1.521 5
140	0.001 076 4	592.8	1.733 2	0.001 075 8	593.4	1.732 1
160	0.001 098 3	678.6	1.936 1	0.001 097 6	679.2	1.935 0
180	0.001 123 2	765.7	2.132 5	0.001 122 4	766.2	2.131 2
200	0.001 151 9	854.2	2.323 7	0.001 151 0	854.6	2.322 2
220	0.001 185 3	944.7	2.511 1	0.001 184 1	945.0	2.509 3
240	0.001 224 9	1 037.9	2.696 3	0.001 223 3	1 038.0	2.694 1
260	0.001 272 9	1 134.8	2.881 5	0.001 270 8	1 134.7	2.878 9
280	0.033 17	2 804.0	5.925 3	0.001 330 7	1 236.7	3.066 7
300	0.036 16	2 885.0	6.069 3	0.029 46	2 839.2	5.932 2
400	0.047 38	3 178.6	6.543 8	0.039 92	3 159.7	6.451 1
500	0.056 62	3 422.2	6.881 4	0.048 10	3 410.5	6.798 8
600	0.065 21	3 657.2	7.167 3	0.055 61	3 649.0	7.089 0

续附表 5

p	8 MPa			9 MPa		
饱和参数	t_s=294.98 v''=0.023 49 h''=2 757.5 s''=5.743 0			t_s=303.31 v''=0.020 46 h''=2 741.8 s''=5.677 3		
t/℃	v/(m^3/kg)	h/(kJ/kg)	s/(kJ/(kg·K))	v/(m^3/kg)	h/(kJ/kg)	s/(kJ/(kg·K))
0	0.000 996 2	8.1	0.000 4	0.000 995 8	9.1	0.000 5
10	0.000 996 5	49.8	0.150 3	0.000 996 0	50.7	0.150 2
20	0.000 998 1	91.4	0.294 6	0.000 997 7	92.3	0.294 4
30	0.001 000 8	132.9	0.434 0	0.001 000 3	133.8	0.433 7
40	0.001 004 3	174.5	0.569 0	0.001 003 8	175.4	0.568 6
50	0.001 008 6	216.1	0.699 8	0.001 008 1	217.0	0.699 3
60	0.001 013 5	257.8	0.826 7	0.001 013 1	258.6	0.826 2
70	0.001 019 2	299.5	0.950 0	0.001 018 7	300.3	0.949 4
80	0.001 025 4	341.2	1.070 0	0.001 024 9	342.0	1.069 4
90	0.001 032 2	383.1	1.186 8	0.001 031 7	383.8	1.186 1
100	0.001 039 6	425.0	1.300 7	0.001 039 1	425.8	1.300 0
120	0.001 056 2	509.2	1.520 6	0.001 055 6	509.9	1.519 7
140	0.001 075 2	594.1	1.731 1	0.001 074 5	594.7	1.730 1
160	0.001 096 8	679.8	1.933 8	0.001 096 1	680.4	1.932 6
180	0.001 121 6	766.7	2.129 9	0.001 120 7	767.2	2.128 6
200	0.001 150 0	855.1	2.320 7	0.001 149 0	855.5	2.319 1
220	0.001 182 9	945.3	2.507 5	0.001 181 7	945.6	2.505 7
240	0.001 221 8	1 038.2	2.692 0	0.001 220 2	1 038.3	2.689 9
260	0.001 268 7	1 134.6	2.876 2	0.001 266 7	1 134.4	2.873 7
280	0.001 327 7	1 236.2	3.063 3	0.001 324 9	1 235.6	3.060 0
300	0.024 25	2 785.4	5.791 8	0.001 402 2	1 344.9	3.253 9
400	0.034 31	3 140.1	6.367 0	0.029 93	3 119.7	6.289 1
500	0.041 72	3 398.5	6.725 4	0.036 75	3 386.4	6.659 2
600	0.048 41	3 640.7	7.020 1	0.042 81	3 632.4	6.958 5

续附表 5

p	10 MPa			12 MPa		
饱和参数	t_s=310.96 v''=0.018 00 h''=2 724.7 s''=5.614 3			t_s=324.64 v''=0.014 25 h''=2 684.8 s''=5.493 0		
t/℃	v/(m^3/kg)	h/(kJ/kg)	s/(kJ/(kg·K))	v/(m^3/kg)	h/(kJ/kg)	s/(kJ/(kg·K))
0	0.000 995 3	10.1	0.000 5	0.000 994 3	12.1	0.000 6
10	0.000 995 6	51.7	0.150 0	0.000 994 7	53.6	0.149 8
20	0.000 997 2	93.2	0.294 2	0.000 996 4	95.1	0.293 7
30	0.000 999 9	134.7	0.433 4	0.000 999 1	136.6	0.432 8
40	0.001 003 4	176.3	0.568 2	0.001 002 6	178.1	0.567 4
50	0.001 007 7	217.8	0.698 9	0.001 006 8	219.6	0.697 9
60	0.001 012 6	259.4	0.825 7	0.001 011 8	261.1	0.824 6
70	0.001 018 2	301.1	0.948 9	0.001 017 4	302.7	0.947 7
80	0.001 024 4	342.8	1.068 7	0.001 023 5	344.4	1.067 4
90	0.001 031 2	384.6	1.185 4	0.001 030 3	386.2	1.184 0
100	0.001 038 6	426.5	1.299 2	0.001 037 6	428.0	1.297 7
120	0.001 055 1	510.6	1.518 8	0.001 054 0	512.0	1.517 0
140	0.001 073 9	595.4	1.729 1	0.001 072 7	596.7	1.727 1
160	0.001 095 4	681.0	1.931 5	0.001 094 0	682.2	1.929 2
180	0.001 119 9	767.8	2.127 2	0.001 118 3	768.8	2.124 6
200	0.001 148 0	855.9	2.317 6	0.001 146 1	856.8	2.314 6
220	0.001 180 5	946.0	2.504 0	0.001 178 2	946.6	2.500 5
240	0.001 218 8	1 038.4	2.687 8	0.001 215 8	1 038.8	2.683 7
260	0.001 264 8	1 134.3	2.871 1	0.001 260 9	1 134.2	2.866 1
280	0.001 322 1	1 235.2	3.056 7	0.001 316 7	1 234.3	3.050 3
300	0.001 397 8	1 343.7	3.249 4	0.001 389 5	1 341.5	3.240 7
400	0.026 41	3 098.5	6.215 8	0.021 08	3 053.3	6.078 7
500	0.032 77	3 374.1	6.598 4	0.026 79	3 349.0	6.489 3
600	0.038 33	3 624.0	6.902 5	0.031 61	3 607.0	6.803 4

续附表 5

p	14 MPa			16 MPa		
饱和参数	t_s=336.63 v''=0.011 49 h''=2 638.3 s''=5.373 7			t_s=347.32 v''=0.009 330 h''=2 582.7 s''=5.249 6		
t/℃	v/(m³/kg)	h/(kJ/kg)	s/(kJ/(kg·K))	v/(m³/kg)	h/(kJ/kg)	s/(kJ/(kg·K))
0	0.000 993 3	14.1	0.000 7	0.000 992 4	16.1	0.000 8
10	0.000 993 8	55.6	0.149 6	0.000 992 8	57.5	0.149 4
20	0.000 995 5	97.0	0.293 3	0.000 994 6	98.8	0.292 8
30	0.000 998 2	138.1	0.432 2	0.000 997 3	140.2	0.431 5
40	0.001 001 7	179.8	0.566 6	0.001 000 8	181.6	0.565 9
50	0.001 006 0	221.3	0.697 0	0.001 005 1	223.0	0.696 1
60	0.001 010 9	262.8	0.823 6	0.001 010 0	264.5	0.822 5
70	0.001 016 4	304.4	0.946 5	0.001 015 6	306.0	0.945 3
80	0.001 022 6	346.0	1.066 1	0.001 021 7	347.6	1.064 8
90	0.001 029 3	387.7	1.182 6	0.001 028 4	389.3	1.181 2
100	0.001 036 6	429.5	1.296 1	0.001 035 6	431.0	1.294 6
120	0.001 052 9	513.5	1.515 3	0.001 051 8	514.9	1.513 6
140	0.001 071 5	598.0	1.725 1	0.001 070 3	599.4	1.723 1
160	0.001 092 6	683.4	1.926 9	0.001 091 2	684.6	1.924 7
180	0.001 116 7	769.9	2.122 0	0.001 115 1	771.0	2.119 5
200	0.001 144 2	857.7	2.311 7	0.001 142 3	858.6	2.308 7
220	0.001 175 9	947.2	2.497 0	0.001 173 6	947.9	2.493 6
240	0.001 212 9	1 039.1	2.679 6	0.001 210 1	1 039.5	2.675 6
260	0.001 257 2	1 134.1	2.861 2	0.001 253 5	1 134.0	2.856 3
280	0.001 311 5	1 233.5	3.044 1	0.001 306 5	1 232.8	3.038 1
300	0.001 381 6	1 339.5	3.232 4	0.001 374 2	1 337.7	3.224 5
400	0.017 26	3 004.0	5.948 8	0.014 27	2 949.7	5.8215
500	0.022 51	3 323.0	6.392 2	0.019 29	3 296.3	6.3038
600	0.026 81	3 589.8	6.717 2	0.023 21	3 572.4	6.6401

续附表 5

p	18 MPa			20 MPa		
饱和参数	$t_s=356.96$ $v''=0.007\ 534$ $h''=2\ 514.4$ $s''=5.113\ 5$			$t_s=365.71$ $v''=0.005\ 873$ $h''=2\ 413.8$ $s''=4.933\ 8$		
t/℃	v/(m³/kg)	h/(kJ/kg)	s/(kJ/(kg·K))	v/(m³/kg)	h/(kJ/kg)	s/(kJ/(kg·K))
0	0.000 991 4	18.1	0.000 8	0.000 990 4	20.1	0.000 8
10	0.000 991 9	59.4	0.149 1	0.000 991 0	61.3	0.148 9
20	0.000 993 7	100.7	0.292 4	0.000 992 9	102.5	0.291 9
30	0.000 996 5	142.0	0.430 9	0.000 995 6	143.8	0.430 3
40	0.001 000 0	183.3	0.565 1	0.000 999 2	185.1	0.564 3
50	0.001 004 3	224.7	0.695 2	0.001 003 4	226.4	0.694 3
60	0.001 009 2	266.1	0.821 5	0.001 008 3	267.8	0.820 4
70	0.001 014 7	307.6	0.944 2	0.001 013 8	309.3	0.943 0
80	0.001 020 8	349.2	1.063 6	0.001 019 9	350.8	1.062 3
90	0.001 027 4	390.8	1.179 8	0.001 026 5	392.4	1.178 4
100	0.001 034 6	432.5	1.293 1	0.001 033 7	434.0	1.291 6
120	0.001 050 7	516.3	1.511 8	0.001 049 6	517.7	1.510 1
140	0.001 069 1	600.7	1.721 2	0.001 067 9	602.0	1.719 2
160	0.001 089 9	685.9	1.922 5	0.001 088 6	687.1	1.920 3
180	0.001 113 6	772.0	2.117 0	0.001 112 0	773.1	2.114 5
200	0.001 140 5	859.5	2.305 8	0.001 138 7	860.4	2.303 0
220	0.001 171 4	948.6	2.490 3	0.001 169 3	949.3	2.487 0
240	0.001 207 4	1 039.9	2.671 7	0.001 204 7	1 040.3	2.667 8
260	0.001 250 0	1 134.0	2.851 6	0.001 246 6	1 134.1	2.847 0
280	0.001 301 7	1 232.1	3.032 3	0.001 297 1	1 231.6	3.026 6
300	0.001 367 2	1 336.1	3.216 8	0.001 360 6	1 334.6	3.209 5
400	0.011 91	2 889.0	5.692 6	0.009 952	2 820.1	5.557 8
500	0.016 78	3 268.7	6.211 5	0.014 77	3 240.2	6.144 0
600	0.020 41	3 554.8	6.570 1	0.018 16	3 536.9	6.505 5

附表 6 大气压力(p=1.013 25×10⁵ Pa)下空气的热物理性质

T/K	ρ/(kg/m³)	c_p/(kJ/(kg·K))	μ/(10^{-5}kg/(m·s))	ν/(10^{-6} m²/s)	λ/(10^{-3}W/(m·K))	α/(10^{-6} m²/s)	Pr/10^{-3}	A^*/(10^3/(m³·K))
100	3.601 0	1.026 6	0.692 4	1.923	9.246	2.501	770	2.04×10^7
150	2.367 5	1.009 9	1.028 3	4.343	13.735	5.745	753	2.62×10^6
200	1.768 4	1.006 1	1.328 9	7.49	18.09	10.165	739	6.41×10^5
250	1.412 8	1.005 3	1.488	9.49	22.27	13.161	722	2.38×10^5
300	1.177 4	1.005 7	1.983	15.68	26.24	22.16	708	8.76×10^4
350	0.998 0	1.009 0	2.075	20.76	30.03	29.83	697	4.52×10^4
400	0.882 6	1.014 0	2.286	25.90	33.65	37.60	689	2.52×10^4
450	0.783 3	1.020 7	2.484	28.86	37.07	42.22	683	1.48×10^4
500	0.704 8	1.029 5	2.671	37.90	40.38	55.64	680	9 300
550	0.642 3	1.039 2	2.848	44.34	43.60	65.32	680	6 160
600	0.587 9	1.055 1	3.018	51.34	46.59	75.12	680	4 240
650	0.543 0	1.063 5	3.177	58.51	49.53	85.78	682	3 000
700	0.503 0	1.075 2	3.332	66.25	52.30	96.72	684	2 190
750	0.470 9	1.085 6	3.481	73.91	55.09	107.74	686	1 640
800	0.440 5	1.097 8	3.625	82.29	57.79	119.51	689	1 250
850	0.414 9	1.109 5	3.765	90.75	60.28	130.97	692	971
900	0.392 5	1.121 2	3.899	99.3	62.79	142.71	696	769
950	0.371 6	1.132 1	4.023	108.2	65.25	155.10	699	615
1 000	0.352 4	1.141 7	4.152	117.8	67.52	167.79	702	496
1 100	0.320 4	1.160	4.44	138.6	73.2	196.90	704	327
1 200	0.294 7	1.179	4.69	159.1	78.2	225.10	707	228
1 300	0.270 7	1.197	4.93	182.1	83.7	258.30	705	160
1 400	0.251 5	1.214	5.17	205.5	89.1	292.0	705	117
1 500	0.235 5	1.230	5.40	229.1	94.6	326.2	705	87.3
1 600	0.221 1	1.248	5.63	254.5	100	360.9	705	66.4
1 700	0.208 2	1.267	5.85	280.5	105	397.7	705	51.6
1 800	0.197 0	1.287	6.07	308.1	111	437.9	704	40.4
1 900	0.185 8	1.309	6.29	338.5	117	481.1	704	31.7
2 000	0.176 2	1.338	6.50	369.0	124	526.0	702	25.3
2 100	0.168 2	1.372	6.72	399.6	131	571.5	700	20.6
2 200	0.160 2	1.419	6.93	432.6	139	612.0	707	16.8
2 300	0.153 8	1.482	7.14	464.0	149	654.0	710	14.1
2 400	0.145 8	1.574	7.35	504.0	161	702.0	718	11.6
2 500	0.139 4	1.688	7.57	543.5	175	744.1	730	9.72

注：摘自 Natl. Bur. Stand. (U. S.)Cire. 564，1955。表中已将英制单位改为 SI 单位。

* $A=\frac{g\beta\rho^2 c_p}{\mu\lambda}=\frac{g\rho^2 c_p}{\mu\lambda T}$。

附表 7　未饱和水与饱和水的物理参数

t/℃	p/ 10^5 Pa	ρ/ (kg/m^3)	c/(kJ/ (kg·℃))	λ/(10^{-2}J/ (m·s·℃))	α/(10^{-7} m^2/s)	μ/(10^{-4} N·s/m^2)	ν/(10^{-6} m^2/s)	β/ (10^{-4}/K)	Pr
0	1.013	999.9	4.212	55.1	1.31	17.89	1.789	−0.63	13.67
10	1.013	999.7	4.191	57.5	1.37	13.06	1.306	+0.70	9.52
20	1.013	998.2	4.183	59.9	1.43	10.04	1.006	1.82	7.02
30	1.013	995.7	4.174	61.8	1.49	8.02	0.805	3.21	5.42
40	1.013	992.2	4.174	63.4	1.53	6.54	0.659	3.87	4.31
50	1.013	988.1	4.174	64.8	1.57	5.49	0.556	4.49	3.54
60	1.013	983.2	4.179	65.9	1.61	4.70	0.478	5.11	2.98
70	1.013	977.8	4.187	66.8	1.63	4.06	0.415	5.70	2.55
80	1.013	971.8	4.195	67.5	1.66	3.55	0.365	6.32	2.21
90	1.013	965.3	4.208	68.0	1.68	3.15	0.326	6.95	1.95
100	1.013	958.4	4.220	68.3	1.69	2.83	0.295	7.52	1.75
110	1.43	951.0	4.233	68.5	1.70	2.59	0.272	8.08	1.60
120	1.99	943.1	4.250	68.6	1.71	2.38	0.252	8.64	1.47
130	2.70	934.8	4.267	68.6	1.72	2.18	0.233	9.19	1.36
140	3.62	926.1	4.287	68.5	1.73	2.01	0.217	9.72	1.26
150	4.76	917.0	4.313	68.4	1.73	1.86	0.203	10.3	1.17
160	6.18	907.4	4.346	68.3	1.73	1.73	0.191	10.7	1.10
170	7.92	897.3	4.380	67.9	1.73	1.62	0.181	11.3	1.05
180	10.03	886.9	4.417	67.5	1.72	1.53	0.173	11.9	1.06
190	12.55	876.0	4.459	67.0	1.71	1.45	0.165	12.6	0.96
200	15.55	863.0	4.505	66.3	1.71	1.36	0.158	13.3	0.93
210	19.08	852.8	4.55	65.5	1.69	1.30	0.153	14.1	0.91
220	23.20	840.3	4.614	64.5	1.66	1.24	0.148	14.8	0.89
230	27.98	827.3	4.681	63.7	1.64	1.20	0.145	15.9	0.88
240	33.48	813.6	4.756	62.8	1.62	1.15	0.141	16.8	0.87
250	39.78	799.0	4.844	61.8	1.59	1.09	0.137	18.1	0.86
260	46.95	784.0	4.949	60.5	1.56	1.06	0.135	119.7	0.87
270	55.06	767.9	5.070	59.0	1.51	1.02	0.133	21.6	0.88
280	64.20	750.7	5.230	57.5	1.46	0.983	0.131	23.7	0.90
290	74.45	732.3	5.485	55.8	1.39	0.945	0.129	26.2	0.93
300	85.92	712.5	5.736	54.0	1.32	0.912	0.128	29.2	0.97
310	98.70	691.1	6.071	52.3	1.25	0.885	0.128	32.9	1.03
320	110.94	667.1	6.574	50.6	1.15	0.854	0.128	38.2	1.11
330	128.65	640.2	7.244	48.4	1.04	0.813	0.127	43.3	1.22
340	146.09	610.1	8.165	45.7	0.917	0.775	0.127	53.4	1.39
350	165.38	574.4	9.504	43.0	0.789	0.724	0.126	66.8	1.60
360	186.74	528.0	13.98	39.5	0.536	0.665	0.126	109	2.35
370	210.54	450.5	40.32	33.7	0.186	0.568	0.126	264	6.79

附表 8 饱和水蒸气的物理参数

t/℃	p/ 10^5 Pa	ρ/ (kg/m^3)	γ/(kJ/ kg)	c_p/(kJ/ (kg·℃))	λ/(10^{-2}J/ (m·s·℃))	α/(10^{-7} m^2/s)	μ/(10^{-4} N·s/m^2)	ν/(10^{-6} m^2/s)	Pr
100	1.013	0.598	2 257	2.14	2.37	18.6	11.97	20.02	1.08
110	1.43	0.826	2 230	2.18	2.49	13.8	12.45	15.07	1.09
120	1.99	1.121	2 203	2.21	2.59	10.5	12.85	11.46	1.09
130	2.70	1.496	2 174	2.26	2.69	7.970	13.20	8.85	1.11
140	3.62	1.966	2 145	2.32	2.79	6.130	13.50	6.89	1.12
150	4.76	2.547	2 114	2.39	2.88	4.728	13.90	5.47	1.16
160	6.18	3.258	2 083	2.48	3.01	3.722	14.30	4.39	1.18
170	7.92	4.122	2 050	2.58	3.13	2.939	14.70	3.57	1.21
180	10.03	5.157	2 015	2.71	3.27	2.340	15.10	2.93	1.25
190	12.55	6.391	1 979	2.86	3.42	1.870	15.60	2.44	1.30
200	15.55	7.862	1 941	3.02	3.55	1.490	16.00	2.03	1.36
210	19.08	9.588	1 900	3.20	3.72	1.210	16.40	1.71	1.41
220	23.20	11.62	1 858	3.41	3.90	0.983	16.80	1.45	1.47
230	27.98	13.99	1 813	3.63	4.10	0.806	17.30	1.24	1.54
240	33.48	16.76	1 766	3.88	4.30	0.658	17.80	1.06	1.61
250	39.78	19.98	1 716	4.16	4.51	0.544	18.20	0.913	1.68
260	46.95	23.72	1 661	4.47	4.80	0.453	18.80	0.794	1.75
270	55.06	28.09	1 604	4.82	5.11	0.378	19.30	0.688	1.82
280	64.20	33.19	1 543	5.23	5.49	0.317	19.90	0.600	1.90
290	74.45	39.15	1 476	5.69	5.83	0.216	20.60	0.526	2.01
300	85.92	46.21	1 404	6.28	6.27	0.261	21.30	0.461	2.13
310	98.70	54.58	1 325	7.12	6.84	0.176	22.00	0.403	2.29
320	110.94	64.72	1 238	8.21	7.51	0.141	22.80	0.353	2.50
330	128.65	77.10	1 140	9.88	8.26	0.108	23.90	0.310	2.86
340	146.09	92.76	1 027	12.35	9.30	0.081 1	25.20	0.272	3.35
350	165.38	113.6	893.1	16.25	10.7	0.058 0	26.60	0.234	4.03
360	186.74	144.0	720.0	23.03	12.8	0.038 69	29.10	0.202	5.23
370	210.54	203.0	438.4	56.52	17.1	0.015 0	33.70	0.166	11.10

附表 9　0.1 MPa 时饱和空气的状态参数

干球温度 t/℃	水蒸气压力 p_s/kPa	含湿量 d_s/(g/kg)	饱和焓 h_s/(kJ/kg)	密度 ρ/(kg/m³)	汽化潜热 γ/(kJ/kg)
−20	0.103	0.64	−18.5	1.38	2 839
−18	0.125	0.78	−16.4	1.36	2 839
−16	0.150	0.94	−13.8	1.35	2 838
−14	0.181	1.13	−11.3	1.34	2 838
−12	0.217	1.35	−8.7	1.33	2 837
−10	0.259	1.62	−6.0	1.32	2 837
−8	0.309	1.93	−3.2	1.31	2 836
−6	0.368	2.30	−0.3	1.30	2 836
−4	0.437	2.73	2.8	1.29	2 835
−2	0.517	3.23	6.0	1.28	2 834
0	0.611	3.82	9.5	1.27	2 500
2	0.705	4.42	13.1	1.26	2 496
4	0.813	5.10	16.8	1.25	2 491
6	0.935	5.87	20.7	1.24	2 486
8	1.072	6.74	25.0	1.23	2 481
10	1.227	7.73	29.5	1.22	2 477
12	1.401	8.84	34.4	1.21	2 472
14	1.597	10.10	39.5	1.21	2 470
16	1.817	11.51	45.2	1.20	2 465
18	2.062	13.10	51.3	1.19	2 458
20	2.337	14.88	57.9	1.18	2 453
22	2.642	16.88	65.0	1.17	2 448
24	2.982	19.12	72.8	1.16	2 444
26	3.360	21.63	81.3	1.15	2 441
28	3.778	24.42	90.5	1.14	2 434
30	4.241	27.52	100.5	1.13	2 430
32	4.753	31.07	111.7	1.12	2 425
34	5.318	34.94	123.7	1.11	2 420
36	5.940	39.28	137.0	1.10	2 415
38	6.624	44.12	151.6	1.09	2 411
40	7.376	49.52	167.7	1.08	2 406
42	8.198	55.54	185.5	1.07	2 401
44	9.100	62.26	205.0	1.06	2 396
46	10.085	69.76	226.7	1.05	2 391
48	11.162	78.15	250.7	1.04	2 386
50	12.335	87.52	277.3	1.03	2 382
52	13.613	98.01	306.8	1.02	2 377
54	15.002	109.80	339.8	1.00	2 372
56	16.509	123.00	376.7	0.99	2 367
58	18.146	137.89	418.0	0.98	2 363
60	19.917	154.752	464.5	0.97	2 358
65	25.010	207.44	609.2	0.93	2 345
70	31.160	281.54	811.1	0.90	2 333
75	38.550	390.20	1 105.7	0.85	2 320
80	47.360	559.61	1 563.0	0.81	2 309
85	57.800	851.90	2 351.0	0.76	2 295
90	70.110	1 459.00	3 893.0	0.70	2 282

附表 10 各种材料的黑度 ε

材料名称及表面状况	温度/℃	ε	材料名称及表面状况	温度/℃	ε
铝:抛光的,纯度98%	200～600	0.04～0.06	不锈钢,抛光的	40	0.07～0.17
工业用铝板	100	0.09	锡:光亮的或蒸镀的	40～540	0.01～0.03
严重氧化的	100～500	0.2～0.33	锌:镀锌,灰色	40	0.28
黄铜:高度抛光的	260	0.03	木材:各种木材	40	0.80～0.90
无光泽的	40～260	0.22	石棉:板	40	0.96
氧化的	40～260	0.46～0.56	石棉水泥	40	0.96
铬:抛光板	40～550	0.08～0.27	石棉瓦	40	0.97
铜:高度抛光的电解铜	100	0.02	砖:粗糙红砖	40	0.93
轻微抛光的	40	0.12	耐火黏土砖	980	0.75
氧化变黑的	40	0.76	碳:灯黑	40	0.95
金:高度抛光的纯金	100～600	0.02～0.035	石灰砂浆:白色,粗糙	40～260	0.87～0.92
钢板:钢,抛光的	40～260	0.07～0.1	黏土:耐火黏土	100	0.91
钢板,轧制的	40	0.65	土壤(干)	20	0.92
钢板,粗糙,氧化严重的	40	0.80	土壤(湿)	20	0.95
铸铁,抛光的	200	0.21	混凝土:粗糙表面	40	0.94
铸铁,新车削的	40	0.44	纸:白纸	40	0.95
铸铁,氧化的	40～260	0.57～0.66	粗糙屋面焦油纸毡	40	0.90
玻璃:平板玻璃	40	0.94	橡胶:硬质的	40	0.94
瓷:上釉的	40	0.93	雪	-12～-7	0.82
石膏	40	0.80～0.90	水:厚度 0.1 mm 以上	40	0.96
大理石:浅灰,磨光的	40	0.93	人体皮肤	32	0.98
油漆:各种油漆	40	0.92～0.96			
白色油漆	40	0.80～0.95			
光亮油漆	40	0.90			

附表 11 常用换热器传热系数的大致范围

热交换器型式	热交换流体		传热系数 κ/(W/(m² · K))	备 注
	内侧	外侧		
管壳式(光管)	气	气	10～35	常压
	气	高压气	160～170	(200～300)×10⁵ Pa
	高压气	气	170～450	(200～300)×10⁵ Pa
	气	清水	20～70	常压
	高压气	清水	200～700	(200～300)×10⁵ Pa
	清水	清水	1 000～2 000	液体层流
	清水	水蒸气凝结	2 000～4 000	液体层流
	高黏度液体	清水	100～300	
	高温液体	气体	30	
	低黏度液体	清水	200～450	

续附表11

热交换器型式	热交换流体		传热系数 κ/(W/(m² · K))	备注
	内侧	外侧		
水喷淋式水平管冷却器	水蒸气凝结	清水	350～1 000	常压
	气	清水	20～60	100×10^5 Pa
	高压气	清水	170～350	$(200\sim300)\times10^5$ Pa
	高压气	清水	300～900	
盘香管(外侧沉浸在液体中)	水蒸气凝结	搅动液	700～2 000	铜管
	水蒸气凝结	沸腾液	1 000～3 500	铜管
	冷水	搅动液	900～1 400	铜管
	水蒸气凝结	液	280～1 400	铜管
	清水	清水	600～900	铜管
	高压气	搅动水	100～350	铜管,$(200\sim300)\times10^5$ Pa
套管式	气	气	10～35	$(200\sim300)\times10^5$ Pa
	高压气	气	20～60	$(200\sim300)\times10^5$ Pa
	高压气	高压气	170～450	$(200\sim300)\times10^5$ Pa
	高压气	清水	200～600	
	水	水	1 700～3 000	
螺旋板式	清水	清水	1 700～2 200	
	变压器油	清水	350～450	
	油	油	90～140	
	气	气	30～45	
	气	水	35～60	
板式　人字形板片	清水	清水	3 000～3 500	水速为0.5 m/s左右
	清水	清水	1 700～3 000	水速为0.5 m/s左右
平直波形板片	油	清水	600～900	水速和油速均0.5 m/s左右
蜂螺型伞板换热器	清水	清水	2 000～3 500	材料为1 Cr18Ni9Ti
	油	清水	300～370	
板翅式	清水	清水	3 000～4 500	
	冷水	油	400～600	以油侧面积为准
	油	油	170～350	
	气	气	70～200	
	空气	清水	80～200	空气侧质流密度为12～40 kg/(m² · s),以气侧面积为准

附表 12 大气压力(p=1.013 25×10^5 Pa)下烟气的热物理性质

(烟气中组成成分的质量分数:w_{CO_2}=0.13;w_{H_2O}=0.11;w_{N_2}=0.76)

t/℃	ρ/(kg/m³)	c_p/(kJ/(kg·K))	λ/(10^{-2} W/(m·K))	α/(10^{-8} m²/s)	μ/(10^{-5} kg/(m·s))	ν/(10^{-6} m²/s)	Pr
0	1.295	1.042	2.28	16.9	15.8	12.20	0.72
100	0.950	1.068	3.13	30.8	20.4	21.54	0.69
200	0.748	1.097	4.01	48.9	24.5	32.80	0.67
300	0.617	1.122	4.84	69.9	28.2	45.81	0.65
400	0.525	1.151	5.70	94.3	31.7	60.38	0.64
500	0.457	1.185	5.56	121.1	34.8	76.30	0.63
600	0.405	1.214	7.42	150.9	37.9	93.61	0.62
700	0.363	1.239	8.27	183.8	40.7	112.1	0.61
800	0.330	1.264	9.15	219.7	43.4	131.8	0.60
900	0.301	1.290	10.00	258.0	45.9	152.5	0.59
1 000	0.275	1.306	10.90	303.4	48.4	174.3	0.58
1 100	0.257	1.323	11.75	345.5	50.7	197.1	0.57
1 200	0.240	1.340	12.62	392.4	53.0	221.0	0.56

附表 13 大气压力(p=1.013 25×10^5 Pa)下机油的热物理性质

t/℃	ρ/(kg/m³)	c_p/(MJ/(kg·K))	λ/(mW/(m·K))	α/(10^{-10} m²/s)	ν/(10^{-3} m²/s)	Pr/10^{-3}
0	899.12	1.796	147	911	4.280 0	47.100
20	888.23	1.880	145	872	0.900 0	10.400
40	876.05	1.964	144	834	0.240 0	2.870
60	864.04	2.047	140	800	0.083 9	1.050
80	852.02	2.131	138	769	0.037 5	0.490
100	840.01	2.219	137	738	0.020 3	0.276
120	828.96	2.307	135	710	0.012 4	0.175
140	816.94	2.395	133	686	0.008 0	0.116
160	805.89	2.483	132	663	0.005 6	0.084

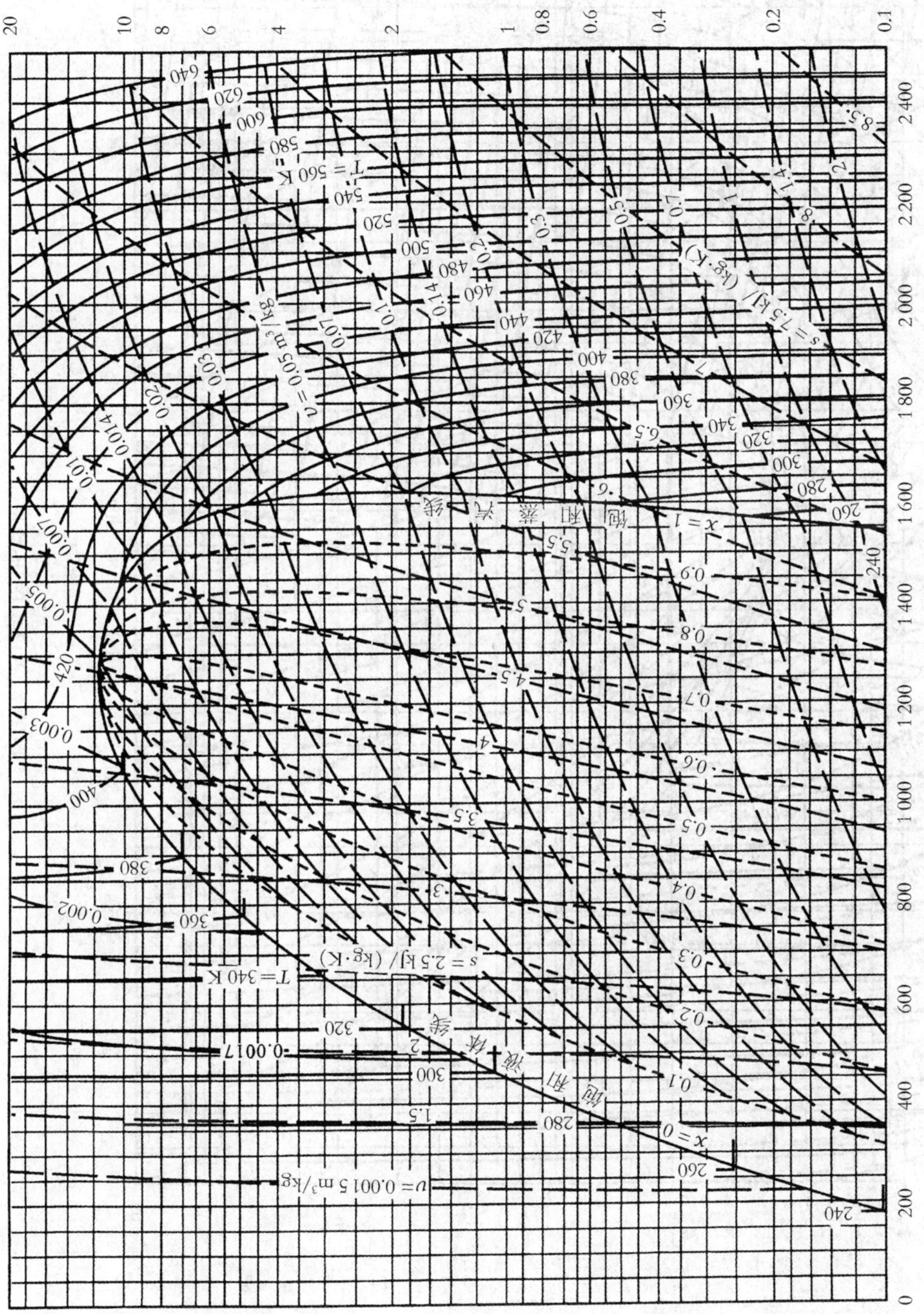

附图 1 氨(NH_3)的压-焓图

附图 2　R134a 的压-焓图

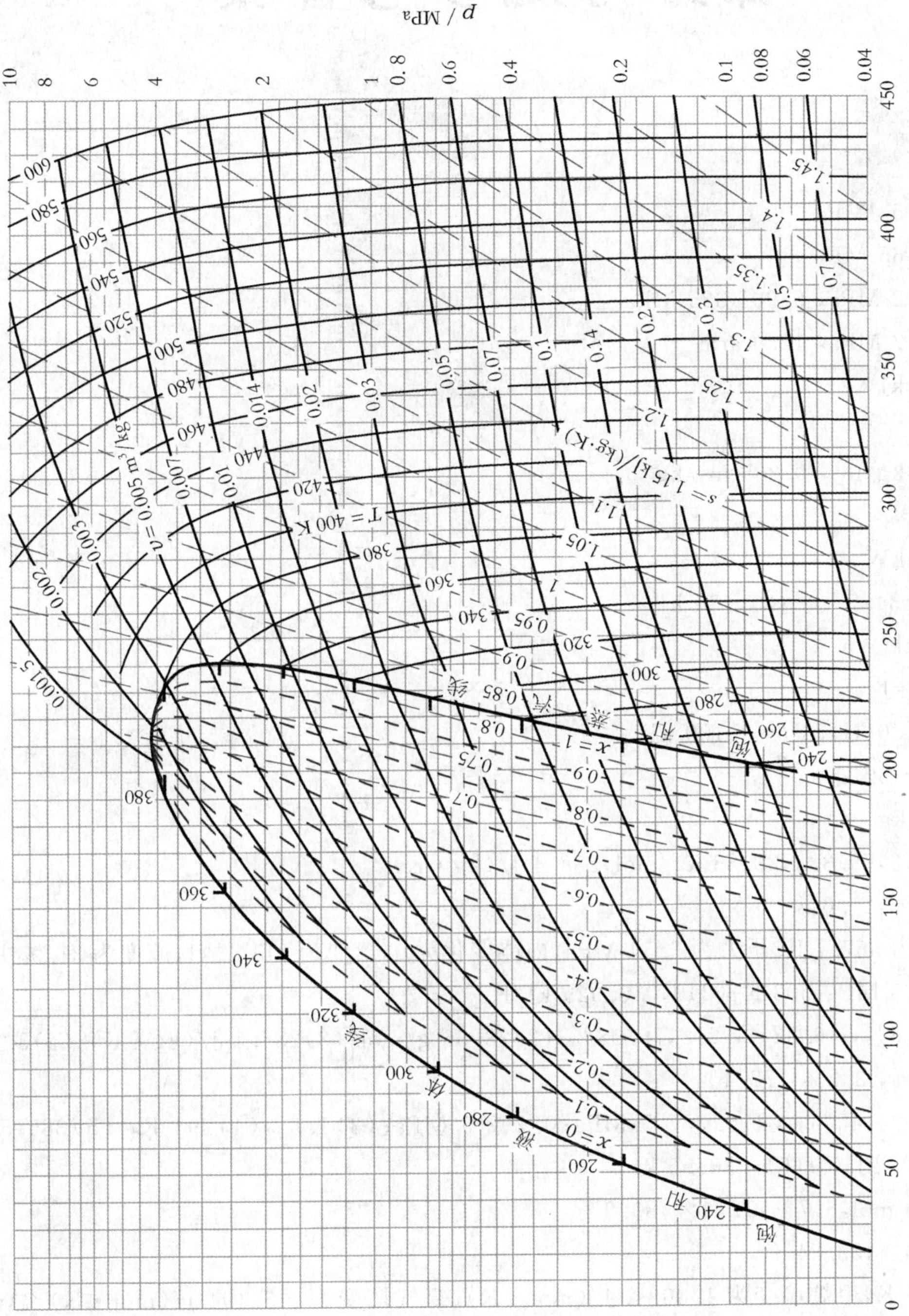

附图 3 R12 的压-焓图

部分习题参考答案

习题 1

1-2　0.098 54 MPa

1-3　0.230 65 MPa

1-4　9.898 2 MPa，9.901 325 MPa

1-5　1.306 2 MPa，12.9 atm

1-6　101.3 kJ

1-7　200 kJ

1-8　3.774 kg/m^3，0.265 m^3/kg

1-9　33.02%

1-10　3.85 kW

1-11　(1)−34.5 kJ；(2)−36 kJ

1-12　228 kJ

1-13　−15 kJ

1-14　$W=150$ kJ，$\Delta U=-100$ kJ

1-15　$W=-30$ kJ

1-16　12.1 kg

1-17　20.7%,79.3%,28.83 kg/mol,288.4 J/(kg·K)

1-18　70.4%,29.6%

1-19　温度为 367.7 K,压力为 3.54 MPa,内能变化为 0,焓变为 314.7 kJ,熵变为 31.98 kJ/K

1-20　(1)0.5 MPa,303 K;(2)0,0,0.929 kJ/K

1-21　(1)5.6%，16.32%，2%,76.08%;(2)28.86 g/mol;(3)288.1 J/(kg·K);(4)3.7%，14.7%，3.2%，78.4%

1-23　(1)55%,45%；(2)0.357 5 MPa;0.292 5 MPa;(3)1.4；(4)294 K；(5)385.5 kJ;539.75 kJ;0 ;(6)−385.5 kJ

1-24　0.645 mol,6.7%,12.4%,80.9%

1-25　61.76%,38.24%

1-26　380.6 K,甲烷熵变为 1.363 2 J/(mol·K),氮气熵变为−3.194 J/(mol·K),总熵变为 0

1-27　19.83 min

1-28　(1)582 K；(2)0.527 m^3；(3)2 kg/m^3

习题 2

2-1 1 875 kJ

2-2 1 917 W

2-3 300 2 kJ

2-4 $W=0, \Delta U=0, \Delta H=380$ kJ

2-5 1.632×10^6 kJ/h

2-6 1 391 K，−730.3 kJ/kg

2-7 $Q=258.29$ kJ，$\Delta H=361.603$ kJ，$\Delta S=749.7$ J/(kg·K)，$P=0.502$ MPa

2-8 37.5 kJ，7.5 kJ，188.1 kJ

2-9 450 kJ

2-10 (1)2.67×10^5 kJ；(2)0

2-11 133 kW

2-12 182.954 kJ，0.397 MPa，246.7 J/(kg·K)

2-13 (1)0.637 m；(2)2 001 kg；(3)25 kJ

2-14 360 kJ，−370 kJ

2-15 −196.5 kJ，252 kJ/kg，42 kW

2-16 1 032 kJ

2-17 1.25 m^3，2 079 kJ，−2 079 kJ

2-18 −70.01 kJ，0.1 MPa，70.01 kJ

2-19 146.5℃

2-20 10 905.6 kW，10 824.12 kW

2-21 103.04 kJ

2-22 122 kg/h

2-23 −5.625 m^3

2-24 $T_m=\dfrac{T_a^2 p_b V_b+T_b^2 p_a V_a}{T_a p_a V_a+T_b p_b V_b}, p_m=\dfrac{p_a V_a+p_b V_b}{V_a+V_b}$

2-25 $p_2=0.129$ MPa，$T_2=563$ K，$T_3=T_2=563$ K，净功 146 kJ

2-26 1.25，−0.445 kJ/(kg·K)，65.87 kJ/kg

2-27 $T_1=303$ K，$p_1=0.12$ MPa，$V_1=7.25$ m^3；
$T_2=303$ K，$p_2=0.3$ MPa；$V_2=2.9$ m^3，$\Delta U=0$，$Q_T=-797$ kJ，$W_T=797$ kJ；
$T_{2s}=437$ K，$p_{2s}=0.433$ MPa，$V_{2s}=2.9$ m^3，$\Delta U=967$ kJ，$Q=0$，$W_s=-967$ kJ；
$T_{2n}=364$ K，$p_{2n}=0.36$ MPa，$V_{2n}=2.9$ m^3，$\Delta U=441.5$ kJ，$Q=-434.5$ kJ；$W_m=-876$ kJ

2-28 $p_2=3.62$ MPa，$T_2=725$ K，$w=455.58$ kJ

2-29 3.18 kg/s

2-30 341.4 m/s，7.366 kg/s

2-31 0.634 MPa，460.4 m/s

2-32 450.4 m/s，7.86 cm^2

2-33 (1)555.6,1.76 ;(2)128℃

2-34 298 K，0.106 MPa；338 K，1.649 MPa；418 K，3.468 MPa

2-35 892 m/s

2-36 (1)缩放管，0.21 cm^2；(2)15%

2-37 (1)537℃，0.618 5 MPa，0.316 9 MPa，669 K，518.5 m/s；(2)416 K，882 m/s；(3)0.48 cm^2，0.34 cm^2，0.175 cm^2

2-38 1 132 m/s，0.8%

2-39 (1)462℃，0.317 8 MPa；(2)539 m/s，3.6；(3)0.158 4 MPa，329℃，493 m/s，6.09 cm^2

习题 3

3-1 (1)86%，43 kJ；(2)66%，33 kJ；(3)83.3%，41.6 kJ；(4)58.7%，29.4 kJ

3-2 (1)327℃；(2)247℃

3-3 1.767×10^5 kJ/h，6.47 kW

3-4 (1)2.287×10^4 kJ/h；(2)11.72；(3)0.62 kW；(4)6.94 kW

3-5 (1)不可能；(2)可逆循环；(3)不可逆循环

3-6 0.177 kJ/K

3-7 1.333 kJ

3-8 (1)0.455 kW；(2)40℃

3-9 0.926 kJ/K

3-10 8.26 kJ

3-11 1.4 kJ/K

3-12 系统不可逆

3-13 88.2 J/K

3-14 155.53 kJ/K

3-15 (1)27.95 MPa；(3)59.8%

3-16 (1)1 031 kJ；(2)1 969 kJ，3.44 kJ/K；(3)114.6 kJ

3-17 30.7%

3-18 (1)2 136 kJ，690 kJ；(2)68%，1 446 kJ

3-19 不能

3-20 (1)0.3 MPa；(2)61%；(3)148 kJ/kg

3-21 不可逆

3-22 $T=298.1$ K，$\Delta S=202.1$ J/K

3-23 1 897.8 kJ

3-24 (1)0.534 2 kJ/(kg·K)；(2)0.042 5 kJ/(kg·K)；(3)0.534 2 kJ/(kg·K)

3-25 不可逆绝热过程，292.9 kJ/kg

3-26 0.151 kJ/(kg·K)

3-27 (2)$w=mc(T_1+T_2-2T_m)$；(3)$mc\ln\frac{T_1^2+T_2^2+2T_1T_2}{4T_1T_2}$

3-28 $\delta w_a=nc_{mp}R_m\left[(T_1-T_2)-T_0\ln\frac{T_1}{T_2}\right]$,52.24 kJ/kg

3-29 (1)0.833 kW；(2)2.33 kW

3-30 (1)4 986.5 kJ/min；(2)5 581.9 kJ/min

3-31 (1)28.81 kJ/K；(2)8 441.33 kJ

3-32 (1)750 MW；(2)2.25×10^6 kJ/s；(3)3.26 K

习题 4

4-1 49.92 kg,318.3 kJ

4-2 (1)696 kJ/kg, 197.2 kJ/kg；(2)498.8 kJ/kg；(3)34 kJ/kg

4-3 (1)−10.5 kJ；(2)−0.493 kJ；(3)10.01 kJ

4-4 (1)0.031 kJ/kg；(2)440.897 kJ/kg；(3)9.177 kJ/kg；(4)17.82 kJ/kg,损失小于不可逆绝热膨胀少做的功,原因是两者终态不同,实际终态2点工质的焓㶲比2 s的大

4-5 绝热充气 (1)424.2 K,0.8214 kg；(2)0.277 5 kJ/K；(3)84.08 kJ
等温充气 (1)303 K, 1.149 9 kg；(2)0.033 0 kJ/K；(3)10 kJ

4-6 (2)$I=2mc_pT_0\ln\frac{T_m}{T_f}$

习题 5

5-1 (1)2.3 kPa,55.1%,14.69 g/kg,67.8 kJ/kg;(2)查焓-含湿量图

5-2 21.3℃,16.26 g/kg,0.025 48 MPa,71.72 kJ/(mol·K)

5-3 11.18 g/kg;49 kJ/kg

5-4 (1)1.554 MPa；(2)712.8 kJ/kg；(3)2.35 kg,0.299 3 m^3

5-5 (1)757 Pa；(2)0.067 g

5-6 62.5%,0.016 9 kg/kg

5-7 0.182 kg/s ,7.37 kg/s

5-8 1 900 Pa,16.69℃,0.012 kg/kg

5-9 (1)9.1 g/m^3,60%,7.73 g/kg;(2)8.48 g/m^3,16.64%；
(3)9.3 g/m^3,100%

5-10 (1)52.3%;(2)52.6 kJ/kg;(3)10.2 kJ/kg

5-11 59.3%,36.92 g/kg

5-12 0.5 kg/min,2 349 kJ/min

5-13 107 kg,46.5 kg/h,269 131 kJ/h,5 787.8 kJ

5-14 (1)90℃,13.3 g/kg;(2)0.02 kg/kg；(3)62.5 kJ/kg

5-15 (1)64%;(2)19 700 kJ/h,4.7 kg/h;(3)3 585 kJ/h

5-16 168 kg,5 117.8 kJ

5-17 (1)24.7℃,4 966.2 kJ;(2)0.81 kg

5-18 11.5 g/kg,26.2℃,54%

5-19 30%

5-20 88 828.85 kg/h,1 927.6 kg/h

5-21 998 kJ/kg;0.346 3 kg/kg

5-22 回风 15 235 kg,新风 6 765 kg

5-23 2.15 kJ

5-24 307.06 kg

5-25 1.287 t, 8.713 t

5-26 220.084℃, 463.3 kJ/kg,1.486 h

习题 6

6-1 25%,84%,28%,94.5%

6-2 168℃,30.6%,33.52%

6-3 45.7%,87%, 44%,76.9%

6-4 1 004 K,1 999 K,774 K,311 kJ/kg,34%

6-5 5.8

6-6 (1)979 K,4.85 MPa,1 412 K,1 722 K,692 K,0.289 MPa;(2)621.8 kJ;(3)35.8%

6-7 2.437 m^3/kg,682 K,1.205 MPa,0.406 m^3/kg,1 908 K,3.371 MPa,0.406 m^3/kg, 932 K,0.274 MPa,2.437 m^3/kg,51.2%

6-8 1.231 MPa,534 K,44.22%,1.496 MPa,649 K, 54.08%

习题 7

7-1 (1)2.033 1 MPa,1.003 2 MPa;(2)996 kJ/kg,108 kJ/kg,9.22;(3)421.7 kJ/h

7-2 4.52 kW,6.45

7-3 430 kJ/kg,140.6 kJ/kg,3.06

7-4 (1)879.7 kJ,1 143.5 kJ,263.8 kJ,4.33;(2)5.13 kW;(3)22.2 kW

习题 8

8-1 37.45 kJ

8-2 595.2 W/m^2,47.5 mm

8-3 31 mm

8-4 $R_{23}>R_{34}>R_{12}$

8-5 71 mm

8-6 (1)0.000 23 m·K/W,0.645 7 m·K/W,0.352 3 m·K/W;(2)350.6 W/m; (3)400℃,173.5℃

习题 9

9-1 6.565 m/s
9-2 4 869 kJ/h
9-3 (1)1 118 W/(m^2·K);(2)848.3 W/(m^2·K)
9-4 713 W
9-5 3 214 W
9-6 4 194 W/(m^2·K)
9-7 26.3 W/(m^2·K)
9-8 1 155.6 W/(m^2·K)
9-9 2.61 圈
9-10 4.407 W/(m^2·K)
9-11 3.828 W/(m^2·K)
9-12 40.7 W/(m^2·K)
9-13 103.62 W/(m^2·K)
9-14 100.8 W/(m^2·K)

习题 10

10-1 $(a+b-\sqrt{a^2+b^2-2ab\cos\theta})/(2a)$
10-2 $q_{12}=15.18$ kW/m^2,$E_1=18.58$ kW/m^2,$E_2=0.367$ kW/m^2,$J_1=G_2=19.43$ kW/m^2,$J_2=G_1=4.25$ kW/m^2, $E_{a1}=3.4$ kW/m^2, $E_{a2}=15.544$ kW/m^2
10-3 (1)700 W/m^2,5 670 W/m^2,333 K,562 K;(2)88.89%,10%;(3)700 W/m^2,5 670 W/m^2;(4)0.111,0.90
10-4 455 W/m
10-5 279.2 K
10-6 1 606℃
10-7 83.9%,0.02%
10-8 0.082 6
10-9 761.2 W
10-10 314 W/m
10-11 260 W/m^2
10-12 454 K,435 K
10-13 40.6 W/m^2
10-14 13 932.5 W
10-15 1.77×10^6 W/m^2
10-16 1 214.9 K,49.4 W
10-17 2.38×10^{-3} W

10-18 29.6 倍,206 倍

10-19 5 774 K

10-20 36.24 J

10-21 0.536 W

10-22 709 K

习题 11

11-1 304.2 $W/(m^2 \cdot ℃)$,管外 3.04%,管壁 1.89%,污垢 57.04%,管内 38.03%

11-2 (1)管外 1.3×10^4 $W/(m^2 \cdot ℃)$,管内 3 047 $W/(m^2 \cdot ℃)$;(2)污垢热阻 1.9×10^{-5} $(m^2 \cdot ℃)/W$

11-3 61.3℃,78.7℃

11-4 1.4 kg/s

参考文献

[1] 李长友，钱东平. 工程热力学与传热学.北京:中国农业大学出版社,2004.
[2] 张壁光,乔启宇.热工学.2版.北京:中国林业出版社,1992.
[3] 王补宣.热工基础.4版.北京:高等教育出版社,1981.
[4] 张学学.热工基础.2版.北京:高等教育出版社,2006.
[5] 沈维道,蒋智敏,童钧耕.工程热力学.3版. 高等教育出版社,2001.
[6] 杨世铭,陶文铨.传热学.4版.北京:高等教育出版社,2009.
[7] 童钧耕.工程热力学. 4版. 北京:高等教育出版社,2007.
[8] 冯青,李世武,张丽. 工程热力学.西安:西北工业大学出版社,2008.
[9] 陈则韶.高等工程热力学. 北京:高等教育出版社,2008.
[10] 杨玉顺. 工程热力学.北京:机械工业出版社,2009.
[11] 朱明善.能量系统的㶲分析.北京:清华大学出版社,1988.
[12] 张正荣.传热学.2版.北京:高等教育出版社,1989.
[13] 卡里卡 B V,戴斯蒙德 R M.工程传热学.刘吉萱,译.北京:人民教育出版社,1981.
[14] 章熙民,任泽霈.传热学.2版.北京:中国建筑工业出版社,1985.
[15] 钱滨江,伍贻文,常家芳,等.简明传热手册.北京:高等教育出版社,1984.
[16] 王加璇.热工基础及热力设备.上册.北京:水利电力出版社,1987.
[17] 戴锅生. 传热学.2版. 北京:高等教育出版社,1999.
[18] 蒋汉文.热工学.2版. 北京:高等教育出版社,1994.
[19] [美]杰姆斯·苏赛克.传热学.俞佐平,裘烈钧,等,编译.北京:人民教育出版社,1981.
[20] 曾丹苓,敖越,朱克雄,等. 工程热力学. 北京:高等教育出版社,1989.
[21] 严家騄,王永青. 工程热力学. 北京:中国电力出版社,2004.
[22] 傅秦生,何雅玲,赵小明.热工基础与应用.北京:机械工业出版社,2002.